水利水电工程施工技术全书

第二卷　土石方工程

第十册

土石方施工机械

林友汉　张荣山 等　编著

·北京·

内 容 提 要

本书是《水利水电工程施工技术全书》第二卷《土石方工程》中的第十分册。本书系统阐述了土石方施工机械分类、构造、选用原则和技术性能参数。主要内容包括：综述，凿岩钻孔机械，挖装机械，运输机械，压实机械，地下工程开挖支护机械，混装炸药设备，辅助机械设备，机械选型配套，工程实例等。

本书可作为水利水电工程施工领域的工程技术人员、工程管理人员和高级技术工人的工具书，也可供从事水利水电工程科研、设计、建设及运行管理和相关企事业单位的工程技术人员、工程管理人员使用，并可作为大专院校水利水电工程及机电专业师生教学参考书。

图书在版编目（CIP）数据

土石方施工机械 / 林友汉等编著. -- 北京 : 中国水利水电出版社, 2017.10
（水利水电工程施工技术全书. 第二卷. 土石方工程; 第十册）
ISBN 978-7-5170-5899-1

Ⅰ. ①土… Ⅱ. ①林… Ⅲ. ①土方工程－建筑机械－基本知识②石方工程－建筑机械－基本知识 Ⅳ. ①TU751

中国版本图书馆CIP数据核字(2017)第236163号

书　　名	水利水电工程施工技术全书 **第二卷　土石方工程** **第十册　土石方施工机械** TUSHIFANG SHIGONG JIXIE
作　　者	林友汉　张荣山　等　编著
出版发行	中国水利水电出版社 （北京市海淀区玉渊潭南路 1 号 D 座　100038） 网址：www. waterpub. com. cn E－mail：sales@waterpub. com. cn 电话：(010) 68367658（营销中心）
经　　售	北京科水图书销售中心（零售） 电话：(010) 88383994、63202643、68545874 全国各地新华书店和相关出版物销售网点
排　　版	中国水利水电出版社微机排版中心
印　　刷	北京市密东印刷有限公司
规　　格	184mm×260mm　16 开本　18.75 印张　444 千字
版　　次	2017 年 10 月第 1 版　2017 年 10 月第 1 次印刷
印　　数	0001—3000 册
定　　价	**95.00** 元

《水利水电工程施工技术全书》
编审委员会

《水利水电工程施工技术全书》
各卷主（组）编单位和主编（审）人员

卷序	卷名	组编单位	主编单位	主编人	主审人
第一卷	地基 与基础工程	中国电力建设集团（股份）有限公司	中国电力建设集团（股份）有限公司 中国水电基础局有限公司 葛洲坝基础公司	宗敦峰 肖恩尚 焦家训	谭靖夷 夏可风
第二卷	土石方工程	中国人民武装警察部队水电指挥部	中国人民武装警察部队水电指挥部 中国水利水电第十四工程局有限公司 中国水利水电第五工程局有限公司	梅锦煜 和孙文 吴高见	马洪琪 梅锦煜
第三卷	混凝土工程	中国电力建设集团（股份）有限公司	中国水利水电第四工程局有限公司 中国葛洲坝集团有限公司 中国水利水电第八工程局有限公司	席　浩 戴志清 涂怀健	张超然 周厚贵
第四卷	金属结构制作与机电安装工程	中国能源建设集团（股份）有限公司	中国葛洲坝集团有限公司 中国电力建设集团（股份）有限公司 中国葛洲坝建设有限公司	江小兵 付元初 张　晔	付元初
第五卷	施工导（截）流与度汛工程	中国能源建设集团（股份）有限公司	中国能源建设集团(股份)有限公司 中国葛洲坝集团有限公司 中国水利水电第八工程局有限公司	周厚贵 郭光文 涂怀健	郑守仁

《水利水电工程施工技术全书》
第二卷《土石方工程》编委会

序 一

水利水电工程建设在我国作为一项基础建设事业，已经走过了近百年的历程，这是一条不平凡而又伟大的创业之路。

新中国成立66年来，党和国家领导一直高度重视水利水电工程建设，水电在我国已经成为了一种不可替代的清洁能源。我国已经成为世界上水电装机容量第一位的大国，水利水电工程建设不论是规模还是技术水平，都处于国防领先或先进水平，这是几代水利水电工程建设者长期艰苦奋斗所创造出来的。

改革开放以来，特别是进入21世纪以后，我国的水利水电工程建设又进入了一个前所未有的高速发展时期。到2014年，我国水电总装机容量突破3亿kW，占全国电力装机容量的23%。发电量也历史性地突破31万亿kW·h。水电作为我国当前重要的可再生能源，为我国能源电力结构调整、温室气体减排和气候环境改善做出了重大贡献。

我国水利水电工程建设在新技术、新工艺、新材料、新设备等方面都取得了突破性的进展，无论是技术、工艺，还是在材料、设备等方面，都取得了令人瞩目的成就，它不仅推动了技术创新市场的活跃和发展，也推动了水利水电工程建设的前进步伐。

为了对当今水利水电工程施工技术进展进行科学的总结，及时形成我国水利水电工程施工技术的自主知识产权和满足水利水电建设事业的工作需要，全国水利水电施工技术信息网组织编撰了《水利水电工程施工技术全书》。该全书编撰历时5年，在编撰过程中组织了一大批长期工作在工程建设一线的中青年技术负责人和技术骨干执笔，并得到了有关领导、知名专家的悉心指导和审定，遵循“简明、实用、求新”的编撰原则，立足于满足广大水利水电工程技术人员的实际工作需要，并注重参考和指导价值。该全书内容涵盖了水利水电工程建设地基与基础工程、土石方工程、混凝土工程、金属结构制作与机电安装工程、施工导（截）流与度汛工程等内容的目标任务、原理方法及工程实例，既有理论阐述，又有实例介绍，重点突出，图文并茂，针对性及可操作性强，对今后的水利水电工程建设施工具有重要指导作用。

《水利水电工程施工技术全书》是对水利水电施工技术实践的总结和理论提炼，是一套具有权威性、实用性的大型工具书，为水利水电工程施工“四新”技术成果的推广、应用、继承、创新提供了一个有效载体。为大力推动水利水电技术进步和创新，推进中国水利水电事业又好又快地发展，具有十分重要的现实意义和深远的科技意义。

水利水电工程是人类文明进步的共同成果，是现代社会发展对保障水资源供给和可再生能源供应的基本需求，水利水电工程施工技术在近代水利水电工程建设中起到了重要的推动作用。人类应对全球气候变化的共识之一是低碳减排，尽可能多地利用绿色能源就成为重要选择，太阳能、风能及水能等成为首选，其中水能蕴藏丰富、可再生性、技术成熟、调度灵活等特点成为最优的绿色能源。随着水利水电工程建设与管理技术的不断发展，水利水电工程，特别是一些高坝大库能有效利用自然条件、降低开发运行成本、提高水库综合效能，高坝大库的（高度、库容）记录不断被刷新。特别是随着三峡、拉西瓦、小湾、溪洛渡、锦屏、向家坝等一批大型、特大型水利水电工程相继建成并投入运行，标志着我国水利水电工程技术已跨入世界领先行列。

近年来，我国水利水电工程施工企业积极实施走出去战略，海外市场开拓业绩突出。目前，我国水利水电工程施工企业在亚洲、非洲、南美洲多个国家承建了上百个水利水电工程项目，如尼罗河上的苏丹麦洛维水电站、号称“东南亚三峡工程”的马来西亚巴贡水电站、巨型碾压混凝土坝泰国科隆泰丹水利工程、位居非洲第一水利枢纽工程的埃塞俄比亚泰克泽水电站等，“中国水电”的品牌价值已被全球业内所认可。

《水利水电工程施工技术全书》对我国水利水电施工技术进行了全面阐述。特别是在众多国内外大型水利水电工程成功建设后，我国水利水电工程施工人员创造出一大批新技术、新工法、新经验，对这些内容及时总结并公开出版，与全体水利水电工作者分享，这不仅能促进我国水利水电行业的快速发展，提高水利水电工程施工质量，保障施工安全，规范水利水电施工行业发展，而且有助于我国水利水电行业走进更多国际市场，展示我国水利水电行业的国际形象和实力，提高我国水利水电行业在国际上的影响力。

该全书的出版不仅能提高水利水电工程施工的技术水平，而且有助于提高我国水利水电行业在国内、国际上的影响力，我在此向广大水利水电工程建设者、工程技术人员、勘测设计人员和在校的水利水电专业师生推荐此书。

孙洪水

2015年4月8日

序　二

《水利水电工程施工技术全书》作为我国水利水电工程技术综合性大型工具书之一，与广大读者见面了！

这是一套非常好的工具书，它也是在《水利水电工程施工手册》基础上的传承、修订和创新。集中介绍了进入21世纪以来我国在水利水电施工领域从施工地基与基础工程、土石方工程、混凝土工程、金属结构制作与机电安装工程、施工导（截）流与度汛工程等方面采用的各类创新技术，如信息化技术的运用：在施工过程模拟仿真技术、混凝土温控防裂技术与工艺智能化等关键技术，应用了数字信息技术、施工仿真技术和云计算技术，实现工程施工全过程实时监控，使现代信息技术与传统筑坝施工技术相结合，提高了混凝土施工质量，简化了施工工艺，降低了施工成本，达到了混凝土坝快速施工的目的；再如碾压混凝土技术在国内大规模运用：节省了水泥，降低了能耗，简化了施工工艺，降低了工程造价和成本；还有，在科研、勘察设计和施工一体化方面，数字化设计研究面向设计施工一体化的三维施工总布置、水工结构、钢筋配置、金属结构设计技术，推广复杂结构三维技施设计技术和前期项目三维枢纽设计技术，形成建筑工程信息模型的协同设计能力，推进建筑工程三维数字化设计移交标准工程化应用，也有了长足的进步。因此，在当前形势下，编撰出一部新的水利水电施工技术大型工具书非常必要和及时。

随着水利水电工程施工技术的不断推进，必然会给水利水电施工带来新的发展机遇。同时，也会出现更多值得研究的新课题，相信这些都将对水利水电工程建设事业起到积极的促进作用。该全书是当今反映水利水电工程施工技术最全、最新的系列图书，体现了当前水利水电最先进的施工技术，其中多项工程实例都是曾经创造了水利水电工程的世界纪录。该全书总结的施工技术具有先进性、前瞻性，可读性强。该全书的编者们都是参加过我国大型水利水电工程的建设者，有着非常丰富的各专业施工经验。他们以高度的社会责任感和使命感、饱满的工作热情和扎实的工作作风，大力发展和创新水电科学技术，为推进我国水利水电事业又好又快地发展，做出了新的贡献！

近年来，我国水利水电工程建设快速发展，各类施工技术日臻成熟，相继建成了三峡、龙滩、水布垭等具有代表性的水电工程，又有拉西瓦、小湾、溪洛渡、锦屏、糯扎渡、向家坝等一批大型、特大型水电工程，在施工过程中总结和积累了大量新的施工技术，尤其是混凝土温控防裂的施工方法在三峡水利枢纽工程的成功应用，高寒地区高拱坝冬季施工综合技术在拉西瓦等多座水电站工程中的应用……，其中的多项施工技术获得过国家发明专利，达到了国际领先水平，为今后水利水电工程施工提供了参考与借鉴。

目前，我国水利水电工程施工技术已经走在了世界的前列，该全书的出版，是对我国水利水电工程建设领域的一大贡献，为后续在水利水电开发，例如金沙江上游、长江上游、通天河、黄河上游的水电开发、南水北调西线工程等建设提供借鉴。该全书可作为工具书，为广大工程建设者们提供一个完整的水利水电工程施工理论体系及工程实例，对今后水利水电工程建设具有指导、传承和促进发展的显著作用。

《水利水电工程施工技术全书》的编撰、出版是一项浩繁辛苦的工作，也是一项具有创造性的劳动过程，凝聚了几百位编、审人员近5年的辛勤劳动，克服各种困难。值此该全书出版之际，谨向所有为该全书的编撰给予关心、支持以及为此付出了辛勤劳动的领导、专家和同志们表示衷心的感谢！

2015年4月18日

前　言

由全国水利水电施工技术信息网组织编写的《水利水电工程施工技术全书》第二卷《土石方工程》共分为十册，《土石方施工机械》为第十册，由中国人民武装警察部队水电指挥部编写。

工程机械是基础设施建设工程中重要的技术装备。随着国内一批大型水电站的兴建和施工技术水平的发展进步，土石方工程机械化施工水平和专业化程度得到了不断提高，机械设备配套更加精细和完善。在科技发展的推动下，土石方施工机械发展迅速，新结构、新功能机械设备不断涌现，体现了专业、高效、节能、环保理念。为了提高土石方工程机械施工管理水平，合理选择和使用机械，提高工程建设水平，编写了《土石方施工机械》以供工程施工技术人员、机械设备技术人员和管理人员在实际工作中参考使用。

本书重点介绍了土石方工程常用的施工机械分类、基本构造、结构特点、选型原则和技术性能参数；对近些年土石方施工机械出现的新技术、新结构和节能降耗工作装置进行了叙述；工程实例较为详细介绍了工程建设机械设备的配套情况。本书编写力求做到系统性、先进性、实用性和准确性。

本书共10章，分别为综述、凿岩钻孔机械、挖装机械、运输机械、压实机械、地下工程开挖支护机械、混装炸药设备、辅助机械设备、机械选型配套、工程实例。第1、第2、第6～第8章由林友汉编写；第3～第5、第7章（空压机）由甘果编写；第6章（掘进机、盾构机）由张荣山编写；第9、第10章由王文静编写。

编写过程中参考多部工程机械方面的文献和土石方工程实例，同时得到了水电行业同仁们的大力支持和合作，在此表示感谢。

鉴于编者水平和经验有限，书中难免有不足和疏漏之处，恳请读者批评指正。

编者

2017年6月

目　录

1 综　　述

土石方工程施工机械属工程机械类。土石方工程是指对土或岩石进行松动、破碎、装卸、填筑、压实等作业工程。根据土石方工程的施工特点，所使用的机械设备，一般具有功率大、机动性强、生产效率高、配套机型复杂等特点。土石方工程机械设备主要包含挖掘机械、推土机械、装载机械、铲运机械、凿岩钻孔机械、压实机械、运输机械等。

我国土石方工程机械生产起步较晚，其发展经历了不平凡的历程。主要经历了仿制、自主研制开发、技术引进、合资建厂等阶段。中华人民共和国成立初期的20世纪50年代，以测绘仿制苏联的产品为主，开创了行业的起步阶段，如1954年抚顺挖掘机厂生产第一台斗容量为$1m^3$的机械式单斗挖掘机；1958年洛阳拖拉机厂生产的第一台东方红拖拉机、天津建筑机械厂生产的移山-80机械式推土机；沈阳风动工具厂YT-25风动手风钻等早期土石方工程机械。20世纪60年代中后期，液压挖掘机、推土机等工程机械自主研制成功，为行业的发展迈出了极其重要的一步，如：长江挖掘机厂生产的WY160、上海建筑机械厂生产的WY100、天津建筑机械厂生产的移山-100等。20世纪80年代中期国内工程机械生产厂已具有相当规模，生产厂家有近50家，工程机械品种达50余种，形成序列产品。液压挖掘机斗容$0.2\sim2.5m^3$、推土机35～185kW、80～150mm潜孔钻、牙轮钻等土石方工程机械基本能满足国内的工程建设，但产品的工艺及质量，特别是液压技术和相关零部件与国际先进水平相比，还有很大的差距。改革开放以来，通过积极引进、消化、吸收国外先进技术和制造工艺，促进了工程机械行业的发展。

土石方工程施工技术的进步，为土石方施工机械奠定了良好的发展基础。特别是近些年来，随着国家加大基础建设的投入、西部大开发和五大跨世纪工程的相继建设，一批大型水电站陆续开工，大规模土石方开挖、200m以上的高土石面板堆石坝、巨型地下洞室、高边坡治理等工程实践，使得土石方工程施工机械化、专业化水平大幅提高，机械设备配套更加完善。

土石方机械设备种类繁多，随着科学技术的发展进步，新技术、新材料、新结构、新工艺广泛用于各类施工机械设备中。其中，液压液力技术运用，大大提高了机械设备的生产效率；计算机和激光技术的运用，有效提高了机械设备的作业精度和质量；机电液、信息数字化技术的运用，使机械设备逐步向自动化和智能化方向发展；混合动力、纯电动驱动和LNG（液化天然气）的应用，使机械设备更加体现节能降耗和绿色环保的理念。在结构上，土石方工程机械已广泛采用模块和组件结构，部件的标准化、通用性程度大幅提高，减轻了机械维修保养的难度，有效提高了机械设备的完好率和使用效率。

开挖、运输、压实机械是水电工程土石方施工的主要装备。近年来，土石方工程挖掘机械仍以液压挖掘机为主要机型，斗容$1.5\sim6m^3$，大部分机型配有先进的电液控制系统，在节能减排方面，有全电动和混合动力的产品问世；运输机械仍是以自卸车为主，自卸汽车一般分为公路型和非公路型。公路型自卸车载重量一般在20～40t之间，非公路型载重量在20～60t之间居多，国内自卸车厂家近些年生产出了较有竞争力自卸汽车，性价比较高；压实机械随着压实技术的发展进步，振动压路机是主流机型，常用吨位18～30t，较为先进压路机配有智能控制装置和GPS，能实时监测、测定压实情况，并能达到数据的远程传送；平地机、铲运机以液压自行式为主要机型，配以自动找平装置，大大提高了作业效率；全断面隧洞掘进机（TBM）、全电脑凿岩台车、反井钻等机械配备有先进的电脑控制系统、电液控制系统，能大大降低人工成本、提高施工精度、提高施工安全保障、提高地下洞室掘进作业效率；长距离胶带输送机近些年得到推广运用，并取得了较好经济效益和社会效益。

目前，我国已经成为全球最受瞩目的工程机械市场，自主创新、自主品牌市场占有率高达50%以上，我国自行研制的全球最大的水平臂上回转自升塔式起重机、世界最长72m臂架混凝土输送泵车、国内最大的500～1000t级的全路面起重机、1000～2000t级履带起重机、12t大型装载机、510马力推土机、额定起重量50t级叉车、最大直径11.22m泥水平衡盾构机、220t电动轮自卸车、55m^{3}露天矿用挖掘机等产品已达到或超过国际同类产品的水平。随着工程机械行业转型升级，国内品牌替代外资品牌的趋势明显，产品性能基本能满足各类土石方工程施工要求。为进一步提高土石方工程机械化施工水平和加快工程建设速度，土石方工程机械势必朝着大容量、大功率、高效率、智能、节能环保和维修便捷的方向发展。

2 凿岩钻孔机械

在土石方工程和石料开采施工中，钻爆法仍是开挖主要施工方法。随着爆破技术的发展，高性能、高精度、大扭矩、全液压凿岩钻孔机械在大规模土石方开挖、预裂光面爆破、深孔爆破、地下洞室工程等方面都得到了广泛的运用。

凿岩机械的发展主要经历了从气动凿岩机到液压凿岩机的发展历程，历时100多年。20世纪70年代，采用液压方式进行凿岩机能量传递大大改善了压缩空气传递时带来的诸多缺陷，液压凿岩机工作时具有能量传递利用率高、工作平稳、振动噪声小、零部件损耗少等优点。以瑞典阿特拉斯、芬兰汤姆洛克、法国蒙特贝尔特等公司生产的液压凿岩机及其配套钻车的技术水平，具有一定的代表性。

2.1 凿岩钻孔机械分类

凿岩钻孔机械是以内燃机、压缩空气、液压能、电能作为动力，以能量转换方式，通过凿岩机上的钻具对岩石进行破碎达到造孔目的。一般可分为凿岩机和穿孔机械。凿岩机钻孔直径一般100mm以下，穿孔机械的钻孔直径一般100mm以上。

凿岩钻孔机械常规分类如下。

（1）按凿岩钻孔机械动力驱动方式，可分为风动、液压、电动、内燃。

（2）按凿岩钻孔机械破岩造孔方式，可分为冲击、回转、冲击回转。

（3）按凿岩钻孔机械冲击器的工作位置，可分为：顶驱式、潜孔式。

（4）按行走方式，可分为：自行式（履带式、轮式）、拖式。

2.2 凿岩钻孔机械特性及应用

凿岩钻孔机械用途广泛，常用凿岩钻孔机械主要特性及应用见表2-1。

表2-1　　常用凿岩钻孔机械主要特性及应用表

类别	组别	型别	典型机种	钻孔尺寸		钻孔方向	重量/kg	应用范围
				孔径/mm	深度/m			
凿岩机	风动	手持式	Q1-30、Y-24	34～56	4～7	水平、倾斜、向下	20～30	开挖量小、层薄、工作面小、解炮等
		气腿式	YT23、YT26	34～56	5～8	水平、倾斜、向下	23～30	
		向上式	YSP45	35～56			44～45	
		导轨式	YG40、YG290	40～80	15～40	4°～6°		视工作面而定

续表

类别	组别	型别	典型机种	钻孔尺寸		钻孔方向	重量/kg	应用范围
				孔径/mm	深度/m			
凿岩机	液压	履带式	古河系列	76～120	8～10	水平、倾斜、向下	15000	工作面宽广、开挖工程量大、梯段高
			阿特拉斯系列					
			英格索兰系列					
	电动	导轨式	YYG-80	42	4～7	任意方向	80	开挖量小、层薄、工作面小、解炮等
		手持、气腿式	YDX40A、YTD25	35～56	4～7	水平、倾斜、向下	25～30	
	内燃	手持式	YN30A、YN25		6	水平、倾斜、向下	23～28	
穿孔机	潜孔钻	履带式	CLQ-80、YQ-100	85～130	20	0°～90°	4500	视工作面的情况而定
			YQ-150	100～150	18	0°～90°	7000～15000	
			YQ-170	170	18	60°～90°	15000	
	回转式		KZ-Y20、YCZ76	95～150	30～60	70°～90°	>15000	
			KHY-200	190～250	20	75°～90°		
	牙轮式		KY-250C	225～250	20	75°～90°	84000	矿山、料场开采

2.3 凿岩钻孔机械产品标识

为了规范凿岩机械产品型号，国家规定了凿岩机型号标识和产品分类《凿岩机械与气动工具产品型号编制方法》(JB/T 1590—2010)，凿岩机型号标识和产品分类见表2-2。

表2-2　凿岩机型号标识和产品分类表

类别	组别	型别	特征代码	产品名称及代号	主要参数	
					名称	单位
凿岩机：Y	气动	手持式		手持式凿岩机：Y	重量	kg
			水下：X	手持式水下凿岩机：YX		
			两用：LY	手持气腿两用凿岩机：YLY		
		气腿式：T		气腿式凿岩机：YT		
			高频：P	气腿式高频凿岩机：YTP		
			多用：D	多用途气腿式凿岩机：YTC		
		向上式：S		向上式凿岩机：YS		
			侧向：C	向上式侧向凿岩机：YSC		
			高频：P	向上式高频凿岩机：YSP		
		导轨式：G		导轨式凿岩机：YG		
			高频：P	导轨式高频凿岩机：YGP		
			回转：Z	导轨式独立回转凿岩机：YGZ		

续表

类别	组别	型别	特征代码	产品名称及代号	主要参数	
					名称	单位
凿岩机：Y	内燃：N	手持式		手持内燃凿岩机：YN	重量	kg
			副缸：F	带副缸手持内燃凿岩机：YNF		
	液压：Y	手持式		手持式液压凿岩机：YY		
		支腿式 T		支腿式液压凿岩机：YYT		
		导轨式 G	采矿：C	导轨式采矿液压凿岩机：YYGC		
			掘进：J	导轨式掘进液压凿岩机：YYGJ		
	电动：D	手持式		手持式电动凿岩机：YD		
			软轴：R	手持式软轴传动电动凿岩机：YDR		
		支腿式：T		支腿式电动凿岩机：YDT		
			矿用：K	支腿式矿用隔爆电动凿岩机：YDTK		
		导轨式：D		导轨式电动凿岩机：YDG		
凿岩辅助设备：F	支腿：T	气动		气腿：FT	公称推力	10N
		水式：S		水腿：FTS		
		油式：Y		油腿：FTY		
		手动式：D		手摇式支腿：FTD	机重	kg
	钻架：J	柱式：Z	单柱式	单柱式钻架：FJZ	最低工作高度	m
			双柱式：S	双柱式钻架：FJZS		
		圆盘式：Y		圆盘式钻架：FJY		
		伞式：S		伞式钻架：FJS	最小支撑直径	m
		环形：H		环形钻架：FJH		
钻车：C	露天	气动、半液压 履带式：L		履带式露天钻车：CL	钻孔直径	mm
			潜孔：Q	履带式露天潜孔钻车：CLQ		
			潜孔：Q 中压：Z	履带式露天中压潜孔钻车：CLQZ		
			潜孔：Q 高压：G	履带式露天高压潜孔钻车：CLQG		
		气动、半液压 轮胎式：T		轮胎式露天钻车：CT		
		气动、半液压 轨轮式：G	多用 D	轨轮式露天钻车：CG		
		液压：Y 履带式		履带式露天液压钻车：CYL		
			潜孔：Q	履带式液压潜孔钻车：CYLQ		
		液压：Y 轮胎式：T		轮胎式露天液压钻车：CYT		
		液压：Y 轨轮式：G		轨轮式露天液压钻车：CYG		

续表

类别	组别	型别		特征代码	产品名称及代号	主要参数	
						名称	单位
钻车：C	井下	气动半液压	履带式：L	采矿：C	履带式采矿钻车：CLC	钻孔直径	mm
				掘进：J	履带式掘进钻车：CLJ		
				锚杆：M	履带式锚杆钻车：CLM		
			轮胎式：T	采矿：C	轮胎式采矿钻车：CTC		
				掘进：J	轮胎式掘进钻车：CTJ		
				锚杆：M	轮胎式锚杆钻车：CTM		
			轨轮式：G	采矿：C	轨轮式采矿钻车：CGC		
				掘进：J	轨轮式掘进钻车：CGJ		
				锚杆：M	轨轮式杆钻车：CGM		
		全液压：Y	履带式：L	采矿：C	履带式液压采矿钻车：CYLC		
				掘进：J	履带式液压掘进钻车：CYLJ		
				锚杆：M	履带式液压锚杆钻车：CYLM		
			轮胎式：T	采矿：C	轮胎式液压采矿钻车：CYTC		
				掘进：J	轮胎式液压掘进钻车：CYTJ		
				锚杆：M	轮胎式液压锚杆钻车：CYTM		
			轨轮式：G	采矿：C	轨轮式液压采矿钻车：CYGC		
				掘进：J	轨轮式液压掘进钻车：CYGJ		
				锚杆：M	轨轮式液压锚杆钻车：CYGM		
钻（孔）机：K	潜孔钻机：Q	气动、半液压	履带式：L	低气压	履带式潜孔钻机：KQL	钻孔直径	mm
				中压：Z	履带式中压潜孔钻机：KQLZ		
				高压：G	履带式高压潜孔钻机：KQLG		
			轮胎式：T	低气压	轮胎式潜孔钻机：KQT		
				中压：Z	轮胎式中压潜孔钻机：KQTZ		
				高压：G	轮胎式高压潜孔钻机：KQTG		
			柱架式：J	低气压	柱架式潜孔钻机：KQJ		
				中压：Z	柱架式中压潜孔钻机：KQJZ		
				高压：G	柱架式高压潜孔钻机：KQJG		
		液压：Y	履带式：L		履带式液压潜孔钻机：KQYL		
			轮胎式：T		轮胎式液压潜孔钻机：KQYT		
		电动：D			电动潜孔钻机：KQD		
	气动冲击钻		枪柄式		枪柄式气动冲击钻：KQ		
			环柄式		环柄式气动冲击钻 ：KH		
			侧柄式		侧柄式气动冲击钻：KC		

续表

类别	组别	型别	特征代码	产品名称及代号		主要参数	
						名称	单位
钻（孔）机：K	回转钻	手持式	煤矿：M	气动	矿用手持式气动钻机：KM	机重	kg
			岩心：X		手持式气动岩心钻：KX		
			岩石：Y		手持式气动岩石钻：KY		
				电动：D	手持式电动岩石钻：KYD		
		防爆：H			矿用防爆电动岩石钻：KHYD		
		支腿式：T	锚杆：M	气动	支腿式锚杆钻机：KTM	额定转矩	Nm
				电动：D	支腿式电动锚杆钻机：KTMD		
				液压：Y	支腿式液压锚杆钻机：KTMY		
潜孔冲击器：QC	气动		低压	潜孔冲击器：QC		凿孔直径	mm
			中压：Z	中压潜孔冲击器：QCZ			
			高压：G	高压潜孔冲击器：QCG			
	液压：Y			液压潜孔冲击器：QCY			

凿岩机械产品型号标识：

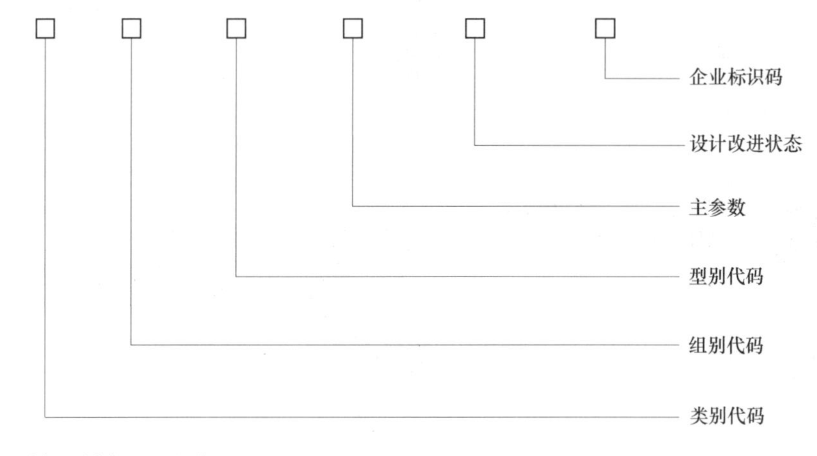

穿孔机械型号标识见表 2－3。

表 2－3　　穿孔机械型号标识表

类	组	形式	特征代号	产品名称及代号	主要参数	
					名称	单位
穿孔机械：K	牙轮：Y	履带式	L	牙轮钻机：KY	孔径	mm
	潜孔：Q			潜孔钻机：KQ	孔径	mm
	冲击式：C			冲击钻机：KC	孔径	mm
	旋转：X			履带冲击钻机：KCL	孔径	mm
				旋转钻机：KX	孔径	mm

2.4 常用凿岩钻孔机械

凿岩钻孔机械种类繁多，水利水电工程施工中，土石方开挖、基础处理、锚固、灌浆等都会使用各种类型的钻机。常用的凿岩钻孔机械有手持式凿岩机、岩芯钻机、锚固钻机、管棚钻机、履带凿岩台车、牙轮钻机、潜孔冲击器等。

2.4.1 手持式凿岩机

手持式凿岩机俗称手风钻，用来钻凿小直径炮孔的钻孔机械。主要用于开挖面狭窄、浅层、建基面保护层和解炮等钻孔爆破作业，配备支腿适用于巷道钻孔作业。各种类型手持式凿岩机见图 2-1。

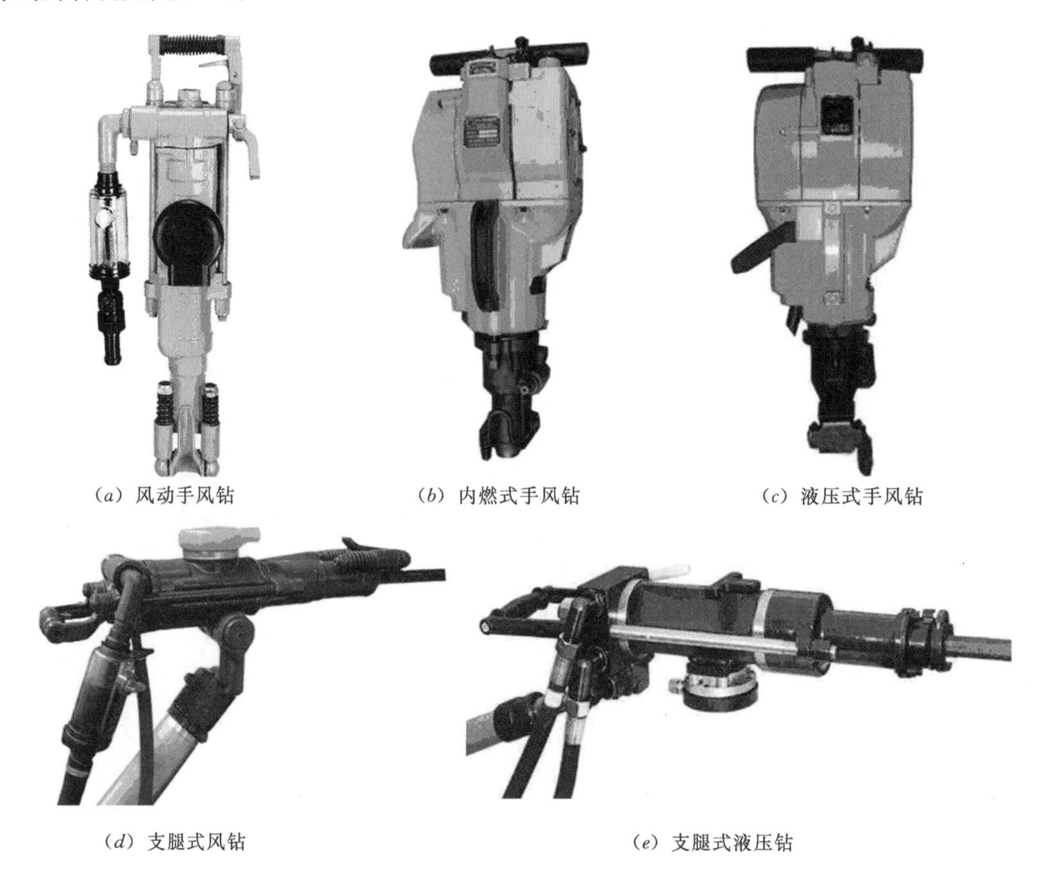

(a) 风动手风钻　(b) 内燃式手风钻　(c) 液压式手风钻

(d) 支腿式风钻　(e) 支腿式液压钻

图 2-1 各种类型手持式凿岩机示意图

2.4.1.1 手持凿岩机分类

(1) 按凿岩机工作动力分为：内燃凿岩机、风动凿岩机、液压凿岩机、电动凿岩机。

(2) 按凿岩机操作方式分为：手持式凿岩机、支腿式凿岩机、导轨式凿岩机。

(3) 按凿岩机冲击频率分为：一般频率 (2500 次/min)、高频 (2500～5000 次/min)。

(4) 按凿岩机重量分为：轻型、中型和重型。

2.4.1.2 手持式凿岩机性能参数

内燃、电动凿岩机主要技术参数见表2-4。手持式风动凿岩机主要技术参数见表2-5。支腿式风动凿岩机主要技术参数见表2-6。

表2-4　　内燃、电动凿岩机主要技术参数表

项目＼型号		YN27A	YN28	YN30W	YDT28	YDT30	YN27C	YDT30	YDX40A	YDB30B
孔径/mm		35～38								
最大孔深/m		6			4		4	4	4	4
钻孔速度/(mm/min)		180	220	250	150		≤150		150	150
水腿使用水压/MPa		0.1～0.4							螺旋给进	水腿
转速/(r/min)		150	180		200		＞200		2820	2000
发动机	缸径/mm	58					二冲程发动机			
	行程/mm	70								
	转速/(r/min)	2700～3000								
电动机/kW					3			3	2	2
质量/kg		26	28		31		27	28	40	30
备注		手持	手持、可配支腿				手持		手持	手持

表2-5　　手持式风动凿岩机主要技术参数表

型号	Y24	YZ25	Y26	YT28	QY-30	QY-30改进型	QY-30A
钻孔直径/mm	34～42			34～42	38～42	38～42	34～42
最大孔深/m	3.5			4	4	6	6
扭矩/(N·cm)	＞50	＞60		45	45	56	55
使用气压/MPa	0.5	0.5	0.5	0.5	0.5	0.5	0.5
耗气量/(m^3/min)	2.9	2.9	＜3	3	2.4	2.65	2.7
钎杆规格/mm	22～30						
质量/kg	24	24	26	26	28	28	

表2-6　　支腿式风动凿岩机主要技术参数表

型　号	7655	YT24、YT25	TYP26（高频）	YT26	YT30	ZY24	ZF1	YTP26
钻孔直径/mm	34～38	38～42	36～42	34～42	34～38	36～42	34～38	32～38
钻孔深度/m	5	5	5	6	6	4	4	4
使用气压/MPa	0.5	0.5～0.6	0.5	0.5	0.5	0.5	0.5	0.5
冲击频率/(次/min)	1800	1800	2200	2000	1800	1800	2050	2050
冲击功/(N·m)	55	60	60	70	60	55	60	50
扭矩/(N·cm)	1500	1300	1800	1500	1300	1400	1500	1450

续表

型　　号	7655	YT24、YT25	TYP26（高频）	YT26	YT30	ZY24	ZF1	YTP26
耗气量/(m^3/min)	<3.6	<2.9	3	3.5	2.9	2.9	3.5	3
钎尾规格/(mm×mm)	22×108	22×108	22×108	25.4×108	22×108	22×108	22×108	22×108
配用支腿型号	FT160	FT140B	FT170	FT160	FT140A	FT140	ZF1J	
机身长度/mm	628	660	690	717	880		646	690
机身质量/kg	24	24	26.5	26	27	25	25	26

2.4.2 岩芯钻机

岩芯钻机种类繁多，具有施工作业面适应性强、移动灵活、钻孔精度高、结构简单、维护便捷等特点，能完成地质勘探、地基处理、灌浆孔、检查孔造孔作业，广泛用于水电工程施工中。

回转式岩芯钻机使用较多的是立轴式、导轨式、自行式。通常由回转装置、动力站（液压、电动驱动装置）、空压机、机架（导轨）、控制装置和钻具等组成。

XY系列岩芯钻机，是目前施工现场使用较多的一种机型，由柴油岩芯钻机、电动岩芯钻机驱动（见图2-2）。主要用于地质勘探、取基础岩芯、灌浆孔、检查孔等造孔作业。岩芯钻机主要技术参数见表2-7。

(a) 柴油岩芯钻机

(b) 电动岩芯钻机

图2-2　XY系列柴油、电动驱动岩芯钻机图

表2-7　　岩芯钻机主要技术参数表

项目＼型号	XY-1	XY-1A	XY-2	XY-3	XY-4	XY-5	XY-6B
钻孔深度/m	100～180	100～180	100～530	600	700～1000	1200～1500	1500～2000
钻孔直径/mm	75～110	46～150	50～150	50～150	50～150	50～150	50～150
钻杆直径/mm	42	42	42、60	55.5	47、50	50、60	50、60
钻孔倾角/(°)	75～90	75～90	0～90	0～90	0～90	0～90	

续表

项目 \ 型号		XY-1	XY-1A	XY-2	XY-3	XY-4	XY-5	XY-6B
立轴转速/(r/min)	正转	3速 142～570	5速 101～140	8速 65～1172	9速 33～1002	8速 135～1588	8速 80～1000	8速 80～1000
	反转			2速 51、242	2速 36、167	2速 110、338	2速 68、211	2速 62、170
最大提升力/kN		25	25	60	75	72	250	200
最大加压力/kN		15	15	40	55	55	180	150
动力装置/kW	柴油机	8.8	10.3	19.8	41	36.75	70	70
	电动机	7.5	11	20	30	30	55	55
外形尺寸/mm	长	1640	1620	2150	2490	2640	3190	3450
	宽	1030	970	900	920	1100	1495	1500
	高	1440	1565	1690	1880	1750	2140	2250
主机质量/kg		500	620	950	1200	1500	3000	3800

2.4.3 锚固钻机

锚固钻机主要用于水电站、铁路、公路边坡、各类地质灾害防治中滑坡及危岩体锚固工程。同时，适用于城市深基坑支护、抗浮锚杆及基础灌浆加固孔、高压旋喷桩、隧道管棚支护等造孔作业。

锚固钻机主要钻进方法有：潜孔锤常规钻进、跟管钻进、螺旋钻进。在不同的复杂地层，采用不同钻进方法，能获得较好造孔效果。

水电工程常用的几种锚固钻机见图2-3～图2-5。

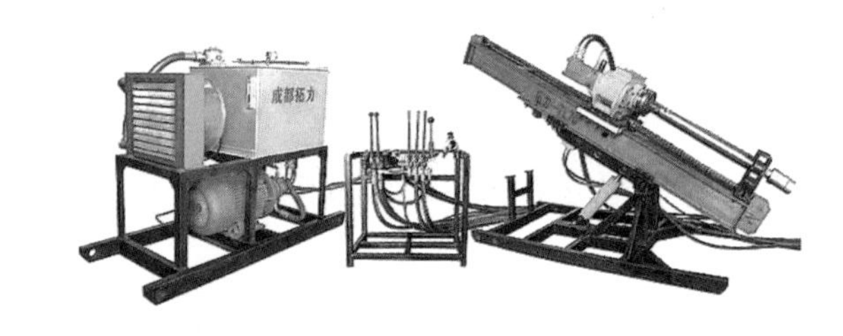

图2-3　MD-50系列轻型锚固钻机图

(1) 锚固钻机使用特点。

1) 工作环境恶劣。锚固钻机多使用高边坡治理工程，工作环境差，交通不变，钻机的搬运、移位异常困难。在结构上要求锚固钻机轻便、解体性强，搬运、就位快捷。

2) 工况复杂。通常边坡处理地质情况复杂，要求锚固钻机能适应多种钻进工艺要求，功能适应性强。

3) 锚固工艺质量要求高。随着锚固要求的提高，要求锚固钻机钻孔精度和深度相应提高，对钻机技术性能提出了更高要求。

图 2-4　多功能自行式锚固钻机图

图 2-5　履带式液压跟管锚固钻机图

根据锚固钻机的使用特点，国内已研发了多款多功能锚固钻机。以 MDL 系列锚固钻机为例，通过更换钻具，能适应多种钻孔工艺。能适用三翼钻头钻进，泥浆排渣；高压潜孔锤钻进，压缩空气排渣；孔底液动锤钻进，泥浆排渣；套管钻进；钻杆、套管复合钻进；单重、双重、三重旋喷、定喷、摆喷等旋喷工艺。该类钻机钻进速度快，造孔精度高、孔壁质量好，广泛用于各类锚固工程。

（2）锚固钻机构造。锚固钻机从钻机技术性能可分为两种类型：一种是全液压锚固钻机，钻机回转、推进和辅助动作均是以液压为动力，液压工作站由电动机或内燃机驱动；该类钻机使用范围较广、适用孔径和孔深较大，开孔和抗卡钻能力强、操作灵活方便，是目前国内大部分厂家采用的类型；另一种是电动—液压类锚固钻机，该类锚固钻机回转以电动机为动力，推进和辅助动作以液压为动力。

锚固钻机构造一般由主机（动力头、机架）、泵站、操纵台三大构件。结构简单，重量轻，解体性强，便于安装搬迁，适合在高边坡脚手架上施工，亦可装上底架或履带底盘，能适合多种施工场地。

（3）锚固钻机工作方式。锚固钻机主要以回转、推进、配气动潜孔冲击器钻进为主。多功能锚固钻机也可以通过更换钻具，进行螺旋钻进和旋喷钻进。适合钻杆钻进、套管钻进、旋喷钻进等工法。

（4）锚固钻机技术性能参数。部分型号锚固钻机主要技术参数见表 2-8。

表 2-8　部分型号锚固钻机主要技术参数表

项目＼型号		MD-50	MD-60	MD-80	MD-100	MD-120
钻孔直径/mm		85～160	90～185	100～210	130～250	150～250
钻孔深度/m		60～40	80～50	80～50	100～60	120～80
钻杆直径/mm		73、89	73、89、102	89、102、114	89、102、114	89、102、114
钻杆倾角/(°)		−10～90	−10～90	−10～90	−10～90	−10～90
动力头转速/(r/min)		10、25、45、60、100、130	12、25、45、60、100、125	16、30、38、55、75、105	10、20、36、48、75、100	15、30、30、45、60、90
动力头扭矩/(N·m)		2000	2700	4200	5500	6500
动力头行程/mm		1800	1800	1800	1800	1800
推进架补偿行程/mm		600	600	600	600	600
拔起力/kN		42.5	42.5	65	65	65
提升速度/(m/min)		0～1.5 可调 1.5、6、7.5	0～1.65 可调 1.65、5.8、7.5	0～1 可调 1、7.5、8.5	0～1 可调 1、7.5、8.5	0～1 可调 1、7.5、8.5
加压力/kN		26	26	33	33	33
加压速度/(m/min)		0～2.5 可调	0～2.7 可调	0～2 可调	0～2 可调	0～2 可调
功率/kW		18.5+1.5+0.15	22+1.5+0.15	30+1.5+0.25	37+1.5+0.25	45+1.5+0.25
施工外形尺寸/mm	长	2000	2300	2200	2200	2200
	宽	700	650	650	650	680
	高	3150	3400	3400	3400	3450
运输外形尺寸/mm	长	3200	3400	3400	3400	3400
	宽	700	650	650	650	650
	高	1300	1400	1500	1500	1500
质量/kg		1200	2300	2600	2800	3000

2.4.4　管棚钻机

管棚钻机属锚固钻机类，是管棚法施工中关键设备。管棚超前支护法是近些年发展起来的一种在软弱围岩中进行隧道掘进的新技术，随着管棚施工技术广泛应用，专用管棚钻机应运而生，其作用是沿着隧道断面外轮廓超前钻进并安设管棚。管棚支护具有支护能力强、支护深度大、工序简单、安全性高等特点，被认为是隧道施工中解决挂口、塌方、软弱围岩等最有效的施工方法之一。管棚施工法在城市地下管道、铁路等暗挖工程中也被广泛采用。

（1）管棚施工工艺。管棚施工工艺一般顺序为：钻机就位—钻孔定位—钻孔（跟入灌浆钢管）—清洗孔—顶入注浆钢管—压力注入水泥浆—检查灌浆质量—形成管棚。

（2）管棚钻机分类。管棚钻机可分为坑道、定（导）向、夯管锤管棚钻机等。结构型式上有机架式和履带自行式管棚钻机。管棚钻机按其钻孔方式有：冲击式、回转式、冲击回转式、套管跟进式等多种钻进形式，增强了对施工工艺的适应性。在操作控制上采用机电液一体化控制，自动化程度大大提高。通过更换不同钻具和装置，还适用于预应力锚固孔、围堰加固、高压旋喷导引孔、排水孔等多种钻孔作业。

（3）管棚钻机主要技术参数。部分型号管棚钻机主要技术参数见表2-9。

表2-9　　部分型号管棚钻机主要技术参数表

项目 \ 型号		DXC165	GT110	GP-150	ZSY-90	ZSL-100	YGL-100A	PG-115	KLEM80412
结构形式		支架、分体配动力站	履带式配动力站	全液压履带式	支架、分体配动力站	全液压履带式	全液压履带式	全液压履带式	全液压履带式
岩石硬度系数 f		6～20	6～20	6～20	6～20	6～20	6～18	6～18	6～20
钻孔直径/mm		78～150	90～150	48～150	90～250	90～250	130～250	80～250	90～200
钻孔深度/m		30	30	50	20～89	20～100	70～120	80	50
钻孔倾角/(°)			±45	±45	±35		±35	±20	±45
钻机回转扭矩/(N·m)		3400		5000～11000	5200	6200	3100～6000	10000	12000
推进形式		油缸-链条	油缸-链条	油缸-链条	油缸-链条	油缸-链条	油缸-链条	油缸-链条	油缸-链条
最大推进力/kN		50	50	50	45	65	50	80	50
最大提升力/kN		80	80	60	50	50	55	120	60
一次推进长度/mm		1500	1500	2200	2200	3000	2000	2200	2200
最高水平钻进高度/mm		1800	2800	3050	1500	2300	2950	3000	3300
冲击器		DHD340～360	配潜孔冲击器	配潜孔冲击器	配DHD系列冲击器	配DHD系列冲击器	配潜孔冲击器	配潜孔冲击器	配潜孔冲击器
外形尺寸/mm	长	5050	8500	8700	5100	5100	6150	9420	8500
	宽	2200	2300	2350	2200	2200	2000	2280	2230
	高	1980	2670	2720	2000	2000	2400	2760	2680
质量/kg		1500	2300	6000	2500	7000	6000	28000	14200

2.4.5 履带凿岩台车

履带凿岩台车是土石方爆破工程主要钻孔机械。一般配有大功率、高性能液压凿岩机或风动潜孔冲击器，配备接杆器，能完成孔径70～150mm、深20m钻孔作业，广泛用于露天矿山、采石场开采、水电、交通等工程爆破孔和预裂孔的钻孔作业。

（1）履带凿岩台车特点。履带凿岩台车属冲击回转钻机，能独立完成凿岩作业钻孔定位、钻孔、自动接杆、钻机移位等工作。其主要特点是：操作简便、机动灵活、钻孔作业辅助时间少、钻孔效率高，是土石方开挖工程钻孔作业最常用的机械。

（2）履带凿岩台车分类。履带凿岩台车按结构形式可分为整体式和分体式。整体式又可分为顶驱式全液压凿岩台车和风动潜孔凿岩台车，分体式多为风动潜孔凿岩台车，一般由凿岩台车和空压机两部分组成。履带凿岩台车见图 2-6。

（*a*）分体式气动履带凿岩台车

（*b*）山河智能履带凿岩台车

（*c*）阿特拉斯折叠臂履带凿岩台车

图 2-6　履带凿岩台车图

（3）履带凿岩台车构造。履带凿岩台车为便于在作业面行走多为履带式。主要构造由工作装置（凿岩机、钻臂、推进器、接杆器、钻杆和钻头）；动力装置（发动机、液压系统、空压系统）；辅助系统（操作系统、电气系统、集尘系统）；底盘（机架、行走装置）四大部分组成。有整体式和分体式，其区别在于分体式把凿岩台车空压系统独立出来，整机分为两个行走底盘，现场移动时是由钻机底盘牵引空压机行走。

1）工作装置。

A. 凿岩机。履带凿岩台车按凿岩机冲击器布置位置可分为顶驱式和潜孔式。顶驱式一般配备液压凿岩机，凿岩机的旋转和冲击机构为一体，位于钻杆的上端。潜孔式则是凿岩机冲击器位于钻杆前端和钻头一体，作业时冲击器潜入孔底工作，钻孔效率高、精度好。适用于风化严重、破碎、裂隙较多岩层中钻孔。

履带凿岩台车为提高凿岩效率，一般配备了大冲击功率、高扭矩的液压凿岩机或中、高风压风动潜孔冲击器。常用顶驱液压凿岩机技术性能参数见表 2-10。

表 2-10　　常用顶驱液压凿岩机技术性能参数表

性能	凿岩机型号						
	COP1132	COP1840	COP2560	HD712	HD715	DZYG51	HC170RP
工作压力/bar①	210	230	230	250	250	90～130	210
冲击功率/kW	11	20	25	18	22		23.4
冲击频率/(次/min)	2800	3300	3000	2300	2150		2500
回转速度/(r/min)	0～150			0～190	0～150	0～50	0～130
回转扭矩/(N·m)	360	980	1140			1800	1590
钎尾润滑方式	油气			油气		油气	油气
质量/kg	75	171	195	220	250	295	200

① bar 为非法定计量单位，$1bar=10^5Pa=0.1MPa$。

B. 钻臂、推进器。钻臂多为液压伸缩结构。多数制造厂家为了扩大钻孔覆盖面积，常用液压伸缩折叠臂。推进器由推进梁和推进机构组成，推进器的结构型式多为液压马达—链条推进器。推进梁长度由钻杆确定，用户可根据一次钻孔深度，选择推进梁长度。

C. 接杆器。主要功用是自动接、换钻杆，由液压机械手操作控制，接杆器可储存 6～8 根钻杆，便于接、换钻杆。

2）动力装置。

A. 发动机。发动机多为大功率水冷或风冷涡轮增压柴油发动机，为液压泵、空压机提供动力。

B. 液压泵。一般为两组泵组成。一组是变量柱塞泵，提供凿岩机工作油压和行走液压马达工作油压；另一组是齿轮泵提供辅助装置工作油压。

C. 空气压缩机。一般配备中压、高压螺杆式空气压缩机。全液压凿岩台车吹孔、集尘、凿岩机钎尾油—气润滑等装置提供压力气源；若是潜孔式凿岩台车，空压机主要是给冲击器提供工作气压。

3）操作系统。露天凿岩台车操作控制多为先导控制，有先导液控和电控。在操作系统中还配备了推进冲击、旋转、开孔、防卡钎、反冲击等控制回路，使凿岩作业操作简单、定位快捷、开孔容易、钻孔高效。

4）电气控制系统。电气控制为 24V 弱电控制，由继电控制器、电—液控阀等组成。

5）集尘装置。露天凿岩台车配有大容量集尘装置，用于收集凿岩时粉尘，以保证作业面清洁。集尘装置由集尘箱、集尘管路、液压马达—风扇、过滤网等组件组成。

6）驾驶室。一般满足 ROPS 防滚翻和 FOPS 防落石要求的空调驾驶室。

7）底盘。露天凿岩台车配置履带行走机构。为适应崎岖不平作业面，采用了回转式机架和浮动式行走履带，通过性强，行走方便、稳定。

(4) 部分型号顶驱式全液压露天凿岩台车主要技术参数见表 2-11。部分型号潜孔冲击式露天凿岩台车主要技术参数见表 2-12。

2.4.6　牙轮钻机

牙轮钻机是以牙轮钻头为凿岩工具的自行式钻机。与其他类型的钻机相比，具有钻孔

表 2-11　　部分型号顶驱式全液压露天凿岩台车主要技术参数表

项目		SWDH60	SWDH90	ROC T20	ECM580	ECM720	HCR1200	HCR1500	DP800	DP1100	DP1500
孔径范围/mm		36～76	64～89	36～64	64～102	89～140	76～102	89～127	76～127	89～127	89～140
最大孔深/m		32	10	9	25	29.5	20	30	20	20	30
钻杆(直径×长度)/(mm×mm)		H35×3660	38、51×3600	TC35×3660	T38、T45	T51、T60	38/45×3660	51R/T51×3660	45/51×4551	51×5160	51×5160
接杆装置储存钻杆数量/根		无	无	6	6	8	6	6	6	6	
凿岩机	型号	HC25	HC50	COP1132	COP1840	HC200A	HD712	HD715	HL800T	HL1010	HL1560T
	回转速度/(r/min)	0～150	0～150	0～150	0～150	0～135	0～190	0～150	0～180	0～180	0～180
	回转扭矩/(N·m)	130～230	220	360	980	1280					
	冲击功率/kW	15	21	11	20	26	22	28	21	21	28
	冲击频率/(次/min)	2500	2500	3000	3000	3000	2300	2150			
液压钻臂	结构形式	固定式	固定式	折叠式	伸缩式	伸缩式	伸缩式	伸缩式	伸缩式	伸缩式	伸缩式
	推进器形式	油马达-链条	油马达-链条	油马达-链条	油马达-链条	油马达-链条	油马达-链条	油马达-链条	油马达-链条	油马达-链条	油马达-链条
	推进梁长度/mm	4800	5400	5300	7140	8788	7800	8000			
	推进行程/mm	3500	4000	3300	4240	5128	4440	4700			
	推进补偿行程/mm	1200	1200	1300	1400	1524	1200	900			
	最大推进力/kN	7.5～10	10～15	10	20	33.8	29.5	31			
空气压缩机	空压机类型	螺杆式	螺杆式	螺杆式	螺杆式	螺杆式	螺杆式	螺杆式	螺杆式	螺杆式	螺杆式
	空压机风量/(m^3/min)	1.5	5	3	7.6	13	7.8	13.5	9.6	9.6	14
	空压机风压/bar	7	7	10	10.5	10.3	10.3	10.3	10	10	10

续表

项目 \ 型号			SWDH60	SWDH90	ROC T20	ECM580	ECM720	HCR1200	HCR1500	DP800	DP1100	DP1500
液压回路工作油压	钻臂油压/MPa		220	220	220	220	220	220	220	200	200	200
	冲击工作油压/MPa		150	150	210	230	230	250	250	180	180	180
	旋转工作油压/MPa		150	150	180	180	220	150	150	150	150	150
	推进工作油压/MPa		220	220	220	220	280	220	220	200	200	200
底盘	行走方式		履带式	履带式	轮式	履带式	履带式	履带式	履带式	履带式	履带式	履带式
	发动机	型号	V3300 - D1	6BT5.9 - C150	CAT C7	B5.9CA	C11	QSB6.7	C9	C9	C9	C11
		功率/kW	54.9	110	168	127	287	179	261	205	205	261
	行走速度/(km/h)		3.1～4.5	3～5	10	3.6	3.2	3.1～4.5	0～4.2	1.7～3.5	1.7～3.5	1.7～3.5
	最大牵引力/kN		55	65	59	140	125.4					
	爬坡能力/(°)		25	25	20	20	30	30	30	30	30	30
外形尺寸/mm	长		8400	9000	5600	10710	12170	9975	10010	10500	10500	10500
	宽		2200	2600	2500	2490	2570	3125	3720	2500	2500	2500
	高		3000	3150	1900	3100	3330	3605	3325	3200	3200	3200
整机质量/kg			7800	10000	5400	10.5	20500	14100	17220	18500	18800	19200

表 2-12　　部分型号潜孔冲击式露天凿岩台车主要技术参数表

型　　号		CM351	ZGYX-430	KQG150Y	CM351	ROK L6	ROC L8	DCR18	DCR20	CS225	CS100L	ZGYX-452	KT8	KT11S
结构型式		分体式	分体式	电动 整体式	气动 分体式	液压 整体式	全液压 整体式	全液压 整体式	全液压 整体式	全液压 整体式	全液压 整体式	全液压 整体式	全液压 整体式	全液压 整体式
孔径范围/mm		105～165	90～152	152、165	105～140	92～152	110～178	89～152	89～165	202～225	76～165	108～127	80～115	105～125
最大孔深/m		30～40	30	17.5	20～30	45	30～54	25	30	18	30	20	30	18
钻杆(直径×长度)/(mm×mm)		T50×3000	76、89×3000	133×10000	76×3000	76/89/102×5000	89、140×5000	76×5000	76、89×5000	180×9000	76×5000	76、89×3000	64×3000	76×3000
回转马达	型号					DHR 6H	DHR48							
	回转速度/(r/min)	0～72	0～80	24/33/49	0～72	0～120	0～137	0～120	0～120	0～40、0～80	0～64	0～100	0～120	0～63
	回转扭矩/(N·m)	2510	2580	2430～2080	2510	3250	6200	2500	3250	5870	3700	1983	1900	2800
冲击器	型号	DHD340、DHD360	340、350	DHD360	DHD340/DHD350	COP44/COP54	COP44/COP54					RH500	HD35A	HD45
	耗风量/(m^3/min)	17～21	10～20	6～26	17～21	15～20	17～21	15～20	20	30		15	15～20	18
	工作风压/MPa	1.05～2.4	0.7～2	0.7/1.05/2.5	1.05～2.46		2.5	2.4	2.5	2.5	0.5～1.2	2.5	2.4	2.5
钻臂	结构型式	整体式	整体式	整体式	整体式	整体式	折叠式	整体式	整体式	整体式	整体式	整体式	整体式	整体式
	推进器型式	风马达-链条	油马达-链条	油马达-链条	风马达-链条	油马达-链条	油马达-链条	油马达-链条	油马达-链条	油马达-链条	油马达-链条	油马达-链条	油马达-链条	油马达-链条
	推进梁长度/mm	4800	4850	4800	4800	9400	11560	9320	9500			11560	4500	4800
	推进行程/mm	3660	4200	3800	4000	5400	7540	5600	5678	9350	5600	3200	3000	3000
	推进补偿行程/mm	1200	1000	1200	1200	1900	1150	1200	1200	1450	1000	1220	1250	1250
	最大推进力/kN	13.6		15	12	40	40	30	30	39	12	19.5	25	

续表

型号			CM351	ZGYX－430	KQG150Y	CM351	ROK L6	ROC L8	DCR18	DCR20	CS225	CS100L	ZGYX－452	KT8	KT11S
底盘	发动机	型号	柴油机	YC4D950－K20	电动机	空压机	C11	C13	C11	C13	C13		YC6A260L－T20	6CTA8.3－C260	6LTAA8.9－C325
		功率/kW	51	80	70	20	287	328	287	328	335	48	191	194	239
	行走速度/(km/h)		2	3	3	3	3.5	3.5	3	3	0.6、1.2	2.7	3	3.5	3.5
	最大牵引力/kN						166	166	90	105					
	爬坡能力/(°)		26	30	14	32	30	30	25	25	≤20		30	30	30
接杆装置储存钻杆数量/根			无	无	无	无	6	6～8	7	8			6～8	6	6
除尘装置			选配干式	干式集尘器	湿式	选配湿式	选配湿式	干式集尘器	干式集尘器	干式集尘器	干式集尘器	干式集尘器	干式集尘器	干式集尘器	干式集尘器
配套空压机/(m^3/min)			中高压 20	中高压 20		中高压 20	(自带) 20	自带 25	自带 20	自带 25	33		自带 15	自带 13	自带 18
外形尺寸/mm	长		6880	7370	6590	6900	10700	11700	9450	9670	12700	4850	7567	8000	8890
	宽		2410	2360	3420	2260	2500	2500	3100	3350	3400	2220	2500	2300	2580
	高		2170	2560	12900	1800	3200	3500	2380	2400	3500	2630	2900	3000	3655
整机质量/kg			4500	6500	16500	5300	21700	22600	20000	21000	30000	8800	11300	9600	14600

孔径大、钻孔深度深、效率高、成本低、可靠性高等优点，适用于中硬和坚硬岩石的钻孔作业，一般用于大规模土石方开挖和露天煤矿开挖（见图 2-7）。

图 2-7　牙轮钻机图

（1）牙轮钻机分类。牙轮钻机按孔径大小分为重型（孔径 200～300mm）和轻型（孔径为 90～150mm）两种；按回转和加压方式不同分为底部回转间断加压式（卡盘式）、底部回转连续加压式（转盘式）和顶部回转连续加压式三种；按动力装置不同分为电力驱动和柴油机驱动。

牙轮钻机系列规格和基本参数见表 2-13。

表 2-13　　牙轮钻机系列规格和基本参数表

基本参数	单位	牙轮钻机系列规格				
		150	200	250	310	380
钻孔直径	mm	150	170/200	220/250/270	250/270/310	310/380
钻孔深度	m	15/17		20/30		
钻孔方向	(°)	75～90	75～90	90		
回转速度	r/min	0～100		0～120		
推进速度	m/min	0～2	～10	0～2.1	0～4.5	0～3.3
最大推进力	kN	≥130	≥150	≥340	≥450	≥530
排渣风速	m/s	25～50				
爬坡能力	(°)	10～15				
适应岩石普氏硬度系数 f		4～12	4～15	4～20		

（2）牙轮钻机工作原理。牙轮钻机钻孔时，依靠加压、回转机构，通过钻杆对牙轮钻头提供轴压力和回转扭矩，对岩石产生挤压和剪切，达到破碎岩石造孔的目的。岩渣由压缩空气，经钻杆内腔从孔底沿钻杆和孔壁环形空间吹至孔外。

（3）牙轮钻机构造。牙轮钻机主要由底盘、动力装置、工作装置、辅助装置和操作系统五大部分组成。牙轮钻机构造见图 2-8。

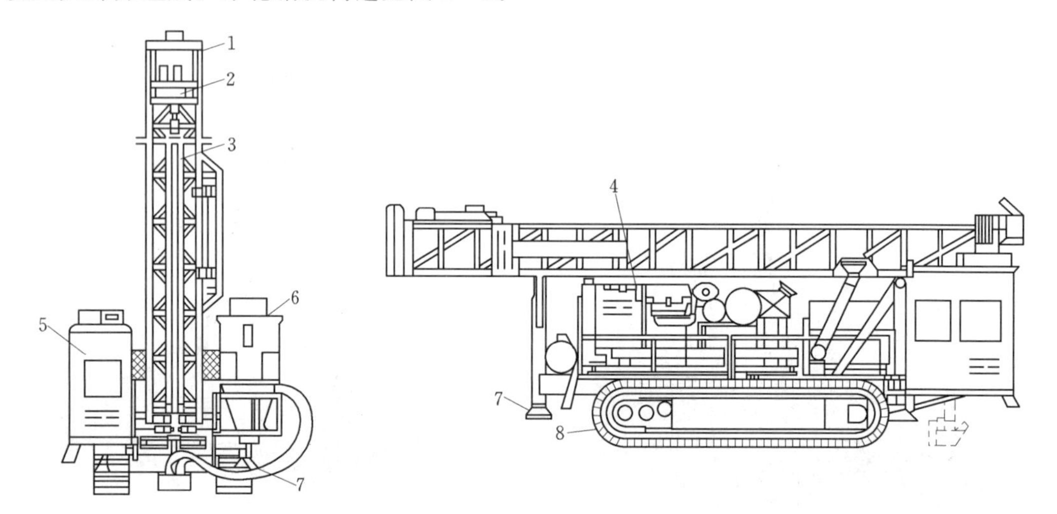

图 2-8　牙轮钻机构造示意图（KY-250 型）

1—钻架；2—回转机构；3—钻杆架；4—电机、控制柜；5—操作室；
6—除尘装置；7—油压千斤顶；8—履带行走机构

1）底盘。主要由履带行走机构、钻机工作时用于固定用的千斤顶和底盘平台组成。

2）动力装置。钻孔作业时动力，主要由电动机、变压器、开关柜、空压机、电气控制装置等组成，行走时由柴油机驱动。

3）工作装置。由钻架、钻具（钻杆、钻头）、回转机构、加压提升机构、液压夹头等组成。

4）辅助装置。由空气净化装置、除尘装置、液压系统、空压系统、润滑系统等组成。

5）操作系统。由操作室、各类操作手杆、仪表指示盘、显示报警等组成。

（4）影响牙轮钻机钻孔效率的因素。一般情况下，除了岩石物理特性外，影响牙轮钻机钻孔效率有钻机钻压、钻机转速和排渣风量、风压。合理选择牙轮钻机钻压、转速和排渣风量可提高钻孔速度，同时，延长钻头使用寿命，降低工程成本。

钻压和转速配置有两种模式。一种是高钻压低转速。钻压约为 300～600kN，转速小于 150r/min；另一种是低钻压高转速，钻压约为 150～300kN，转速约为 250～350r/min。经验数据表明：钻压为 300～600kN，转速为 150～200r/min，压缩空气强吹排渣，钻孔效率高，钻具磨损少。

1）钻压选取。钻机工作时所需钻压，通常取决于岩石物理特性、钻机钻头直径、钻头类型和推力轴承承载能力。一般情况下。为了能有效破碎岩石，钻压宜取岩石破碎极限强度的1.2～1.5倍。牙轮钻机钻压和钻头直径及岩石普氏系数 f 值的关系见表2-14。

表2-14　　牙轮钻机钻压和钻头直径及岩石普氏系数 f 值的关系表　　单位：kN

f \ 钻头直径/mm	150	170	200	230	250	310	380
4	36～42	41～48	48～56	55～64	60～70	74～87	89～99
6	54～63	61～71	72～84	83～97	90～105	112～130	104～120
8	72～84	82～95	96～112	110～129	120～140	149～174	148～161
10	90～105	102～119	120～140	138～161	150～170	186～217	206～243
12	108～126	122～143	144～163	166～193	180～210	224～261	—
14	126～147	143～176	168～196	192～225	210～245	260～304	—
16	144～168	163～190	192～224	221～258	240～280	298～347	—
18	162～189	184～214	216～252	248～290	270～315	335～391	—
20	180～210	204～238	240～280	276～322	300～350	372～434	—

2）转速选取。钻机回转速度与钻进速度有直接的关系。一般情况，钻机转速低于150r/min时，钻进速度与转速成正比；超过时，钻进速度并非会随转速的提高而提高，相反，转速过高会直接导致钻头温度升高，磨损加剧，降低使用寿命。对软基岩采用低钻压高转速钻进；硬基岩采用高钻压低转速钻进。

3）排渣风量、风压的选取。排渣风量、风压对钻头使用寿命影响很大。目前一般配置中风压、高风压空气压缩机。风量由钻杆与孔壁之间的气流速度来确定，一般在15～30m/s之间，岩渣比重小的取小值，岩渣比重大和含水量大的取值要大一些。

（5）牙轮钻机技术性能参数。部分型号国产牙轮钻机主要技术参数见表2-15。

表2-15　　部分型号国产牙轮钻机主要技术参数表

项目 \ 型号	YZ12	SD250	YZ35	YZ55
钻孔直径/mm	95～170	225～250	170～270	310～380
一次连续钻孔深度/m	15～22	18.5	17	19
最大轴压/kN	120	350	350	550
钻孔方向/(°)	90～70	90	90	90
钻具回转方式	直流电机	直流电机	直流电机	变频电机
回转速度/(r/min)	0～140	0～90	0～90	0～120
回转扭矩/(kN·m)	3.4	6	6.3	8.33
加压方式	封闭链-齿条-液压马达	封闭链-齿条-液压马达	封闭链-齿条-液压马达	封闭链-齿条-液压马达
推进速度/(m/min)	0～1.8	0～2	0～1.2	0～2

续表

项目 \ 型号		YZ12	SD250	YZ35	YZ55
提升速度/(m/min)		18	0～37	36	30
最大提升力/kN			400	430	500
空压机	类型	滑片式	螺杆式	滑片式	滑片式
	风量/(m^3/min)	18	40	40	55
	风压/bar	2.74	2.5	2.74	3.4～4.5
行走速度/(km/h)		0～1.8	0～1.5	0～1.3	0～1.1
爬坡能力/%		30	25	25	25
电动机总功率/kW		300	355	415	500
长度/m	工作时	81000	13306	13800	14250
	落架时	13050	25885	25700	27030
高度/m	工作时	13700	26232	26000	27080
	落架时	4940	6490	6300	7550
宽度/mm		4380	5910	5900	6100
质量/kg		30000	90000	85000	140000

2.4.7 潜孔冲击器

潜孔冲击器主要配备潜孔式钻机。潜孔冲击器以压缩空气为动力，通过冲击活塞不间断地冲击钻头，破碎岩石，压缩空气通过钻头到孔底，排除岩渣形成炮孔。潜孔冲击器具有钻孔导向性能好、钻孔深、效率高、成孔质量好等特点，在水利水电、铁路、地勘、港口等建设工程中广泛使用。潜孔冲击器外形见图 2-9。

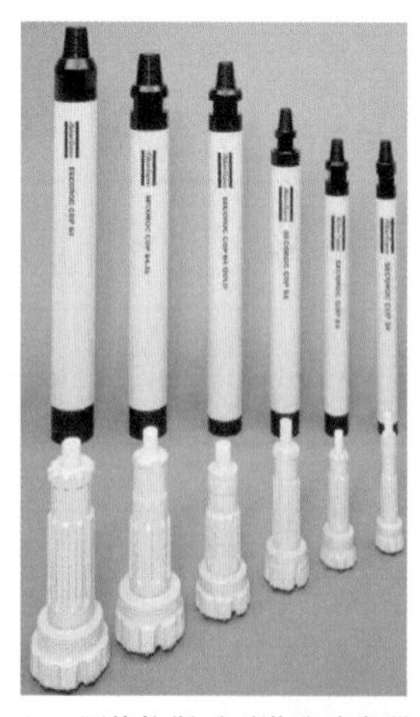

(*a*) 阿特拉斯系列潜孔冲击器

(*b*) 宣化中高风压系列潜孔冲击器

图 2-9 潜孔冲击器外形图

（1）潜孔冲击器分类。按工作压力潜孔冲击器分为低气压、中气压、高气压潜孔冲击器。按配气结构型式潜孔冲击器分为有阀冲击器和无阀冲击器。

潜孔冲击器的标识如下。

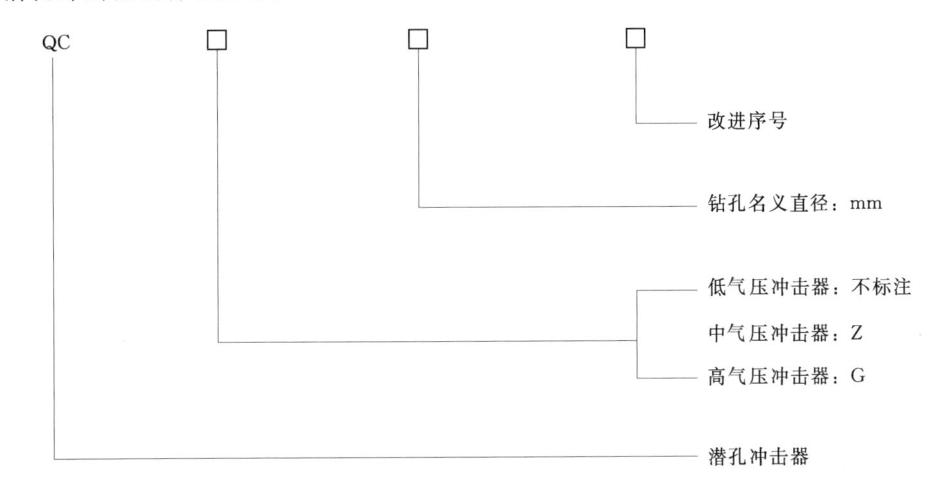

（2）潜孔冲击器主要技术性能指标。潜孔冲击器钻孔效率，通常用冲击功、冲击频率、空气耗量等主要技术性能指标来衡量。

1）冲击功：指冲击活塞冲击钻头的能量。

2）冲击频率：指冲击活塞在单位时间冲击的次数。

3）空气耗量：指冲击器单位时间消耗压缩空气量。

国家规定的低气压、中气压、高气压潜孔冲击器主要技术参数见表 2－16。

表 2－16　　低气压、中气压、高气压潜孔冲击器主要技术参数表

冲击器规格 /mm	孔径范围 /mm	冲击能/J			输出功率/kW			单位耗气量/[m^2/(s·kW)]		
		低气压	中气压	高气压	低气压	中气压	高气压	低气压	中气压	高气压
70	75～85	≥100	≥160	≥200	≥1.6	≥3.5	≥5.0	≤0.04	≤0.02	≤0.015
80	95～105	≥120	≥200	≥280	≥2.0	≥4.5	≥7.0	≤0.04	≤0.02	≤0.015
100	110～130	≥170	≥260	≥400	≥2.8	≥6.5	≥10.0	≤0.04	≤0.02	≤0.015
130	135～155	≥280	≥500	≥650	≥4.5	≥11.0	≥16.0	≤0.04	≤0.02	≤0.015
150	160～180	≥400	≥620	≥800	≥6.5	≥14.5	≥20.0	≤0.04	≤0.02	≤0.015
180	185～205	≥500	≥850	≥1100	≥8.0	≥20.0	≥28.0	≤0.04	≤0.02	≤0.015
200	210～230	≥600	≥1200	≥1500	≥9.8	≥27.0	≥37.0	≤0.04	≤0.02	≤0.015
230	235～255	≥700	≥1400	≥1700	≥11.5	≥31.0	≥42.0	≤0.04	≤0.02	≤0.015
250	260～280	≥800	≥1500	≥1800	≥13.0	≥33.0	≥45.0	≤0.04	≤0.02	≤0.015

注　1. 低气压是在气压为（0.63±0.02）MPa 时测得。

2. 中气压是在气压为（1.0±0.02）MPa 时测得。

3. 高气压是在气压为（1.5±0.02）MPa 时测得。

（3）潜孔冲击器构造。潜孔冲击器按冲击机构配气方式分为有阀冲击器和无阀冲击器；按压缩空气排渣孔位置分为侧强排和中心强排。潜孔冲击器构造见图 2－10。

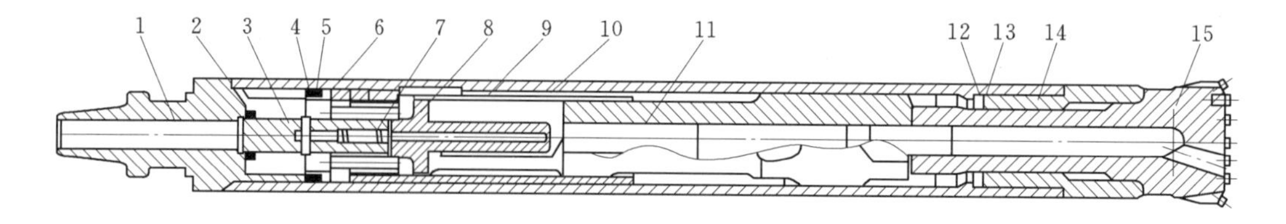

图 2-10　潜孔冲击器构造图

1—钻杆接头；2—密封圈；3—逆止阀；4—调整圈；5—橡胶圈；6—焦点座；7—弹簧；8—配气座；9—内缸；10—外缸；11—活塞；12—O形圈；13—卡环；14—卡钎套；15—钻头

（4）潜孔冲击器与潜孔钻机匹配要求。潜孔钻机为了适应不同种类的岩石和作业需要，一般都有几种潜孔冲击器的配置方案。配置通常考虑岩石特性、作业工况、钻机推压、钻机旋转速度、钻杆直径等因素。潜孔冲击器与潜孔钻机工作参数匹配值见表2-17。

表 2-17　　潜孔冲击器与潜孔钻机工作参数匹配值

潜孔冲击器规格/mm	钻机工作参数		
	钻机轴压/N	钻机旋转速度/(r/min)	钻杆直径/mm
70、80、100	2000～5000	30～50	55～89
130	4000～10000	25～40	89～114
150、180	7000～17000	20～30	121～140
200、230	10000～22000	10～20	168
250	15000～30000	8～15	219

（5）潜孔冲击器钻头配置。根据不同种类岩石和钻孔工艺要求，同种规格潜孔冲击器，可以选择配置不同大小的钻头，以满足不同的钻孔要求。潜孔冲击器钻头配置见表2-18。

表 2-18　　潜孔冲击器钻头配置表

潜孔冲击器规格/mm	钻头直径/mm			
70	75	80	85	—
80	90	95	100	105
100	110	115	120	130
130	130	140	145	155
150	160	165	170	180
180	185	190	195	205
200	210	215	220	230
230	235	240	245	255
250	260	265	270	280

2.5 凿岩钻孔机械生产率计算

2.5.1 土石方明挖工程凿岩钻孔机械生产率

土石方明挖工程凿岩钻孔机械生产率计算式（2－1）为：

$$P=480vk_t \tag{2-1}$$

式中 P——凿岩机生产率，m/台班；

v——凿岩机钻进速度，m/min，可根据钻机厂家提供的资料或试验选取；

k_t——时间利用系数，扣除移位、定位、换钻具等辅助工作时间，一般取0.4～0.7。

2.5.2 凿岩钻孔机械需用量计算

梯段台阶爆破凿岩机械需用量为：

$$N=L/P \tag{2-2}$$

式中 N——凿岩机需用量，台（取整数）；

P——凿岩机生产率，m/台班；

L——一般岩石开挖量为Q时钻孔总进尺，m。

$$L=Q/q \tag{2-3}$$

式中 Q——开挖强度，m^3/每班；

q——每米钻孔爆破的岩石自然方量，m^3/延米，由钻爆设计确定（见表2－19）。

表2－19　每米钻孔爆破的岩石自然方量表

普氏系数 f	炮孔直径/mm					
	70	105	150	200	250	300
<6	7.5	71.5	35	65	100	140
6～8	7.0	16	32	60	92	130
8～10	6.5	14	30	52	83	120
10～12	6.0	13.5	28	48	77	110
12～14	5.7	13	26	47	75	105
14～18	5.5	12	25	45	72	100
18～20	5.0	11	24	42	67	96

2.6 凿岩钻孔机械选用原则

选择凿岩钻孔机械通常考虑的因素有：钻机技术性能参数、爆破设计爆破参数（孔径、孔深、孔排距等）、岩石岩性、钻孔工作量、现场作业条件等。

（1）根据工程量及进度计划要求选配。对于开挖工程量大、工程进度要求高的项目，在满足爆破设计参数的前提下，优先选择大孔径、效率高顶锤式、潜孔式液压钻车；作业条件允许也可选用牙轮钻机。

（2）根据作业面条件选配。对于陡坡、道路狭窄作业面宜选用机动性好、适应性强的支架式钻机或分体式风动钻机。

（3）根据岩石岩性和地质条件选配。作业面岩性好、强度高，可选用大孔径液压钻车或高风压潜孔钻；岩石条件差、破碎岩体宜选用中、高压风动钻机。

（4）根据造孔特殊要求选配。对于水工建筑物各类保护层的钻爆，选用小口径、短进尺手风钻、气腿钻；对于要求高的预裂孔、锚索孔、灌浆孔和各类检查孔，宜选用回转钻机，以保证钻孔的精度要求。

凿岩钻孔机械适用条件和钻孔速度见表 2-20。

表 2-20　凿岩钻孔机械适用条件和钻孔速度表

钻孔机械	重量/kg	孔径/mm	孔深/m	平均凿岩速度/(m/h)		
				软岩	中硬	硬岩
手持凿岩机	14～32	32～64	3～6	9～12	5～9	5
导轨凿岩机	150～270	38～89	15	21～30	9～21	9
顶驱式液压凿岩台车	4000～10000	45～127	15	30～45	15～30	15
潜孔式液压凿岩台车	2000～30000	100～150	12～20	30～45	15～30	15
牙轮钻机	20000～100000	127～200	9～18	12～21	12～21	12

3 挖 装 机 械

3.1 挖掘机

挖掘机是一种多用途土石方施工机械，主要进行土石方挖掘、装载，还可进行土地平整、修坡、吊装、破碎、拆迁、开沟等作业，用途十分广泛。水电工程土石方开挖常用的是单斗液压挖掘机，可以直接挖掘Ⅵ级以下的土壤和爆破后的岩石，具有结构简单、机动性强、挖掘力大、作业效率高等特点。通过更换不同的工作装置，还可进行浇筑、起重、安装、打桩、破碎、夯实和拔桩等作业。

3.1.1 挖掘机分类和适用范围

挖掘机的种类繁多，按作业方式分为周期作业式和连续作业式两大类型。周期作业式有单斗挖掘机和挖掘装载机等；连续作业式有多斗挖掘机、多斗挖沟机等。

(1) 单斗挖掘机分类。单斗挖掘机的种类很多，通常按下列方式分类。

1) 按铲斗容积可分为：小型（小容量），铲斗容量在 0.25～0.35m^3，重量不大于 10t；中型（中容量），铲斗容量在 0.35～1.5m^3，重量大于 20t 不超过 40t；大型（大容量），铲斗容量在 1.5～5m^3，重量大于 40t 不超过 100t；超大型（超大容量），铲斗容量 5m^3 以上，重量大于 100t。

2) 按动力装置可分为：内燃式、电动式和混合(油、电)式(见图 3-1)。

(a) 内燃式挖掘机

(b) 电动式挖掘机

(c) 混合式挖掘机

图 3-1 不同动力装置挖掘机

3) 按传动型式可分为：机械式、液力机械式（混合式）、全液压式和电传动式。

4) 按行走方式可分为：履带式、轮胎式、步履式（见图 3-2）。

5) 按工作装置可分为：正铲、反铲、拉铲、抓铲、吊装、打桩、破碎、夯实等。

6) 按用途可分为：通用、矿用、船用及适用于高原地区、寒冷地区、沼泽地区和水陆两用等特种挖掘机（见图 3-3）。

（a）履带式挖掘机

（b）轮胎式挖掘机

（c）步履式挖掘机

图 3-2　不同行走装置挖掘机

（a）沼泽地区

（b）水陆两用

图 3-3　特殊环境使用的挖掘机

（2）挖掘机适用范围。挖掘机具有挖掘力大、作业效率高、结构简单、更换工作装置简单、适用范围广等特点。不同工作装置挖掘机作业特点和适用范围见表 3-1。

表 3-1　　不同工作装置挖掘机作业特点和适用范围表

挖掘机形式	作业特点（挖掘轨迹）	适用范围
正铲挖掘机	前进向上，强制挖掘	挖掘停机面以上的物料为宜。挖掘力大、作业率高。能直接挖掘Ⅰ～Ⅳ级土壤和爆破石方
反铲挖掘机	后退向下，强制挖掘	挖掘停机面以下的物料为宜。挖掘力大、作业率高。能直接挖掘Ⅰ～Ⅲ级土壤和爆破石方
拉铲挖掘机	后退向下，自重挖掘	挖掘停机面以下的物料，作业半径大。能直接挖掘Ⅱ级土壤和水下挖掘
抓斗挖掘机	直上直下，自重挖掘	挖掘停机面以下的物料。挖掘力小。能直接挖掘Ⅰ～Ⅱ级土壤，适合作业面狭窄的基坑、桥梁基础、含水沙砾料层等挖掘

（3）单斗挖掘机标识。挖掘机标识，根据《液压挖掘机技术条件》（GB/T 9139—2013）的规定进行分类。

国产液压挖掘机以 WY 系列为主，通常用 W 表示挖掘机、Y 表示液压，其后面的数字代表机重或铲斗容量。L 表示轮胎式、D 表示电动式。挖掘机型号分类及表示方法见表

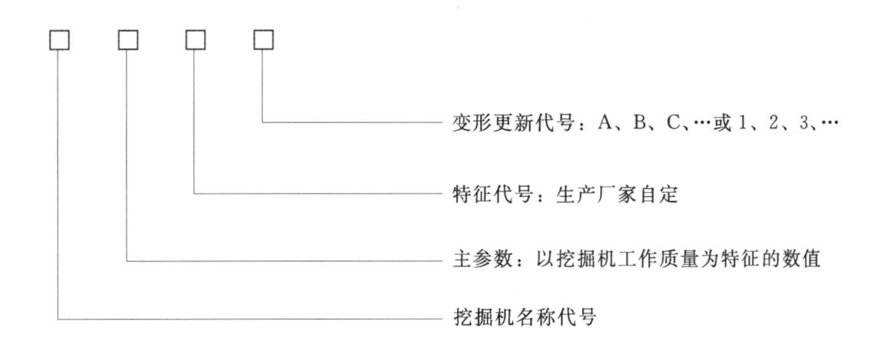

3－2。

表 3－2　　挖掘机型号分类及表示方法表

类别			产品名称及代号	主参数	
				名称	单位
单斗挖掘机	履带式：L		履带式机械挖掘机：W	整机重量或容斗	t 或 m^3
		D（电）	履带式电动挖掘机：WD		
		Y（液）	履带式液压挖掘机：WY		
	汽车式：Q		汽车式机械挖掘机：WQ		
		Y（液）	汽车式液压挖掘机：WQY		
	轮胎式：L		轮胎式机械挖掘机：WL		
		D（电）	轮胎式电动挖掘机：WLD		
		Y（液）	轮胎式液压挖掘机：WLY		
	步履式：B		步履式机械挖掘机：WB		
		Y（液）	步履式液压挖掘机：WBY		
多斗挖机	斗轮式：U		斗轮式机械挖掘机：WU	生产率	m^3/h
		D（电）	斗轮式电动挖掘机：WUD		
		Y（液）	斗轮式机械挖掘机：EUY		
	链斗式：T		链斗式机械挖掘机：WT		
		D（电）	链斗式电动挖掘机：WTD		
		Y（液）	链斗式液压挖掘机：WTY		
挖掘装载机	—	—	挖掘装载机　WZ	标准斗或额定装载举升力	m^3 或 kN

3.1.2　挖掘机基本构造

单斗液压挖掘机主要由动力装置、工作装置、传动系统、回转机构、行走机构、操纵机构、液压系统、电气系统及其他辅助装置组成。常用的全回转式液压挖掘机的动力装置、传动系统、回转机构、电气系统、操纵机构、辅助装置和驾驶室等都安装在可回转的上部结构平台上，通常称为上部转台。机架、行走机构（“四轮一带”）为下部结构。因此，又可将单斗液压挖掘机构造概括成工作装置、上部转台和下部结构三部分。单斗反铲液压挖掘机结构见图 3－4。

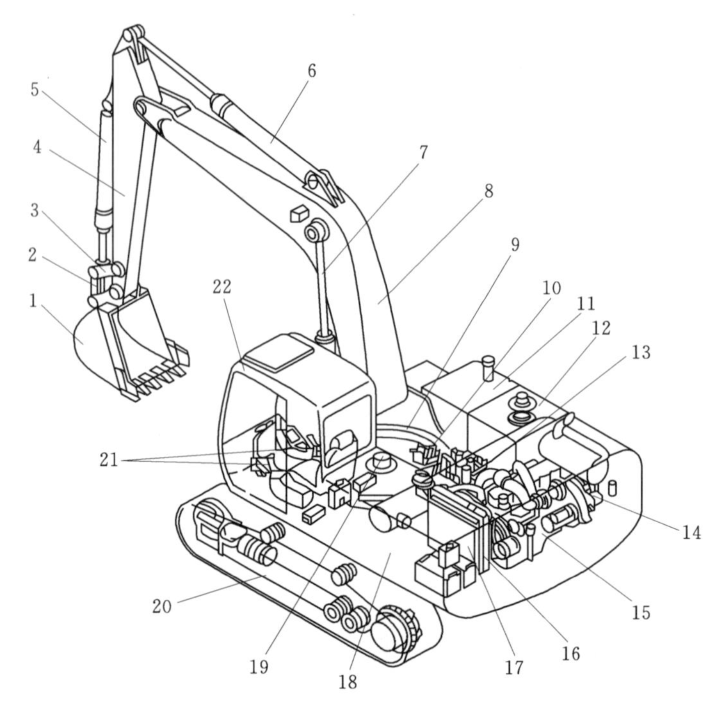

图 3-4　单斗反铲液压挖掘机结构示意图

1—铲斗；2—连杆；3—摇杆；4—斗杆；5—铲斗油缸；6—斗杆油缸；7—动臂油缸；8—动臂；9—回转支撑；10—回转驱动装置；11—燃油箱；12—液压油箱；13—控制阀；14—液压泵；15—发动机；16—水箱；17—液压油冷却器；18—平台；19—中央回转接头；20—行走装置；21—操作系统；22—驾驶室

（1）工作装置。

1）结构型式。单斗液压挖掘机工作装置铰销式结构是最常用的结构型式，即动臂、斗杆、铲斗、连杆、摇杆及油缸等部件彼此用铰销铰接，通过三个油缸伸缩配合，实现挖掘机的挖掘、提升和卸土等作业动作。单斗液压挖掘机正铲、反铲工作装置构造见图 3-5。

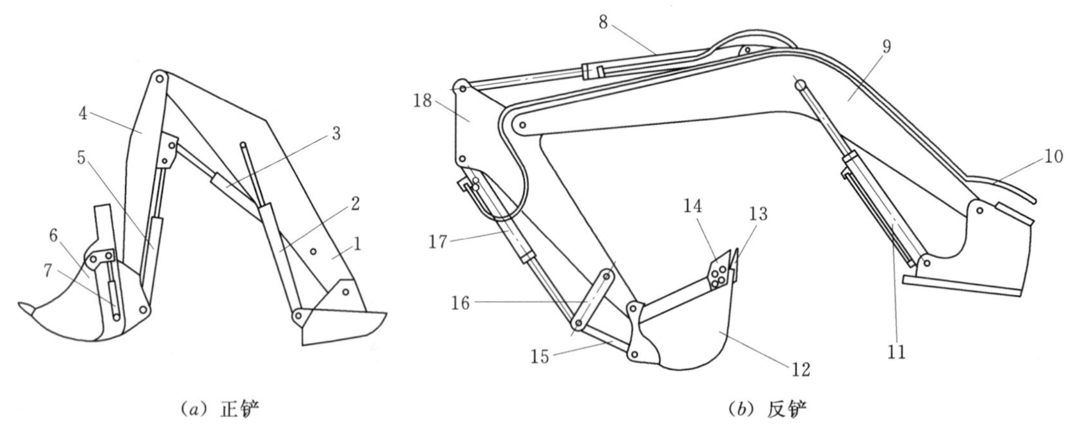

(*a*) 正铲　　(*b*) 反铲

图 3-5　单斗液压挖掘机正、反铲工作装置构造示意图

1—动臂；2—动臂油缸；3—斗杆油缸；4—斗杆；5—铲斗油缸；6—铲斗；7—开斗油缸；8—斗杆油缸；9—动臂；10—油管；11—动臂油缸；12—铲斗；13—斗齿；14—侧齿；15—连杆；16—摇杆；17—铲斗油缸；18—斗杆

工作装置可根据作业对象和施工要求进行选择、更换。常用工作装置有正铲、反铲、抓斗、起重等，单斗液压挖掘机工作装置主要形式见图 3-6。

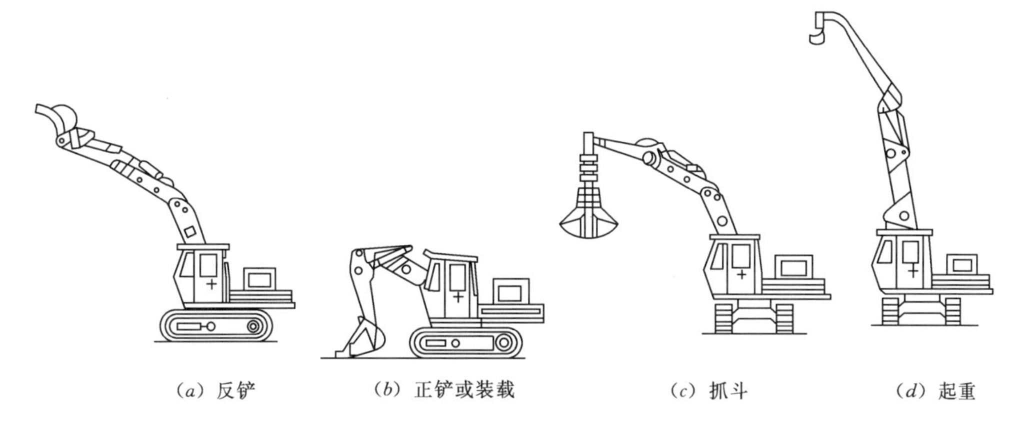

图 3-6　单斗液压挖掘机工作装置主要形式图

2）工作范围。挖掘机工作范围包络见图 3-7。图 3-7 可显示挖掘机铲斗尖所能达到的最大挖掘深度、最大挖掘半径、最大挖掘高度和最大卸载高度、回转半径等，这些是挖掘机的主要工作尺寸。

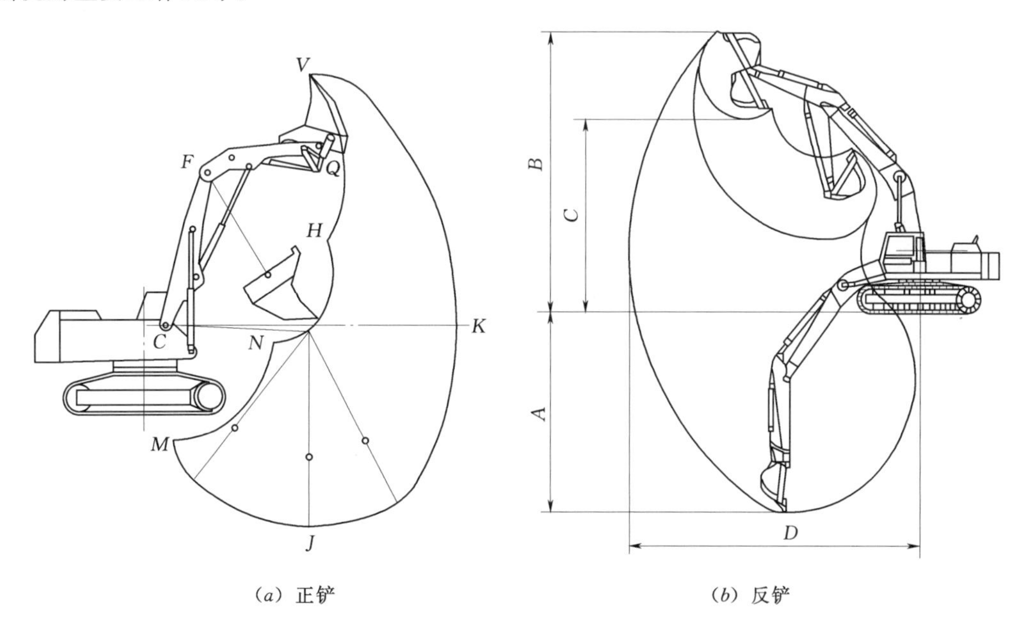

图 3-7　挖掘机工作范围包络图

(2) 动力传动系统。单斗液压挖掘机的动力传动系统是将柴油机输出动力通过液压系统传递给工作装置、回转装置和行走机构等。由柴油发动机、液压泵、分配阀、中央回转接头、动臂油缸、斗杆油缸、回转马达、行走马达等组成。液压挖掘机传动系统见图 3-8。

(3) 回转机构。回转机构由回转驱动装置和回转支撑组成（见图 3-9）。

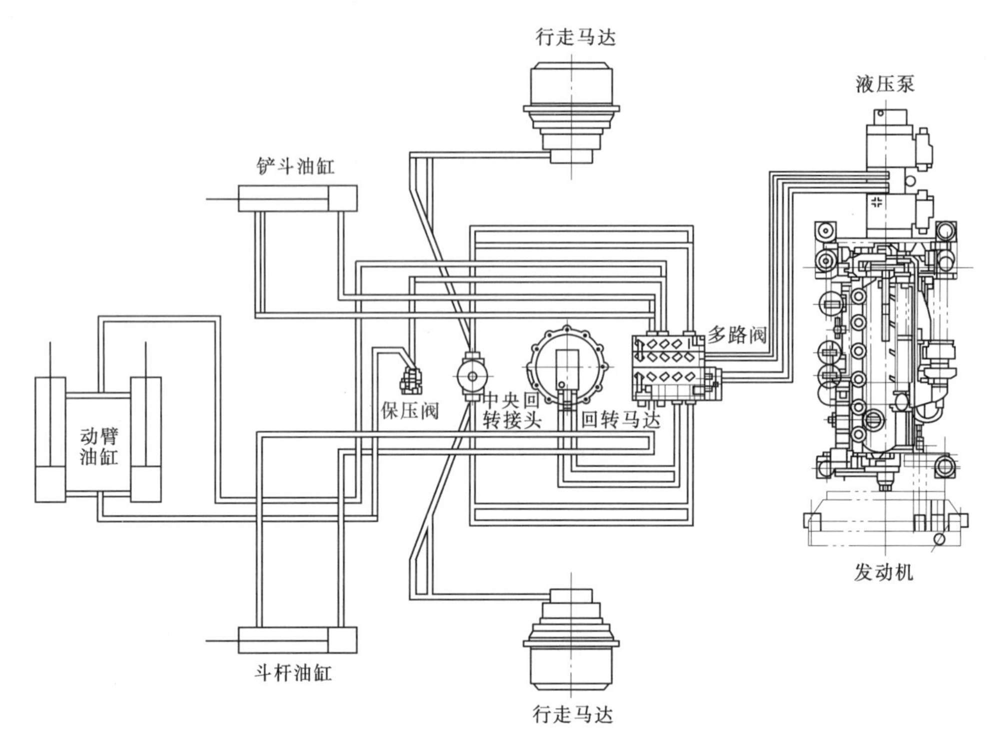

图 3-8　液压挖掘机传动系统示意图

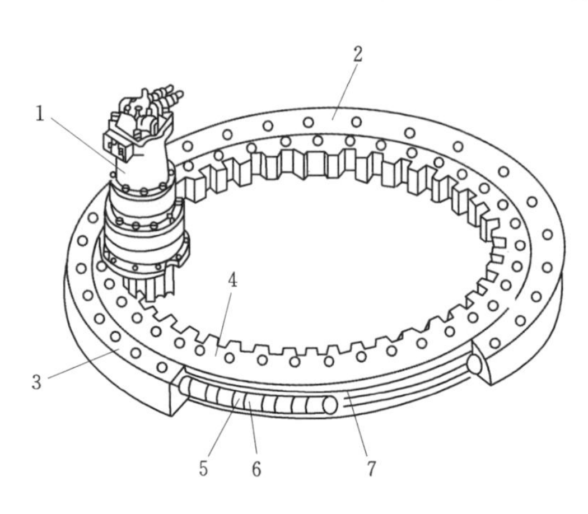

图 3-9　回转结构图

1—回转驱动装置；2—回转支撑；3—外圈；4—内圈（齿圈）；5—滚柱轴承；6—隔离块；7—上下密封圈

（4）行走机构。履带式行走装置主要由行走架（包括：X 形底架、履带架和回转支承底座）、驱动轮，引导轮、支重轮、托带轮、履带、终传动及张紧装置等部件组成。履带式行走装置见图 3-10。

（5）液压系统。液压系统是由液压泵、控制阀、液压缸、液压马达、管路、油箱等组成，液压系统组成见图 3-11。

（6）电气控制系统。电气控制系统包括监控盘、发动机控制系统、泵控制系统、电气操纵机构、空调调节装置、节能控制、故障诊断报警系统、各类传感器、电磁阀等。

（7）辅助装置。辅助装置由驾驶室、液压油箱、柴油箱及蓄电池等部件组成。

3.1.3　常用挖掘机及其配套工作装置

（1）正铲。正铲挖掘机与反铲挖掘机的区别，主要是铲斗型式和作业轨迹的区别。正铲主要用于挖掘停机面以上的土石方，工作时前进向上，强制切削土壤，适合挖装作业。正铲挖掘力大，可直接挖掘Ⅰ～Ⅳ级土壤和经爆破后的岩石和冻土、松散的砾石等。在挖装比较松散的物料或散状物料时，正铲斗可换装成斗容较大的装载斗，以提高装载效率。

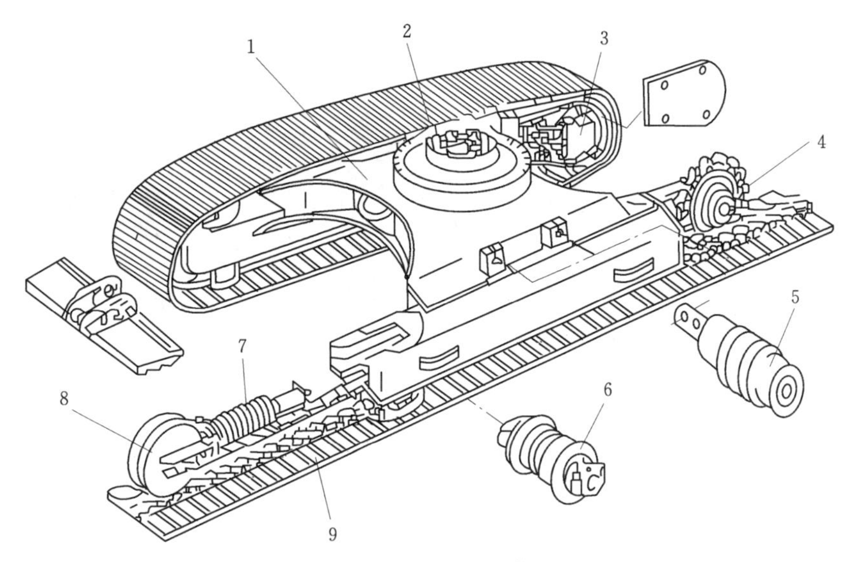

图 3-10　履带式行走装置图

1—行走架；2—中心回转接头；3—行走驱动装置；4—驱动轮；5—托带轮；6—支重轮；7—张紧装置；8—引导轮；9—履带

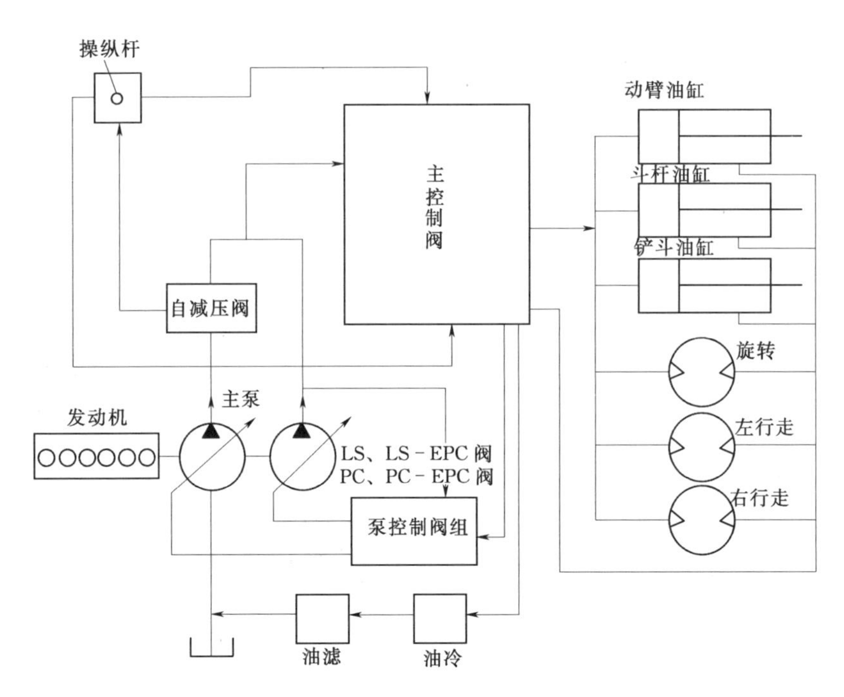

图 3-11　液压系统组成示意图

正铲的卸料方式有两种，即前卸式和底开式卸料。底开式卸料可以降低卸料高度。同时，减少物料对运输车辆的冲击。一般斗容在 4m^3 以上的正铲采用底开式卸料，正铲挖掘机卸料方式见图 3-12。

正铲挖掘时有作业高度要求，一般情况下作业面高度不小于 1.5m，过低一次不易装满铲斗，将降低生产效率。正铲挖土高度参考值见表 3-3。

(a) 前卸式

(b) 底卸式

图 3-12 正铲挖掘机卸料方式

表 3-3 正铲挖土高度参考值表 单位：m

土壤的级别	铲斗容量/m³				
	0.5	1.0	1.5	2.0	4.0
Ⅰ～Ⅱ	1.5	2.0	2.5	3.0	
Ⅲ	2.0	2.5	3.0	3.5	4.0
Ⅳ	2.5	3.0	3.5	4.0	6.0

(2) 反铲。反铲装置是中型、小型单斗挖掘机的主要配备型式。作业时主要靠动臂、斗杆、铲斗的自重和各工作液压缸的推压力，铲斗的切削力由上而下，强制切土。适合直接挖掘Ⅰ～Ⅲ级土壤、砂砾石和爆破后的岩石。主要用于停机面以下的工作面和基坑开挖。同时，还适用于边坡的修整和工作面的平整等工作。反铲作业效率高、机动灵活，在水电工程及其他行业得到广泛使用。反铲挖掘机作业见图 3-13。

图 3-13 反铲挖掘机作业

(3) 长臂反铲。长臂反铲是水电工程常用的挖装机械，主要用于深基坑挖掘、清淤、河道疏浚、修坡、转料等作业。在标准型反铲工作装置基础上改型加装长臂反铲，一般分为加长动臂型和加长斗杆型。加长动臂主要是考虑到短斗杆的作业性能较好，但加长动臂结构更换成本高，多在超长型上采用；加长斗杆型较为简单，是常用的加长方式。标准型反铲改装加长臂会相应影响铲斗挖掘力和斗容，一般厂家会有标准配置。特殊情况下，可定制长臂反铲，以满足作业要求。长臂反铲挖掘机见图 3-14。

(4) 拉铲。拉铲是挖掘机铲斗挠性连接最常用的一种形式，常用于停机面以下的工作面挖

图 3-14　长臂反铲挖掘机

掘作业。这种系列挖掘机依靠铲斗自重切削土壤、砂砾，作业半径大，适合水下及含水量较大的湿土、淤泥土和砂砾料挖掘、转料作业，但挖掘力小，灵活性较差。拉铲挖掘机见图 3-15。

图 3-15　拉铲挖掘机

(5) 抓斗。抓斗工作时直上直下，依靠自重切削土壤。机械传动式抓斗，特别适合于挖掘深而边坡陡直的基坑和深井，也可以进行水下挖掘作业。抓斗的挖掘能力因受自重限制，只能挖掘一般的土料、砂砾和松散物料。液压传动式抓斗，由于其挖掘深度受动臂和斗杆限制，因此挖掘深度较浅。抓斗挖掘机见图 3-16。

图 3-16　抓斗挖掘机

(6) 挖掘机常配工作装置。挖掘机通过更换工作装置能适应不同的作业要求，如破碎器、夯板、桩机等。配备原则是所选工作装置的连接要满足安装尺寸要求，工作装置功率要和主机匹配。挖掘机常配的不同工作装置见图 3-17。

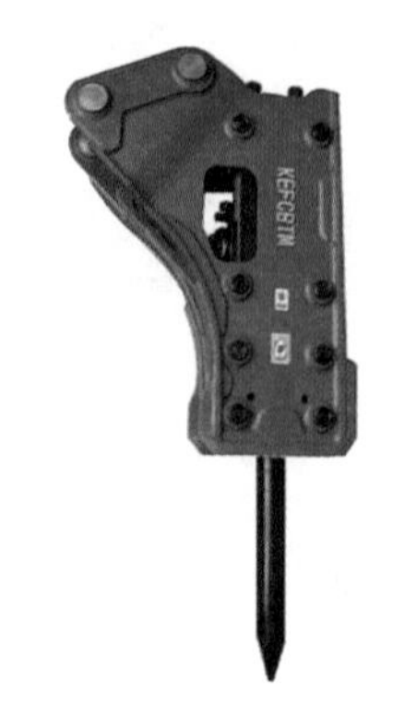

(*a*) 液压破碎器

(*b*) 桩机

(*c*) 液压振动板

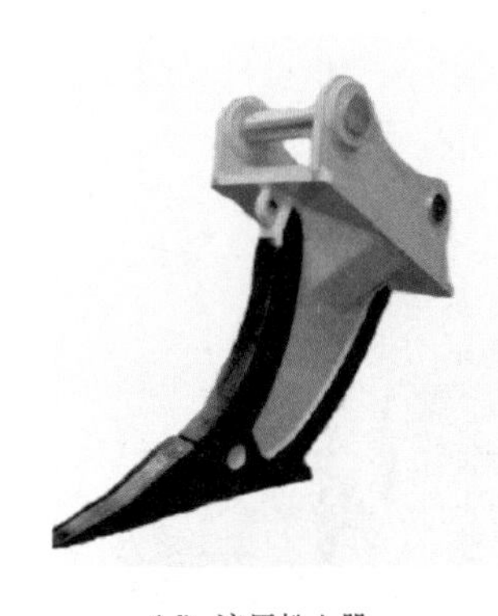

(*d*) 液压松土器

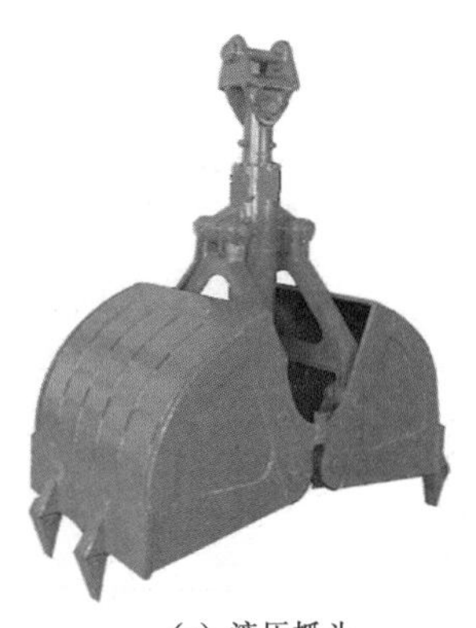

(*e*) 液压抓斗

(*f*) 液压夹木具

图 3-17　挖掘机常配的不同工作装置

3.1.4　挖掘机生产率计算

（1）单斗挖掘机生产率计算。

1）作业循环。挖掘机的一个作业循环可分为：挖掘装载、满载回转、卸料、空斗转回至工作面四个步骤。完成一个工作循环所需的时间为上述四个步骤所需时间之和，若挖掘深度深、回转角度大、土质坚硬、卸料需卸在车厢中部，则所需的工作时间就长。

2）生产率的计算。单斗挖掘机的生产率取决于铲斗容量、工作速度及土壤特性等。

A. 技术生产率计算：

$$Q_j = 60qnk_e k_{ch} k_y k_z \tag{3-1}$$

式中　Q_j——挖掘机技术生产率，自然方，m^3/h；

q——铲斗几何容量，m^3；

n——挖掘机每分钟挖土次数，可根据表 3-4 进行折算；

k_e——土壤可松系数（是土壤松散系数的倒数，即 $k_e = 1/k_s$），见表 3-5；

k_{ch}——铲斗充盈系数，见表 3-6；

k_y——挖掘机在掌子面内移动影响系数，根据掌子面宽度和爆堆高低而定，可取 0.90～0.98；

k_z——掌子面高低与旋转角大小的校正系数，见表 3-7。

表 3-4　　一次挖掘循环延续时间表　　单位：s

铲斗类型	挖掘机斗容/m^3						
	0.8	1.5	2.0	3.0	4.0	6.0	9.5
正铲	16～28	16～28	18～28	18～28	20～30	24～34	28～36
反铲	24～33	28～37	30～39	36～46	42～50	43～52	46～56

注 1. 旋转角为90°。
2. 开挖面高度为最佳值。
3. 易挖时取最大值；难挖时取最小值。

表 3-5　　土壤可松系数表

挖掘机斗容/m^3	土壤级别					
	Ⅰ	Ⅱ	Ⅲ	Ⅳ	爆得好的岩石	爆得不好的岩石
2.5～3.8	0.91	0.83	0.80	0.76	0.69	0.68
4.0～6.0	0.93	0.85	0.82	0.78	0.71	0.69
6.0～10.0	0.95	0.87	0.83	0.80	0.73	0.70

注 岩石爆破后分为块状、针状和片状爆破物，其最长对角线长度超过铲斗宽度60%以上或厚度超过铲斗口深度55%以上为爆得不好；最长对角线长度小于铲斗宽度30%以下或厚度小于铲斗深度20%以下为爆得好；介于两者之间为一般的。

表 3-6　　铲斗充盈系数表

岩土名称	k_{ch}	岩土名称	k_{ch}
湿砂、壤土	1.0～1.1	中等密实含砾石黏土	0.6～0.8
小砾石、砂壤土	0.8～1.0	密实含砾石黏土	0.6～0.7
中等黏土	0.75～1.0	爆得好的岩石	0.6～0.75
密实黏土	0.6～0.8	爆得不好的岩石	0.5～0.7

表 3-7　　掌子面尺度校正系数表

最佳掌子高度的百分数/%	旋转角							
	30°	45°	60°	75°	90°	120°	150°	180°
40		0.93	0.89	0.85	0.80	0.72	0.65	0.59
60		1.10	1.03	0.96	0.91	0.81	0.73	0.66
80		1.22	1.12	1.04	0.98	0.86	0.77	0.69
100		1.26	1.16	1.07	1.00	0.88	0.79	0.71
120		1.20	1.11	1.03	0.97	0.86	0.77	0.70
140		1.12	1.04	0.97	0.91	0.81	0.73	0.66
160		1.03	0.96	0.90	0.85	0.75	0.67	0.62

注 1. 反铲可参照正铲参数选取。
2. 最佳掌子面高度，查阅挖掘机技术参数或使用说明书。

B. 实用生产率计算：

$$Q_s = 8Q_j k_t \tag{3-2}$$

式中　Q_s——挖掘机实用生产率，m^3/台班；

Q_j——挖掘机技术生产率，自然方，m^3/h；

k_t——时间利用系数，见表3-8。

（2）挖掘机需用量的计算。挖掘机需用量主要是根据开挖量和生产效率来确定，通常可采用式（3-3）计算：

$$N=M/WQ_s k_t \quad 或 \quad N=M/W'Q_s \tag{3-3}$$

式中　N——挖掘机需用量（取整数），台；

M——计划时段内应开挖的方量，m^3；

W——计划时段内挖掘机制度台班数；

W'——计划时段内挖掘机额定台班数；

Q_s——挖掘机的实用生产效率，m^3/台班；

k_t——时间利用系数，见表3-8。

表3-8　　施工机械时间利用系数表

作业条件	施工管理条件				
	最好	良好	一般	较差	很差
最好	0.84	0.81	0.76	0.70	0.63
良好	0.78	0.75	0.71	0.65	0.60
一般	0.72	0.69	0.65	0.60	0.54
较差	0.63	0.61	0.57	0.52	0.45
很差	0.52	0.50	0.47	0.42	0.32

3.1.5　挖掘机选型原则

挖掘机在使用过程中，受到各种不同的外部因素制约，选择适合的挖掘机一般应遵循以下原则。

施工上适用。施工上适用是符合企业装备结构合理化要求，满足于施工机械的配套需要，最大限度发挥设备效能。通用性较好，常用备品、备件在工程所在地易于获取。

技术上先进。它是以生产上适用为前提，以获得最大经济效益为目的。能满足工程设计的质量要求，操作简单、维修方便、机动性好、运行安全可靠、能耗低、污染小。既不可脱离企业的实际需要而片面追求技术上的先进，也要防止购置技术上已属落后的机型。

经济上合理。在满足上述原则的前提下，还必须考虑购置费用的合理性，降低购置费能减轻机械使用成本。此外，还应考虑油料消耗和施工成本，油料消耗可用机械耗油率来衡量，施工成本可用单位土石方成本进行比较。

挖掘机的选型是为土石方工程施工提供的最佳解决方案的重要环节，在具体选择时，对上述原则要统一权衡，对各项技术经济指标全面考虑。同时，还要依据施工环境等进行正确选择。

（1）按开挖介质的性质选型。坚硬的土壤、风化石、沙（土）夹石、冻土、爆破岩石要选用挖掘力大、加强型工作装置，标准岩石斗的挖掘机，以克服恶劣环境对挖掘机的影响，节约成本。

疏松、低密度的土壤、沙石，工作业量大、有限定工期，可选用型号较大的大功率、大斗容的挖掘机进行挖掘、装载作业，以最大限度发挥挖掘机的作业效率；疏松、低密度的土壤、沙石，工期较宽松，可选用中型挖掘机；挖掘水下或潮湿泥土时，应选用拉铲、抓斗挖掘机或反铲挖掘机。

（2）按开挖介质的位置选型。按开挖介质的位置不同可选用一般挖掘机、加长工作装置挖掘机。当挖掘土石方在停机面以上时，优先选用正铲挖掘机；当挖掘土石方在停机面以下时，一般选用反铲挖掘机。

(3) 按开挖工程量选型。根据开挖工程量的不同可分别选用为小型、中型、大型挖掘机。当土石方工程量不大而必须采用挖掘机施工时，可选用机动性好的轮胎式挖掘机；而大型土石方工程，则应选用大型、专用的挖掘机，并采用多种机械联合施工。一般情况下，土石方量大，选择 4～6m^3 正铲，配 2～3m^3 的反铲较为合适。

(4) 按匹配的运输设备选型。一般情况下挖掘机在施工作业中都是与运输车辆配套使用，依据作业量大小、运输距离、车辆运力来选用相应型号的挖掘机。为了充分发挥机械配套作用，挖掘机的斗容应与运输设备的斗容、吨位相匹配，通常情况下以 3～5 斗装满运输设备为宜。

作业量大、运输较近、运输车辆足够，要选用较大型号的挖掘机，使挖掘机作业效率充分发挥出来；作业量大、运输较远、运输车辆不充足，选用中等型号的挖掘机，使之与运输能力相适应，避免浪费施工成本。挖掘机采用甩方作业，要选用作业速度快、工作效率较高的中型反铲挖掘机。

(5) 按斗容与作业面高度关系选型。挖掘机的斗容与土的类别和作业面高度相关联，一般情况下 1.0m^3 左右的挖掘机挖Ⅰ～Ⅱ级土壤时，其工作面高度不应小于 2.0m；挖Ⅲ类土时，其工作面高度不应小于 2.5m；挖Ⅳ级土壤时，其工作面高度不应小于 3.5m。

(6) 按特殊环境条件选型。在高原（高程 3000.00m 以上）、高温（45℃以上）、高湿、极度寒冷（−10℃以下）等环境下，将采用相应的对策克服环境对设备影响，以满足施工要求。

3.1.6 挖掘机使用要点

(1) 挖掘机是资金投入较大的固定资产，为延长其使用寿命获得更大的经济效益，必须做到定人、定机、定岗位，明确职责。必须调岗时，应该做好交接。

(2) 使用前重点检查发动机、工作装置、行走机构、各部安全防护装置、液压传动部件及电气装置等，确认齐全完好后方可启动。

(3) 作业前先空载提升、回转铲斗，观察转盘及液压马达有否不正常响声或抖动，制动是否灵敏有效，确认正常后方可作业。

(4) 机械运转后，禁止任何人员站在铲斗中或铲臂上，在回转半径范围内不得有行人或障碍物。

(5) 作业时，挖掘机应保持水平位置，将行走机构制动住，并将履带或轮胎楔牢；如作业场地地面松软，应垫以道木或垫板；必须待机身停稳后再进行挖掘；在铲斗未全部抬离工作面时，不得作回转、行走等动作。

(6) 对于Ⅴ级以上的土壤或冻土应先爆破后再行开挖；如遇较大的坚硬石块或障碍物时，须经清除后方可开挖；不得用铲斗破碎石块、冻土或用单边斗齿硬啃。

(7) 挖掘悬崖时要采取防护措施，作业面不得留有伞沿及松动的大块石；如发现有塌方险情，应立即处理或将挖掘机撤离。

(8) 用正铲作业时，除松散土外，其作业面应不超过本机性能规定的最大开挖高度和深度。在拉铲或反铲作业时，挖掘机履带到工作面边缘的距离至少保持在 1～1.5m 之间。

(9) 装车时，铲斗要尽量放低，不得在高空向车槽内卸料；在汽车未停稳或铲斗必须越过驾驶室而司机未离开前不得装车。

（10）履带机构不宜长距离行走，转移工地时应用平板挂车运输。特殊情况需要自行转移时，要卸去配重，主动轮应在后面，回转机构应处于制动，铲斗离地面1m以上，低速行走，并要有专人观察四周障碍物和上空电线。每行走500～1000m时应检查和润滑行走机构。

（11）上下坡不得超过允许的最大爬坡度，下坡时应慢速行驶，禁止中途变速或空挡滑行；转弯时角度不得过大，应分次转弯。

（12）挖掘机在坡道上行驶时，禁止柴油机熄火，以免行走马达失去补油而造成溜坡等事故。

（13）作业完毕后，挖掘机应离开作业面，停放在平整坚实的场地上，将机身转正，铲斗落地，所有操纵杆放到空挡位置，制动各部制动器，及时进行清洁工作。

3.1.7 挖掘机技术参数

技术性能参数。液压挖掘机的主要技术参数有：斗容量、机重、功率、铲斗和斗杆最大挖掘力、牵引力、爬坡能力、最大挖掘半径、最大挖掘深度、最大卸载高度、最小回转半径、回转速度、行走速度、接地比压和液压系统工作压力等，其中标准斗容、机重和额定功率称为主参数，也是最重要参数。

（1）操作重量：空斗状态下，按规定注满冷却液、燃油、润滑油、液压油并包括工具、备件、司机（75kg）等的整机质量。它决定了挖掘机的级别及挖掘力的上限。

（2）发动机功率：可分为总功率和有效功率（净功率）。前者是指在没有消耗功率附件时，在飞轮上测得的输出功率；后者是指在装有全部消耗功率附件时，在飞轮上测得的输出功率。

（3）挖掘力：反映挖掘机挖掘能力。

（4）接地比压：指机器整机重量对地面的单位压力。它的大小决定了挖掘机适合工作的地面条件。

（5）行走速度：对于履带式挖掘机而言，行走时间大概占整个工作时间的1/10，一般两速可以满足挖掘机的行走性能。

（6）牵引力：指挖掘机行走时所产生的牵拽力。

（7）爬坡能力：指爬坡、下坡，或在一个坚实、平整的坡上停止的能力。可用角度和百分比两种表示方法。$\tan\alpha$(坡度)=高程差/水平距离;坡度=(高程差/水平距离)×100%。

（8）回转速度：指挖掘机空载时，稳定回转所能达到的平均最大速度。它分为加速、恒定、减速三个阶段。

（9）铲斗额定容量：一般指通用铲斗容量。

（10）噪声：挖掘机的噪声主要来源于发动机。

1）部分型号国产液压挖掘机主要技术参数（反铲）见表3-9。

2）部分型号长臂反铲臂长主要技术参数见表3-10。

3）部分型号国产液压挖掘机主要技术参数（正铲）见表3-11。

4）部分型号国外液压挖掘机主要技术参数（反铲）见表3-12。

5）部分型号国外液压挖掘机主要技术参数（正铲）见表3-13。

表 3－9　　部分型号国产液压挖掘机主要技术参数表（反铲）

项目			925D	XG830EL	JY630	SY305C－9H	ZE330E	SWE330LC	JCM936D	XE370C	LG6360E	XE390CK	LG6400E	CLG948E	XE470C	XE700C	SY700	ZE700E/ESP
整机质量/kg			25500	31000	30800	32000	31500	33200	35700	36600	37800	37200	40050	45500	46100	68000	68000	69500
标准铲斗容量/m^3			1.2	1.3	1.38	1.4	1.45	1.5	1.6	1.6	1.8	1.8	2.0	2.2	2.2（岩石）	3.5	3.5	4.1
工作范围	最大挖掘高度/mm		9525	10080	10165	10100	10210	10620	10134	10445	10250	9902		12062	10675	11350	11255	11490
	最大卸载高度/mm		6650	6970	7350	7025		7580	7182	7287	7290	6794	7090	7520	7409	7370	7270	7500
	最大挖掘深度/mm		6385	7090	7585	7410	7380	7540	7240	7423	7450	6749	6850	6435	7337	6900	7210	7155
	最大挖掘半径/mm		9797	10800	10950	10900	10850	11300	11945	11114	11130	10239	10601	12020	11631	11580	11460	11400
	最大牵引力/kN		250	270	270	278	264	309	298	310	282	285	337	386	338	450	489.8	479
性能	行走速度/(km/h)	高速	5.3	5.0	5.1	5.1	5.1	4.7	5.04	5.4		5.4	5.5	5.2	5.4	4.3	4.5	4.15
		低速	3.1	3.0	2.9	3.5	3.3	3.2	2.95	3.2		3.2	3.1	3.0	3.2	3.1	3.1	2.72
	铲斗最大挖掘力/kN		149	230	141	220	230	220	207.5	242	263	242	236	269	284	363	350	367
	斗杆最大挖掘力/kN		127	155	105	170		163	154.4	174	2180	207	201	209	236	300	296	301
	爬坡能力/%		70	70	65	70	70	70	70	70	65	65	70	70	70	70	70	70
	回转速度/(r/min)		11.5	9.8	11	9.7	9.6	10.3	10.5	10.1	9.2	7.79	9.7	8.5	9	7	6.7	6.8
	接地比压/kPa		50.5	50	50	51	53	65	52	67.8			82	84.5		99.6	100	100
	主泵额定流量/(L/min)		2×230	2×230	2×230	2×230	2×264		2×265	2×280	2×360	2×360	2×360	2×360	2×360	2×450	2×435	2×540
	标准履带板宽度/mm		600	600	600	600	600	600	600	600	600	600	600	600	600	650	650	650
外形尺寸/mm	长		10200	10810	10610	11100	11150	11145	11161	11105	11120	11185	11120	12062	12030	11940	11905	12340
	宽		3190	6970	3180	3190	3190	3190	3200	3190	3340	3190	3340	3340	3722	4280	3900	4154
	高		3050	3500	3540	3600	3101	3380	3211	3300	3580	3575	3580	3660	4165	4700	4730	4675

续表

项目		925D	XG830EL	JY630	SY305C-9H	ZE330E	SWE330LC	JCM936D	XE370C	LG6360E	XE390CK	LG6400E	CLG948E	XE470C	XE700C	SY700	ZE700E/ESP
发动机	型号	6BTAA5.9-C		C8.3-C	6HK1-XABEA-08-C2	6C8.3	AA-6HK1XQP	6C8.3	AA-6HK1XQP		AA-6HK1XQP		QSM1	QSM11	QSX15	6WG1XQA	QSX15
	额定功率/kW	133	190.5	205	190.5	198	183.9	186	184	198	190.5	198	298	250	336	298	336
	额定转速/(r/min)	2000	2000	1700	2000	2000	2000	2200	2000	2000	2000	2000	2000	2000	1800	1800	1800
	排量/L	5.9	8.2	8.3	8.2	8.1	7.1	8.3	7.79	9.3	7.79		10.8	11	15	13	15
容量	燃油箱/L	450	500	510	600	590	550	600	600	635	630	635	650	650	980	970	860
	液压油箱/L	230	250	275	285	195	210	315	320	315	320	315	295	360	455	520	575

表 3-10 部分型号长臂反铲臂长主要技术参数表

参数 \ 机型	PC200-8	PC220-8	PC300LC-7	PC360-7	PC400-7	PC450-7
大小臂总长度/mm	15380	18000	18000	20000	22000	24000
动臂总长/mm	8220	10000	10000	11000	12000	13000
斗杆总长/mm	7160	8000	8000	9000	10000	11000
大小臂总重量/kg	4000	4600	5200	6000	6500	7000
配置斗容量/m^3	0.4	0.4	0.5	0.6	0.6	0.7
最大挖掘高度/mm	12510	13500	13720	14920	16100	17300
最大挖掘半径/mm	15100	17300	17600	19600	21600	23600
最大挖掘深度/mm	11340	13000	13200	15000	16500	18000
运输高度/mm	298	3160	3210	3210	3400	3400

表 3-11　部分型号国产液压挖掘机主要技术参数表（正铲）

项目		型号	CE400-7	CE420-6	CE420-7	CE460-7	ZX470H-3	365C/365C L	CED650-6[①]	CED750-7[①]	PC850SE	PC1250-7
整机质量/kg			40000	42000	42000	46000	48100	65960	65000	75000	78500	110000
标准铲斗容量/m^3			2.0	2	2.0	2.5	2.3	3.8	3.5	4.5	4.5	6.5
工作范围	最大挖掘高度/mm		8300	9240	9240	8316	10070	10670	10542	10286	11955	13400
	最大卸载高度/mm		5800	6890	6890	6704	7500	7210	7158	7340		8700
	最大挖掘深度/mm		2930	2350	2350	2554	4130	964	7704	7741	8445	9350
	最大挖掘半径/mm		8200	9400	7920	8310	8760	9980	10320	10090	12200	13500
	最大牵引力/kN		307.8		321	320	319		460	457	570	700
性能	行走速度/(km/h)	高速	5.2	5.0	5.0	4.8	5.5	4.1	3.3	3.1	4.2	3.2
		低速	3.1	3.0	3.0	2.9	3.4	2.9	2.3	2.6	2.8	2.1
	铲斗最大挖掘力/kN		180	230	244	271	250	193	214	357	363	590
	斗杆最大挖掘力/kN		194	210	213	269	205	256	174	334	285	620
	爬坡能力/%		70	70	70	70	70	70	70	70	70	70
	回转速度/(r/min)		9.9	9.0	9.0	9.0	9.0	6.5	6.0	6.0	6.8	5.5
	接地比压/kPa		78		77	77	90	96	95	98	97	98
	主泵额定流量/(L/min)		2×264		2×320	2×325	2×360	800	2×400	2×415		
	标准履带板宽度/mm		560	580	580	580	600	650	600	650		700
发动机	型号		6C8.3	M11-C290	QSM11	QSM11	AH-6WG1XYSA-01		Y315L2-4	YJK3555-4	SAA6D140E-5	6D170E-3
	额定功率/kW		186	216	246	246	260	200	200	280	363	485
	额定转速/(r/min)		2200	2100	2100	2100	1800	1480	1480	1485	1800	2100
	排量/L			10.9			15.68	15.2	15	15.2	15.24	23.15
容量	燃油箱/L		300	345	510	561	725	800	810	820	258.9	1360
	液压油箱/L		300	295	425	475	330	310	650	780	116.2	150
外形尺寸/mm	长		10418	11320	11445	12035	12000	12200	12245	12400	13130	16020
	宽		3340	3378	3615	3860	3770	4286	3970	4050	4110	4905
	高		3240	3250	3365	3720	3960	4855	3810	3870	4615	6064

① 电动挖掘机

表 3-12

部分型号国外液压挖掘机主要技术参数表（反铲）

项目 \ 型号	PC200-8	SK210LC-8	ZX200-5G	EC240BLC	CAT323D	PC300-7	SK330-8	ZX360H-5G	CAT336D	SH460HD-5
整机重量/kg	19900	21200	20300	24500	23000	31200	34100	33800	33750	45900
标准铲斗容量/m^3	0.8	1.0	0.91	1.2	1.2	1.4	1.4	1.6	1.6	1.8
工作范围 最大挖掘高度/mm	10000	9720	10040	9690	9470	10210	1058	10360	10240	11140
工作范围 最大卸载高度/mm	7110	6910	7180	6800	6500	7110	7370	7240	7200	7740
工作范围 最大挖掘深度/mm	6620	6700	6490	6980	6710	7380	7560	7380	7390	7720
工作范围 最大挖掘半径/mm	9875	9900	9920	10260	9850	11100	1126	11100	10920	12000
性能 最大牵引力/kN	182	229	203	209	206	269	322	298	306	341
性能 行走速度/(km/h) 高速	5.5	6.0	5.5	5.5	5.6	5.5	5.6	4.9	5.0	5.3
性能 行走速度/(km/h) 低速	3.0	3.6	3.5	3.2	3.0	3.2	3.3	3.1	5.0	3.1
性能 铲斗最大挖掘力/kN	152	157	158	175.5	142.6	231	244	246	226.5	247
性能 斗杆最大挖掘力/kN	110	112	114	121.6	108.2	174	181	222	172.5	209
性能 爬坡能力/%	70	70	70	70	70	70	70	70	70	70
性能 回转速度/(r/min)	12.4	12.5	13.5	11.4	11.5	9.5	10.0	10.7	10.0	9.0
性能 接地比压/kPa	44.1	45	45	48.4	50		44	69	80	85
性能 主泵额定流量/(L/min)	439	2×212	2×212	2×230	2×205	535	2×294	2×279	280	2×280
性能 标准履带板宽度/mm	600	600	600	600	600	600	600	600	600	600
发动机 型号	SAA6D107E-1	JO5E	CC-6BG1T	VOLVO D7E	C6.6ACERT	SAA6D114E	JO5E	AA-6HK1X	C9ACERT	AH-6UZ1XYSS
发动机 额定功率/kW	110	118	125	130	118	180	197	184	200	270
发动机 额定转速/(r/min)	2000	2000	2100	2000	2100	1900	2000	2000	1800	1950
发动机 排量/L	6.69	5.123	6.494	7.1	6.6	8.27	7.684	7.79	8.8	10
容量 燃油箱/L	400	370	400	380	410	605	580	630	620	650
容量 液压油箱/L	135	146	135	190	120	188	280	180	175	230
外形尺寸/mm 长	9425	9450	9660	10130	9460	11140	1120	11220	10200	12010
外形尺寸/mm 宽	2800	2990	2860	3190	3180	3190	3200	3190	3190	3350
外形尺寸/mm 高	3040	3200	2950	3040	3350	3280	3420	3160	3340	3600

项目 \ 型号	PC400-8	SK480-8	3306LC	ZAXIS470	EC460BLC	PC560LC-8R	PC850-8	EC700BLC	PC1250-7	EX1200-5D
整机重量/kg	42100	47300	30500	47300	45390	59100	78700	68800	106700	108000
标准铲斗容量/m^3	1.9	1.9	1.9	2.1	2.1	3.1	3.4	4	5.0	5.0
工作范围 最大挖掘高度/mm	10925	11160	8550	10980	10970	11475	11955	10980	13400	12300
工作范围 最大卸载高度/mm	7625	7720	7650	7560	7650	7650	8235	6960	8680	8020
工作范围 最大挖掘深度/mm	7790	7360	6900	7720	7700	8165	8445	7250	9350	9340
工作范围 最大挖掘半径/mm	12005	11770	10250	12060	11780	12615	13660	11500	15350	13760
性能 最大牵引力/kN	337	400	310	329	324.6	474	570	453	700	630
性能 行走速度/(km/h) 高速	5.5	5.4	5.3	5.1	4.8	0～4.9	0～4.2	0～4.6	0～3.2	0～3.5
性能 行走速度/(km/h) 低速	3.0	3.4	2.6	3.8	2.9	0～3.0	0～2.8	0～3.0	0～2.1	0～2.4
性能 铲斗最大挖掘力/kN	283	291	235	296	276.5	323	370	374	430	466
性能 斗杆最大挖掘力/kN	238	244	144	224	213.8	251	304	326	400	412
性能 爬坡能力/%	70	70	70	70	70	70	70	70	70	70
性能 回转速度/(r/min)	9.1	7.8	9.0	9.0	8.5	8.3	6.8	6.7	5.5	5.8
性能 接地比压/kPa		87		80	66.7			100.1		1369
性能 主泵额定流量/(L/min)	690	2×370	1×320	2×360	1×311	2×410	2×436	2×436	2×495	2×495
性能 标准履带板宽度/mm	600	600	800	600	700	600	610	650	700	710
发动机 型号	SAA6D125E	P11C	BF6M1013	AA-6WG1TQA	D12D	6D140E-5	6D140E-5	D16E	6D170E-3	QSK23C
发动机 额定功率/kW	257	257	170	235	235	320	363	316	485	567
发动机 额定转速/(r/min)	1900	1850	2000	1800	1800	1800	1800	1800	1800	1650
发动机 排量/L	11.04	10.52	12.11	15.681	12.11	15.24	15.24	16.1	23.15	23.15
容量 燃油箱/L	605	650	425	705	685	880	980	840	1360	1400
容量 液压油箱/L	300	300	505	310	270	360	258.5	350	670	680
外形尺寸/mm 长	11940	12080	10230	12040	11640	12540	13995	12200	16020	15800
外形尺寸/mm 宽	3340	3350	3200	3820	3340	3900	4110	4286	4965	4600
外形尺寸/mm 高	3660	3570	3150	3320	3770	4280	4850	4855	6040	3450

表 3-13　　　　部分型号国外液压挖掘机主要技术参数表（正铲）

项目			385CFS	R984C	ZAXIS850H	PC850SE-8	CAT 374	EX1200-6BH	PC1250-7
整机重量/kg			90600	120100	78900	78930	80780	114000	110000
标准铲斗容量/m^3			5.7	5.8	3.6	4.3	4	5.9	6.5
工作范围	最大挖掘高度/mm		11260	14000	10850	11955	11350	12410	12330
	最大卸载高度/mm		7430	9200	7900	8235	9000	8750	8700
	最大挖掘深度/mm		2850	7950	5060	8445	8500	4780	3650
	最大挖掘半径/mm		10350	13700	10000	11050	11340	11500	11400
	最大牵引力/kN		592	576	560	545	492	707	700
性能	行走速度/(km/h)	高速	4.5	4.1	4.3	4.2	4.1	3.5	3.2
		低速	2.5	3	3.1	2.8	2.9	2.4	2.1
	铲斗最大挖掘力/kN		590	550	460	363	359	594	590
	斗杆最大挖掘力/kN		546	416	410	285	240	577	620
	爬坡能力/%		70	70	70	70	70	70	70
	回转速度/(r/min)		6.2	5.2	8.2	5.7	6.5	5.2	5.5
	接地比压/kPa		115	176.4	107	115	105	146	140
	主泵额定流量/(L/min)		2×490	2×472	2×502			3×520	3×520
	标准履带板宽度/mm		650	600	650	650	650	700	700
发动机	型号		Cat C18 ACERT™	QSK-19C 7	BB-6WG1T	SAA6D-140	CAT C15	QSK23-C	6D170E-3
	额定功率/kW		390	523	340	363	352	567	485
	额定转速/(r/min)		1800	2100	1800	1800	1800	1800	1800
	排量/L		18.1	18.9	15.681	15.24	15.2	23.15	23.15
容量/L	燃油箱		1600	1585	901	959	935	1470	1360
	液压油箱		810	880	670	616.2	612	1350	1360
外形尺寸/mm	长		14250	1485	13850	13130	13230	16170	16020
	宽		3400	5760	4360	4110	4390	5430	4965
	高		4500	4465	4900	4615	4990	5440	6040

3.2　推土机

推土机主要用于短距离推运土石方、开挖基坑、平整场地、堆集散料、牵引等作业，是一种结构简单、机动性好、通过性强、生产效率高，既能独立进行多种作业，又能配合其他机械联合施工的主要土石方机械。

3.2.1　推土机分类和适用范围

（1）推土机分类。

1）按行走机构分。可分为履带式和轮胎式，推土机见图 3－18。

履带式推土机，其特点是附着性能好，牵引力大，接地比压小（0.04～0.15MPa），爬坡能力强，适用于恶劣工作环境作业。

轮胎式推土机，其特点是行驶速度快、机动性能好，作业循环时间短，运输转移方便，但牵引力小，通过性差。适用于松散物、疏松土壤的推铲作业。

（*a*）履带式推土机

（*b*）轮胎式推土机

图 3－18　推土机

2）按传动方式分。可分为机械传动式、液力机械传动式、全液压传动式和电气传动式四种。

A. 机械传动式。其优点是：制造简单、传动效率高、工作可靠、维修方便。其缺点是：对荷载变化适应性差，操作不便，作业效率低，仅用于小型推土机上。

B. 液力机械传动式。其优点是：采用液力变矩器和动力换挡变速箱传动装置，具有自动适应外部负荷变化的能力，操纵轻便灵活，作业效率高。其缺点是：传动装置结构复杂，维修较困难。适用于推运密实、坚硬的土和爆破石渣。

C. 全液压传动式。其优点是：传动装置结构紧凑、运行平稳、燃油消耗低、作业效率高、操纵轻便灵活、可原地转向、机动性能好、载荷分配合理、动载荷小。其缺点是：制造成本高，耐用度和可靠性较差，维修困难。

D. 电气传动式。其优点是：结构简单，工作可靠，不污染环境，作业效率高；其缺点是：因受电力和电缆限制，使用范围受到很大限制。

3）按推土机工作装置分。可分为直倾铲式、角铲式、其他型式。不同型式的推土铲见图 3－19。

直倾铲式。铲刀与推土机底盘纵向轴线构成直角，铲刀切削角可通过油缸调整。结构简单，坚固性较好，在大型和中型推土机采用较多，适用于推铲作业。

角铲式。铲刀除了能调整切削角度外，还可在水平方向上，回转一定的角度（一般为±25°），可实现侧向卸土，扩大了推土机作业范围。适用于半挖半填的坡道作业。

其他型式。半 U 形铲、新型分土铲、煤电专用铲、环卫铲等。

4）按发动机功率等级分。可分为超轻型、轻型、中型、大型、特大型。

超轻型。发动机功率在 40kW 以下，适合于极小的场地作业。

轻型。发动机功率在 40～100kW 之间，适合于零星土方作业。

中型。发动机功率在 100～300kW 之间，适合于一般土石方工程。

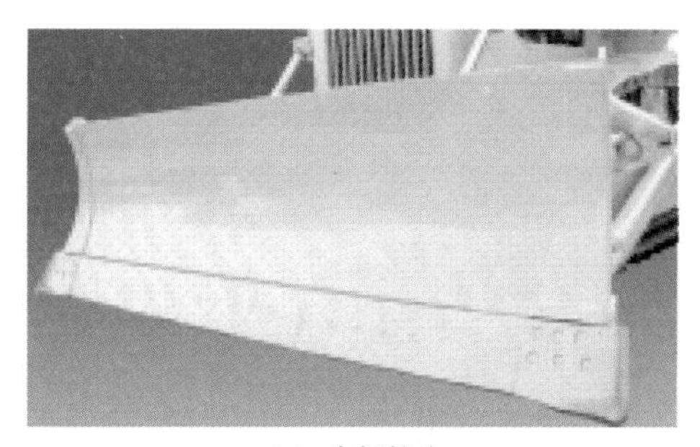

（*a*）直倾铲式

（*b*）角铲式

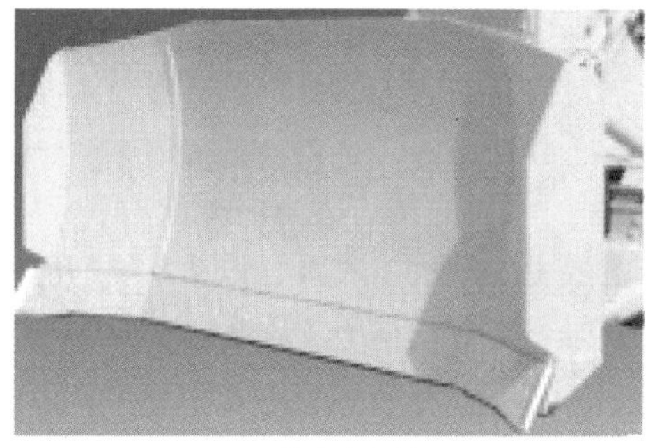

（*c*）煤电专用铲

（*d*）环卫铲

图 3-19　不同型式的推土铲

大型。发动机功率在 300～600kW 之间，坚硬土质或深度冻土大型土石方工程。

特大型。发动机功率在 600kW 以上，适合于大型以上土石方工程和矿山开采作业。

5）按用途分。可分为通用型、专用型。

通用型。又称普通型，按标准模块进行生产的机型，它通用性好，广泛用于各类土石方工程施工作业。

专用型。专用型是一种在特定环境下施工作业的推土机。有低比压湿地推土机（比压在 0.02～0.04MPa 之间）和沼泽地推土机（比压在 0.02MPa 以下）；有水陆两用推土机、水下推土机、无人驾驶推土机以及高温作业推土机等。

（2）适用范围。推土机适用于Ⅲ～Ⅳ类土壤浅挖短运，开挖深度不大的基坑以及回填、推筑高度不大的路基等。推土机配备松土器，可翻松Ⅲ级、Ⅳ级以上的硬土、软岩或凿裂层岩，以便于其他机械铲运和铲掘作业。履带式推土机最佳运距一般为 50m 以内；轮胎式推土机的推运距离一般为 50～100m，最远可达 150m。常见作业方式有直铲作业、侧铲作业、斜铲作业、松土器劈裂等。推土机广泛用于水利水电、交通（公路、铁路、机场、港口）、矿山、能源、农林、国防等工程施工中。

推土机可完成下列作业：

开挖、堆筑，如开挖河床、基槽、堆积堤坝、路基等。

回填、平整，如回填基坑、壕沟，平整场地、道路等。

松土、压实，如疏土、清除石块，压实场地、堤坝等。

其他用途，如拖挂牵引、清除路障、积雪、树根等杂物。

（3）型号标识。推土机分类及标识见表 3-14。

表 3-14　　推土机分类及标识表

名称	类型	特性代号	代号含义	主参数	
				名称	单位
推土机 T（推）	履带式	T	履带机械推土机	功率	kW
		TY	履带液压推土机		
		TS	履带湿地推土机		
	轮胎式	TL	轮胎液压推土机		

3.2.2　推土机基本构造

履带式推土机以履带式拖拉机配置推土铲刀而成，轮胎式推土机以轮式牵引车配置推土铲而成。推土机还可选装松土器，遇到坚硬土壤、软层岩时，先用松土器松土，然后再进行推铲作业。

（1）履带式推土机基本构造。履带式推土机主要由发动机、底盘、传动系统、液压系统、工作装置、驾驶室和机罩等组成。履带式推土机基本构造见图 3-20。

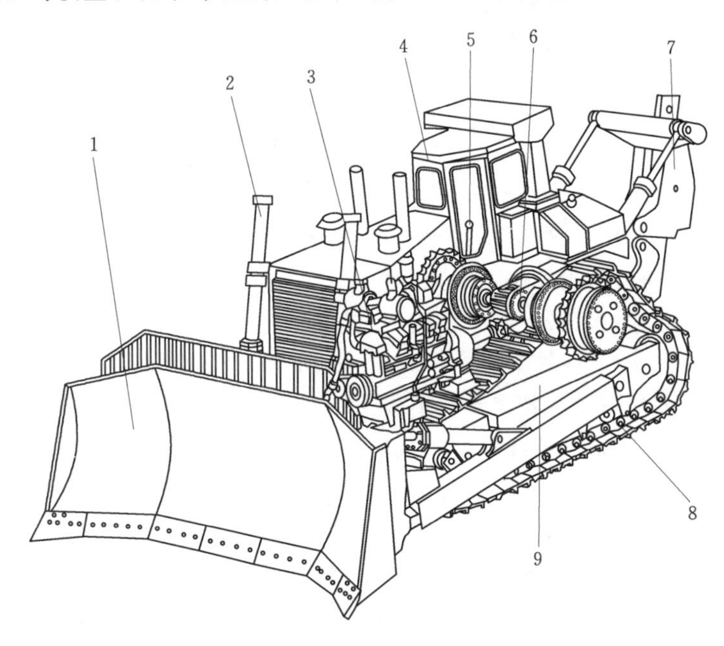

图 3-20　履带式推土机基本构造图

1—铲刀；2—液压油缸；3—发动机；4—驾驶室；5—操作机构；6—传动系统；7—松土器；8—行走装置；9—机架

1）发动机。发动机是推土机的动力装置，通常采用涡轮增压柴油发动机。发动机布置在推土机的前部，通过减震装置固定在机架上。

2）底盘。底盘部分由主离合器（或液力变矩器、联轴器总成）、行星齿轮动力换挡变速器、中央传动、转向离合器和转向制动器、终传动和行走装置及机架等组成。

3）液力机械传动系统。液力机械传动系统是目前推土机广泛采用的传动系统。液力机械式传动系统采用液力变矩器和行星齿轮动力换挡变速器取代了主离合器和机械式换挡变速器。液力变矩器能够根据推土机负荷变化，自动改变其输出转速和扭矩，从而使推土机在较宽的负荷范围内自动调节行驶速度和牵引力。同时，液力变矩器可消纳传动系统的部分冲击负荷。推土机液力机械传动系统见图 3-21。

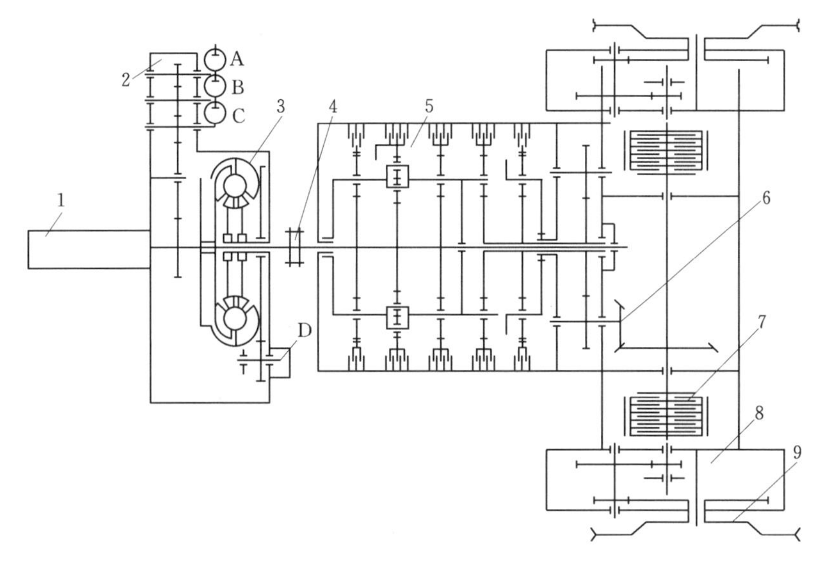

图 3-21 推土机液力机械传动系统示意图

1—发动机；2—动力输出箱；3—液力变矩器；4—联轴器；5—动力换挡变速器；6—中央传动装置；7—转向离合器与制动器；8—最终传动；9—驱动链轮；A—工作装置油泵；B—变速器油泵；C—转向离合器油泵；D—排油油泵

4）全液压传动系统。全液压传动推土机是近年来发展的新机型，也是中小型推土机的发展方向。其传动系统由液压泵、行走液压马达、行星减速器、驱动轮等组成。动力传递方式与液力机械传动相比较，取消液力变矩器、变速器等部件，结构简单、紧凑。全液压传动系统见图 3-22。

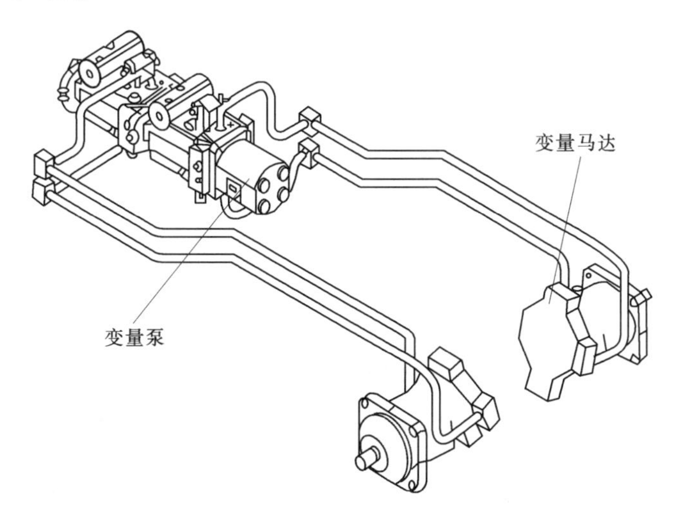

图 3-22 全液压传动系统示意图

5）工作装置。推土机工作装置主要是推土铲刀和松土器。推土铲安装在推土机前端，是推土机主要工作装置，有固定式和回转式两种类型。松土器通常配备在大中型履带推土机上，悬挂在推土机的尾部。固定式推土装置由切削刃、推土板、横拉杆、倾斜油缸、顶推梁、斜撑杆等组成，固定式推土装置见图 3－23。回转式铲刀可在水平面内回转一定的角度（一般为 0°～25°），回转铲刀工作角度见图 3－24。松土器由齿杆、齿尖液压缸和后支架等组成，推土机松土器见图 3－25。

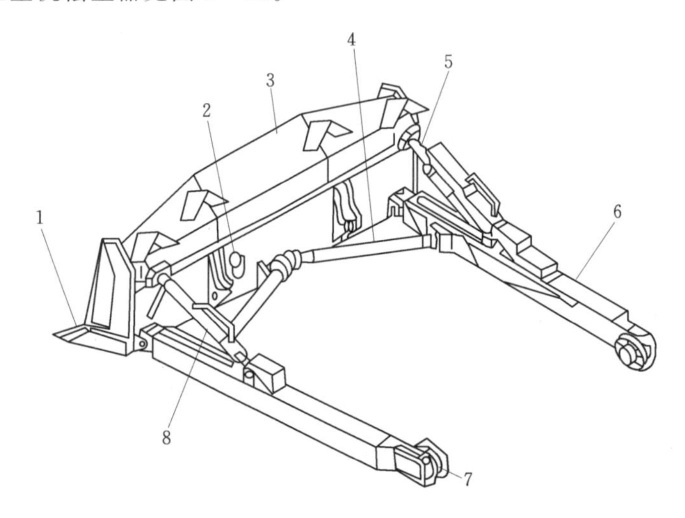

图 3－23　固定式推土装置示意图

1—端刃；2—切削刃；3—推土板；4—横拉杆；5—倾斜油缸；6—顶推梁；7—铰座；8—斜撑杆

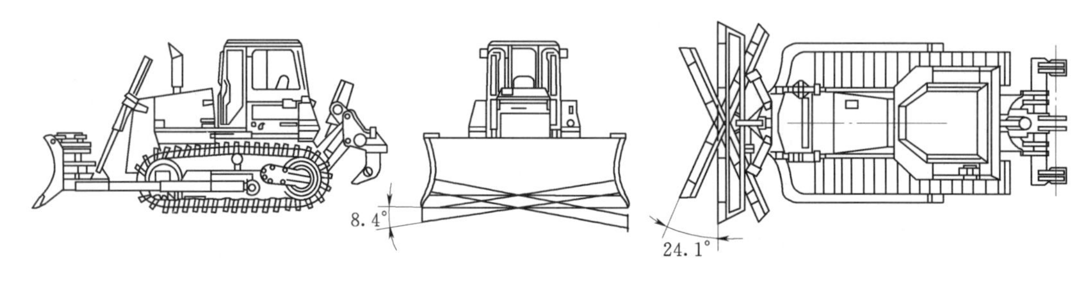

图 3－24　回转铲刀工作角度示意图

6）液压系统。推土机液压系统由液压转向系统和工作装置操作系统两大部分组成。小松 D155A 型推土机工作装置液压系统主要由液压泵、系统安全阀、止回阀、推土刀控制阀、松土器控制阀、升降和倾斜油缸、单项补压阀、松土器过载阀等部件组成，D155 推土机液压系统见图 3－26。

（2）轮胎式推土机基本构造。轮胎式推土机是以轮式底盘为基础加装专用推土板研制而成，具有工况适应性强、机动性好、作业效率高等特点。广泛地用于民用建筑、修建道路、机场、堤坝、矿山开采、港口码头、农田改造及国防工程建设中。

轮胎式推土机主要由发动机、传动系统、制动系统、转向系统、液压系统、电气系统、工作装置、驾驶室等组成。轮胎式推土机及推土铲结构见图 3－27，轮胎式推土机传动系统见图 3－28。

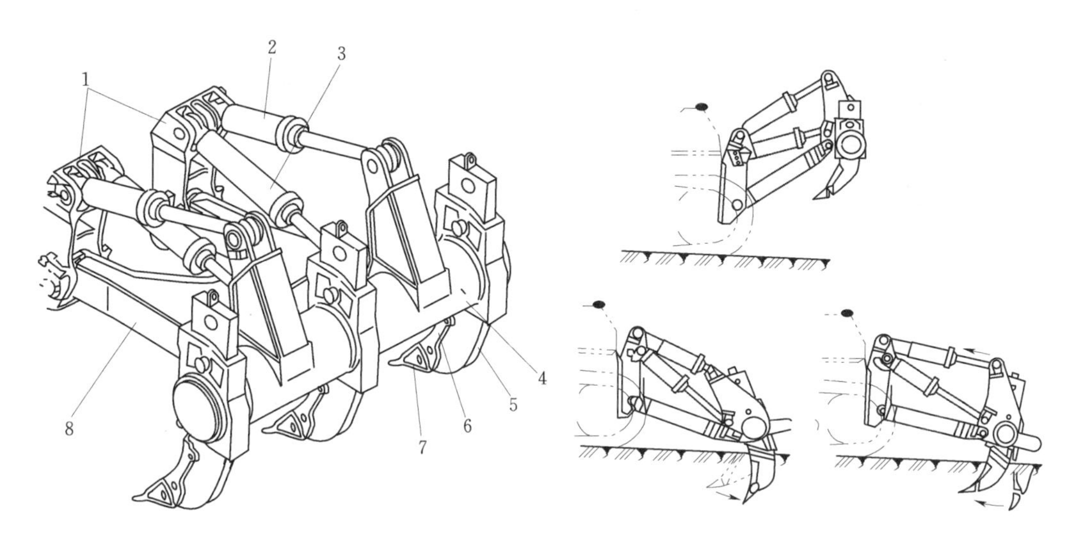

图 3-25　推土机松土器示意图

1—安装架；2—倾斜油缸；3—提升油缸；4—横梁；5—齿杆；6—保护盖；7—齿尖；8—后支架

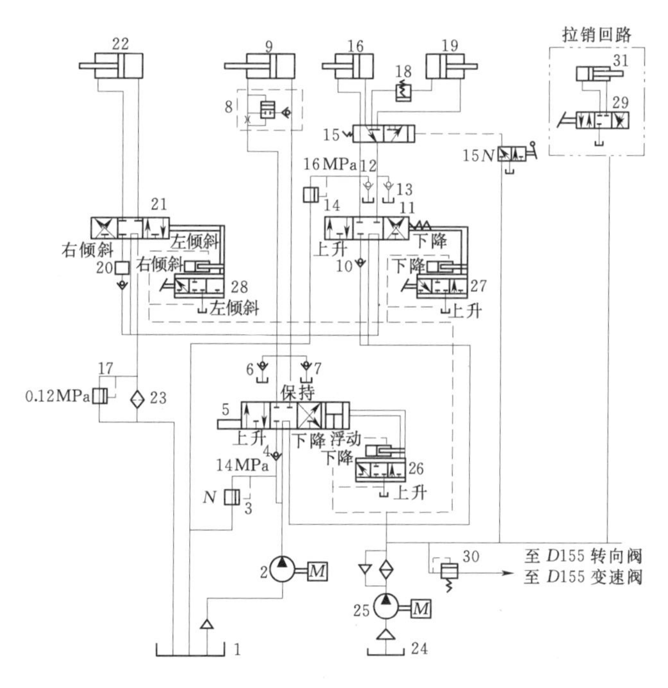

图 3-26　D155 推土机液压系统图

1—工作油箱；2—液压泵；3—主溢流阀；4、10—单向阀；5—铲刀换向阀；6、7、12、13—补油阀；8—快速下降阀；9—铲刀升降液压缸；11—松土器换向阀；14—过载阀；15—选择阀；16—松土器升降液压缸；17—溢流阀；18—锁紧阀；19—松土器倾斜液压缸；20—单向节流阀；21—铲刀倾斜液压缸换向阀；22—铲刀倾斜液压缸；23—滤清器；24—转向油箱；25—变矩器、变速器液压泵；26—铲刀液压缸先导伺服阀；27—松土器液压缸先导伺服阀；28—铲刀倾斜液压缸先导伺服阀；29—拉销换向阀；30—变矩器、变速器溢流阀；31—拉销液压缸

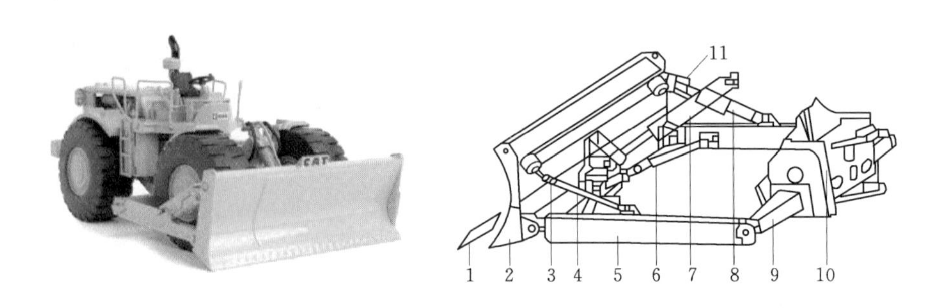

图 3-27　轮胎式推土机及推土铲结构图

1—耐磨铲刀；2—推铲总成；3—竖直支撑杆；4—调节杆；5—大臂；6—水平推杆；7—提升油缸；8—倾斜油缸；9—推铲连接杆；10—前车架；11—倾斜油缸防尘罩

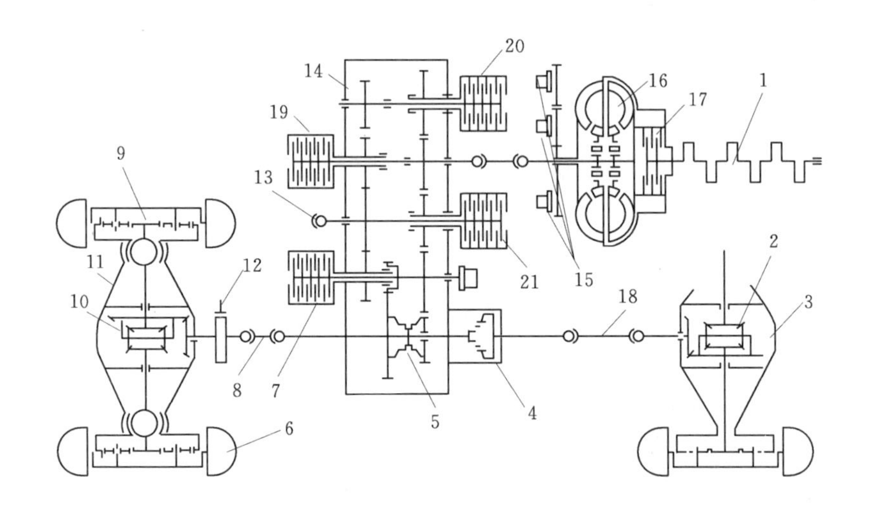

图 3-28　轮胎式推土机传动系统图

1—发动机；2、10—差速器；3—后驱动桥；4—后桥脱开机构；5—高、低挡变换器（滑动齿套）；6—车轮；7、21—变速器离合器；8、18—前、后传动轴；9—轮边减速器；11—前驱动桥；12—手制动器；13—绞盘传动轴；14—动力变速箱；15—油泵；16—液力变矩器；17—锁紧离合器；19、20—换向离合器

3.2.3　推土机选型原则

推土机选择要根据推土机推土铲配置特点及作业范围，主要应从以下四个方面，按技术性和经济性适合的原则进行选择。

（1）土石方工程量。应根据工程规模大小和推土机功率适用范围来选取。当土石方量大而且集中的大型水利工程，应选用 239kW（320 马力）大型推土机；公路建设、水利工程及基础设施建设等工程，应选用 162kW（220 马力）至 239kW（320 马力）的推土机。土石方量小而且分散的一般性工程施工应选用中型、小型 120kW（160 马力）至 162kW（220 马力）推土机；土壤条件允许，作业面道路条件好，可选用轮胎式推土机。

（2）土壤性质。对推土机功率档次的选择，还要综合考虑工程土质状况。一般推土机适合于Ⅰ级、Ⅱ级土壤直接推铲作业或Ⅲ级、Ⅳ级土壤预松后的推铲作业。土壤比较密实、坚硬，或冬季冻土，应选用重型推土机，一般应选取169kW（220马力）以上的推土机，或带松土器推土机；土壤属潮湿软泥，最好选用宽履带湿地推土机。

（3）施工条件。开挖基坑时，如含水量较小，深度在1～2m、运距较短时，可采用推土机作业；修筑半挖半填的道路，优先选用角铲式推土机；在水下作业，可选用水下推土机。

（4）作业环境。根据推土机作业对象（土石方或其他）、工作环境（温度、海拔、沙尘和沼泽等）、工程要求等进行选择高原型、沙漠型、湿地型推土机。亦可根据施工作业的多种要求，为减少投入机械台数和提高机械作业范围，选用多功能推土机。

3.2.4 推土机生产率计算

（1）推土机直铲作业。推土机进行直铲作业时，每一个工作循环包括铲土、运土、卸土和回程四个过程。其生产率 Q_1(m^3/h) 按式（3-4）计算：

$$Q_1 = 3600q\,K_B K_Y / T \qquad (3-4)$$

式中 K_B——时间利用系数，一般为0.8～0.85，见表3-15；

K_Y——地面坡度影响系数（见表3-16），平地时 $K_Y=1$；上坡时（坡度5%～10%）$K_Y=0.5\sim0.7$；下坡时（坡度5%～10%）$K_Y=1.3\sim2.3$；

T——每一工作循环所需时间，s；

q——推土机推移土的体积（按实方计），m^3。

表3-15　　时间利用系数表

工作条件	推土机类型	每小时实际作业时间/min	K_B
白班	履带式推土机	50	0.83
	轮胎式推土机	45	0.75
夜班	履带式推土机	45	0.75
	轮胎式推土机	40	0.67

表3-16　　地面坡度影响系数表

地面坡度	下坡坡度/%					上坡坡度/%		
	5	10	15	20	30	10	20	30
K_Y	1.07	1.14	1.18	1.22	1.26	0.86	0.66	0.41

q 近似值计算式为（也可以按说明书给定值选取）：

$$q = LBK_n \operatorname{ctg}\varphi \qquad (3-5)$$

式中 L——推土铲长度，m；

B——推土铲高度，m；

φ——推土铲前所堆积土自然倾斜角，(°)；

K_n——运土时土漏失系数，一般取 0.75～0.95（松散土和运距大时取小值）。

T 值计算式为：

$$T=\frac{L_1}{V_1}+\frac{L_2}{V_2}+\frac{L_1+L_2}{V_3}+2t_1+t_2+t_3 \tag{3-6}$$

式中　L_1——铲土路线长度，m，一般取 6～10m；

L_2——运土路线长度，m；

V_1、V_2、V_3——铲土、运土和返回时运行速度，m/s；

t_1——换挡时间，s，一般取 4～5s；

t_2——铲刀下降时间，s，取 5～10s；

t_3——推土机采用调头作业方法的转向时间，若采用调头作业方法转向时，则 $t_3=10$s，若不采用调头作业方法转向时，则 $t_3=0$。

（2）推土机场地平整作业。推土机场地平整作业时，其生产率 Q_2（m^2/h）可按式（3-7）计算：

$$Q_2=\frac{3600L(l\sin\varphi-b)K_B}{n\left(\frac{L}{V}+t_n\right)} \tag{3-7}$$

式中　L——平整地段长度，m；

l——推土铲长度，m；

K_B——时间利用系数；

t_n——在同一地点上重复平整次数；

V——推土机运行速度，m/s；

b——两相邻平整地段的重叠部分宽度，m；

φ——推土铲水平回转角度，(°)。

3.2.5　推土机作业使用要点

（1）作业要点。

1）推土路线。正确选定推土机作业路线，对提高推土机作业工效十分重要。一般遵循推土机铲土、运土、卸土、倒退返程主要工序行程最短原则。铲土和运土路线应尽量直线推运，以缩短路程减少土方失散。返程路线，要从空返时间最短考虑。铲土时应根据土质情况，尽量采用最大切土深度在 10m 距离内完成，以缩短低速推铲运行时间，然后直接推运到卸土地点。推土时上下坡度不得超过 35°，横坡不得超过 10°。多台推土机同时作业，前后距离应大于 10m。

2）作业方法。推土机作业方法有多种，合理选择作业方法，亦可提高推土机的作业功效。常用的有以下几种。

A. 沟槽推土法。推土机重复多次在一条沟槽作业线上切土和推土，使地面逐渐形成一条浅槽，再反复在沟槽中进行推土，以减少土从铲刀两侧漏散，可增加 10%～30%的推土量，槽的深度以 1m 左右为宜，槽与槽之间的土坑宽约 50m。

B. 下坡推土法。在斜坡上，推土机顺下坡方向切土与堆运，借用推土机向下的重力作用推铲土，增大切土深度和运土量，可提高生产率30%～40%，但坡度不宜超过15°，以免后退时爬坡困难。

C. 角铲推土法。将铲刀与前进方向调成一倾斜角度（一般松土为60°，坚实土为45°）进行推土。本法需较大功率的推土机，可减少机械来回行驶，提高效率，适于沟槽推土回填和向坡下推土。

D. 平行并列推土法。使用多台推土机并列作业，以减少土体漏失量，一般两铲刀相距15～30cm，可增大推土量15%～30%，平行并列推土法适于大面积场地平整和运土。

（2）使用要点。

1）推土机在Ⅲ～Ⅳ级土壤或多石土壤作业时，应先进行爆破或用松土机疏松。

2）两台以上推土机在同一地区作业时，前后距离应大于8m，左右相距应大于1.5m。

3）发动机启动预热后，待柴油机水温达55℃以上，润滑油温45℃以上方可操作操纵杆，推土机起步前注意观察周围环境及人员，确认安全后方能起步工作。

4）推土机行驶和作业中，应避免不恰当的调整和急转弯。应经常注意仪表指示是否正常，各处有无三漏现象，有无不正常的声响或敲击。

5）在推铲或松土作业中，如遇到较大阻力不能前进时，应立即停止推铲或松土作业，切不可强制作业，应采取调整工作装置切入量或推土机后退等措施。作业过程中，应尽量避免急拉转向与制动操纵杆，需调整推土机前进方向时，应使推土机负荷减少到一定程度后，再拉动转向与制动操纵杆。

6）在陡坡上行驶时，推土机坡行角度纵向不能大于30°，横向不能大于25°。一般情况下，应避免大角度坡行，尤其避免横向大角度坡行。推土机在陡坡上前进下坡时，应选择低速挡，柴油机油门操纵杆应放在小开度位置上，并应注意控制总制动踏板，以防溜车。如需在陡坡上推土时，应先进行挖填，使机身保持平衡，方可作业。

7）在深沟、基坑或陡坡地区作业时，必须有专人指挥，其垂直边坡深度一般不超过2m，否则应放出安全边坡。在石子和黏土路面高速行驶或上下坡时，不得急转弯。需要原地旋转或急转弯时，必须用低速行驶。填沟作业驶近边坡时，铲刀不能超出边缘，后退时应先换挡后再提升铲刀进行倒车。

8）牵引其他机械设备时，钢丝绳连接必须牢固可靠，必须有专人负责指挥，在坡道及长距离牵引时，应使用牵引杆连接。

3.2.6 推土机技术参数

履带式推土机主要技术参数包括：整机质量、发动机额定功率、最大牵引力、接地比压、坡行角度、履带板宽度、整机外形尺寸、行驶速度、推土铲参数、松土器参数等。

（1）部分型号国产履带式推土机主要技术参数见表3-17。

（2）部分型号国外履带式推土机主要技术参数见表3-18。

表 3－17　　部分型号国产履带式推土机主要技术参数表

项目	型号	SD16	TY160	SD6G	移山 T180	SD22	ZD220－3	SD23	TY230	TY230	SD7	SD32	TY320	SD8	SD42－3	SD9	SD52－5	TQ230H
整机质量/kg		17000	23400	16500	18392	23450	24300	37200	19950	24500	23800	37200	36700	23800	53000	48880	67500	25500
发动机	型号	WD10G178E25	WD615－T1－3A	C6121ZG72B	NT855－C280	WD12G240E26	NTAA855－C280	NTAA855－C280S20	NT855－C280S10	C6121ZLG05	NT855－C280	NTAA855－C360	NTA855－C360	NT855－C280	KTA19－C525	TA19－C525K	QSK19	NT855－C280
	功率/kW	120	131	119	132.4	162	162	169	169	169	169	235	235	243	310	316	392	169
	转速/(r/min)	1850	1850	1800	1850	1800	1800	2000	2000	2000	2100	2000	2000	2100	2000	1800	1800	1900
	排量/L	9.726	9.7	14.01	9.726	11.596	14.01	14.01	14.01	14.01	14.0	14.01	14.0	14.0	18.9	18.9	19	
	燃油箱容量/L	300	450	450	300	450	760	760	760	760	450	600	600	450	760	760		
工作性能	最大牵引力/kN	156	141	221	147.2				221	404			300			434.7		320
	最小转弯半径/mm		3100	3300	3200	3300		3300					3940					
	最小离地间隙/mm	400	400	405	400	405	405	405	405	410	404		500	404	525	517	610	410
	履带中心距/mm	1880	1800	2000	1880	2000	2000	2260	2000	2000	1980	2140	2140	1980	2260	2250	2500	2120
	链轨节距/mm	203.2	203	216		216		260.35	216	216		228.6	228.6	228.6	260.35	280	280	216
	履带接地长度/mm	2430	2430	2840	2635	2730	2730	3560	2840	2840	2890	3150	3150	2890	3560	3470	3940	2840
	履带板宽度/mm	510	510	560	510	560	560	610	560	560	560	560	560	560	610	610	610	560
	接地比压/kPa	67	65	76	67	77	79	78	76	75	71.9	105	104	71.9	123	112	138	79
	爬坡能力/(°)	30	30	30	30	30	30	30	30	30	30	30	30	30	30	30	30	30
行走速度/(km/h)	前进 1挡	0～3.29		0～3.8	0～3.9	0～3.6	0～3.6	0～3.69	0～3.8	0～3.3	0～3.9	0～3.6	0～3.4	0～3.9	0～3.69	0～3.9	0～3.8	
	前进 2挡	0～5.28	0～9.07	0～6.8	0～6.8	0～6.5	0～6.5	0～6.82	0～6.8	0～6.7	0～6.5	0～6.6	0～6.5	0～6.5	0～6.82	0～6.9	0～6.8	0～10
	前进 3挡	0～9.63		0～11.3	0～10.9	0～11.2	0～11.2	0～12.24	0～11.3	0～2.5	0～10.9	0～11.2	0～11.3	0～10.9	0～12.24	0～12.2	0～11.8	
	后退 1挡	0～4.28		0～4.9	0～5.0	0～4.3	0～4.3	0～4.39	0～4.9	0～3.3	0～4.8	0～4.5	0～4.4	0～4.8	0～4.39	0～4.8	0～5.1	
	后退 2挡	0～7.59	0～11.81	0～8.2	0～8.6	0～7.7	0～7.7	0～8.21	0～8.2	0～6.7	0～8.2	0～7.6	0～7.9	0～8.2	0～8.21	0～8.5	0～9.2	0～10
	后退 3挡	0～12.53		0～13.6	0～13.7	0～13.2	0～13.2	0～14.79	0～13.0	0～12.5	0～13.2	0～13.4	0～13.1	0～13.2	0～14.79	0～15.1	0～15.8	
推土铲	宽度/mm	3388	3725	3725	3416	3725	3725	3725	3725	3725	3823	4130	4130	0～3.9	4315	4314	4680	3725
	高度/mm	1149	1315	1390	1150	1315	1315	1395	1390	1395		1590	1590		1875		2260	1395
	铲土容量/m^3	4.5	3.9	7.8	3.58	6.4	6.4	7.8	7.8	7.8	8.4	10	10.4	8.4	16	13.5	18.5	
	最大提升高度/mm	1095	1149	1210	1125	1210	1210	1210	1210	1250	1170	1560		1170	1545		1660	1250
	最大切削深度/mm	540	540	540	585	540	540	540	540	560	500	560		500	700	614	715	560
松土器	齿数/个	1～3	1～3	1～3	1～3	1～3	1～3	1～3	1～3	1～3	1	1～3	1～3	1	1	1～3	1	1
	最大提升高度/mm	592	550	555	540	555	555	555	555	555	880	883～955	890	870	1130	1140	1105	1250
	最大松土深度/mm	572	545	665	500	540	1400	1400	665	1400	870	842～1250	850	840	1400	1450	1435	560
外形尺寸/mm	长	5140	6430	5459	5025	6805	5750	6830	5459	6830	7604	6880	6890	7604	9630	8478	10420	7090
	宽	3388	3416	3725	3416	3725	3725	3725	3725	3725	3823	4130	3985	3823	4315	4314	4680	3725
	高	3032	3015	3380	3041	3395	3395	3380	3380	3380	3402	3725	3510	3402	3955	3970	4470	3420

表 3-18　部分型号国外履带式推土机主要技术参数表

项目	型号	D65EX-16	D85EX-15	D6R-3	D7R-2	D155A-5	D155A-6	D8T	D275A-5	D355A-3	D9T	D375A-6	D10T	D475A-5	D11R	D11T
整机质量/kg		19510	28000	18669	25304	38700	41700	38488	50850	52300	47900	68370	66962	108390	102285.1	104590
发动机	型号	SAA6D114E-3	D125E-5	C9 ACERT	3176C SCAC	SA6D140E-2	SAA6D140E-5	C15 ACERT	SAA6D140E-5	S6D155	C18ACERT	SAA6D170E-5	C27 ACERT	SAA12V140E-3	C3508B	C32CERT
	功率/kW	153	197	138	179	225	264	231	306	302	306	391	433	671	682	634
	转速/(r/min)	1950	1900	1850	2100	1899	1900	1850	2000		1800	1800	1800	2000	1800	1800
	排量/L	8.27		8.8	10.3		10.3	15.2	15.25		18.1	23	27	15.25	34.5	32.1
	燃油箱容量/L	415	490	424	470	500	625	643	840		889	1050	1204	1670	1609	1609
工作性能	最大牵引力/kN	180	245	170	220	320	705	450	780	900	880	750				
	最小离地间隙/mm			381	415	485		618			596	610	615	655	623	675
	履带中心距/mm	1880	2000	1880	1980	2100	2140	2082	2260		2250	2500	2550	2770	2890	2890
	履带接地长度/mm	2980	3050	2870	2878	3210	3150	3210	3480		3470	3840	3855	4524	4440	4444
	履带板宽度/mm	510	560	760	560	710	560	610	610		610	610	610	710	710	710
	接地比压/kPa	63	80	60	76	106	90	94.9	118		144.6	140	135.7	166	159	163
	爬坡能力/(°)	30	30	30	30	30	30	30	30		30	30	30	30	30	30
行走速度/(km/h)	前进 1挡	3.6	3.3	3.8	3.5	3.7	3.9	3.4	3.6		3.9	3.5	4.0	3.3	3.9	3.9
	前进 2挡	5.5	6.1	6.6	6.1	6.7	5.7	6.1	6.7		6.8	6.8	7.2	6.2	6.8	6.8
	前进 3挡	7.2	10.1	11.5	10.5	11	7.5	10.6	11.2		11.7	11.8	12.7	11.2	11.8	11.8
	后退 1挡	4.4	4.4	4.8	4.5	5	4.7	4.5	4.7		4.7	4.6	5.2	4.2	4.7	4.7
	后退 2挡	6.6	8.0	8.4	7.9	8.2	6.8	8.0	8.7		8.4	9.2	9.0	8.0	8.2	8.2
	后退 3挡	8.8 (13.4)	13.0	14.6	13.6	13.9	13.7	14.2	14.9	14.5	14.3	15.8	15.8	14.0	14.0	14.0
推土铲	宽度/mm			3260	3900	3955	4130	3940	4300	5230	4310	4695	4860	5266	5600	6335
	高度/mm			1101	1360	1720	1790	1690	1960	1875	1934	2265	2120	2960	2370	2828
	铲土容量/m^3	5.61	7.0	5.61	6.86	8.8	9.4	8.7	13.7	13.4	13.5	18.5	18.5	27.2		34.4
	最大提升高度/mm		1207	1083	1145	1250	1250	1225	1450	1560	1422	1660	1497	1620	1533	
	最大切削深度/mm		540	655	527	590	590	575	640	560	606	715	674	1010	766	760
松土器	齿数/个	3	3	3	3	3	3	3	3	3	3	1～3	3	1～3	1～3	1～3
	最大提升高度/mm	520	535	536	557	625	1010	1035	1195	1145	1105		1044	1195		
	最大松土深度/mm	500	450	500	550	650	1120	1145	1420	1235	1345		1486	1420		1612
外形尺寸/mm	长	6475	6095	3860	5810	8155	8680	6090	9290	9630	6840	10330	7500	11565	10233	10525
	宽	3210	2850	2640	2880	2695	2700	3060	2870	5230	4310	3220	4860	3610	3602	4379
	高	3105	3280	3200	3280	3500	3395	3460	3985	4125	3820	4230	4010	5590	4657	4698

3.3 装载机

装载机是一种作业效率高，用途十分广泛的铲土运输机械。它主要是对松散堆积物进行装、运、卸作业，还可以对硬土、松散岩石进行轻度铲掘作业。同时，还能用于清理、刮平场地、短距离装运物料及牵引等作业。装载机具有作业速度快、效率高、机动性好、操作轻便等优点，在各类工程中得到了广泛使用。

3.3.1 装载机分类和适用范围

（1）装载机分类。装载机一般按发动机功率、行走方式、传动形式、车架结构、装卸方式等不同进行分类。

1）按发动机功率大小分。可分为小型、中型、大型、特大型。

小型装载机。发动机功率小于74kW。

中型装载机。发动机功率为74～147kW。

大型装载机。发动机功率为147～515kW。

特大型装载机。发动机功率大于515kW。

2）按行走方式不同分。可分为履带式装载机和轮胎式装载机，装载机见图3-29。

(a) 履带式装载机

(b) 轮胎式装载机

图3-29　装载机

履带式装载机。以履带专用底盘或工业拖拉机作为行走机构，并配工作装置及其操作系统而构成的装载机。该机的重心低，稳定性好；接地比压低、附着力强、牵引力大、通过性能好，但行驶速度慢，移动不灵活，适合在潮湿、松软的地面工作。装卸运输距离超过30m，作业成本会明显增加。

轮胎式装载机。以轮胎专用底盘作为行走机构，并配工作装置及其操作系统而构成的装载机。具有自重轻、行走速度快、机动性能好、作业循环时间短、工作效率高等特点，广泛用于各类土石方工程。

3）按传动方式不同，可分为机械式传动装载机、液力-机械式传动装载机、液压传动式传动装载机、电传动式装载机。

机械式传动装载机。其行走速度和牵引力不能随载荷变化而自动调节，只能通过改变发动机转速或变速挡位在一定范围内变化，使用不方便，目前已基本淘汰。

液力-机械式传动装载机。其牵引力和车速变化范围大，可随负荷的变化，自动调节，具有传动效率高、冲击振动小、传动件寿命长、操作方便等特点，是装载机常用的传动方式。

液压传动式装载机。可无级调速、操纵简便，一般仅在小型装载机上采用。

电传动式装载机。可实现无级调速、工作可靠、维修简单；设备重量大，运行费用较高，一般在大型装载机上采用。

4）按车架结构形式。可分为铰接式和整体式。

铰接式转向装载机。铰接式装载机转弯半径小，机动灵活，可以在狭小的场地作业，作业循环时间短，生产效率高。其轴距一般较长，纵向稳定性好，行走时纵向颠簸小，但铰接式装载机在转向和高速行驶时稳定性差。

整体车架式装载机。其转向方式有前轮转向、后轮转向、全轮转向和差速转向，前三种属于偏转车轮转向。

5）按卸料方式不同。可分为前卸式、侧卸式、回转式、后卸式等装载机。

前卸式装载机。前端铲装和卸载，是目前国内外生产轮式装载机采用最多的一种型式。它具有结构简单、工作可靠、视野好、适应性强、用途广等特点。

侧卸式装载机。铲斗侧卸液压缸安装在铲斗后背，后支点与托架连接，前支点则与铲斗连接。前后支点在铲斗和托架上备有左右对称的安装位置，在使用中可根据作业要求，调整卸料方向。多用于隧洞和狭窄场合作业。

回转式装载机。工作装置安装在可回转360°的转台上，工作时装载机与运输车辆可成任意角度，装载机可以原地不动而靠回转卸料，作业效率高，可在狭窄的场地工作。但结构复杂、重量大、维修费用高、侧向稳性较差。

后卸式装载机。前端装料、工作装置及动臂回转180°后端卸料。原地作业就可直接向停在后面的运输车卸载，作业效率高，作业的安全性差，应用较少。

6）按转向方式。可分为铰接转向式、滑移转向式、偏转车轮转向式。

铰接转向式。依靠轮式底盘前轮、前车架及工作装置，围绕与前后车架的铰接销做水平摆动进行转向。具有转弯半径小、机动灵活的特点，是目前最常用的。

滑移转向式。依靠轮式底盘两侧的行走轮或履带式底盘两侧的驱动轮速度差实现转向。具有整机体积小、机动灵活的特点，可以实现原地转向，在更为狭窄的场地作业，是近年来小型装载机常用的转向方式。

偏转车轮转向式。以轮式底盘的车轮作为转向的装载机。分为：偏转前轮、偏转后轮和全轮转向三种，一般用于整体式车架装载机，由于机动性差，现一般不太采用。

7）按驱动方式。可分为前轮驱动式、后轮驱动式、全轮驱动式。

前轮驱动式。以行走结构的前轮作为驱动轮的装载机。

后轮驱动式。以行走结构的后轮作为驱动轮的装载机。

全轮驱动式。以行走结构的前、后轮都作为驱动轮的装载机，是目前装载机常用驱动方式。

（2）装载机适用范围。装载机适用范围广泛，可用于公路、铁路、建筑、水电、港口、矿山等建设工程的土石方工程。它主要用于铲装土壤、砂石、矿石等散状物料，也可为砂砾石、硬土等做轻度挖铲作业；换装不同的辅助工作装置还可进行推土、平整、牵引、起重和其他物料如木材的装卸等作业。

(3) 装载机型号标识。装载机型号标识由特征代号加主参数组成。装载机标识见表3-19。

表3-19　　装载机标识表

组	型	特性代号	代号含义	主参数	
				名称	单位
装载机Z（装）	履带式	Z	履带装载机	装载能力	t
	轮胎式L（轮）	ZL	轮胎液压装载机		

3.3.2 装载机基本构造

轮式装载机主要由工作装置、行走机构、发动机、传动系统、转向系统、制动系统、液压系统、操纵系统和辅助系统等组成。轮式装载机构造见图3-30，履带式装载机构造见图3-31。

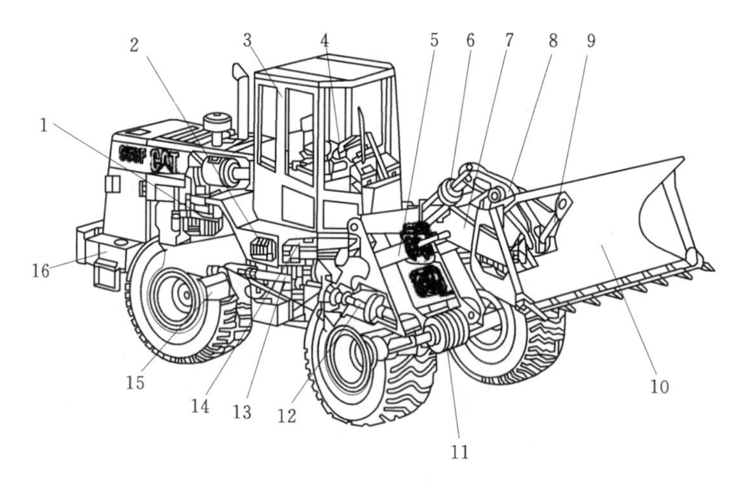

图3-30　轮式装载机构造图

1—发动机；2—变矩器；3—驾驶室；4—操作系统；5—动臂油缸；6—转斗油缸；7—动臂；8—摇臂；9—连杆；10—铲斗；11—前驱动桥；12—传动轴；13—转向油缸；14—变速器；15—后驱动桥；16—车架

大多数轮式装载机采用液力变矩器、动力换挡液力机械传动型式，结构紧凑、变矩器高效区宽、牵引力大、行驶速度快；采用液压操纵、铰接式车架转向；全桥驱动、宽基低压轮胎行驶；工作装置多采用反转连杆结构。

(1) 工作装置。工作装置由动臂、动臂油缸、转斗油缸、摇臂、连杆、铲斗组成。工作装置构造见图3-32。

动臂和动臂油缸铰接在前车架上，动臂油缸的伸或缩使工作装置举升或下降，使铲斗举起或放下。转斗油缸的伸或缩使摇臂前或后摆动，通过连杆控制铲斗上翻收斗或下翻卸料。

（2）行走机构。行走机构由铰接式车架、变速器、前驱动桥、后驱动桥和前后车轮等组成。

（3）传动系统。传动系统由液力变矩器、行星换挡变速器、传动轴、前驱动桥、后驱动桥、轮边减速器和前后车轮等组成。传动系统组成见图 3－33。

液力机械传动在装载机上得到了广泛应用。液力机械传动变速器由液力变矩器和行星动力换挡变速箱组成，也称变矩器动力变速箱总成。装置显著特点是适应装载机高速小扭矩行驶、低速大扭矩作业工况。变矩器动力变速箱见图 3－34。

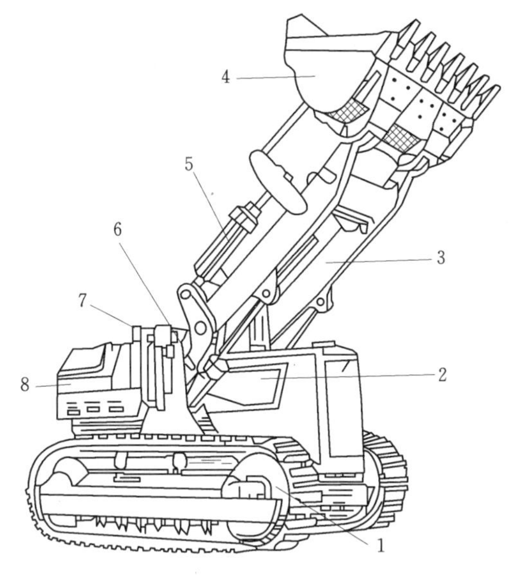

图 3－31　履带式装载机构造图

1—底盘；2—发动机；3—动臂；4—铲斗；5—转斗油缸；6—动臂油缸；7—操纵系统；8—驾驶室

（4）转向系统。转向系统由方向盘、转向阀、铰接式车架、转向油缸、前后车轮等组成。目前，较为先进的装载机转向系统是两级转向系统，传统的方向盘及换挡操纵式加 STIC（转向变速集成系统控制），行驶时采用方向盘控制，铲装作业时，采用转向变速集成系统控制，操作省力，换挡平稳，操作手劳动强度低，作业效率高。

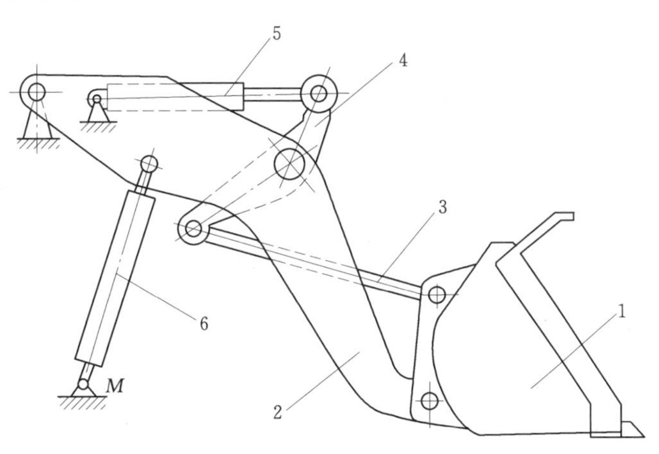

图 3－32　工作装置构造图

1—铲斗；2—动臂；3—连杆；4—摇臂；5—转斗油缸；6—动臂油缸

（5）制动系统。制动系统由气推液四轮盘式行车制动、紧急和停车制动两套独立制动系统组成。前者用于经常性的一般行驶中速度控制、停车。后者用于装载机工作中出现紧急情况时制动以及停车后的制动。

（6）液压系统。液压系统油路主要分为两部分：先导控制油路和主工作油路。主工作油路动作是由先导控制油路进行控制，以实现较小流量、低压力控制大流量、高压力。装

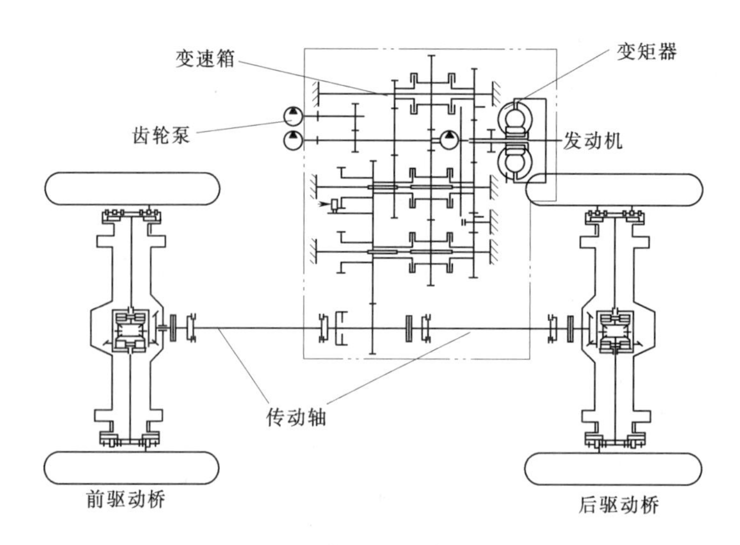

图 3-33　传动系统组成示意图

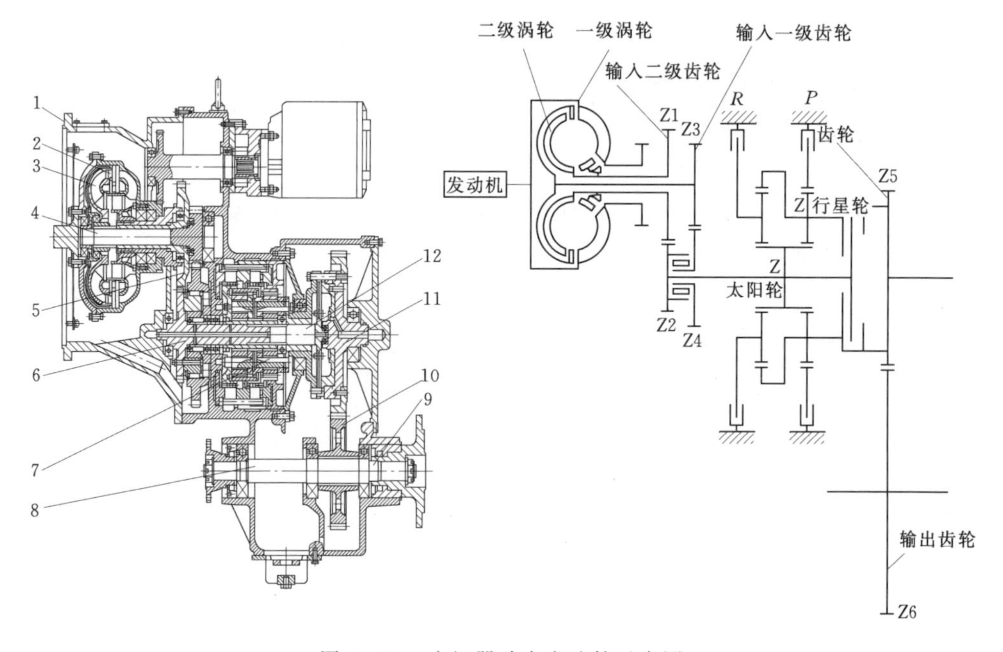

图 3-34　变矩器动力变速箱示意图

1—变矩器壳体；2—变矩器一级涡轮；3—变矩器二级涡轮；4——一级涡轮输出轴；5—二级涡轮输出齿轮；6—二级输入齿轮轴；7—行星轴；8—前桥输出轴；9—后桥输出轴；10—分动箱齿轮；11—齿轮轴；12—行星变速箱输出轴

载机工作装置液压系统见图 3-35。液压系统一般由液压泵、安全阀、溢流阀、换向阀、控制阀、动臂油缸、转斗油缸、液压油箱及管路等组成。

3.3.3　LNG 装载机

天然气做为清洁能源，被广泛用于各个行业。LNG（Liquefied Natural Gas）是天然气经净化处理（脱除重烃、硫化物、CO_2、水等）后，在常压下深冷至－162℃，由气态

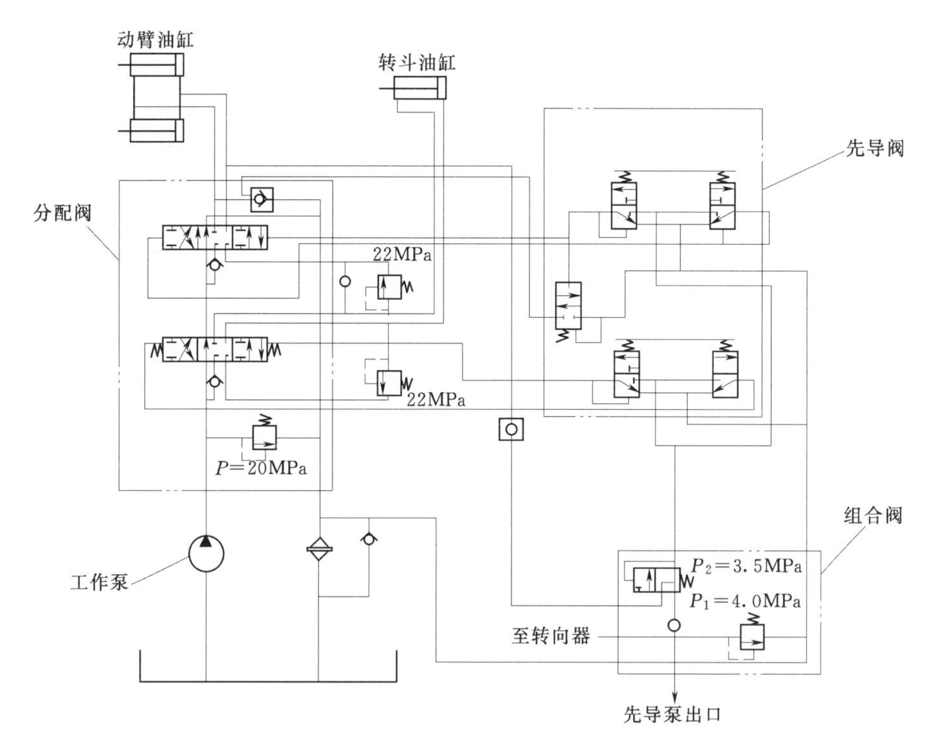

图 3-35　装载机工作装置液压系统图

转变成液态，称液化天然气。LNG 主要成分是甲烷，无色、无味、无毒且无腐蚀性，其体积约为同量气态天然气体积的 1/625，密度约为水的 45%，大大方便了储存和运输。LNG 燃烧时产生二氧化碳少于其他化石燃料，温室效应较低，因而能改善环境质量。

LNG 装载机是用液化天然气作为燃料的装载机。其优点：①绿色环保，LNG 是一种洁净环保的优质能源，几乎不含硫、粉尘和其他有害物质，燃烧时产生二氧化碳少于其他化石燃料，温室效应较低，因而能改善环境质量；②经济性好，LNG 价格比汽油和柴油低，燃烧效率高，节能 30%；又由于 LNG 燃烧完全，不产生积碳，不稀释润滑油，能有效减轻发动机零件磨损，延长发动机的寿命，经济效益显著；③安全性好，LNG 燃点高（650℃），汽化后相对密度低（0.47～0.55），只有空气的一半左右，即使泄露也会立即挥发扩散；LNG 爆炸极限 4.7%～15%（汽油为 1%～5%，柴油为 0.5%～4.1%），LNG 在一般情况下不存在爆炸的可能。

LNG 装载机与常规装载机在结构上相比，主要是发动机、变矩器的区别。LNG 装载机采用专用发动机和专用变矩器。LNG 发动机国内上海柴油机厂、潍坊柴油机厂等厂家均有系列产品。国内 LNG 发动机技术参数见表 3-20。

近年来国内加大了 LNG 装载机研发和推广运用，国内生产 LNG 装载机有 4t、6t、8t。由于受观念和加气站建设等因素的制约，LNG 装载机使用不是很广泛。目前，使用较多行业有港口、货场转运、煤场、矿山等相对装载地点固定和容易建 LNG 加气站的地方。另外，在技术上针对 LNG 发动机动力“偏柔”和变矩器低速性能等问题还在持续改进中，有理由相信，在不久的将来 LNG 装载机使用更为广泛。

表 3-20 国内 LNG 发动机技术参数表

型号 \ 性能	缸径×行程/(mm×mm)	排量/L	进气方式	标定功率/[kW/(r/min)]	最大扭矩/转速/[N·m/(r/min)]	低速扭矩/转速/[N·m/(r/min)]
WP6G125E32NG	105×130	6.75	电控+增压中冷	92/2200	600/1400～1600	500/1000
WP6G125E33NG	105×130	6.75	电控+增压中冷	92/2000	680/1300～1500	550/1000
WP6G140E32NG	105×130	6.75	电控+增压中冷	105/2200	720/1400～1600	600/1000
WP6G175E32NG	105×130	6.75	电控+增压中冷	129/2200	780/1400～1600	650/1000
WP10G220E31NG	126×130	9.276	电控+增压中冷	162/2200	920/1300～1600	820/800
WP10G220E32NG	126×130	9.276	电控+增压中冷	162/2100	980/1300～1500	820/800
WP10G220E33NG	126×130	9.276	电控+增压中冷	162/2000	980/1300～1600	820/800
WP10G260E31NG	126×130	9.276	电控+增压中冷	191/2200	1050/1400～1600	850/800
WP10G260E32NG	126×130	9.276	电控+增压中冷	191/2100	1500/1400～1600	850/800
WP13G330E32NG	127×165	11.6	电控+增压中冷	243/2100	1500/1300～1500	1100/800
WP13G360E32NG	127×165	12.5	电控+增压中冷	265/2100	1700/1300～1500	1100/800
WP13G400E32NG	127×165	12.5	电控+增压中冷	298/2100	1900/1300～1500	1100/800
SC5DT	114×130	5.3	电控+增压中冷	118～132/2300	480～650/1500	
SC7HT	105×124	6.3	电控+增压中冷	140～170/2300	680～800/1500	
SC5DT	114×130	5.3	电控+增压中冷	158～184/2300	800～920/1400	
SC5DT	114×130	5.3	电控+增压中冷	206～235/2300	1120～1150/1400	
SC5DT	114×130	5.3	电控+增压中冷	230～252/2300	1300～1500/1200	
SC5DT	114×130	5.3	电控+增压中冷	118～132/2300	258～287/1200	

3.3.4 装载机选型原则

（1）机型选择。装载机主要依据作业场合和用途进行选择和确定。一般在采石场、软基、泥泞或道路崎岖不平的场合作业时，应优先选用履带式装载机。当作业场地狭窄时，可选用回转式装载机。如果作业场地条件较好，零星物料的搬运、装卸以及其他分散作业时，应选用轮胎式装载机。当与运输车辆配合装料时，应选用操作灵活、装车效率高的前卸轮胎式装载机；隧洞和地下工程施工多选用侧卸轮式装载机。

（2）动力选择。一般选用工程机械专用柴油发动机，在特殊地域作业，如海拔高于3000.00m 的地方，应采用特殊的高原型柴油发动机。

（3）传动型式选择。一般选用液力-机械传动。变矩器形式的选择，较多选用双涡轮、单级两相液力变矩器。

（4）铲斗容量选择。应根据装卸物料数量和要求完成时间来选用。物料装运量大时应选择大容量装载机，装载机与运输车辆配合装料时，应考虑装载机的卸载高度，运输车辆车厢容量应为装载机斗容量的整倍数，以保证装运效能经济、合理。自装自运时，选择铲斗容量大的效果更好。

（5）按运距及作业条件选择。在运距不大和道路坡度经常变化的情况下，若采用装载机与自卸汽车配合装运作业，会使工效下降，费用增高。在这种情况下，可单独采用轮胎式装载机作为自铲自运使用。一般情况下，如果装载机在整个装运作业循环时间少于3min时，在经济上是可行的。当然，还需要对以上两种装运方式通过经济分析，来选择装载机自铲自运时合理运距。

（6）制动性能的选择。在选用装载机时，还要充分考虑装载机的制动性能，制动器有蹄式、钳盘式和湿式多片式三种，其动力源有压缩空气、气顶油和液压式三种。目前，常用的是气顶油制动系统，采用双回路制动系统，以提高行驶安全性。

（7）在隧道作业的装载机，发动机应选择低污染加排气净化器的柴油发动机，以减少洞内污染。

3.3.5 装载机使用要点

（1）作业前检查各部管路密封是否完好，制动器是否可靠，检视各仪表指示是否正常，轮胎气压是否符合规定。发动机启动后应怠速空运转，待水温达到55℃，气压达到0.45MPa后再起步行驶。作业时，发动机水温不得超过90℃。

（2）变速器、变矩器使用液力传动油和液压系统使用的液压油必须符合要求，并保持清洁。作业时，变矩器油温不得超过110℃，油温超过允许值时，应停车冷却。

（3）山区或坡道上行驶时，可接通拖启动操纵杆，以防发动机突然熄火，也能保证转向系统正常使用。

（4）高速行驶宜采用前轮驱动，铲装作业时应采用四轮驱动。

（5）开挖停机面以上土方，轮胎式只能铲装松散土方，履带式可铲装坚实土方；装料时，铲斗应从正面铲料，严禁单边受力；卸料时，铲斗翻转举臂应缓慢动作。

（6）不得将铲斗提升到最高位置运输物料。运载物料时，应保持动臂下绞点离地400mm，以保证稳定行驶。

（7）无论铲运或挖掘，都要避免铲斗偏载。不得在收斗或半收斗而未举臂时就前进。铲斗装满后应举臂到距地面约500mm时再后退、转向、卸料。

（8）当铲装阻力较大、出现轮胎打滑时，应立即停止铲装。若阻力过大已造成发动机熄火时，重新启动后应作铲装作业相反的作业，以排除过载。

（9）侧斜装载机在隧洞施工中，要有安全防护措施，最好选择有防护装置隧道作业机型。对没有防护装置要进行改装，以确保操作手的安全。

（10）作业后应将铲斗平放在地面上，各操纵杆必须放在空挡位置。

3.3.6 装载机技术参数

轮式装载机技术参数包括性能参数和尺寸参数。主要性能参数包括：机重（操作重量）、铲斗额定载荷、铲斗容量、发动机功率、掘起力、倾翻载荷、提升能力等；主要尺寸参数包括：卸载角、高度、距离，整机长、宽、高度等。

（1）部分国产轮胎式装载机主要技术参数见表3-21。

（2）部分国外轮胎式装载机主要技术参数见表3-22。

表 3-21　部分国产轮胎式装载机主要技术参数表

项目	型号	LW300K	ZL30B-Ⅱ	LG952	LW500K	ZL50CN	ZL50E-3	XG955	ZL50C	LG860	LW600	XG962	JGM767	XG982	CG990H
整机质量/kg		10600	10600	16200	17200	16500	16600	17000	16800	215000	2000	18500	19700	28300	31500
铲斗额定载荷/kg		3000	3000	5000	5000	5000	5000	5000	5000	6000	6000	6000	6000	8000	9000
标准铲斗容量/m^3		1.8	1.8	2.7	3.0	3.0	3.0	3.0	3.0	3.5	3.5	3.5	3.5	4.0	5.0
铲斗容量/m^3		1.6～2.5	1.6～2.5	2.5～3.0	2.5～3.2	2.5～3.3	2.5～3.4	2.8～3.5	2.5～3.3	3.2～3.8	3.2～3.8	3.2～3.8	3.2～3.8	3.8～4.5	4.5～6.8
发动机	型号	YC6108G	CA6DF1D-12GDG	WD10G220E11	WD10G220E23	WD10G220E11	WD10G220E23	WD10G220E11	6CTA8.3-C215	WD10G240E11	QSC8.3	WD10G240E11	QSM11-C335	QSM11	WD10G240E11
	功率/kW	92	86	162	162	162	162	162	160	175	179	175	250	250	175
	转速/(r/min)	2200	2200	2000	200	2000	2000	2200	2200	2200	2200	2200	2200	2100	2200
工作性能	轮距/mm	195	1845	2150	2250	2150	2200	2240	2200	2270	2320	2350	3705	3850	2300
	轴距/mm	2900	2570	3427	3300	3427	3280	3230	3300	3400	3450	3400	3750	3600	3405
	最小离地间隙/mm	345	340	485	485	485	480	465	467	463	467	469	480	485	465
	最小转向半径（铲外侧）/mm	6070	5387	7720	6910	7720	7375	5580	5650	6230	6550	6320	6200	6882	7690
	轮胎规格	17.5-25-12PR	17.5-25-12PR	23.5-25PR16	23.5-25-16PR	23.5-25PR16	23.5-25-18PR	23.5-25-16PR	23.5-25-16PR	23.5-25-20PR	23.5-25-20PR	23.5-25-20PR	29.5-25-22PR	9.5-25-22PR	26.5-25-28PR
	最大掘起力/最大牵引/kN	120/90	102/85	167/160	170/175	167/160	180/	170/	155/	200/170	201/171	205/175	260/245	260/255	210/160
	最大爬坡度/(°)	30	30	30	30	30	30	30	30	30	30	30	30	30	30
	45°角卸载高度/mm	2930	2965	3109	3090	3109	3181	3103	3050	3400	3200	3340	3450	3313	3300
	45°角卸载距离/mm	1000	1040	1206	1130	1206	1220	1204	1250	1207	1268	1380	1320	1373	1200
行走速度/(km/h)	前进1挡	0～15	0～11	0～10	0～11	0～10	0～12.5	0～10.2	0～6	0～6.4	0～6	0～6.65	0～7	0～7.4	0～7
	前进2挡	0～40	0～30	0～34	0～36	0～34		0～35	0～11	0～11.1	0～11	0～11.8	0～11.5	0～10.1	0～11
	前进3挡								0～22	0～17.4	0～22	0～23.5	0～24.5	0～24.1	0～23
	前进4挡								0～34	0～29.2	0～36	0～37.6	0～35.5	0～32.0	0～38
	后退1挡	0～20	0～15	0～13	0～13	0～13	0～12.5	0～14	0～6	0～7.2	0～6	0～6.65	0～7	0～7.4	0～7
	后退2挡								0～11	0～12.9	0～11	0～11.8	0～11.5	0～10.1	0～11
	后退3挡								0～22	0～20.8	0～22	0～23.5	0～24.5	0～24.1	0～23
	后退4挡									0～31.1					
外形尺寸/mm	长	7250	7115	8030	8185	8030	8100	7985	7720	8588	6895	8560	9300	9459	8380
	宽	2580	2510	3470	3000	3470	3000	3000	2900	3050	3020	3128	3500	3579	3100
	高	3290	3100	2750	3465	2750	3470	3400	3370	3450	3543	3490	3770	3821	3565

表 3 - 22　　部分国外轮胎式装载机主要技术参数表

项目	型号	WA320 - 3	WA380 - 3	950H	L150F	WA470 - 6	962H	969H	980H	L220F	WA500 - 3	WA600 - 3	WA600 - 6
整机质量/kg		13995	17610	18340	23170	23070	19365	19365	30524	31330	27600	44500	52700
标准铲斗容量/m^3		2.7	3.1	3.1	3.8	4.2	3.5	4.2	3.5	5.4	4.5	6.1	6.5
铲斗容量范围/m^3		2.5～3.0	2.5～3.5	2.5～3.5	3.7～4.4	4.0～4.5	3.2～3.8	4.0～4.6	3.2～3.8	4.8～5.8	4.5～5.0	5.5～6.5	6.4～7.0
发动机	型号	SA6D102E -2-A	SA6D107E -1	C7 ACERT	D13E	SA6D125E	C7	C12	C15 ACERT	D12DLDE3	SA6D140E -2	SA6D170E	SA6D170E -5
	功率/kW	124	142	145	203	155.2	213	263	264	261	235	237	393
	转速/(r/min)	2200	2100	2200	2000	1800	2200	1900	1800	1600	2100	2000	1800
工作性能	轮距/mm	2050	2160	2140	2300	2140	2140	2400			2400	2650	2650
	轴距/mm	3030	3300	3342	3450	3350	3350	3780	3700	3605	3600	4100	4500
	最小离地间隙/mm	405	410	411	435	412	496	498	442	480	405	495	495
	最小转向半径(铲外侧)/mm	5160	6320	6310	7705	7066	14733	6430	5895	7110	6160	6980	7075
	轮胎规格	22.5R	23.5R	23.5R	26.5-25 -24PR	26.5R25 L-2	26.5R25 L-2	26.5-25 -24PR			26.5-25 -24PR	35/65 -33-30	
	最大掘起力/最大牵引/kN	150/145	167	165.2		147	216		273				
	最大爬坡度/(°)	30	30	30	30	30	30	30	30	30	30	30	25
	45°角卸载高度/mm	3100	2820	2918	3100	2812	3086	3295	3272	3280	3050	3350	3995
	45°角卸载距离/mm	1100	1245	1202	1330	1308	1308	1500	1534	1290	1475	1990	1800
	动臂提升时间/s	6.0	6.1	6.2	6.3	6.2	6.2	7.2	6.0		6.4	8.2	9.3
	动臂下降时间/s	3.3	3.4	2.5	3.3	2.5	2.5	4.2	3.4		3.5	4.3	4.1
	铲斗前倾卸载时间/s	1.3	1.5	1.3	1.4	1.3	1.3	1.7	2.1		1.7	2.4	2.3
行走速度/(km/h)	前进 1 挡	6.92	6.92	6.92	7.5	7.0	6.7	7.8	6.6	6.8	6.7	7.4	6.7
	前进 2 挡	12.71	12.71	12.71	13.5	13.0	12.6	12.5	11.75	12.05	12.0	12.7	11.7
	前进 3 挡	22.37	22.37	22.37	23.5	22.6	21.1	22.3	20.76	22.06	20.2	21.0	20.3
	前进 4 挡	37.01	37.01	37.01	38.7	38.0	37.4	34.9	36.37	38.57	33.0	33.5	33.8
	后退 1 挡	7.56	7.56	7.56	7.5	7.6	7.4	8.6	7.56	7.8	7.5	8.2	7.3
	后退 2 挡	13.84	13.84	13.84	13.0	13.9	13.9	13.0	13.52	12.05	13.4	13.9	12.8
	后退 3 挡	24.46	24.46	24.46	23.3	24.5	24.3	24.8	23.66	22.06	22.5	23.0	22.0
	后退 4 挡	40.07	40.07	40.07	36.0	40.0	37.4	37.5	41.52	38.57	36.1	35.2	37.0
外形尺寸/mm	长	7875	8300	70988	8980	8965	8985	9815	9486	9090	9055	10710	11985
	宽	2930	2930	2926	2988	2993	3145	2990	3533	3545	3460	3910	3915
	高	3200	3395	3439	3500	3452	3600	3785	3765	3730	3815	4250	4460

3.4 铲运机

铲运机是利用带铲刀的铲斗，在行驶中顺序进行铲削、装载、运输、铺卸土壤作业的铲土运输机械。具有装载容量大、运距远、道路适应性强、作业效率高等特点，广泛用于公路、铁路、港口、机场、水利水电等工程。

铲运机适用于Ⅳ级以下含水率适中的土壤、砂砾石铲运作业，特别适合于大土方量场地平整和大面积基坑填挖工程。铲运机不适合于土壤中含有石块、杂物的场合和深度挖掘作业。用于Ⅳ级以上的冻土或土壤时，必须先预松土壤。

铲运机经济运距与行驶道路、地面条件、坡度等有关，一般拖式铲运机（用履带式机械牵引）的经济运距在500m以内，轮胎自行式铲运机的经济运距则为800～1500m。

3.4.1 铲运机分类和适用范围

（1）铲运机分类。铲运机主要依据斗容量大小、卸载方式、装载方式、行走机构等进行分类。不同类型的铲运机见图3-36。

（*a*）自行式履带铲运机

（*b*）自行式双发动机轮胎铲运机

（*c*）拖式履带铲运机

（*d*）拖式轮胎铲运机

（*e*）内燃式地下工程铲运机

（*f*）电动式地下工程铲运机

图3-36　不同类型的铲运机

1）铲运机按容量大小可分为小型、中型、大型、特大型。

小型铲运机。斗容在 $6m^3$ 以下，$2.5m^3$ 配 40～50kW 拖拉机，$6m^3$ 配 59～74kW 拖拉机。

中型铲运机。斗容在 6～$15m^3$ 之间，为自行式铲运机常用斗容。

大型铲运机。斗容在 16～$30m^3$ 之间，采用双发动机的自行式铲运机。

特大型铲运机。斗容在 $30m^3$ 以上，采用大功率多发动机的自行式铲运机。

2）铲运机按行走方式可分为自行式铲运机、拖式铲运机。

自行式铲运机。牵引车与铲运斗为一体。其特点是行驶速度高，机动灵活，生产效率高。运距在 200～1500m 之间时，作业效率明显优于其他机械组合作业效率，但对地面及道路要求较高，对于紧密土壤需要采用推土机助铲。

拖式铲运机。铲运斗由单独的牵引车拖挂。牵引车可以是履带式或轮胎式拖拉机。路面条件不好时可用履带式牵引车，具有接地比压小、附着力大和爬坡能力强的特点，工作距离一般为 500m 以内；轮胎式牵引车，其速度高，工作距离可稍大一些。

3）铲运机按装载方式可分为普通装载式、链板装载式。

普通装载式。铲斗前部有斗门，工作时靠牵引力把刀片切削下来的土屑，从斗门与刀片之间的缝隙中挤入铲斗，其装载阻力较大，效率低。

链板装载式。刀片切削下来的土屑，由链板机构装入铲斗，能自铲。装载阻力比普通式约降低 60%。装土效率高，能边转弯边装载，适用于 1000m 运距内、行驶阻力较小的工程中，经济效益较高。但整机较重，造价高。

4）铲运机按卸土方式可分为强制式、半强制式、自由式等。铲斗卸土见图 3-37。

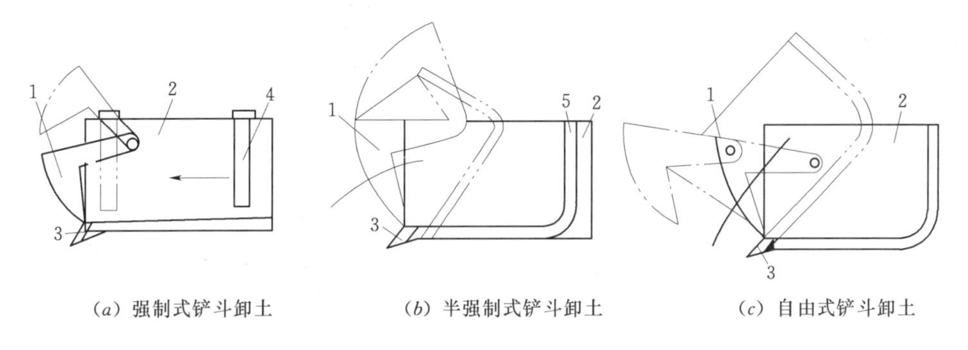

(a) 强制式铲斗卸土　(b) 半强制式铲斗卸土　(c) 自由式铲斗卸土

图 3-37　铲斗卸土示意图

1—斗门；2—铲斗；3—刀片；4—后斗壁；5—斗底与后壁

强制式铲斗卸土。用可移动的铲斗后壁将斗内的土壤强制推出，卸载干净彻底，用得最多。卸土干净，消耗功率大，结构强度要求高，适合于铲运黏土、湿土。

半强制式铲斗卸土。铲斗后壁与斗底为一体，卸载时绕前边铰接点向前旋转，将土倒出。卸土功率较小，自重轻，对黏湿土卸土不干净。

自由式铲斗卸土。卸土时，将铲斗倾斜，土壤靠自重倒出，适用于小型铲运机。卸土不彻底，对黏土和潮湿土的卸土效果不好。

5）按发动机台数可分为单发动机、双发动机。

单发动机。用于单轴驱动的铲运机。因牵引力、附着重量小，铲掘效率低，铲装作业时需要辅助铲掘，一般可用推土机或裂土器松土。

双发动机。用于双轴驱动的铲运机。牵引力大，不需助铲，适用于铲装阻力大、道路条件恶劣或陡坡等行驶阻力大的场合。

（2）铲运机作业方法和适用范围。

1）铲运机基本作业方法。铲运机作业适应性很强，但基本作业方法有以下几种。

A. 一次铲土法。铲运机铲刀一次切入土壤中并完成铲土行程，装满铲斗。

B. 错位铲装法。在作业场地较大时，在取土场内分若干个区域，先在取土场地第一排铲土道上取土，在相邻两铲土道间留出1/2铲刀宽的土不铲。然后再从第二排铲土道上铲起，且铲土起点后移的距离为铲土道长度的一半。随后依次交替进行铲土作业。这种作业的特点是，在铲土后半段因切土宽度减小而使铲土阻力降低，从而使铲运机有足够的功率使铲斗装满。同时，又可缩短铲土道长度和铲土时间，提高铲装工效。

C. 波浪式铲土法。这种方法适用于较硬土质。开始铲土时，铲刀以最大深度切入土中，随着负荷增加，车速降低。同时，相应减小切土深度，依次反复进行，直到铲斗装满为止。

D. 顶推铲土法。在土质较坚硬，普通大斗容铲机作业或牵引力不足等情况下，可采用推土机顶推铲土法。

2）铲运机适用范围。铲运机是一种能综合完成挖土、运土、卸土、填筑、场地整平作业的铲土运输机械。适用于Ⅰ～Ⅱ级土壤直接铲运，铲运Ⅲ～Ⅳ级土壤或冻土要预先进行松土，也可用推土机助铲。一般铲运机适用范围主要取决于土壤特性、运距、道路和机械技术性能。铲运机适用范围见表3-23。

表3-23　　铲运机适用范围表

铲运机类型			铲运机斗容/m³		运距/m		道路坡度/%
			一般	最大	一般	经济	
拖式铲运机			3～20	25	100～1000	100～300	15～30
自行式铲运机	单发动机	普通装载式	10～30	50	200～2000	200～1500	5～10
		链板装载式	10～30	35	200～1000	200～800	5～10
	双发动机	普通装载式	10～30	50	200～2000	200～1500	15～20
		链板装载式		40	200～1000	200～800	15～20

（3）铲运机型号标识。国产铲运机产品型号分类和编制方法见表3-24。产品型号按类、组、型分类原则，由类、组、型和主参数代号组成。

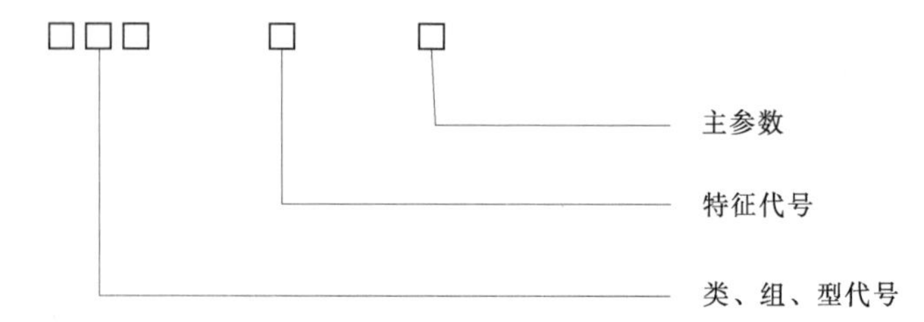

表 3-24　　国产铲运机产品型号分类和编制方法表

类	组	型	特性	代号	代号含义	主参数	
						名称	单位
铲土运输机械	铲运机 C（铲）	履带式	—	C	履带机械铲运机	铲斗几何容积	m^3
			Y（液）	CY	履带液压铲运机		
		轮胎式 L（轮）	—	CL	轮胎液压铲运机		
		拖式 T（拖）	—	CT	机械拖式铲运机		
			Y（液）	CTY	液压拖式铲运机		

3.4.2　铲运机基本构造

（1）拖式铲运机构造。拖式铲运机由拖把、辕架、工作油缸、机架、前轮、后轮和铲斗等组成。铲斗由斗体、斗门和卸土板组成。斗体底部前面装有刀片，用于切削土壤。斗体可以升降，斗门可以相对斗体转动，即打开或关闭斗门，以适应铲土、运土和卸土等不同作业要求。拖式铲运机构造见图 3-38。

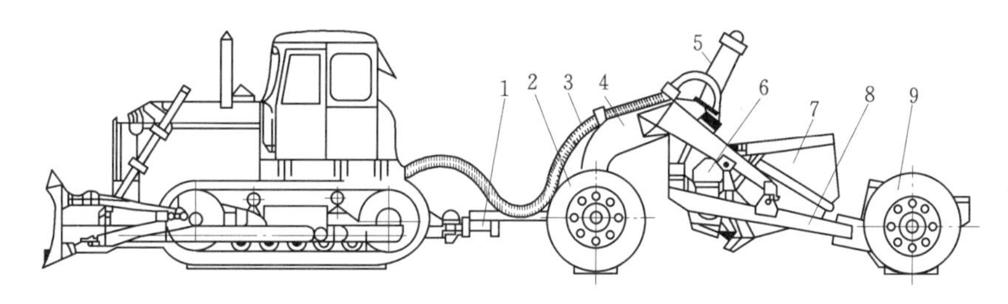

图 3-38　拖式铲运机构造示意图

1—拖把；2—前轮；3—油管；4—辕架；5—工作油缸；6—斗门；7—铲斗；8—机架；9—后轮

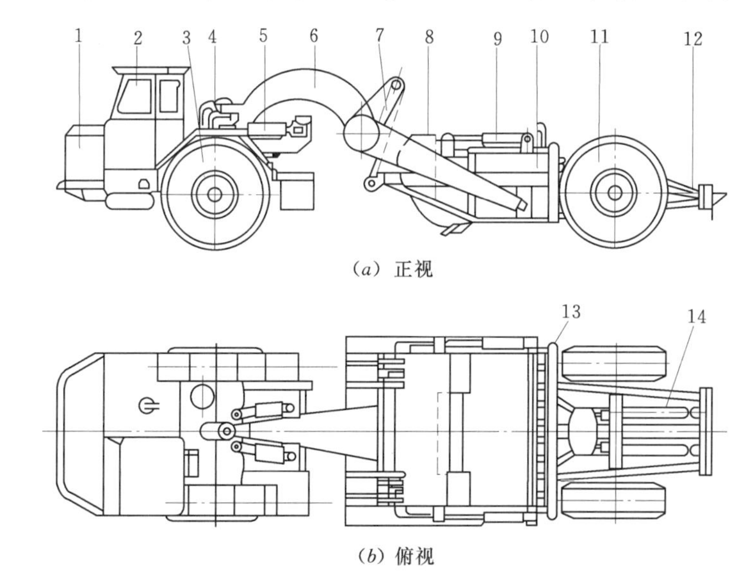

（a）正视

（b）俯视

图 3-39　单发动机铲运机构造示意图

1—发动机；2—单轴牵引车；3—前轮；4—转向支架；5—转向液压缸；6—辕架；7—提斗液压缸

8—斗门；9—斗门液压缸；10—铲斗；11—后轮；12—尾架；13—卸土板；14—卸土油缸

（2）自行式铲运机构造。自行式铲运机大多为轮胎式，液压操纵、强制卸土形式。有单发动机和双发动机两种结构。

单发动机铲运机牵引车有动力，由单轴牵引车和单轴铲斗组成，采用液力机械传动、全液压转向、轮边行星减速，铲运斗采用液压操纵。单发动机铲运机构造见图 3-39。

双发动机铲运机在单轴铲斗机架上还装有一台发动机，工作时两台发动机同时工作，动力性好、机动性强、工作效率高，适用于大容量铲运机。自行式双发动机铲运机构造见图 3-40。

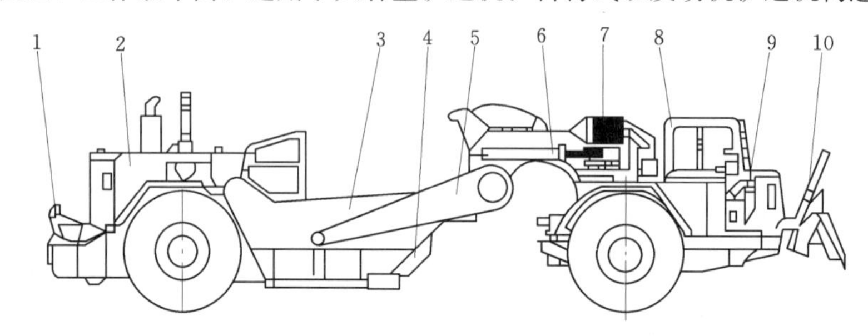

图 3-40　自行式双发动机铲运机构造示意图

1—尾架；2—铲运机发动机；3—铲运斗；4—斗门机构；5—辕架；6—转向油缸；7—转向支架；8—驾驶室；9—牵引车发动机；10—推拉架

3.4.3　铲运机生产率计算

铲运机生产率 Q 是以单位时间 h 内所完成土方量（m^3）来进行计算，其计算式（3-8）为：

$$Q=\frac{3600VK_HK_B}{TK_P} \tag{3-8}$$

式中　Q——铲运机的生产率，m^3/h；

V——铲运斗的几何容量，m^3；

K_H——土的充盈系数，见表 3-25；

K_P——土的松散系数，见表 3-26；

K_B——时间利用率；

T——铲运机每一工作循环所用的时间，s。

表 3-25　　土的充盈系数 K_H 值

装载方式	砂质土	黏砂土和中等砂黏土	重砂黏土和黏土
自铲	0.5～0.7	0.8～0.9	0.6～0.8
顶推助铲	0.8～1.0	1.0～1.2	0.9～1.2

表 3-26　　土的松散系数 K_P 值

干砂	砂黏土和黏砂土	重砂黏土和黏土
1.0～1.2	1.2～1.4	1.2～1.3

工作循环时间可由式（3-9）计算：

$$T=\frac{L_1}{v_1}+\frac{L_2}{v_2}+\frac{L_3}{v_3}+\frac{L_4}{v_4}+t_1+2t_2 \tag{3-9}$$

式中　L_1、L_2、L_3、L_4——铲土、运土、卸土和回程的距离，m；

v_1、v_2、v_3、v_4——铲土、运土、卸土和回程的速度，m/s；

t_1——每一循环中换挡所用时间，s，一般为5～10s；

t_2——铲运机一次调头所用的时间，s，一般为15～30s。

3.4.4 铲运机选型原则

影响铲运机生产效能的因素主要有：土壤的性质、运距、道路状况、工程量大小等。一般情况，可以根据这些因素综合考虑，合理选择机型。由于土壤的性质和状况因气候等自然条件而变化，也可通过人为的措施加以改善，选择铲运机时应综合考虑其施工条件及施工方法，其中经济适用运距及作业土壤阻力是选用铲运机的主要依据。

（1）根据土壤的性质选择。①当土方工程为Ⅰ级、Ⅱ级土壤时，各类型铲运机均能适用；Ⅲ级土壤时，则可选择重型履带式铲运机或选择大功率轮胎液压铲运机；Ⅳ级土壤或冻土铲运时，应先进行翻松，然后进行铲运机铲运作业；②当土壤含水量在25%以下时，最适宜用铲运机作业，可选用一般的铲运机；但在土壤含水量大、湿地或在雨季施工，应选择强制式或半强制式卸料的履带式铲运机。

（2）根据运距选择。①当运距小于100m时，铲运机的效能不能充分发挥，使用铲运机不经济，可选择推土机运土；②当运距在100～300m之间时，可选择小型（斗容在$6m^3$以下）铲运机施工，其经济距离约为100m；③当运距在300～800m之间时，可选择中型（斗容在6～$15m^3$之间）铲运机施工，其经济距离约为500m；④当运距在800～2000m之间时，可选择轮胎式大型（斗容在15～$25m^3$）自行式铲运机，其经济距离约为1500m；⑤当运距在3000～5000m之间时，可选择特大型（斗容在$25m^3$以上）自行式铲运机。

（3）根据土方量选择。土方量较大的工程，选择大型、中型铲运机，能充分发挥机械化施工的优点，能保质保量，缩短工期，降低工程成本。对于小量或零散土方工程，可选择小型铲运机施工。

（4）根据作业地形选择。铲运机适用于大面积场地平整作业，铲平大土堆以及填挖大型管道沟槽和装运河道土方和砂砾料工程。对于坡地，利用下坡铲装可提高铲运机生产效率，铲运机作业最佳坡度为7°～8°，坡度过大不利于铲运机铲装。

（5）根据铲运机机型选择。双发动机铲运机动力性强、牵引力大、功效高、适应性强，具有加速性能好、运输速度快、爬坡能力强等特点。但其投资大，整机重量要增加20%～40%，折旧和运行费用增加20%～30%。因此，只有在单发动机式铲运机难以胜任的作业条件下，选用双发动机铲运机才具有较好的经济效果。

（6）经济比较选择机型。铲运机的经济性比较主要是考虑运行费用和维护费用。一般情况首先选择两种或两种以上的合理机型，然后经过技术经济分析和评价，最后选择技术上先进、经济合理铲运机。

3.4.5 铲运机作业使用要点

（1）作业要点。铲运机适用于Ⅳ级以下岩石和含水率适中的土壤、砂砾石铲运作业，特别适合于有大量土方场地平整和大面积基坑填挖工程。但铲运机不适合于土壤中含有石块、杂物的场合和深度挖掘作业。用于Ⅳ级以上的冻土或土壤时，必须事先预松土壤。

1）场地平整作业。场地平整作业应遵循先从挖填区高差较大的地段进行，铲高填低。

待场地标高接近设计标高时，在场地中部平整出一条标准条带，然后由此向外逐步扩展，直到整个区域达到设计标高。作业面较大时，可分块进行平整。

2）路堤填筑作业。铲运机填筑路堤有纵向填筑路堤和横向填筑路堤两种施工方法。纵向填筑应从路堤两侧开始，卸土时应将土均匀地分布于路堤上，铺卸成层，逐渐向路堤中线靠近，并经常保持两侧高于中部，以保证作业质量和安全。横向填筑路堤可选用螺旋形运行路线施工，作业方法同纵向填筑路堤。

3）基坑、管沟铲挖作业。运用铲运机在基坑、管沟铲挖作业时，道路布置尤为重要。作业场地足够大时，可放外坡道；若施工场地比较狭窄，则可设置内坡道，待中段土方挖完后，再用人工清除坡道。

4）土壤、砂砾石铲运作业。用铲运机铲装松散土壤时，应保证刃口锋利，铲装开始时要加大油门，铲入要深，斗门开启要大，保证铲运功效。铲运砂料时，最好用链板装载铲运机作业，链板装载式铲运机可容易地将砂料装满铲斗，操作方便，生产效率高。

（2）铲运机使用要点。

1）作业前应检查发动机、轮胎气压、铲土斗及卸土板回位弹簧、拖杆方向接头、撑架等，液压式铲运机还应检查各液压管接头、液压控制阀等，确认正常后方可启动。

2）上下坡时均应挂低速挡行驶。下坡不准空挡滑行，更不准将发动机熄火后滑行。下大坡时，应将铲斗放低或拖地。在坡道上不得进行保修作业，在陡坡上严禁转弯、倒车或停车。斜坡横向作业时，须先填挖，使机身保持平衡，并不得开倒车。

3）两机同时作业时，拖式铲运机前后距离不得小于10m，自行式铲运机不得少于20m。平行作业时，两机间隔不得少于2m。

4）自行式铲运机的差速器锁，只能在直线行驶遇泥泞路面时作短时间使用，严禁在差速器锁住时转弯。

5）公路行驶时，铲斗必须用锁紧链条挂牢。在运输行驶中，机上任何部位均不准带人或装载钢材、油料及炸药等其他物品。

6）气动转向阀平时禁止使用，只有在液压转向失灵后，短距离行驶时使用。

7）严禁高挡低速行驶，以防止液力传动油温过高。

8）铲土时应直线行驶，助铲时应有助铲装置。助铲推土机应与铲运机密切配合，尽量做到等速助铲，平稳接触，助铲时不准硬推。

9）作业后应停放在平坦地面上，并将铲斗落到地面。液压操纵式的应将操纵杆放在中间位置，再进行清洁、润滑工作。

10）修理斗门或在铲斗下作业时，必须先将铲斗提升后用销子或固定链条固定，再用撑杆将斗身顶住，并将轮胎制动住。

3.4.6 铲运机技术参数

铲运机主要技术参数有：整机工作质量、铲斗容量、额定载重量、发动机功率、铲斗宽度（切削宽度）、最大切土深度、最大挖掘力、行驶最大速度、最小转弯半径、爬坡能力、最大离地间隙、接地比压、外形尺寸等。

拖式铲运机主要技术参数见表3-27，自行式铲运机主要技术参数见表3-28，地下工程内燃式铲运机主要技术参数见表3-29，地下工程电动式铲运机主要技术参数见表3-30。

表 3－27　　拖式铲运机主要技术参数表

项目		CTY3JN	CTY3.5JN	CTY4JN	CTY3SD	CTY3QX	CTY9	TS180	TS185	TS220	TS225
整机质量/kg		2440	2610	3210	3290	3340	10500		11748	13145	15250
额定负载/kg					6400～8100	5400～7200	10000	20800	21050	25580	25580
牵引力/kN		≥58.8	≥58.8	≥58.8	≥60	≥60	≥200	≥220	≥220	≥280	≥280
铲斗容量/m^3	平装	3	3.5	4	3	3	9	9.9	11	13	13
	堆装						11	14.3	14.5	18	18
铲挖深度/mm		110	110	110	110	100		203	305	262	262
铲切宽度/mm		1970	1970	2250			300	3200	3785	3480	3785
摊铺深度/mm					350	350	2700	610	711	737	737
转向角度/(°)							20	20	20	20	20
铲斗离地间隙/mm		230	250	250	250	250	384	533	597	508	660
最小转弯半径/m		3500	3600	3850	3870	3890	6320	6340			
前轮距/mm		900	900	1060	1085	1075	1700	1705	1730	1780	
后轮距/mm		1750	1750	1975			2100	2150	2150	2180	
轴距/mm		3600	3600	3850	3890	3890	5470	5250	5380	5380	
外形尺寸/mm	长	5748	5848	6100	7107	7107	9510	8915	8915	9677	10287
	宽	2518	2518	2790	2620	2620	3378	3099	3378	3378	3912
	高	2346	2411	2550	2046	2046	2675	2362	2362	2464	2515

表 3-28 自行式铲运机主要技术参数表

项目	型号	SR2000	FrutigerSR 3000Tiger	CL9A	TS14G	TS14G	613G	621G	627G	631G	637G
行走方式		履带式	履带式	轮胎式	轮式多功能	轮胎式	轮胎式	轮胎式	轮胎式	轮胎式	轮胎式
整机质量/kg		29800	38000	17700	21700	28340	16625	33995	37922	47628	51963
额定负载/kg		20000	27000	9600	21770	21770	11975	24000	224000	37013	37013
发动机	牵引机型号						C6.6ACERT	C15 ACERT	C15 ACERT	C18 ACERT	C18 ACERT
	功率/kW						135/144	246/272	246/272	345/373	345/373
	铲运机型号		OM502LA	SC8D220G2B	底特律 40E	DD/MTUSer. 40E			C9 ACERT		C9 ACERT
	功率/kW	250	350	162	259	259			178/198		198/211
铲斗容量/m^3	平装		18	9	15.3	15.3	6.8	12	12	18.3	18.3
	堆装	12	20	11	18	17	8.4	17	17	26	26
最大切土深度/mm		487		300			160	333	333	437	437
最大摊铺深度/mm				430			571	522	522	480	480
切土宽度/m		1920	1920	2700	3000		2430	3020	3020	3510	3510
铲运机轮距/mm				2100			1797	2230	2230	2460	2460
牵引机轮距/mm								2200	2200	2460	2460
轴距/mm				5935			6264	7720	7720	8770	8770
最高速度/(km/h)		19.8		41	48.4	48.4	39.3	51	51	53	53
外形尺寸/mm	长	6372	7170	10038	12400	12400	10419	12880	12880	14710	14710
	宽	3480	3490	2788	3440	3440	2430	3580	3580	3940	3940
	高	4215	3400	3050	3810	3250	3190	3710	3810	4180	4180

表 3－29 地下工程内燃式铲运机主要技术参数表

项目 \ 型号		DRWJ－1	STCYD－2	WJ－3	XYWJ－3L	XYWJ－4	HLWJ－1.0	HLWJ－1.5	WJ－2	HLWJ－3.0	HLWJ－4.0	ST2G	ST3.5	ST7	ST1030	ST14
铲斗容量/m³		1	1	3	3	4	1	1.5	2	3	4	1.8	3.4	3.8	4.5	6.4
额定载重量/kg		2000	2000	6200	6000	8000	2000	3000	4000	6000	9530	4000	6000	6800	10000	14000
发动机	型号	BF4L2011	BF4L2011	F8L413FW	BF6M1013EC	F10L413FW			F6L912W			BF4M1013EC	F8L－413FW	QSB6.7	QSL9 C250	QSM11
	功率/kW	47.5	47.5	120	165	170			63			86	136	144	186	250
最大铲取力/kN		45	45	132	135	142	45	102	85	119	200					
最大牵引力/kN		54	50	150	168	179	56	104	104	134	200					
最大卸载高度/mm		1160	1150	1325	1850	1805	1050	1380	1740	1500	1600	2544	1313	1750	2950	3640
最小卸载距离/mm		860					860	1020		1610	1469	890	1480	2240	1660	1680
铲斗举起最大高度/mm		3360	3250	3345	3225	3500		3530	3975	4570	4670	3747	3900	4760	4910	5930
爬坡能力（满载）/(°)		25	20	20	20	20	≤20	≤20	≤20	≤20	20					
最小离地间隙/mm		220	220		315	358	200	220	260	315	310	267	370	290	410	435
最小转弯半径/mm	外侧	4260	4260	6900	6640	6600	4260	4850	5450	5500	6147	5580	5540	5940	6670	6730
	内侧	2540	2540	3150	3730	3560	2540	2750	3050	3600	3246	3120	3210	3170	3430	3170
最大转向角/(°)		38	38	35	35	38	38	40	40	38	37	42.5	42.5	42.5	42.5	44
离去角/(°)		16			14	15	16	15	16	14	14	16	13	14	15	13.4
机架摆动角±/(°)		8	8	8	8	8	8	7	7	7		8	7	7	10	8
轴距/轮距/mm		2200					2200/	2500/	/1373	3150/	3250/	2540/	3900/	3060/	3605/	3855/
行驶速度（双向）/(km/h)	1挡			0～5	0～4.7	0～4.2			0～3.8			0～4.4	0～4.7	0～4.4	0～4.9	0～5.0
	2挡	0～9	0～9	0～10	0～9.4	0～8.5	0～8	0～19.4	0～8.4			0～8.9	0～9.5	0～7.3	0～8.7	0～10.0
	3挡			0～21	0～18.4	0～16.5			0～15			0～15.1	0～18.3	0～14.0	0～15.1	0～16.4
轮胎规格		10.00×20	10.00×20	17.5×25					12～24			12.00R24	17.50×25	17.5×25	18.00×25	26.5×25
外形尺寸/mm	长	5880	5850（6050）	8576	9370	9645	6000	6730	7000	8500	9682	7109	8460	8720	9695	10825
	宽	1300	1300	2174	2174	2500	1300	1600	1800	2300	2235	1690	2120	2120	2490	2800
	高	2000	2180	2135	2300	2400	2000	2100	2050	2140	2470	2162	2250	2120	2355	2550
整机质量/kg		6800	6800	17200	17200	26000	6500	10600	13000	17000	22500	13000	17100	19300	27200	39000

表 3-30　地下工程电动式铲运机主要技术参数表

项目 \ 型号		WJD-0.75	WJD-1	WJD-1.5	DDCYJ-2	WJD-3	WJD-3	XYWJD-3
铲斗容量/m^3		0.75	1	1.5	2	3	3	3
额定负载/kg		1500	2000	2000	4000	6000	6000	6000
电动机	功率/kW	37	47.5	45	75	90	90	110
	电压/V	380	380	380	380	380	380	380
最大铲取力/kN		45	45	40.7		120	126	119
最大牵引力/kN		54	54	50		128	132	134
最大卸载高度/mm		1168	1160	1080	1790	1670	1500	1325
最小卸载距离/mm			860	760		970		1400
铲斗举起最大高度/mm		3368	3360	3350	3358	4120	4220	3380
电缆有效长度/m		95	150	150	100	100	150	100
爬坡能力（满载）/(°)		25	25	20	25	14	15	20
最小离地间隙/mm		220	220	200	300	360	310	315
最小转弯半径/mm	外侧	4260	4260	4718		6220	6310	5890
	内侧	2540	2540	2575		3550	3580	2540
最大转向角/(°)		38	38	30	40	38	38	42
离去角/(°)		16	16	15	15	14	14	14
机架摆动角±/(°)		8	8	8	8	8	7	8
轴距/mm		2200	2200	1872	2544	2972	3150	
行驶速度（双向）/(km/h)	1挡	0～8	0～9	0～7	0～3.8		0～4	0～4.7
	2挡				0～7.5		0～9	0～9.4
	3挡				0～10.5		0～18.3	0～18.4
轮胎规格		10.00-20	10.00-20	14.00-24	14.00-24	16.00-25-28	16.00-25-28	17.50×25
外形尺寸/mm	长	2880	5880	5900	7691	8721	8770	8900
	宽	1300	1300	1280	1750	2090	2173	2175
	高	2000	2000	1970	2060	2245	2300	2360
整机质量/kg		6400	6800	7000	13000	15500	17600	17000

3.5　平地机

平地机是利用铲刀装置切削、刮送土壤，主要完成场地平整和整形作业。平地机工作装置以铲土刮刀为主，铲刀装在机械前后轮轴之间，能升降、倾斜、回转和外伸，动作灵活准确，操纵方便。能够进行路面、路基、表层土或草皮的剥离、挖沟、修刮边坡等平整作业；配置前推土板、后松土器、变形铲刀、松土耙和推雪铲等其他辅助作业装置后，能进一步扩大其使用范围；配备自动找平装置，可对高速公路、机场、广场等进行高精度场地平整作业。主要作业方法有平地作业、刷坡作业、填筑路堤等。

3.5.1 平地机分类和适用范围

（1）平地机分类。

1）按行走方式可分为拖式和自行式。拖式平地机由拖拉机来牵引，因机动性、操纵控制性能差，已经很少使用。平地机外形见图 3-41。

图 3-41　平地机外形图

自行式平地机按轮胎数目不同，可分为四轮（两轴）和六轮（三轴）两种。平地机车轮布置形式由总轮数×驱动轮数×转向轮数来表示。驱动轮数多，作业时产生的附着牵引力大；转向轮数多，作业时转弯半径小，机动性强。目前，国内外大多数平地机采用 6×4×2 型车轮布置形式和铰接式机架。平地机轮胎布置形式见表 3-31。

表 3-31　平地机轮胎布置形式表

车轮数	标识	标识含义
四轮平地机	4×2×2	后轮驱动，前轮转向
	4×4×4	全轮驱动，全轮转向
六轮平地机	6×4×2	中后轮驱动，前轮转向
	6×6×2	全轮驱动，前轮转向
	6×6×6	全轮驱动，全轮转向

2）按传动方式分可为机械式平地机、液力机械式平地机和全液压平地机。机械式平地机已经被淘汰。液力机械式平地机是目前使用最广泛的机型，技术成熟，能满足各种工况需求。全液压平地机将机电液一体化技术应用于平地机，实现了平整作业智能控制，代表了平地机的发展方向。

3）平地机按机架型式可分为整体机架平地机、铰接式平地机。整体机架平地机刚性好，但转弯半径较大，目前只在小型机上使用。铰接式平地机，后车架与弓形前车架铰接在一体，具有转弯半径小、稳定性、通过性好的特点，便于在窄小地段施工，被广泛运用。

4）按功率大小和铲刀长度，平地机分为轻型、中型、重型三种，其功率大小和铲刀长度分类见表3-32。

表3-32　　平地机按功率大小和铲刀长度分类表

类型	铲刀长度/mm	发动机功率/kW	整机重量/kg	车轮数
轻型	3000	44～66	5000～9000	4
中型	3000～3700	66～110	9000～14000	6
重型	3700～4300	110～220	1400～19000	6

（2）平地机适用范围。平地机多采用全轮驱动、全轮转向、铰接机架和液力机械传动，是一种高速、高效、高精度和多用途的土方工程机械。它可以完成路基、路面、机场、农田等大面积的地面平整和挖沟、刮坡、推土、排雪、疏松、压实、布料、拌和、助装和开荒等作业，是国防工程、矿山建设、道路修筑、水电建设和农田改良等施工中的重要设备。

（3）平地机型号标识。国产平地机产品分类和型号编制方法，产品型号按类、组、型分类原则，由类、组、型和主参数代号组成。平地机的分类和型号标识见表3-33。

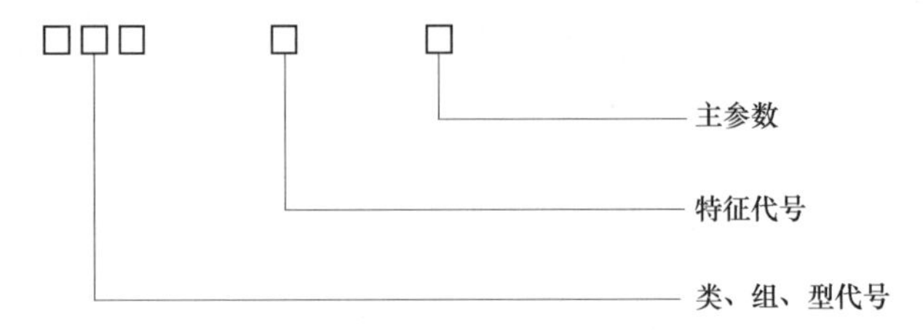

表3-33　　平地机的分类和型号标识表

类	组	型	特性	代号	代号含义	主参数	
						名称	单位
铲土运输机械	平地机	自行式	—	P	机械式平地机	发动机功率	kW
			Y（液）	PY	液压式平地机		
		拖式T	—	PT	拖式机械平地机	牵引车功率	
			Y（液）	PTY	拖式液压平地机		

3.5.2　平地机基本构造

液压自行式平地机是目前的主流产品，主要由发动机、液力机械传动系统、行走驱动装置、制动系统、转向系统、液压系统、电气系统、操纵系统、前后桥、机架、工作装置及驾驶室组成。铰接式平地机构造见图3-42。

前机架为弓形梁架，前端与摆动式箱形前桥铰接，前桥横梁可绕前机架铰接轴上下摆动，以提高前轮对地面的适应性；前机架后端与后机架铰接，并设有左右铰接转向油缸，用以改变和固定前后铰接的相对位置。

前桥为箱形铰接摆动式转向从动桥，可实现三个运动：前轮通过转向油缸沿水平方向推动左右转向节偏转，实现平地机转向；前桥两端可根据地势高低绕弓形前机架水平销上

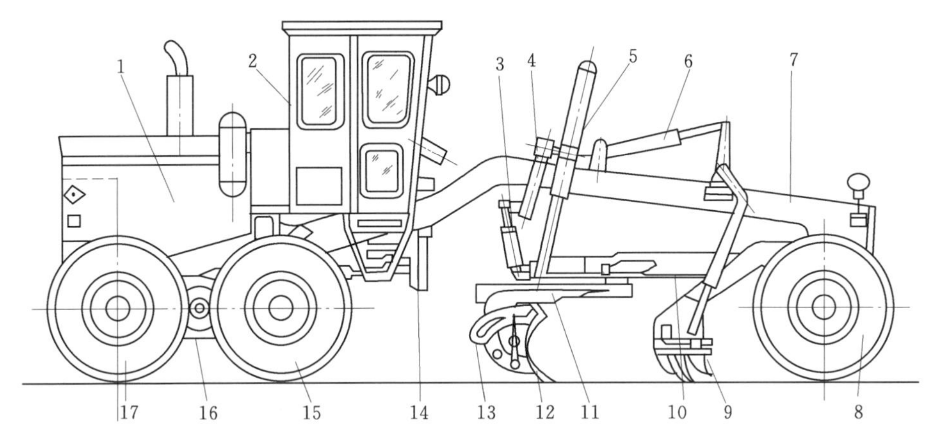

图 3-42　铰接式平地机构造图

1—发动机；2—驾驶室；3—牵引架引出油缸；4—摆架机构；5—升降油缸；6—松土器收放油缸；7—前机架；
8—前轮；9—松土器；10—牵引架；11—回转驱动转盘；12—铲刮刀；13—角位器；
14—传动系统；15—中轮；16—平衡箱；17—后轮

下摆动；通过倾斜油缸和倾斜拉杆根据作业要求实现前轮左右平行倾斜。

（1）发动机。平地机发动机一般采用工程机械专用水冷或风冷柴油机发动机，多数采用了废气涡轮增压技术。同时，加装排气净化装置，体现环保理念。

（2）传动系统。自行式平地机传动系统有机械传动、液力机械传动和液压传动。目前，使用较多的是液力机械传动。液力机械传动一般形式：发动机—液力变矩器—动力换挡变速器—联轴器、万向节传动轴至三段驱动桥中央传动—差速锁—轮边减速器—左、右驱动轮。

ZF 液力变矩器—动力换挡变速箱传动见图 3-43。

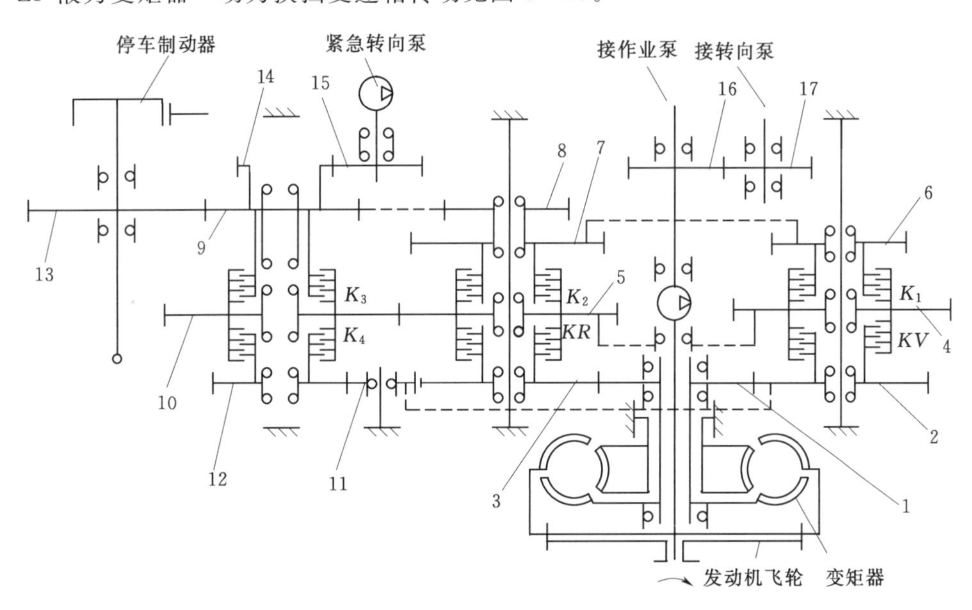

图 3-43　ZF 液力变矩器—动力换挡变速箱传动示意图

1—涡轮轴齿轮；2～13—常啮合传动齿轮；14、15—紧急转向油泵驱动齿轮；16、17—转向油泵驱动齿轮；
KV、K_1、K_2、K_3、K_4—换挡离合器；KR—换向离合器

(3) 行走装置。自行式平地机有后轮驱动型和全轮驱动型。

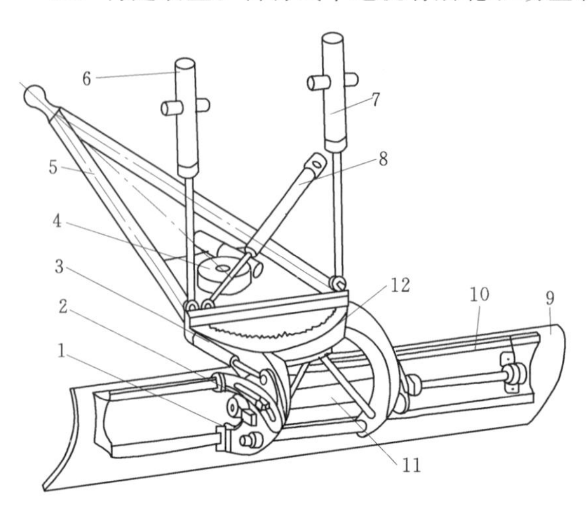

图 3-44 铲刮土工作装置示意图

1—角位器；2—角位器紧固螺母；3—切削角调节油缸；4—回转驱动装置；5—牵引架；6—右升降油缸；7—左升降油缸；8—牵引架引出油缸；9—铲刮刀；10—滑轨；11—刮刀侧移油缸；12—回转圈

(4) 工作装置。平地机的工作装置以铲刮土装置为主，松土和推土装置为辅。铲刮土工作装置见图 3-44。主要由铲刮刀、牵引架、回转驱动转盘、多组控制油缸等组成。牵引架前端为球形铰，与车架前端铰接，牵引架可绕球铰在任意方向转动和摆动。支撑在牵引架上的回转圈，在回转驱动装置的驱动下绕牵引架转动，从而带动铲刮刀回转。

平地机铲刮刀运动轨迹比较复杂，以适应多种作业的需要。一般情况铲刮刀能做升降、倾斜、回转、侧移和改变铲刮刀切削角度等动作，完成这些变换可以通过操作相应的液压油缸完成，亦可通过调整连接杆来完成。平地机在不同作业条件下铲刮刀工作角度见表 3-34。

表 3-34　　平地机在不同作业条件下铲刮刀工作角度表　　单位：(°)

作业名称	作业条件	铲刀水平角	铲刀铲土角	铲刀倾斜角
铲土	疏松的软土	40～45	<15	40
		35～40	<30	45
		35	<11	45
运土	砂性土、干土	35～45	<18	45
	黏性土、湿土	40～50	<15	40
修饰	修平	45～55	<18	45
	平整	55～60	<3	45
	平整与未压实	70～90	<2	60
	铲刮斜坡	60～65	<51	40

松土装置。平地机松土装置按负荷大小分为耙土器和松土器。耙土器齿多，一般布置在前轮和铲刀之间，属于前置松土装置，适用于疏松土壤、破碎土块和清除杂草。松土器齿数较少，单齿切削力大，松土效果好，属后置装置，安装在平地机尾部。

推土装置。推土装置是平地机辅助装置。安装在机架前端。主要用来切削较硬的土壤、清理乱石等。

(5) 液压系统和操作系统。平地机作业时工作装置动作频繁，既有单独动作，又有复合动作，采用液压技术能有效提高平地机的作业效能。平地机液压系统包括工作装置液压系统、转向液压系统和制动液压系统。一般采用多泵多回路液压系统，由液压泵、回转马达、控制阀、液压油缸、油箱等液压元件组成。

平地机的操纵系统有机械操作和液压操作两种形式。目前，液压操作运用最为广泛。

(6) 自动找平装置。为了提高平地机平整作业效率和精度，减轻操作人员劳动强度，降低对操作人员的技术要求，相继研发了具有自动找平功能的平地机。平地机自动找平装置的工作原理是预先设定平整地面基准值（线和面），通过传感器对平地机铲刀转角、高度、平地机横向坡度和纵向坡度的监测和数据采集，与基准值的差值进行比较，采用机-电-液压伺服控制手段，控制铲刀实现自动找平。自动找平装置使平地机作业精度得到显著提高，作业循环次数减少，降低了机械使用费用，提高了施工质量和作业效率，同时，减轻了驾驶员的劳动强度。平地机常用的自动找平装置主要有电子控制型和激光控制型两种。平地机自动找平装置见图 3-45。

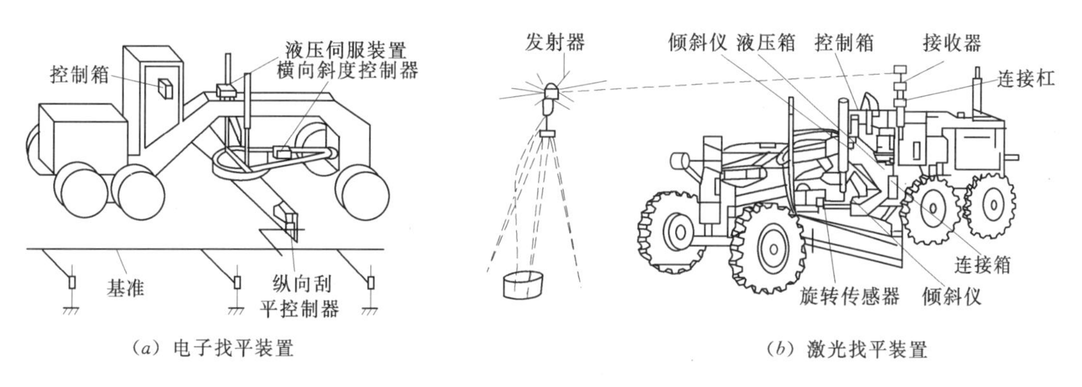

图 3-45 平地机自动找平装置示意图

电子控制式找平装置主要由总控制箱（安装在驾驶室内）、液压伺服控制装置（安装在机架上）、横向斜度控制器（安装在回转支座上）、纵向斜度控制器（安装在铲刀背面上）、轮边随动装置等组成。

激光控制式找平装置是利用激光发射器发出的激光束作为找平基准，控制刮刀升降油缸自动调节刮刀位置。通常由激光发射器、激光接收器、控制装置、伺服装置等组成。激光控制找平装置具有抗干扰强、工作半径大、精度高和操作方便等特点，得到了广泛应用。

3.5.3 平地机生产率计算

平地机主要用于土方工程中修整路基、平整场地、修坡、挖沟等作业，每种作业都有不同的生产率。计算生产率时应根据具体条件全面考虑各种因素，充分利用统计资料和经验数据。

(1) 粗平整作业。场地平整作业包含有铲切、运送（摊铺、疏散）修整等工作，可用每小时切出土方的体积表示生产率：

$$Q_1=\frac{1000LAk_B}{2L\left(\frac{N_K}{v_1}+\frac{N_n}{v_2}+\frac{N_o}{v_3}\right)+t_{no}(N_K+N_n+N_o)} \tag{3-10}$$

式中 Q_1——粗平整作业生产率，m^3/h；

L——工作路段长度，m；

A——填土截面面积，m^2；

k_B——工作时间利用系数，取 0.85～0.90；

N_K——切土作业往返次数；

N_n——运土作业往返次数；

N_o——修整作业往返次数；

v_1——切土作业实际运行速度平均值，km/h；

v_2——运土作业实际运行速度平均值，km/h；

v_3——修整作业实际运行速度平均值，km/h；

t_{no}——平地机调头时间，h，取 0.08～0.10h。

（2）精平整作业。精平整作业时可用每小时的平整面积表示生产率：

$$Q_2=\frac{60L(B\cos\alpha-b)k_B}{n\left(\frac{L}{v}+t_{no}\right)} \tag{3-11}$$

式中 Q_2——精平整作业生产率，m^2/h；

L——工作路段长度，m；

B——铲刀长度，m；

k_B——工作时间利用系数，取 0.85～0.90；

α——铲刀水平调整角，(°)；

b——相邻两次平整重叠宽度，m，取 0.3～0.5m；

n——平整遍数，取 1～2；

v——平地作业实际运行速度平均值，m/min；

t_{no}——平地机调头时间，h，取 0.08～0.10h。

3.5.4 平地机选型原则

（1）按整机性能要求。平地机整机匹配合理，以适应多种作业要求。作业参数、发动机功率、各挡速度、前后桥荷重、受力件强度、铲刀长度、牵引力及铲刀单位长度切削力等之间的比例关系应当匹配合理。

（2）按场地平整要求。对于平整精度要求较高的，选用铰接式平地机较为可靠；反之，选用整体式平地机较为经济。一般场地粗平和低等级公路平整时，铲刀负荷大，宜采用短铲刀平地机作业；高等级公路、机场等平整精度要求高，铲刀负荷相对较小，可采用较长铲刀精度较高的平地机作业；大面积平整需多台平地机共同作业。同时，可安装自动调平装置和电子监控装置，确保平整精度能得到有效控制。

（3）按工程量选择。工期不紧，选用主参数较小的平地机较为经济。工期紧张时，选用主参数较大的平地机。

（4）按施工地形。若工地较狭窄，转向不便，则选用铰接式平地机便于施工。工期紧张时，选用整体式平地机较为经济。

3.5.5 平地机使用要点

（1）平地机在公路上行驶时，应严格遵守交通规则，中速行驶。行车制动可靠、平

表 3-35

部分型号国产平地机主要技术参数表

项目		型号	GR180C	GR195	GR215A	G215H	GR300	PY190D	MG1320C	MG1320H	PY180M	PY200MH	PY220MH	SHG190C	MG185E	MG220A	XG3220C
整机质量（标配）/kg			15400	16000	16100	16500	26000	15400	16400	17100	15400	15850	16300	15300	15500	17000	17000
发动机		型号	QSB6.7	D6114ZG14B	6CTA8.3	6CTA8.3	QSL9	D6114ZG1B	C6121	QSB6.7	6BTA8.3	6CTA8.3	6CTA8.3	6CTAA8.3	6BTA5.9	6CTA8.3	6CTA8.3
		额定功率/kW	144	147	165	160	224	140	162	164	160	160	160	146	132	160	179
		额定转速/(r/min)	2200	2200	2200	2200	2100	2300	2200	2200	2300	2300	2300	1950	2200	2200	2200
		活塞排量/L	6.7	8	8.3	8.3	8.9	8.27	10.54	6.7	8.3	8.3	8.3	8.3	5.9	8.3	8.3
工作参数		前轮最大转向角/(°)	±49	±45	±50	±49	±50	±45	±45	±45	±25	±25	±25	±45	±45	±45	±45
		前轮最大倾斜角/(°)	±17	±17	±17	±17	±17	±17	±20	±20	±20	±20	±20	±17	±17	±17	±17
		前桥最大摆动角/(°)	±15	±15	±15	±15	±15	±15	15	15	±15	±15	±15	±16	±15	±15	±15
		车架最大转向角/(°)	±27	±27	±27	±27	±27	±25	±20	±20	±25	±25	±25	±25	±25	±25	±25
		最小转弯半径/m	9	7.8	7.3	7.3	9	7.8	8.4	7.7	7.5	7.9	7.9	7.9	7.8	7.8	8.4
		最大提升高度/mm	450	460	450	460	450	450	410	410	410	410					
		最大铲土深度/mm	500	500	500	3600	500	500	440	440	500	550	500	500	500	500	500
		最大侧倾角度/(°)	90	90	90	90	90	±90	90	90	±90	90	±90	90	90	90	90
		铲刀切削角/(°)	28～70	28～70	28～70	28～70	28～70	28～70	42～73	42～73		36～66	36～66				
		铲刀回转角/(°)	360	360	360	360	360	360	360	360	360	360	360	360	360	360	360
		长度×弦高/(mm×mm)	3965×610	4270×610	4270×610	4270×610	4920×787	3965×610	3960×650	3960×650	3965×650	3965×650	4270×650	3960×610	3965×610	4270×610	4269×610
行驶速度/(km/h)	前进	1挡	5	5	5	5	5	5.23	6.7	6.7	5.7	5.23	5.23	7	5	5	5.0
		2挡	8	8	8	8	8	7.49	11.6	11.6		7.94	7.94	9	8	8	8.7
		3挡	11	11	11	11	11	11.84	13.8	13.8		11.84	11.84	11	11	11	11.4
		4挡	19	19	19	19	19	17.85	23.9	23.9	41.5	17.85	17.85	14	19	19	19.3
		5挡	23	23	23	23	23	25	30.1	30.1		25	25		23	23	23.9
		6挡	38	38	38	38	40	36.08	40.4	44.2		36.08	36.08		38	38	39.8
	后退	1挡	5	5	5	5	5	5.23	6.7	6.7	5.7	5.23	5.23	7	5	5	5.0
		2挡	11	11	11	11	11	11.84	13.8	13.8		11.84	11.84	9	11	11	11.4
		3挡	23	23	23	26	23	25	25.7	30.1		25	25	11	23	23	23.9
性能参数		前后桥轴距/mm	6219	6266	6219	6219	7550	6205	6290	6130	5985	6216	6335	6028	5823	5823	6628
		铲刀至前轮距离/mm	2364	2715	2644	2589	2633	2468	2373	2533	2431	2567	2448	2727	2991	3309	1538
		离地间隙/mm	430	430	430	430	430	400	420	420	430	430		420	430	430	430
		牵引力/kN	84	82	115.5	98	143	80	107	107	80.3	115	123	82	90	98	90
		最大爬坡能力/%	25	20	30	30	30	20	20	20	20	20	20		20	20	20
		轮胎充气压力/kPa	260	260	260	260	260	200	200	200	200～250	200～250	200～250	200～250	200	200	260
		工作系统压力/MPa	18	18	18	18	22	18	18	18	18～20	18～20	18～20	18～20	16	16	18～20
		变速箱压力/MPa	1.3～1.8	1.6～1.8	1.3～1.8	1.3～1.8	1.3～1.8	1.3～1.8	1.3～1.8	1.3～1.8	1.3～1.8	1.3～1.8	1.3～1.8	1.3～1.8	1.3～1.8	1.3～1.8	1.3～1.8
外形尺寸/mm		长	8900	9298	9180	9105	10500	8990	8980	8980	8700	9100	9100	9073	9132	9450	29450
		宽	2625	2601	2625	2625	3000	2595	2600	2600	2600	2600	2600	2648	2610	2610	2595
		高	3470	3430	3470	3470	3550	3280	3470	3470	3500	3400	3400	3245	3440	3440	3390

表 3-36　　部分型号国外平地机主要技术参数表

项目		型号	120K	140K	160K	14M	16M	G930	G960	G970	G990	845DHP	865DHP	885	PY165	PY185	PY215
整机质量（标配）/kg			16781	21184	22065	24375	30544	15800	17550	18900	22100	13535	14550	17250	15000	22100	16500
发动机	型号		CAT C7	CAT C7A	CAT C7A	CAT C11A	CAT C13T	D7EGCE3	D7E	D9B	D9B	QSB6.7	QSB5.9	QSB5.9	SC8D170G	SC8D190G	6CTA8.3
	额定功率/kW		116	140	140	205	248	204	242	262	277	160	200	205	125	140	160
	额定转速/(r/min)		2200	2200	2200	1800	2000	1800	1800	1700	1700	2200	2200	2200	2200	2200	2200
	活塞排量/L		7.2	7.2	7.2	11.1	12.5	7.2	7.2	9.4	9.4	6.7	5.9	6.7	5		
工作参数	前轮最大转向角/(°)		±47	±47.5	±47.5	±47.5	±47.5										
	前轮最大倾斜角/(°)		±18	±18	±18	±17.1	±17.1										
	前桥最大摆动角/(°)		±15	±15	±15	±15	±15										
	车架最大转向角/(°)		±32	±32	±25	±25	±25	±20	±25	±25	±25	±20	±20	±25	±25	±25	±20
	最小转弯半径/m		7.4	7.4	7.4	7.9	8.9	7.5	7.3	9.4	9.4	7200	7.5	7.8	7.8	7.8	7200
	最大提升高度/mm		409	480	452	419	395	492	495	480	480	445	445	442.7	450	450	450
	最大铲土深度/mm		774	734	789	438	488	790	790	775	825	711	711	771	500	500	500
	最大侧倾角度/(°)		90	90	90	65	65	47	45	45	46	45	47	45	45	46	45
	铲刀切削角/(°)		5	5	5	5	5	5	5	6	6	5	5	5	5	5	5
	铲刀回转角/(°)		40	40	40	40	40	360	360	360	360	360	360	360	360	360	360
	长度×弦高/(mm×mm)		3690×610	3660×610	4270×686	4287×686	4900×413	3657×635	3657×635	3657×737	4267×787	3658×559	3962×600	4267×600	3657×737	3965×610	3658×559
行驶速度/(km/h)	前进	1挡	2.4	2.5	2.5	4.4	4.5	4挡行驶速度 前进： 0～45.4 后退： 0～32	4挡行驶速度 前进： 0～46 后退： 0～34	4挡行驶速度 前进： 0～45.4 后退： 0～30.1	4挡行驶速度 前进： 0～44.9 后退： 0～31.6	4挡行驶速度 前进： 0～42.9 后退： 0～28.5	4挡行驶速度 前进： 0～42.8 后退： 0～28.6	4挡行驶速度 前进： 0～43 后退： 0～30.6	5	5	2
		2挡	3.3	3.4	3.4	6.0	6.3								8	9	9
		3挡	4.8	4.9	4.9	8.7	9.0								13	12	12
		4挡	6.6	6.8	6.8	12.0	12.4								19	20	20
		5挡	10.4	10.7	10.6	18.3	19.3								28	25	25
		6挡	14.2	14.5	14.5	25.1	26.8								39	40	40
	后退	1挡	1.9	2.0	2.0	3.5	3.6								5	5	4
		2挡	3.6	3.7	3.7	6.5	6.6								7	8	8
		3挡	5.2	5.3	5.4	9.4	9.7								15	14	14
性能参数	前后桥轴距/mm		5870	6086	6086	6559	6985	6280	6280	6531	6681	6219	6129	6129			
	铲刀至前轮距离/mm		1509	1521	1521	1656	1841	2675	2650	2790	2935	2562	2562	2562			
	离地间隙/mm		340	430	338	430	430	610	610	605	605	380	380	610	605	605	380
	牵引力/kN		103.6	121.5	126.5	179.8	215.8								75	82	109
	最大爬坡能力/%		25	25	25	25	25	25	25	22	22		20	25	22	22	22
	轮胎充气压力/kPa		260	260	260	260	260	250	250	250	250		250	250	260	260	260
	工作系统压力/MPa		24.15	24.15	24.15	24.15	24.15	20.7	20.7	20.7	20.7		20.7	20.7			
	变速箱压力/MPa		1.6～1.8	1.6～1.8	1.6～1.8	1.6～1.8	1.6～1.8	1.5～1.8	1.6～1.8	1.6～1.8	1.6～1.8		1.5～1.8	1.6～1.8	1.6～1.8	1.6～1.8	1.6～1.8
外形尺寸/mm	长		8471	8490	8490	9412	9963	9150	9150	9500	9730	8534	5834	8534	9500	9176	9442
	宽		2464	2464	2460	2791	3096	2537	2537	2780	2800	2510	2510	2650	2780	2600	2600
	高		3120	3120	3329	3535	3703	3225	3225	3225	3225	3340	3340	3340	3225	3462	3458

稳，喇叭声音洪亮，下坡时禁止空挡滑行。

(2) 行驶时，必须将铲刀和松土器提升到最高处，并将铲刀斜放，两端不超出后轮外侧。

(3) 平地机机身长，轴矩大，转弯半径较大，在调头和转弯时，应使用低速挡；在正常行驶时，须用前轮转向，只有在场地特别狭小时才允许使用后轮转向。

(4) 禁止平地机拖拉其他机械，特殊情况也只能以大拉小。

(5) 通过桥梁时，必须了解桥梁结构和承载吨位，禁止超载强行通过。

(6) 平地作业时，应根据土壤结构选择正确的铲刀回转角和铲土角；遇到土质坚硬需用松土器翻松时，应慢速逐渐下齿，以免折断齿顶。不准使用松土器翻松石渣路及高级路面，以免损坏机件或发生其他意外事故。

(7) 工作中应随时注意仪表的指示值是否正常。变矩器油温超过120℃时，应立即停止工作，待温度降低后再继续工作。

(8) 工作前必须清除影响施工的障碍物和危险物品，工作后必须停放在平坦安全的地区，不准停放在坑洼流水之处或斜坡上。

(9) 平地机自重大，制动距离长，高速行驶时要提高警惕，出现险情时应及早制动，严禁在狭窄地段高速行驶。

3.5.6 平地机技术参数

平地机的技术参数有：整机质量、发动机额定功率、工作参数、行使速度、性能参数、外形尺寸等。

部分型号国产平地机主要技术参数见表3-35；部分型号国外平地机主要技术参数见表3-36。

4 运 输 机 械

4.1 自卸汽车

自卸汽车是公路自卸汽车和矿用（非公路）自卸汽车的总称。自卸汽车又称翻斗车，可依靠自身动力驱动液压举升机构，使货箱自动倾卸货物。具有较高的机动性、越野性和爬坡能力，与其他装卸机械联合作业，极大地提高了运输效率。

公路自卸汽车（20t 以下）具有运载能力强、机动灵活、爬坡性能好、转弯半径小、生产效率高等特点。适应于沙石料、松散物料运输。

矿用自卸车属于重型运输机械，重载时不允许在标准公路上行驶。具有机动性强、转弯半径小、载重量大、功耗低等特点。广泛用于公路、铁路、机场、水利、矿山、港口工程等土石方施工中。

随着施工机械化程度提高和大型挖掘设备投入使用，自卸汽车逐渐向系列化、大吨位方向发展。目前，我国已能批量生产 10～25t 级公路自卸车，25～100t 级矿用自卸汽车和 120～400t 级电传动自卸汽车，并在各类工程施工中广泛使用。

4.1.1 自卸汽车分类

自卸车种类较多，土石方工程常用的自卸车见图 4－1。

（1）按用途分。可分为公路型自卸汽车、矿用型（非公路）自卸汽车。

（2）按载重量分。公路型自卸汽车可分为：轻型（10t 以下）、中型（10～30t）、重型（30～60t）；矿用型（非公路）自卸汽车可分为：小型（载重量在 40t 以下）、中型（40～120t）、大型车（120～300t）、超大型（300t 以上）。

（3）按传动方式分。可分为机械传动、液力传动和电传动。

（4）按车架的结构分。可分为整体（刚性）自卸汽车、铰接式自卸汽车。

（5）按卸货方式分。可分为后卸式、侧卸式、三面倾卸式、底卸式等多种形式，其中以后卸式、侧卸式应用最广。

4.1.2 自卸汽车基本构造

（1）公路型自卸汽车基本构造。公路型自卸汽车承运载荷比较均匀，一般是在载重汽车两类底盘（载重汽车拆除货厢后称为两类底盘）的基础上，经改装设计而成。基本构造由发动机、变速装置、液压举升装置、车架总成以及专用货箱、底盘等主要部件组成。公路型自卸汽车构造见图 4－2。

（*a*）公路型自卸车

（*b*）矿用型自卸车

（*c*）液力传动自卸车

（*d*）铰接式自卸车

图 4-1　土石方工程常用的自卸车

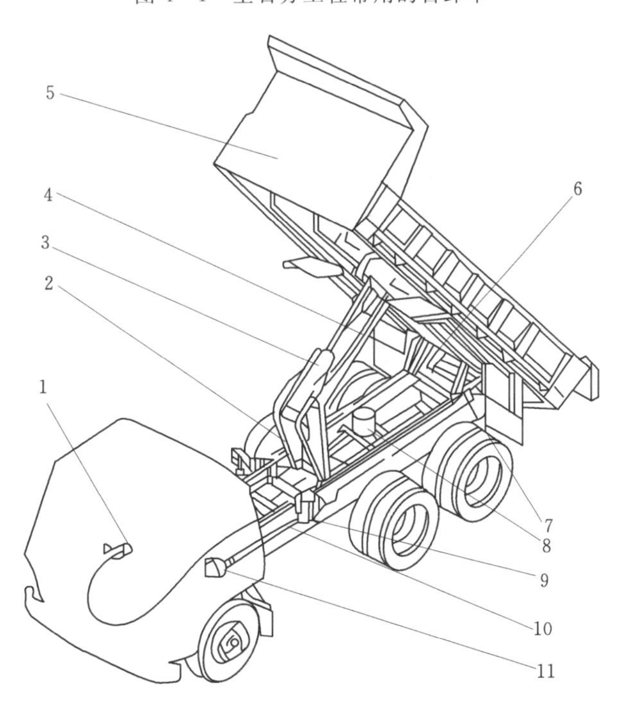

图 4-2　公路型自卸汽车构造示意图

1—液压倾卸操纵装置；2—倾卸机构；3—液压油缸；4—拉杆；5—车厢；6—后铰链支座；7—安全撑杆；8—油箱；9—油泵；10—传动轴；11—取力器

1）发动机。发动机多为水冷增压柴油发动机，高寒地区多为风冷增压柴油发动机。

2）变速装置。干式单片（双片）摩擦离合器，机械换挡变速箱。

3）液压举升装置。由取力器、液压泵、管路系统、举升油缸等组成。

4）制动系统。有蹄式和盘式气压制动器，配以发动机排气制动。

5）车架总成。由货厢、副车架、铰链轴以及倾卸杠杆机构等组成。

6）底盘。总载重量小于20t公路自卸车，一般采用4×2驱动型式，即：发动机前置，后轴驱动。载重量超过20t自卸车多采用6×4驱动型式。

（2）矿用型自卸车基本构造。矿用型自卸汽车承载荷载大，道路条件差，运输工况恶劣，要求具有较好的动力性，以及在恶劣道路条件下有良好的通过性与机动性等。基本构造主要有发动机、变速箱、传动装置、转向机构、制动系统、悬挂装置、举升系统、车架、车厢、电气系统、驾驶室、车轮等组成。矿用型（非公路）自卸汽车构造见图4-3。

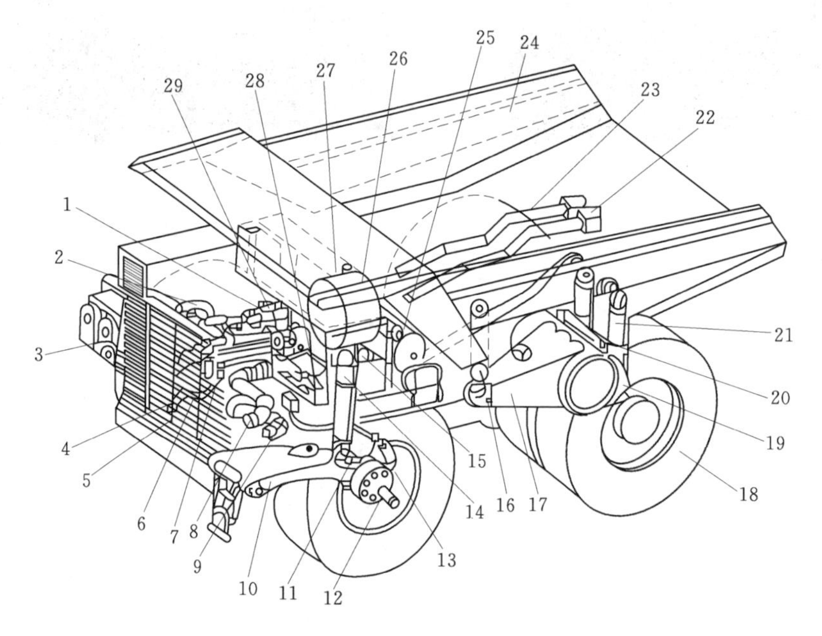

图4-3　矿用型（非公路）自卸汽车构造示意图

1—发动机；2—回水管；3—空气滤清器；4—水泵进水管；5—水箱；6、7—机油滤清器；8—进气管总成；9—预热器；10—牵引臂；11—主销；12—羊角；13—横拉杆；14—前悬挂油缸；15—燃油泵；16—倾卸油缸；17—后桥壳；18—驱动车轮；19车架；20—系杆；21—后悬挂油缸；22—进气室转轴箱；23—排气管；24—车厢；25—燃油粗滤器；26—单向阀；27—燃油箱；28—减速器踏板阀；29—加速器踏板阀

1）发动机。多为增压柴油发动机，功率视载重量而确定。

2）变速装置。一般情况下载重量30t以下，采用离合器加机械式变速箱；载重量30t以上，采用液力变矩器加动力换挡变速箱。

3）传动装置。矿用自卸车基本采用4×2结构型式。载重量100t以下的车型，一般采用液力机械变速器和传统式后桥；载重量100t以上车型，一般都采用电传动，即：柴油发动机—发电机—直流电动机—驱动轮传动形式。

4）转向机构。采用液压动力转向。

5）制动。均为动力盘式制动。中吨位、小吨位车多采用气压制动，大吨位车则多采用油气制动（气推油）。不同类型矿用自卸车除了主制动器功能以外，还装备了辅助发动机排气制动、液力缓速器或电缓速器功能制动。

6）悬挂装置。矿用自卸车大多采用油气悬挂架，道路适应性强，有较好地减震和缓冲作用。

7）举升装置。发动机通过液压泵提供动力，液压操作车厢举升油缸卸料。结构上有单液压举升缸和双液压举升缸。

8）车架、车厢。车架：一般为专用车架，采用低合金、高强度钢板全焊接结构。纵梁采用封闭式箱形截面，以保证具有高的抗扭强度。车厢为全焊接结构，铲斗型底板后部翘起，角度为12°，无后挡板。底板由高强度、抗冲击优质钢板焊接而成。货厢举升机构普遍采用前端直推后卸形式。

9）电气系统。一般为车辆通用直流24V，为车辆启动、照明、监控装置等提供电源。

10）驾驶室。一般为平头偏置式。密封良好的单座驾驶室平行布置在发动机的一侧，具有视野宽阔、通风良好、便于发动机维修等优点。

11）轮胎。采用工程车轮胎，这类车轮胎的胎面花纹和结构都与公路用车不同，有很好地适应复杂路面的使用要求。

4.1.3 自卸汽车选型原则

土石方工程施工对车辆的选型，主要依据是土石方的特性（形状、重量、脆度、湿度、黏度等）、运输工程量、现场道路条件、装卸载方式等。同时，也要将车辆性能、综合运营成本和备件供应及售后服务等来综合考虑，一般遵循以下原则。

（1）自卸汽车吨位选择。自卸汽车吨位选择与运量、运距、坡度、运载物性质、装载设备种类等因素有关。同时，兼顾考虑道路情况、装卸场地等因素。通常情况下，年运输量在50万t以内，可选用10～15t级的自卸汽车为宜；年运输量在50万～100万t时，选用20t级的自卸汽车为宜；年运输量在100万～200万t时，选用20～30t级的自卸汽车为宜。

（2）自卸汽车与装载设备匹配。选择自卸车载重吨位时，要考虑自卸车斗容与装载设备斗容相匹配。通常装载3～5斗，装满一车，是较为合理的斗容容量匹配。装载斗数过多，即“大车小铲”，会造成装载时间过长，导致运输效率降低；每车装载斗数过少，即“小车大铲”，则装载就位等辅助时间相对增加，卸载时对车辆的冲击力大，损害大，运输效率降低。

（3）自卸车技术性能选择。自卸车整机技术性能是保证正常运行的关键。包含动力性、可靠性、适应性、安全性、经济性等。

1）动力性。要求自卸汽车重载爬坡能力大、加速快。发动机扭矩储备系数大，传动系统适应能力强。同时，要求有较好的低温启动性能，以适应寒冷气候作业。动力性指标用发动机比功率表示，矿用自卸汽车一般为4～6kW/t。

2）可靠性。要求自卸汽车主要总成件经久耐用、故障率低。主要总成件包括：发动机、传动系统、制动系统、大梁等。

3）适应性。主要考虑自卸车道路适应性和通过性。要求自卸车要有坚固的底盘，较好地适应各种道路。同时，转弯半径、最小离地间隙能满足各种复杂路面情况下的安全行驶。

4）安全性。要求自卸汽车在重载情况下，有良好的操作性。操作简便、转向灵活轻便、制动安全可靠等。

5）经济性。主要考虑是油耗和轮胎消耗。特别是轮胎，一般情况轮胎消耗占整个使用费用20%～30%。因此，要求轮胎有较高的耐磨和耐割性能，通常选用深花纹的岩石型轮胎。

4.1.4 自卸汽车生产率计算

（1）自卸汽车技术生产率计算：

$$P_j=\frac{60qK_eK_{ch}K_{su}}{T} \tag{4-1}$$

式中 P_j——自卸车技术生产率，m^3/h（自然方）或t/h；

q——自卸汽车载重量，t或容积m^3；

K_e——土壤可松系数，块石取值范围0.67～0.78或按表4-1选取；

K_{ch}——自卸汽车装满系数，视与挖掘机配合情况而定；

K_{su}——自卸汽车运输损耗系数，可取0.94～1.0；

T——自卸汽车一次工作循环时间，min。

$$T=t_z+t_y+t_x+t_d \tag{4-2}$$

$$t_z=\frac{n}{n_0}+t_r \tag{4-3}$$

$$t_y=\left(\frac{60}{v_z}+\frac{60L}{v_k}\right)K' \tag{4-4}$$

式中 t_z——自卸装车时间，min；

n——自卸汽车需装铲斗数；

n_o——挖掘机每分钟挖装斗数；

t_r——自卸汽车进入装车位置时间，min，一般可取0.2～0.5min；

t_y——自卸行车时间，min，

L——运输距离，km；

K'——自卸汽车加速或制动影响系数，见表4-2；

v_z、v_k——自卸汽车重车和空车行车速度，km/h；

t_x——卸车时间，通常为1～1.5min；

t_d——调车、等车时间，min。

表 4-1　　土壤可松系数 K_e 值

挖掘机斗容/m³	土壤级别					
	Ⅰ	Ⅱ	Ⅲ	Ⅳ	爆得好的岩石	爆得不好的岩石
0.8～2.0	0.89	0.82	0.79	0.74	0.68	0.67
2.5～3.8	0.91	0.83	0.8	0.76	0.69	0.68
4.0～6.0	0.93	0.85	0.82	0.78	0.71	0.69
6.0～10.0	0.95	0.87	0.83	0.8	0.73	0.7

注　岩石爆破后分为块状、针状和片状爆破物，其最长对角线长度超过铲斗宽度60%以上或厚度超过铲斗口深度55%以上为爆得不好；最长对角线长度小于铲斗宽度30%以下或厚度小于铲斗20%以下为爆得好；介于两者之间的为一般的。

表 4-2　　加速或制动影响系数 K' 值

运距 l/km	0.25	0.5	1.0	1.5	2.0	5.0
K'	1.20	1.10	1.05	1.04	1.02	1.00

（2）实用生产率计算：

$$P_s = 8P_jK_t \tag{4-5}$$

式中　P_s——自卸车实用生产率，m^3/台班或 t/台班；

K_t——时间利用系数，依据工作班数而定，单班制可取 0.85，两班制取 0.8，三班制取 0.75。

（3）自卸车需求量计算。与挖掘装载机械配套适宜的自卸车辆，其铲装次数一般应在 3～5 范围内，因此与一台挖掘装载机械配套的自卸车辆数 N 可由式（4-6）计算：

$$N = \frac{T}{t_z} \tag{4-6}$$

式中　N——需要的车辆数，取整数；

T——自卸汽车一次工作循环时间，min；

t_z——自卸汽车装满一车所需时间，min。

4.1.5　自卸汽车技术参数

（1）国产部分矿用自卸车主要技术参数。北方重汽矿用自卸车主要技术参数见表 4-3；北京重汽矿用自卸车主要技术参数见表 4-4；北京首钢重型、秦皇岛天业通联重工矿用自卸车主要技术参数见表 4-5。

（2）国产部分公路型自卸车主要技术参数。北方奔驰自卸车主要技术参数见表 4-6；我国重汽自卸车主要技术参数见表 4-7；红岩汽车主要技术参数见表 4-8。

（3）国外部分自卸车主要技术参数。卡特彼勒部分自卸汽车主要技术参数见表 4-9；小松部分自卸汽车主要技术参数见表 4-10；沃尔沃（富豪）部分铰接式自卸汽车主要技术参数见表 4-11。

表 4-3 北方重汽矿用自卸车主要技术参数表

项目 \ 型号		3304	TR35A	TR50	TR60	TR100	NTS35	TA25（铰接）	TA27（铰接）	TA30（铰接）	TA40（铰接）
整备质量/kg		18000	23150	35480	41250	68620	20000	20870	21900	22420	29490
额定载质量/kg		28000	32000	45000	55000	91000	35000	23000	25000	28000	36500
车辆总质量/kg		46000	56000	80000	96250	160000	55000	43870	46900	50420	65990
车厢容积/m^3	堆装	18.0	21.1	27.5	35.0	57.0	23.5	13.5	12.5	17.5	22.0
	平装	14.3	16.1	21.5	26.0	41.6	18.9	10.0	15.5	13.8	17.0
整车外形尺寸/mm	长	7650	7950	8875	9130	10820	7755	9755	9755	9755	10650
	宽	3500	3350	3965	4060	5150	3615	2895	2895	2895	3430
	高	3800	3865	4345	4440	4850	3850	3450	3450	3450	3650
发动机型号		M11-C300	QSM11	QSX15-C	QSK19-C	KTA38-C	潍柴 WD12.336	6CTA8.3-C	QSL9	MTA11-C300	DetroitDiesel Series 60
型式		4冲程/增压/水冷	4冲程/增压/水冷/电控	4冲程/增压/水冷/电控	4冲程/增压/水冷/电控	4冲程/增压/水冷/直喷	增压/水冷	增压/水冷	增压/水冷	增压/水冷	增压/水冷
总功率/kW		224	250	392	522	783	336	205	246	224	298
最大扭矩/(N·m)		1376	1674	2440	2981	4631	1350	1123	1532	1376	1966
缸数/形式		6缸/直列	6缸/直列	6缸/直列	6缸/直列	12缸/V列	6缸/直列	6缸/直列	6缸/直列	6缸/直列	6缸/直列
缸径×行程/(mm×mm)		125×147	125×147	137×169	159×159	159×159	126×155	114×135	114×144	125×147	130×160
排量/L		10.8	10.8	15	18.9	37.7	11.596	8.3	8.9	10.8	12.7
最大车速/(km/h)		50.12	56.0	65.0	57.5	47.6	46	52	51.0	45	55.7
升降时间/s	举升	13	14	13	16	18	13	12	12	12	16
	下降	9	9	9	14	16.3	9	7.5	7.5	7.5	12
轮胎规格		18.00-25（28PR）E3	18.00-25（28PR）E3	21.00-35（36PR）E4	24.00-35（42PR）E4	27.00-49（48PR）E4	18.00-25	23.5R 25	23.5R25	23.5R 25	29.5R25

表 4-4　　北京重汽矿用自卸车主要技术参数表

项目 \ 型号		BZK D20	BZK D32	BZK D52	A300D（铰接车）
整备质量/kg		16000	23400	40000	22800
额定载质量/kg		20000	32000	52000	28000
车辆总质量/kg		36000	55400	92000	50800
整车外形尺寸/mm	长	7365	7642	9200	9750
	宽	2909	3837	4770	2950
	高	3145	3700	4730	3750
轴距/mm		3600	3350	4390	4355+1700
轮距/mm	前轮	2382	2680	3760	2300
	后轮	2070	2350	3120	
最高车速/(km/h)		38	50	54	55/48（空/满）
最大爬坡能力/%		≥29	≥35	≥32	≥43
最小转弯半径/m		≤9	≤9.4	≤11.8	≤8.5
发动机	型号	康 NT855-C250	康明 M11-C330	康 QSK19-C600	康明 M11-C330
	功率/kW/转速/(r/min)	187/2100	246/2100	447/2100	246/2100
	扭矩/(N·m)/转速/(r/min)	1019/1500	1458/1300	2644/1400	1458/1300
离合器		14″双片干式	15″双片干式		
变速器		富勒 8JS 118C	伊顿 NRT-12710B	艾里逊 M6610AR	ZF 6WG260
车厢容积/m^3	平装	10.7	15	23	12.9
	堆（2：1）	13.9	20	32	16.8
升/降时间/s		≤20	≤18	<25	<12/<10
轮胎规格		14.00-24	18.00-25	21.00-35 无内胎	23.5R25

注　表中 ZHA250D 型铰接式自卸汽车式与爱尔兰共和国 TIMONEY 技术公司合作的产品。

表 4-5　　北京首钢重型、秦皇岛天业通联重工矿用自卸车主要技术参数表

项目 \ 型号		SGA3722	SGR50	TTM50A	TTA51（铰接车）
整备质量/kg		30000	27000	32000	37000
最大载质量/kg		42000	50000	45000	45000
最大总质量/kg		72000	77000	77000	82000
外形尺寸/mm	长	8330	8674	9105	11610
	宽	4100	4416	5157	3823
	高	3963	4053	4451	3855
轴距/mm		4200	4250	3970	4500+1960
轮距/mm	前轮	2537	3290	2674	2940
	后轮	2833	4050	3394	

续表

项目＼型号		SGA3722	SGR50	TTM50A	TTA51（铰接车）
最高车速/(km/h)		56	58	60	50
最大爬坡能力/%		≥35	≥35	≥32	≥43
最小转弯半径/mm		10000	10000	9700	8323
发动机	型号	康 KTA19－C525	QSX－15（电喷）	康 QSX15－C525	康 QSX15－C525
	额定功率/kW/转速/(r/min)	392/2100	391/2100	392/2100	391/2100
	最大扭矩/(N·m)/转速/(r/min)	2136/1500	2440/1400	2440/1400	2219/1200
	排量/L	18.9	15	15	15
变速器		YBX6652	艾里逊 H5610AR	艾里逊 H5610AR	艾里逊 4600 ORS
车厢容积/m^3	平装	21	25	21	22
	堆装	26	30	26	28
升/降时间/s				15/13	15/13
轮胎规格		21.00－33	21.00－35	21.00－35	875/65 R29

表 4－6　　北方奔驰自卸车主要技术参数表

项目＼型号		ND3251B38J	ND3252B38J (2538K)	ND3252B44J (2534K)	ND3254B38	ND3312D35J	ND3310D47J
整备质量/kg		12400	12400	12190	12200	14900	14500
最大载质量/kg		12470	12600	12810	12670	15970	16370
最大总质量/kg		25000	25000	25000	25000	31000	31000
驱动形式		6×4	6×4	6×4	6×4	8×4	8×4
外形尺寸/mm	长	8450	8450	9110	8530	9900	
	宽	2500	2500	2500	2500	2500	
	高	3310	3310	3484	3310	3464	
车厢容积/m^3		14.81	14.81	14.97	14.67	18.22	33.19
轴距/mm		3800＋1450	3800＋1450	4450＋1450	3800＋1450	1500＋3550＋1450	1500＋4750＋1450
轮距（前/后）/mm		1995/1800	1995/1800	1995/1800		1995/1800	1995/1800
接近角/离去角/(°)		26/32	26/32	26/45	26/32	33/25	26/19
最小转弯直径/m			18.2	18.2			
最小离地间隙/mm		339	339	339	339	339	339
最大爬坡度/%		30	30	30	30		
最高车速/(km/h)		85	85	85	90	80	80
最低燃油消耗率/[g/(kW·h)]		195	195	195			

续表

项目＼型号		ND3251B38J	ND3252B38J（2538K）	ND3252B44J（2534K）	ND3254B38	ND3312D35J	ND3310D47J
油箱容积/L		300	300	300	300	400	400
发动机	型号	WP10.290	WP10.375	WP10.336N	WP10.336	BF6M1015C	WD615.56
	额定功率/kW/转速/（r/min）	213/2200	276/2200	247/1900	247/2200	214/2100	206/2200
	最大扭矩/（N·m）/转速/（r/min）	1160/1600	146/1600	1500/1500	1250/1600	1200/1300	1160/1600
	排量/L	9.726	9.726	9.726	9.726	11.9	9.726
变速箱		法士特 9JS135	法士特 RT11509C		法士特 9JS150A	法士特 RT11509C	RT11710B
轮胎规格		12.00－20	12.00－20	12.00－20	12.00－20	12.00－20	12.00R20

表4－7　我国重汽自卸车主要技术参数表

项目＼型号		ZZ3320BM 294K	ZZ3256N 3846C	ZZ3316N 2866C	ZZ3311N 4061C1	ZZ3311N 3861C
整备质量/kg		12160	12300	15110	15320	14790
额定载质量/kg		19840	12570	15760	15550	16080
车辆总质量/kg		32000	25000	31000	31000	31000
驱动形式		6×4	6×4	8×4	8×4	8×4
外形尺寸/mm	长	7432	8649	9155	10405	10105
	宽	2498	2496	2496	2490	2490
	高	3020	3270	3320	3290	3250
车厢容积/m^3		11.04	15.18	17.94	17.71	19.57
轴距/mm		2925＋1350	3800＋1350	1800＋2800＋1350	1800＋4000＋1350	1800＋3800＋1350
最小转弯直径/m		16.5	18.3	19.2		
最大爬坡能力/%		44.7				
最高车速/（km/h）		72	75	75	75	
制动距离/m		＜10				
百公里油耗/L		34				
油耗容积/L		200				
发动机	型号	WD615.67	WD615.95	WD615.95	WD615.95	WD615.95
	额定功率/kW/转速/（r/min）	206/2200	247/1900	247/1900	247/1900	247/1900
	最大扭矩/（N·m）/转速/（r/min）	1070/2200	1490/1900	1490/1500	1490/1900	1490/1900
	排量/L	9.726	9.726	9.726	9.726	9.726
车厢举升角度/（°）		52	52	52	52	52
轮胎规格		12.00－20	12.00－20	12.00－20	11.00－20 12.00－20	12.00－20

表 4-8　　红岩汽车主要技术参数表

项目＼型号		CQ3254TMG384	CQ3254TPG384	CQ3254SMG384	CQ3253TMG324	CQ3314SMG366
整备质量/kg		12370	12200	12500	10500	15000
额定载质量/kg		12500	12600	12700	12990	15800
车辆总质量/kg		25000	25000	25000	25000	31000
驱动型式		6×4	6×4	6×4	6×4	8×4
轴距/mm		3825＋1350	3825＋1350	3825＋1350	3240＋1350	1800＋3000＋1350
外形尺寸/mm	长	86500	84000	8290	7617	10360
	宽	2500	2500	2500	2500	2300
	高	3169	3500	35100	3343	3350
车厢容积/m³		15.69	14.17	13.52	11.04	19.23
最高车速/(km/h)				90		
最大爬坡能力/%						
百公里油耗/L				27		
发动机型号		WD10.340	WP10.290	WP10.290E32	SC11CB290Q2	WP10.290
发动机	额定功率/kW/转速/(r/min)	250/	213/2200	213/2200	213/2200	213/2200
	最大扭矩/(N·m)转速/(r/min)		1160/1600	1160/1600	1170/1800	1160/1600
排量/L			9.726	9.726	10.5	9.726
离合器						
变速器			法士特 9JS119		法士特 9JS119	法士特 9JS135
转向器						
轮胎规格		12.00-20	11.00-20	11.00-20	11.00-20	12.00-20

表 4-9　　卡特彼勒部分自卸汽车主要技术参数表

项目＼型号		770	772	773F	775F	777F
整备质量/kg		34650	35800	44500	45000	72900
额定载质量/kg		36582	46236	55573	64149	90316
车辆总质量/kg		71214	82100	100698	109679	163293
车厢容积/m³	平装	16.4	23.3	26.8	32.0	41.9
	堆装	25.1	31.3	35.6	41.9	60.2
空载质量分配/%	前桥	48	48	51	49	45
	后桥	52	52	49	51	55
重载质量分配/%	前桥	33	33	35	33	33
	后桥	67	67	65	67	67

续表

项目＼型号		770	772	773F	775F	777F
轴距/mm		3960	3960	4220	4220	4560
前轮轮距/mm		3110	3170	3210	3210	4050
转弯直径/m		20.2	21.6	26.1	26.1	28.4
外形尺寸/mm	长	8740	6740	10250	10330	10530
	宽	4750	4750	5430	5390	6490
	高	3120	3500	3820	3970	4430
发动机	型号	C15ACERT	C18ACERT	C27ACERT	C27ACERT	C32ACERT
	缸数	6	6	12	12	12
	缸径/mm	137	145	137	137	145
	行程/mm	171	183	152	152	162
排量/L		15	18	27	27	32.1
净功率/kW		355	399	524	552	700
飞轮功率/kW		381	446	552	587	758
油箱容积/L		529	529	700	700	1137
车速/(km/h)		74.8	79.7	67.5	67.5	64.5
轮胎规格		18.00R33	21.00R33	24.00R35	24.00R35	27.00R49

表 4-10　　小松部分自卸汽车主要技术参数表

项目＼型号		HD180-4	HD200-2	HD225-5	HD325-6	HD325-7	HD405-6
整备质量/kg		16790	18500	22950	30000	31600	32050
额定载质量/kg		16329.3	18143.7	25075	36500	36287.4	41000
满载质量/kg		34900	38555	48025	66500	63680	73050
车厢容积/m^3	平装	12	12.5	13.2	18	18	20
	堆装	13.8	15.2	17.7	24	24	27.3
空载重量分配/%	前桥	48	48	48	48	48	45
	后桥	52	52	52	52	52	55
重载重量分配/%	前桥	32	32	32	32	32	32
	后桥	68	68	68	68	68	68
轴距/mm		4000	3750	3750	3750	3750	3750
前轮轮距/mm		385	420	420	2550	2550	2550
最小转弯半径/mm		6945	6948	7020	7200	7200	7200
外形尺寸/mm	长	7295	7450	7865	8365	8465	8365
	宽	3000	3200	3280	4525	3360	4600
	高	3300	3450	3580	4000	4150	4000

续表

项目＼型号		HD180－4	HD200－2	HD225－5	HD325－6	HD325－7	HD405－6
发动机	型号	NTO－6－B	NTC－743－C	SAA6D125E	SAA6D140E－3	SAA6D140E－5	SAA6D140E－3
	总功率/kW	171.5	208.8	241	379	386	379
	额定转速/(r/min)	1800	1800	2000	2000	2000	
	净功率/kW			236	364	364	364
	最大扭矩/(N·m)				2167	2167	2167
	缸数	6	6	6	6	6	6
	缸径/mm	125	125	125	140	140	140
	行程	140	150	150	165	165	165
活塞排量/L		12	12.2	14	15.23	15.2	15.23
最高时速/(km/h)		52	50	47.5	70	70	70
最小离地间隙/mm		475	460	410	500	480	500
轮胎规格		16.00R25	16.00R25	16.00R25	18.00－33－32	18.00R33	18.00R33

表 4－11　　沃尔沃（富豪）部分铰接式自卸汽车主要技术参数表

项目＼型号		A25D	A25E	A30D	A30E	A35D	A35E	A40D
整备质量/kg		21560	21560		23060		28100	
额定载质量/kg		24000	24000	28000	28000	32500	33500	37000
满载质量/kg		45560	45560	51060	51060	60800	61600	68270
车厢容积/m^3	平装	11.7		13.6		15.2		16.9
	堆装	15	15	17.5	17.5	20	20.5	22.5
倾斜角/(°)		74		70		70		70
负载时倾斜时间/s		12	12	12	12	12	12	12
驱动型式		6×6	6×6	6×6 或 4×4	6×6	6×6	6×6	6×6
发动机	型号	D10BADE2	D9BAE3	D10BADE2	D9BAE3	D12CADE2	D12DAFE3	D12CADE2
	总功率/kW	228	224	242	252	289	313	313
	净功率/kW	227	223	241	251	285	309	309
	转速/(r/min)				1900		1800	
最大扭矩/(N·m)			1700		1700		2100	
总排量/L		9.6		9.6		12		12
汽缸数		6		6		6		6

续表

项目 \ 型号	A25D	A25E	A30D	A30E	A35D	A35E	A40D
缸径/mm	120		120				
行程/mm	140		140				
油箱容积/L	400		400		480		480
最高时速/(km/h)	50	53	53	55	56	57	55
轮胎规格	23.5R25	23.5R25	23.5R25	23.5R25	26.5R25	26.5R25	26.5R25

4.2 带式输送机

带式输送机是由橡胶输送带、钢支架、辊筒、驱动装置和张紧装置等组成的一种构造简单，并以连续方式运输物料的机械。主要用于输送各种块状、粒状等散状物料。带式输送机具有生产均匀、输送效率高、使用成本低等特点。同时，还具有运距长、对线路适应性强、运行安全可靠等优点。广泛于矿山、冶金、水电、火电、煤炭、化工、建筑、港口等工程。

水电工程是使用带式输送机较多的行业之一。主要用于渣料、成品料、半成品砂石料等物料的运输。近些年来，随着龙滩、向家坝、锦屏、金沙江龙开口等一批大型水电站工程兴建，长距离带式输送机技术得到了广泛的运用。从龙滩水电站单条4km到向家坝水电站5条近30km，以及锦屏二级水电站引进国外技术建成的5.9km空间曲线返程带料胶带机投入使用，使水电工程长距离带式输送技术进入了快速发展阶段。

4.2.1 带式输送机分类和特点

(1) 带式输送机分类。

1) 按结构型式可分为固定式、移动式和节段式。

2) 按承载断面可分为平形、槽形、双槽形（压带式）、波纹挡边斗式、波纹挡边袋式、吊挂式圆管形。

3) 按输送带类型可分为橡胶带、塑料带、钢绳心胶带。

4) 按托架型式可分为托辊传动（托辊可水平布置，也可槽形布置）、钢索传动和气垫传动。

5) 按张紧装置可分为螺杆式、小车重锤式、垂直重锤式。

6) 按用途可分为普通型、铸造用、可逆式和可伸缩式带式输送机。

(2) 带式输送机特点。

1) 运距长。从目前使用经验来看30km以内都能适用。

2) 运量大、产量均衡。带宽1000～1200mm，带速4m/s，运输能力2500～3000t/h。向家坝和锦屏二级水电站工程运输能力分别达到2500t/h、3000t/h。

3) 环境适应性强。带式输送机安装不受地形、地貌的影响，可翻山、越岭、上坡、下坡、转弯等，运行时不受天气影响。

4）经济效益好。与汽车运输相比，节省了道路修建、维护，避免了行车安全等问题，从运行统计情况来看，吨公里费用0.5元以下。

5）结构简单、维护方便。各种类型胶带输送机结构特点见表4-12。

表4-12　　各种类型胶带输送机结构特点表

分类方法	型式	结构特点
按结构分	移动式	外形尺寸小，自重轻，机动性好，有效输送长度为10～20m
	固定式	输送距离长
	节段式	每节长度为5～80m，机动性好，可串接使用
按输送带类型分	橡胶带型	由多层橡胶和纤维或尼龙带胶合而成，带心胶布层数为3～12层，强度较高，运输散料性能好
	塑料带型	具有耐油、酸、碱等优点，机长不大时，可代替橡胶输送带，以节约橡胶
	钢绳心胶带型	抗拉强度高，弹性伸长小，成槽性好，耐疲劳与冲击性能好，接头寿命长，工作安全（安全系数不小于10）可靠
按张紧装置分	螺杆式	利用滑架和转动尾架上的螺杆调节输送带张力，结构简单，但张力不能保持恒定，一般功率较小，机长小于80m
	小车重锤式	利用小车和重锤张紧输送带，结构较简单，可保持恒定的张力，一般机长和功率较大
	垂直重锤式	只用重锤进行张紧（重锤置于输送机下面的空间），用于小车重锤式布置有困难的场合，但输送带改向较多，检修麻烦，摩擦损失较大

4.2.2　带式输送机基本构造

（1）固定式胶带输送机。固定式胶带输送机均由机架（包括头架、中间架、尾架等）、胶带、传动滚筒、改向滚筒、托辊、张紧装置、制动和逆止装置、驱动装置及导料槽、头罩、漏斗等组成，其构造见图4-4。

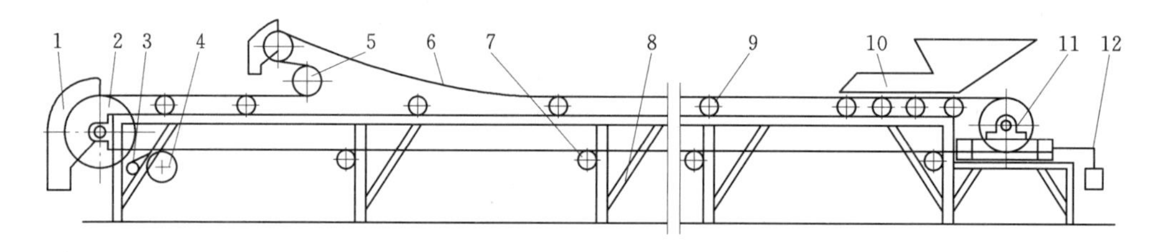

图4-4　固定式胶带输送机构造图

1—端部卸料装置；2—驱动滚筒；3—清扫装置；4—导向滚筒；5—卸料小车；6—输送带；7—下托辊；8—机架；9—上托辊；10—进料斗；11—张紧小车；12—张紧装置

1）输送带。输送带是曳引和承载物料的主要部件。输送带的品种有普通橡胶带和棉帆布带、聚酯帆布带、尼龙帆布带和钢丝芯输送带。输送带结构和外形分别见图4-5、图4-6。

A. 输送带的强度：棉帆布带为56N/(cm·层)，聚酯、尼龙帆布带为100～300N/(cm·层)。

B. 输送带的连接方法有：机械连接法（夹条式带扣、夹板式带扣）、硫化连接法和冷

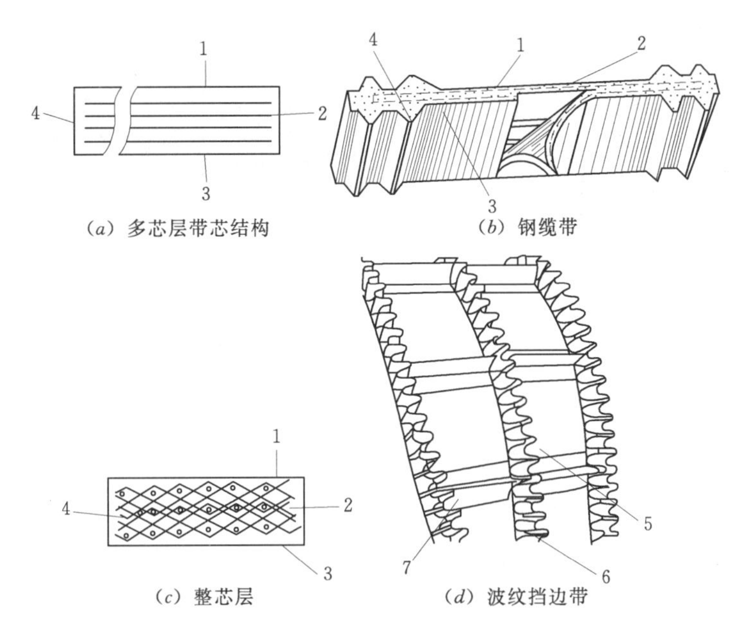

（a）多芯层带芯结构　（b）钢缆带　（c）整芯层　（d）波纹挡边带

图 4－5　输送带结构示意图

1—上覆盖胶；2—带芯层；3—下覆盖胶；4—导槽；5—基带；6—挡边；7—横隔板

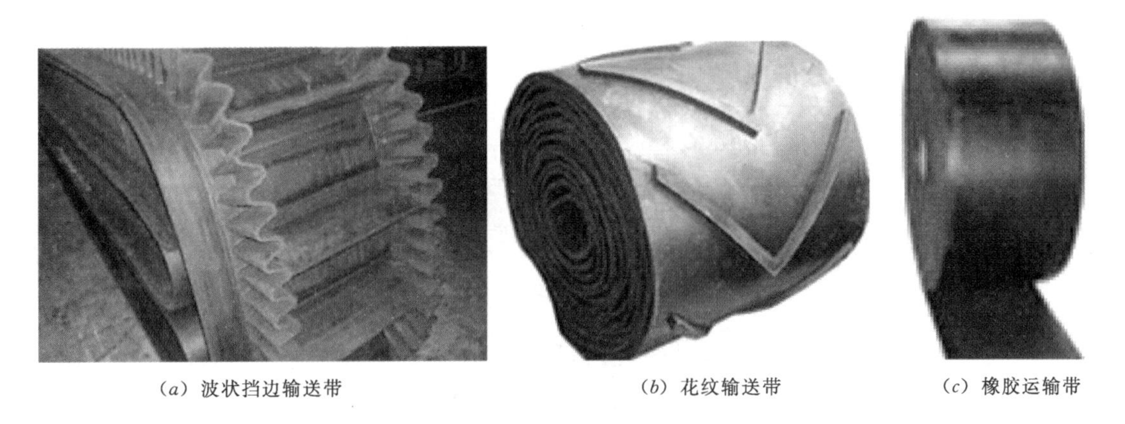

（a）波状挡边输送带　（b）花纹输送带　（c）橡胶运输带

图 4－6　输送带外形图

黏结法。一般常采用后两者。

2）驱动装置。带式输送机驱动装置一般分为外驱动和内驱动两种型式。外驱动是把电机放在驱动滚筒外面（通常悬挂在驱动滚筒一侧），减速机直接同驱动滚筒输入轴相连；内驱动是电机和减速装置放在驱动滚筒内，也称为电动滚筒。如果仅将减速器装入筒内，称为齿轮滚筒，或称为外装式减速滚筒，适用于大功率带式输送机。电动滚筒外形见图 4－7；油冷式电动滚筒结构见图 4－8，风冷式电动滚筒结构见图 4－9。

3）传动滚筒。传动滚筒依靠滚筒与胶带之间的摩擦力传递给胶带。有光面和胶面两种类型，传动滚筒外形见图 4－10。胶面滚筒可以加大传送带的摩擦力以防止打滑，胶面滚筒又可分为包胶和铸胶。

（a）光面　　　　（b）胶面

图 4 - 7　电动滚筒外形图

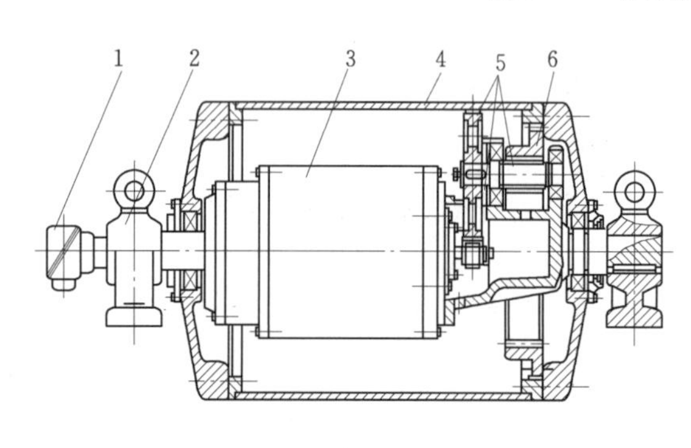

图 4 - 8　油冷式电动滚筒结构图

1—接线盒；2—轴承盒；3—油冷电动机；4—滚筒外壳；5—行星齿轮；6—内齿轮

4）改向滚筒。改向滚筒装在机尾或胶带改向处，起到改变输送带运行方向或压紧输送带、增大传动滚筒包角的作用。改向滚筒有光面和胶面两种，改向滚筒外形见图 4 - 11。

5）托辊。托辊主要起到支撑作用。托辊可分为平形托辊（用于输送成件物品）、槽形承载托辊（常用有 35°和 45°槽角）、自动调心托辊、缓冲托辊。此外，还有 V 形、悬挂、翻带和挡边托辊。几种不同类型的托辊，托辊外形见图 4 - 12。

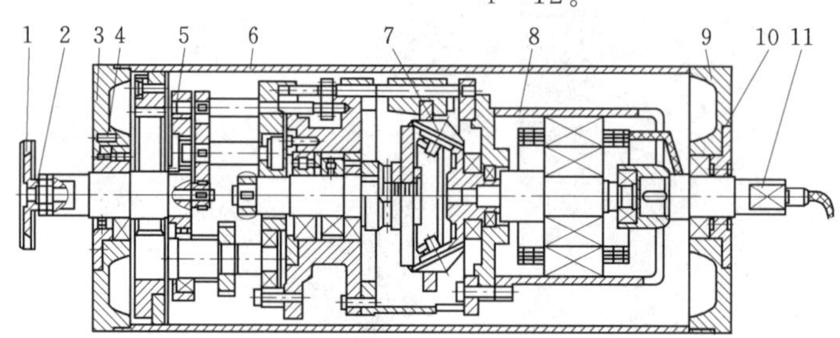

图 4 - 9　风冷式电动滚筒结构图

1—联轴器；2—自动螺钉；3—左边端盖；4—轴承；5—行星齿轮；6—机壳；7—摩擦轮；8—电动机外壳；9—右边端盖；10—轴承；11—输入轴

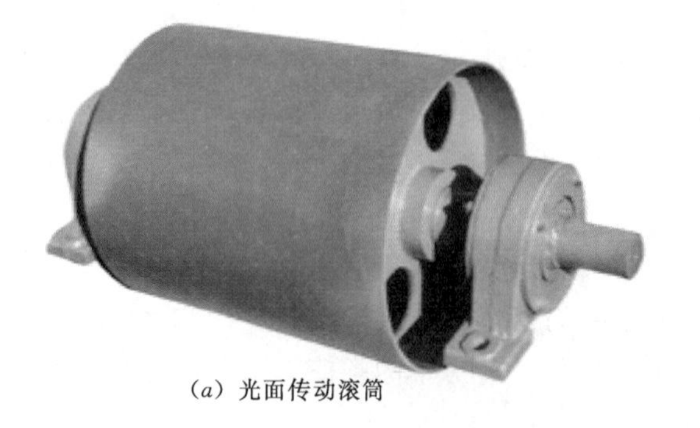

（a）光面传动滚筒

（b）胶面传动滚筒

图 4 - 10　传动滚筒外形图

(*a*) 光面改向滚筒　　(*b*) 胶面改向滚筒

图 4-11　改向滚筒外形图

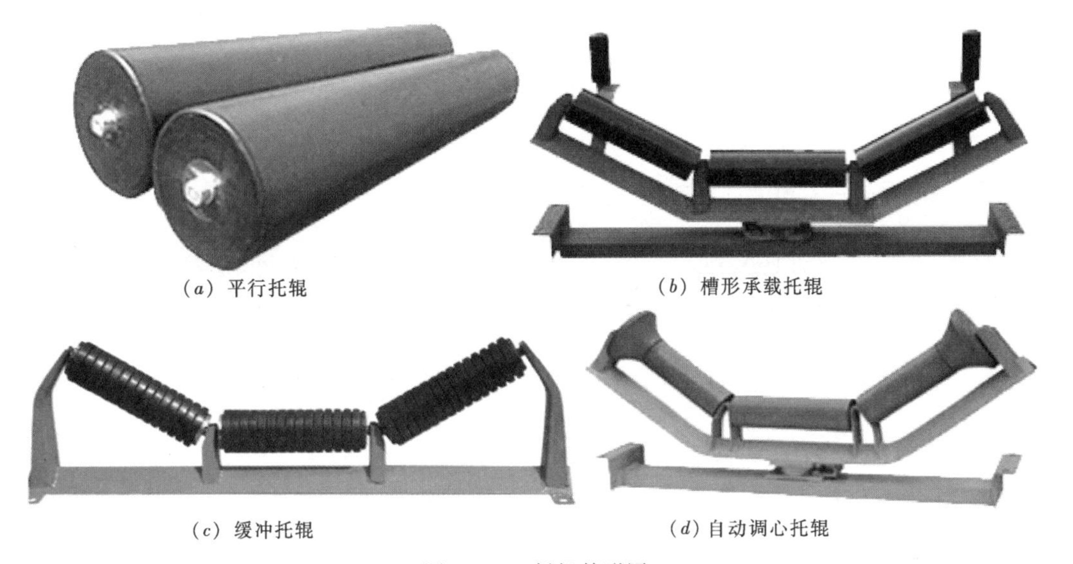

(*a*) 平行托辊　　(*b*) 槽形承载托辊

(*c*) 缓冲托辊　　(*d*) 自动调心托辊

图 4-12　托辊外形图

6）张紧装置。张紧装置用来调整胶带的松紧程度，保证输送带有足够的张力进行传动。张紧装置可分为固定式和自动式张紧装置。

A. 固定式张紧装置，可分为重力张紧装置和刚性张紧装置。重锤式、水箱式属于重力张紧装置。螺旋拉紧、手动或电动张紧属于刚性张紧装置。螺杆式、车式和重锤式张紧装置见图 4-13。

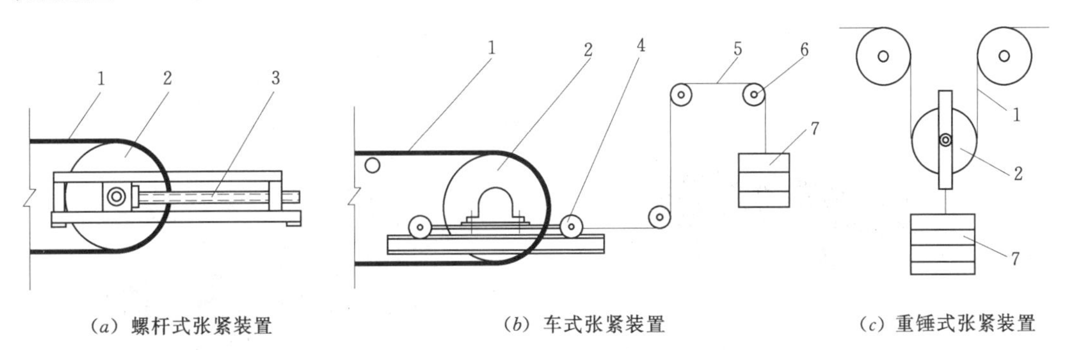

(*a*) 螺杆式张紧装置　　(*b*) 车式张紧装置　　(*c*) 重锤式张紧装置

图 4-13　固定式张紧装置示意图

1—输送带；2—皮带滚轮；3—张紧螺杆；4—张紧小车；5—钢丝绳；6—滑轮；7—配重

B. 自动式张紧装置。自动式张紧装置有电动式和液压式两种形式。电动绞车自动张紧装置见图 4－14。液压绞车自动张紧装置见图 4－15。

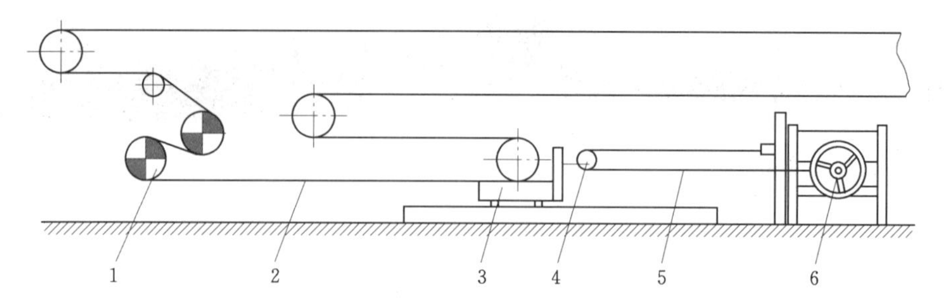

图 4－14　电动绞车自动张紧装置示意图

1—驱动滚筒；2—输送带；3—张紧小车；4—滑轮；5—钢丝绳；6—电控绞车

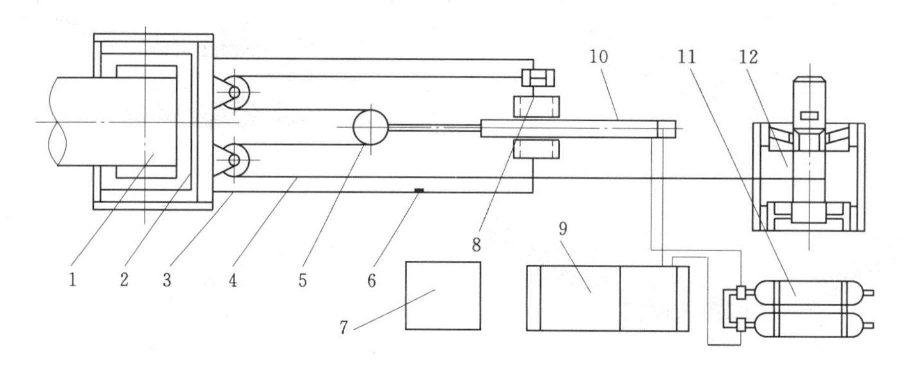

图 4－15　液压绞车自动张紧装置示意图

1—输送带；2—张紧小车；3—小车轨道；4—钢丝绳；5—滑轮组；6—行程控制开关；7—液压泵站；8—固定基座；9—控制箱；10—液压张紧油缸；11—液压蓄能器；12—钢丝绳小车

7）卸料装置。卸料装置是用来实现输送机多点卸料。主要有犁式卸料器、移动式电动卸料器、可逆配仓带式输送机等形式。

A. 犁式卸料器。用于输送机水平段任意点卸料。犁式有单侧卸料和双侧卸料两种形式，其结构见图 4－16。均为可变槽角卸料器，适用于带速不大于 2.5m/s、物料块度在

(*a*) 电动单侧犁式卸料器

(*b*) 电动双侧犁式卸料器

图 4－16　犁式卸料器结构图

50mm以下、且磨琢性较小、输送带采用黏结的输送机上。电液动双犁式卸料器外形见图4-17。

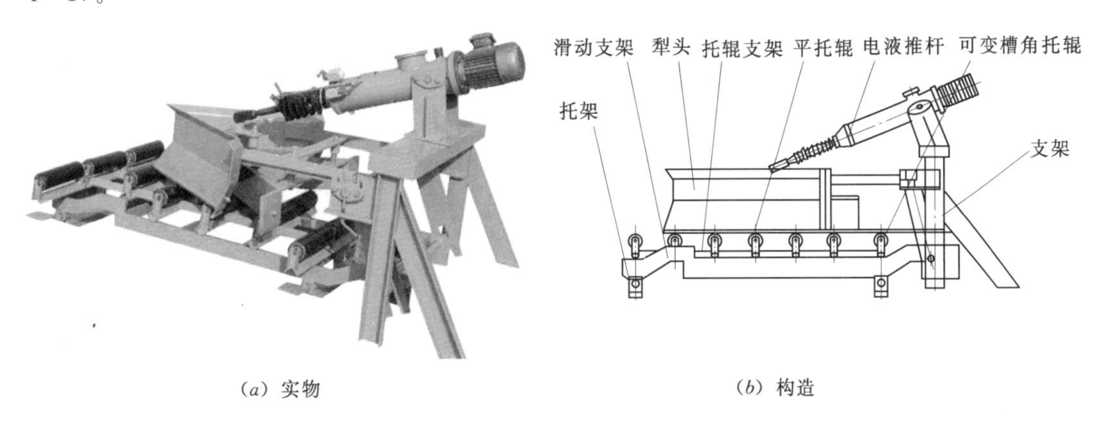

(a) 实物　　(b) 构造

图4-17　电液动双犁式卸料器外形图

B. 移动式电动卸料器。卸料车可在输送机水平段任意点卸料，结构简单，其外形见图4-18。

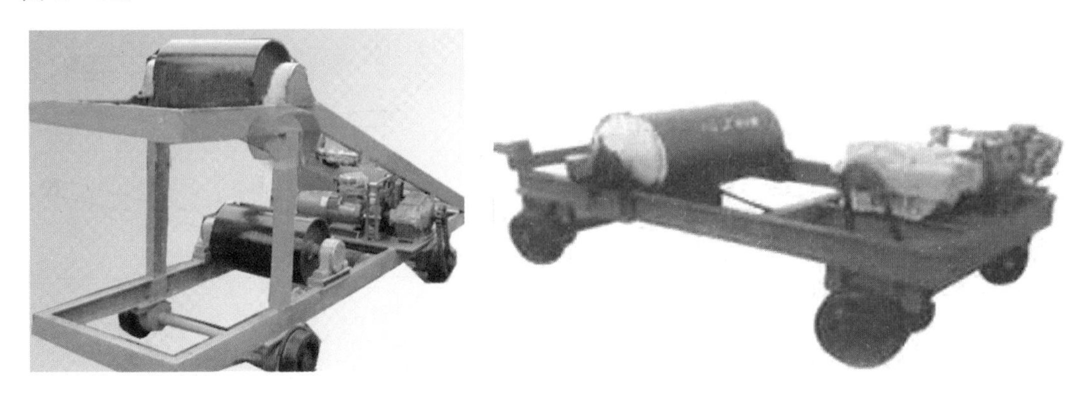

图4-18　移动式电动卸料小车外形图

C. 可逆配仓带式输送机。可逆配仓带式输送机一般用于仓顶配料，其作用与电动卸料车类似，其外形见图4-19。

图4-19　可逆配仓带式输送机外形图

8）清扫装置。主要用来清扫黏在胶带上的物料，有头部清扫器和空段清扫器两种。

9）机架。机架是带式输送机的主体结构，它可分为用于传动滚筒放在头部的头部滚筒机架、尾部改向滚筒机架、头部探头机架和传动滚筒设在下分支的传动滚筒机架。

10）中间架。可分为标准型和凹凸弧段几种。标准型中间架一般长为6m；凸弧段中间架的曲率半径依据带宽的不同，分别为：12m、16m、20m、24m、28m、34m等多种尺寸；凹弧段中间架的曲率半径一般在80～120m。

11）带式输送机布置形式。带式输送机有多种布置形式，可以根据实际情况和地形、地貌进行选择，其布置形式见图4-20。

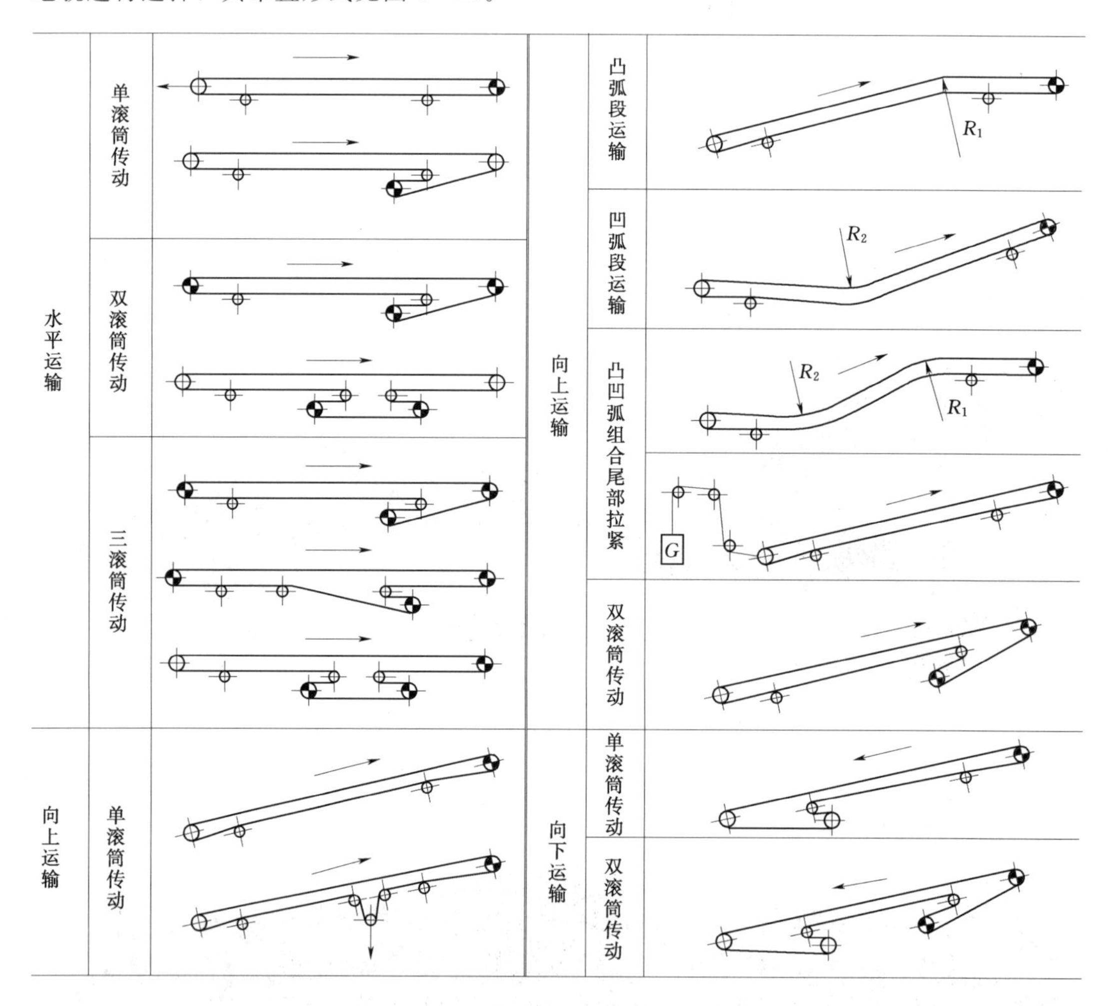

图4-20　带式输送机布置形式图

（2）移动式胶带输送机。

1）普通移动胶带输送机。移动式胶带输送机具有结构简单、工效高、使用方便、机动性好等特点，主要用于装卸地点经常变更动的场所，其外形见图4-21。

2）履带式移动胶带输送机。履带式移动胶带输送机具有输送产量高、输料距离长、布料半径大、机动性强、稳定性好等优点，广泛用于水电站混凝土浇筑施工。水利水电第

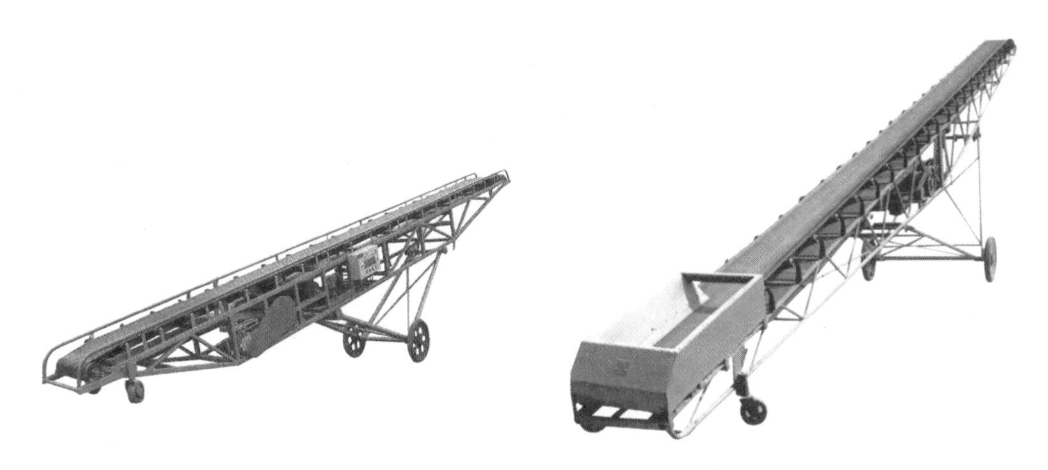

图 4-21　普通移动胶带输送机外形图

八工程局有限公司中水重工分公司研发的 BLJ600-40 自行履带式胶带输送机，其输送混凝土产量达 $100m^3/h$。现已开发出系列产品，布料皮带机最大伸幅有 30m、40m、60m；底盘为履带挖掘机标准底盘；驱动系统有全液压式、油电双驱动形式。BLJ600-40 自行履带式移动胶带输送机外形见图 4-22。

图 4-22　BLJ600-40 自行履带式移动胶带输送机外形图

BLJ600-40 自行履带式胶带输送机主要由履带底盘、伸缩臂架（桁架）、上料皮带、回转料斗、布料皮带机、配重等部分组成，各部件之间全部采用螺栓或铰销连接，拆装非常简单，其结构见图 4-23。

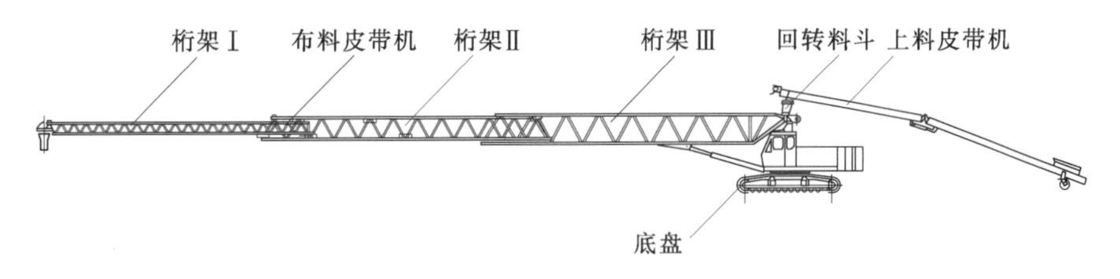

图 4-23　BLJ600-40 自行履带式胶带输送机结构示意图

4.2.3　带式输送机选择原则

带式输送机选择方法：根据运输物料的性质和输送量、输送距离、高度、输送要求和施工条件等，参照现有机械产品，然后确定规格型号。

（1）胶带输送机机型选择。胶带输送机机型的选择，主要是结构型式选择，需要经常移动的临时装卸散装物料，建筑施工物料输送等，选择移动式或节段式输送机。当运距很短（20m）时，可选用移动式胶带输送机。如果运距较长，可选用多台移动式输送机进行接力运输，也可选用节段式输送机。相对长期固定运输，如人工破碎砂石系统、天然河砂筛分系统、火电厂、水泥厂、仓库、码头等场合的输送或装卸作业，可根据作业要求和场地条件采用固定式或节段式输送机。

（2）胶带输送机型号选择。胶带输送机型号选择应综合考虑运输能力、运输长度、运送高度、运输带种类、输送带速、托辊形式和张紧装置等。

1）胶带输送机动力确定。胶带输送机的运输能力应稍大于生产要求的运输量，如一条输送机的运送量不能满足要求，可采用多台并列运输，或选择功能大的胶带输送机。

2）输送带的选择。输送带是曳引和承载物料的最主要部件和易损件，其价格一般占整机价格的30%～40%。所选输送带必须适应运输物料及工作环境，以期获得最好的工作效果和使用寿命。普通型输送带抗拉体（芯层）有棉帆布、尼龙帆布、聚酯帆布、织物整体带芯和钢绳芯等品种。

3）胶带速度的选定。胶带输送机带速是影响生产率主要因素，水电站使用的带速一般在2～4m/s。

4）驱动装置的选择。驱动装置是胶带输送机的原动力部分，一般由电动机、减速器、传动滚筒、逆止器、制动器等组成。有分离式驱动装置、电动滚筒—组合式驱动装置和减速滚筒—半组合式驱动装置共选择；功率不大、工作环境湿度较小的可选用光面传动滚筒，其造价低廉，使用寿命长；功率较大，环境潮湿容易打滑的，应采用胶面滚筒。

5）张紧装置的选择。张紧装置主要有螺杆式、车式和垂直式，车式装置结构简单、工作可靠、张紧力大，应优先选用；垂直式张紧装置便于布置；螺杆式张紧装置适用于长度较短、功率较小的输送机。

6）托辊形式的选择。当运送散装物料如碎石、砂、土等时，应选用槽形托辊，以避免物料漏损；当运送成件物品或袋装物料时，应采用平行托辊；调心托辊用于调整输送带运行不致跑偏；缓冲托辊用来缓冲受料处胶带的冲击，以延长输送带使用寿命。

4.2.4 带式输送机生产率计算

散状物料输送能力计算：

$$Q_v = Svk \quad 或 \quad Q_M = Svk\rho \tag{4-7}$$

$$S = S_1 + S_2 \tag{4-8}$$

$$S_1 = [l_3 + (b - l_3)\cos\lambda]^2 \tan\theta / 6 \tag{4-9}$$

$$S_2 = \left(l_3 + \frac{b - l_3}{2}\cos\lambda\right)\left(\frac{b - l_3}{2}\sin\lambda\right) \tag{4-10}$$

式中 Q_v——输送量，m^3/s；

Q_M——输送量，kg/s；

v——带速，m/s；

ρ——物料松散密度，kg/m^3；

k——倾斜系数，见表 4－13；

S——输送带上物料最大横切面积（见图 4－24），m^2。

表 4－13　　倾斜系数表（槽形带式输送机用）

倾角度/(°)	2	4	6	8	10	12	14	16	18	20
k	1	0.99	0.98	0.97	0.95	0.93	0.91	0.89	0.85	0.81

4.2.5　带式输送机技术参数

在选择带式输送机技术参数时，主要考虑运行参数有：输送量、带宽、带速、机长、倾角、传动滚筒轴功率、电动机功率、托辊形式、张紧形式、制动形式、控制形式等。

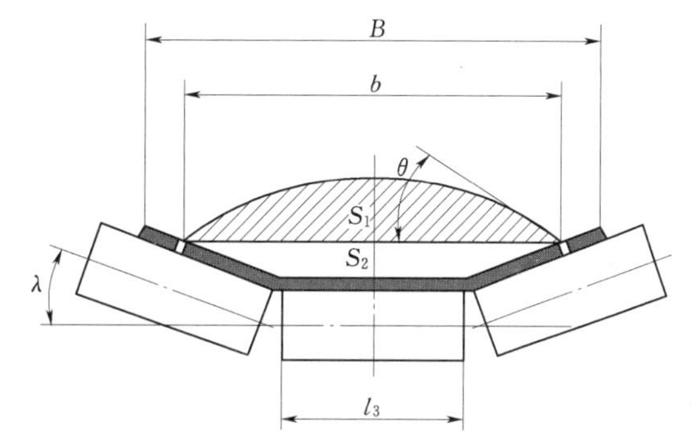

图 4－24　等长三辊槽形截面图

带式输送机允许输送物料块度取决于带宽、带速、槽角和倾角。各种带宽适用物料最大块度，按表 4－14 选取。带式输送机输送物料的密度范围：输送松散的密度为 500～2500kg/m^3。当输送硬岩时，带宽超过 1200mm 后，一般应限制在 350mm。

表 4－14　　各种带宽适用物料最大块度表　　单位：mm

带宽	500	650	800	1000	1200	1400	1600	1800	2000	2200	2400
最大块度	100	150	200	300	350	350	350	350	350	350	350

带式输送机基本参数与尺寸。《带式输送机》（GB/T 10595—2009）规定了带式输送机的宽度、名义带速、滚筒直径、托辊直径等。

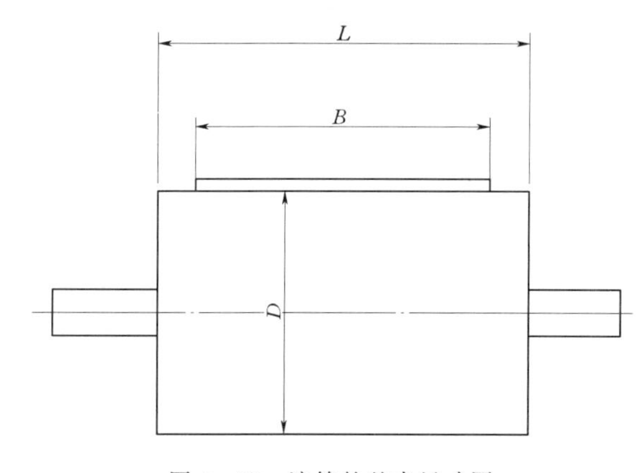

图 4－25　滚筒的基本尺寸图

（1）带宽。带宽有 300mm、400mm、500mm、650mm、800mm、1000mm、1200mm、1400mm、1600mm、1800mm、2000mm、2200mm、2400mm、2600mm、2800mm。

（2）名义带速。名义带速有 0.2m/s、0.25m/s、0.315m/s、0.4m/s、0.5m/s、0.63m/s、0.8m/s、1.0m/s、1.25m/s、1.6m/s、2.0m/s、2.5m/s、3.15m/s、4.0m/s、5.0m/s、6.3m/s、7.1m/s。

（3）滚筒直径。滚筒直径有 200mm、250mm、315mm、400mm、500mm、630mm、800mm、1000mm、1250mm、1400mm、1600mm、1800mm。滚筒基本尺寸与参数应符合图 4－25 和表 4－15 的规定。

表 4－15　　滚筒基本参数表　　单位：mm

<table>
<tr><th>带宽 B</th><th>L</th><th>D</th></tr>
<tr><td>300</td><td>400</td><td>200、250、315、400</td></tr>
<tr><td>400</td><td>500</td><td rowspan="2">200、250、315、400、500</td></tr>
<tr><td>500</td><td>600</td></tr>
<tr><td>650</td><td>750</td><td>200、250、315、400、500、630</td></tr>
<tr><td>800</td><td>950</td><td rowspan="4">200、250、315、400、500、630、800、1000、1250、1400</td></tr>
<tr><td>1000</td><td>1150</td></tr>
<tr><td>1200</td><td>1400</td></tr>
<tr><td>1400</td><td>1600</td></tr>
<tr><td>1600</td><td>1800</td><td rowspan="2">200、250、315、400、500、630、800、1000、1250、1400、1600</td></tr>
<tr><td>1800</td><td>2000</td></tr>
<tr><td>2000</td><td>2200</td><td rowspan="3">500、630、800、1000、1250、1400、1600、1800</td></tr>
<tr><td>2200</td><td>2500</td></tr>
<tr><td>2400</td><td>2800</td></tr>
<tr><td>2600</td><td>3000</td><td rowspan="2">800、1000、1250、1400、1600、1800</td></tr>
<tr><td>2800</td><td>3200</td></tr>
</table>

注　滚筒直径 D 不包括包层厚度在内，与带宽组合为推荐组合。

(4) 托辊直径。托辊直径有 63.5mm、76mm、89mm、108mm、133mm、159mm、194mm、219mm。托辊基本尺寸与参数应符合图 4－26 和表 4－16 的规定。

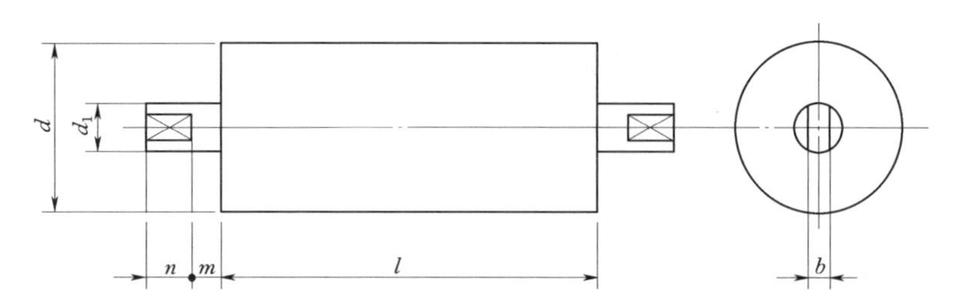

图 4－26　托辊基本尺寸图

表 4－16　　托辊基本参数表　　单位：mm

<table>
<tr><th>带宽 B</th><th>d</th><th>l</th><th>d_1</th><th>b</th><th>n</th><th>m</th></tr>
<tr><td>300</td><td rowspan="3">63.5、76、89</td><td>160、380</td><td rowspan="4">20</td><td rowspan="4">14</td><td rowspan="4">10</td><td rowspan="14">4</td></tr>
<tr><td>400</td><td>160、250、500</td></tr>
<tr><td>500</td><td>200、315、600</td></tr>
<tr><td>650</td><td>76、89、108</td><td>250、380、750</td></tr>
<tr><td>800</td><td>89、108、133</td><td>315、465、950</td><td rowspan="2">25</td><td rowspan="2">18</td><td rowspan="8">12</td></tr>
<tr><td>1000</td><td rowspan="3">108、133、159</td><td>380、600、1150</td></tr>
<tr><td>1200</td><td>465、700、1400</td><td rowspan="3">30</td><td rowspan="6">22</td></tr>
<tr><td>1400</td><td>530、800、1600</td></tr>
<tr><td>1600</td><td rowspan="4">133、159、194</td><td>600、900、1800</td></tr>
<tr><td>1800</td><td>670、1000、2000</td><td rowspan="3">35</td></tr>
<tr><td>2000</td><td>750、1100、2200</td></tr>
<tr><td>2200</td><td>800、1250、2500</td></tr>
<tr><td>2400</td><td rowspan="3">159、194、219</td><td>900、1400、2800</td><td rowspan="2">45</td><td rowspan="3">32</td><td rowspan="3">12</td></tr>
<tr><td>2600</td><td>950、1500、3000</td></tr>
<tr><td>2800</td><td>1050、1600、3150</td><td>50</td></tr>
</table>

(5) 带式输送机输送角度。正常情况下，带式输送机向上输送时，其倾角为15°～20°，有特殊要求时可达45°～75°，甚至达到90°。大倾角带式输送机，在胶带上设有“一”字形、“人”字形防滑条或做成槽形裙边带。向下输送时，其倾角通常小于－20°。

正常情况下，带式输送机的输送角度见表4－17。

表4－17　　带式输送机的输送角度表

物料名称	输送角度/(°)	物料名称	输送角度/(°)
60mm以下矿石	＜20	未筛分的石块	＜18
120mm以下矿石	＜18	干松泥土	＜20
筛分后的碎石	＜12	湿土	20～23
干砂	＜15	块状干黏土	15～18
混有砾石的砂	18～20	粉状干黏土	＜22
采石场的砂	＜20	湿砂	＜23

(6) 带式输送机的工作环境温度。带式输送机的工作环境温度一般为－25～40℃，对于有特殊要求的工作场所，如高温、寒冷、防爆、阻燃、防腐蚀、耐酸碱等条件，应采取相应的防护措施。

4.2.6　工程实例

近些年来，随着国内大型水电站相继建设，建成运行了多条长距离胶带输送机，满足了工程需求并取得了较好的经济效益。如：2003年龙滩水电站首次使用4km长的胶带机运输成品骨料；2007年向家坝水电站采用5条长度达到30km胶带机运送半成品骨料，创国内外胶带机输送记录；2009年锦屏一级、锦屏二级水电站相继建成长距离管状胶带输送系统和长距离空间曲线返程带料胶带输送系统等，国内长距离胶带输送机主要技术参数见表4－18。

表4－18　　国内长距离胶带输送机主要技术参数表

工程名称	机号	输送能力/(t/h)	带宽/m	带速/(m/s)	水平输送距离/m	输送高差/m	胶带类型	驱动功率/kW	驱动型式
龙滩水电站砂石料运输		3000	1200	4.0	3000	－50	钢绳芯胶带	3×560	头部、尾部驱动
龙开口水电站砂石料运输		2500	1200	4.0	6000	－130	钢绳芯胶带	3×570	头部、尾部驱动
向家坝水电站	1	3000	1200	4.0	6721	－211	钢绳芯胶带	900	尾部驱动
	2	3000	1200	4.0	6651	－24	钢绳芯胶带	3×900	头部、尾部驱动
	3	3000	1200	4.0	8298	－104	钢绳芯胶带	4×900	头部、中部、尾部驱动
	4	3000	1200	4.0	3927	－45	钢绳芯胶带	2×630	头部驱动
	5	3000	1200	4.0	5499	－63	钢绳芯胶带	3×630	头部驱动

续表

工程名称	机号	输送能力/(t/h)	带宽/m	带速/(m/s)	水平输送距离/m	输送高差/m	胶带类型	驱动功率/kW	驱动型式
锦屏一级水电站	101	2500	1200	3.5	968	－39	钢绳芯胶带	185	头部驱动
	102	2500	1200	3.5	234		钢绳芯胶带	160	头部驱动
	103	2500	1200	4.0	1604	147	钢绳芯胶带	3×900	头部驱动
	104	2500	1200	3.5	1563	73	钢绳芯胶带	2×710	头部驱动
	106	2500	1200	4.0	1134	123	钢绳芯胶带	3×710	头部驱动
锦屏二级水电站	210	2800	1200	2.8～4.2	5900	－110	钢绳芯胶带	4×400	头部、尾部驱动
	110	2800	1200	2.8～4.2	5900	－110	钢绳芯胶带	6×400	头部、尾部驱动
龙滩水电站		3000	1200	4.0	3954	－50	钢绳芯胶带	3×570	头部、尾部驱动

5 压 实 机 械

压实机械是依靠设备自重或产生的激振力对基础进行加载，以提高土石方垫层和铺层混合物料密实度为主要用途的土石方机械。随着压实技术的发展，不同种类的压实机械相继研发成功并投入工程使用。如：轮胎振动碾、冲击碾、振荡碾、多边形碾、高频强夯机等，这些压实机械适用范围广、专业性强、作业效率高、压实效果好。压实机械广泛用于地基、路基、机场、围堰、堤坝等工程中压实作业。

5.1 压实机械分类

压实机械通常分为压路机（以滚轮压实）和夯实机（以平板压实）两大类。

5.1.1 压实机械分类

压实机械的分类方法较多，下面是几种常见的分类方法。

（1）按压实原理分：按压实原理不同，压路机分为静作用压路机、轮胎压路机、振动压路机和冲击式压路机四大系列。夯实机械有：振动夯实机、仅以冲击作用的爆炸夯实机和蛙式夯实机。压实作用原理见图 5-1。

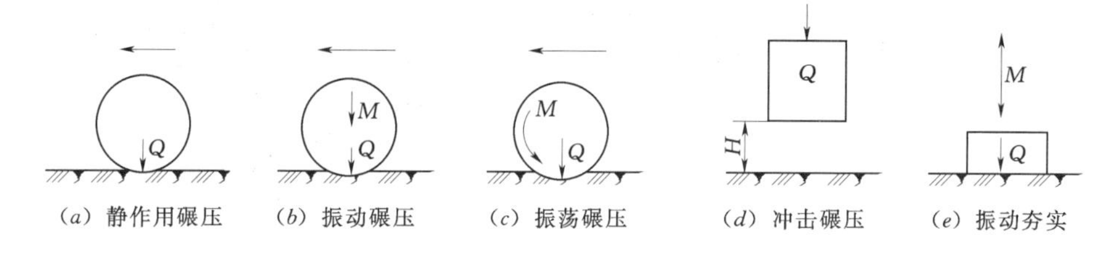

图 5-1 压实作用原理示意图

Q—静作用力；M—振动力；H—下落高度

（2）按行走方式分：手扶式压路机、拖式压路机和自行式压路机。

（3）按传动类型分：机械传动压路机、液压传动压路机。

（4）按压实轮的形状分：光轮压路机、凸块（羊脚）压路机、轮胎压路机。

（5）按振动轮数量分：单钢轮压路机、双钢轮压路机。

（6）按驱动轮数量分：单轮驱动压路机、双轮驱动压路机。

（7）按转向方式分：铰接式压路机。

（8）按工作重量分：轻型、中型、重型、超重型几种，压路机按工作重量分类见表 5-1。

表 5-1　　压路机按工作重量分类表

压路机型式	整机重量/t	应　用　范　围
轻型	≤4.5	适用于压实人行道和修补黑色路面，路基的初步压实作业
中型	5～8	适用于路基和路面的中间压实和简易路面的最终压实作业
重型	10～15	适用于砾石和碎石路基和沥青混凝土路面压实作业
超重型	>16	适用于公路、堤坝、机场等大面积基础回填压实作业

压实机械种类繁多，常用压实机械外形见图 5-2。

(*a*) 静压式光轮压路机

(*b*) 静压式轮胎压路机

(*c*) 单钢轮振动压路机

(*d*) 双钢轮振动压路机

(*e*) 复式水平振荡压路机

(*f*) 凸块振动压路机

图 5-2（一）　常用压实机械外形图

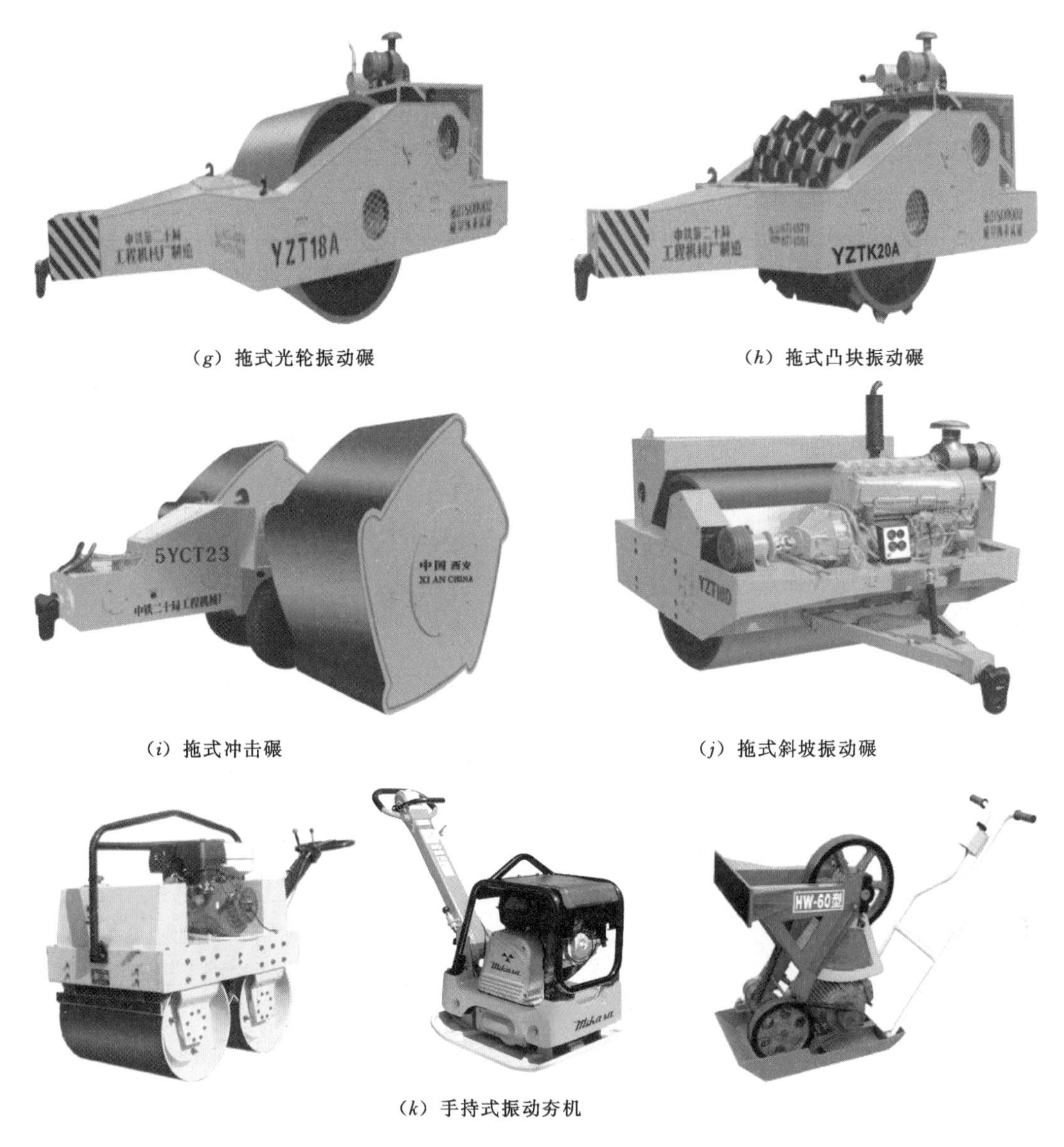

(g) 拖式光轮振动碾

(h) 拖式凸块振动碾

(i) 拖式冲击碾

(j) 拖式斜坡振动碾

(k) 手持式振动夯机

图 5-2（二）　常用压实机械外形图

5.1.2　压实机械特点

（1）光轮静压压路机。该机型线压力小，压实深度浅，压实的表面平整光滑，使用较广，适用于各种路面、垫层、机场等工程的压实作业。

（2）凸块压路机。单位压力较大，压实深度大且均匀密实，能压碎土块，适用于黏性土分层压实以及路基、堤坝的压实作业。

（3）轮胎压路机。轮胎压路机轮胎气压可根据要求进行调节，单位压力可变。压实过程有揉搓作用，使铺层材料压实层均匀密实，适用于道路、广场等铺垫层的压实作业。

（4）振动压路机。通过起振装置产生激振力，振幅、频率、激振力根据要求可进行调整。其特点是振动频率高，压实效果好，广泛用于土石、沥青路面及碾压混凝土（RCC）

的压实作业。

（5）冲击压路机。冲击压路机是填筑冲压技术发展的产物，冲击压路机将压实轮由圆形改为非圆形，在压实作业中将连续的冲击、碾压、揉压和剪切效能作用于土石体，从而获得了深层压实效果。其特点是夯实厚度深，压实效率高，适用于公路、铁路、机场、大坝、港口等基础压实作业。

（6）振荡压路机。振荡压路机碾压轮在偏心轴（块）的作用下，实现了振动与搓揉相结合的压实方式，搓揉压实效果好，使压实表面更加光整、密实，亦可提高压实层防水渗透能力，适用于公路、桥面、机场等不同级配沥青铺垫层的压实作业。

（7）夯实机。夯实机分为振动夯实机和冲击夯实机，适用于狭窄的工作面作业，也可以作为大型压实设备的辅助压实机械。

5.1.3 压实机械标识

国产压实机械产品分类和型号编制方法如下：

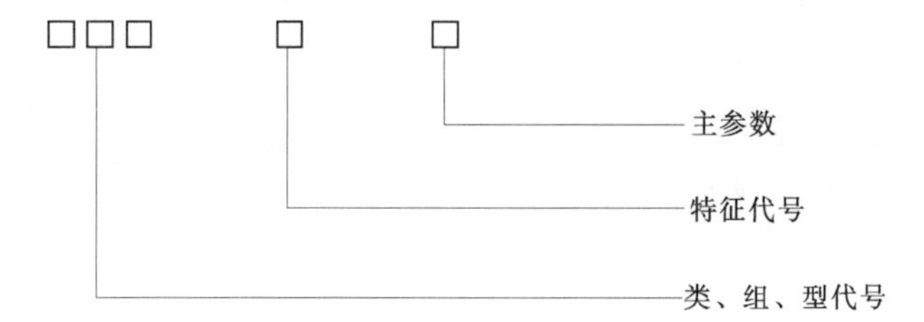

产品型号按类、组、型分类原则，由类、组、型和主参数代号组成。压实机械型号标识见表5-2。

表5-2 压实机械型号标识表

类别	组别	型式	特性	代号	代号含义	主参数	
						名称	单位
压实机械	光轮压实机：Y	拖式		Y	拖式压路机	加载后重量	t
		两轮自行式	Y（液）	2Y	两轮压路机	总重量	
				2YY	液压压路机		
		三轮自行式	Y（液）	3Y	三轮压路机		
				3YY	三轮液压压路机		
	羊脚压实机：YL	拖式	T	YJT	拖式凸块压路机	加载总重量	
		自行式		YJ	自行式凸块压路机		
	轮胎实机：YL	拖式	T	YLT	拖式轮胎压路机		
		自行式		YL	自行式轮胎压路机		
	振动压实机：YZ	拖式	Z	YZZ	拖式振动凸块压路机		
		拖式	T	YZT	拖式振动压路机	结构重量	
		自行式		YZ	自行式振动压路机		
			B（摆）	YZB	摆振压路机		
			J（铰）	YZJ	铰接式振动压路机		
					手扶式振动压路机		kg
	振动实机：HZ	振动式：Z		HZ	振动夯实机		
			R（燃）	HZR	内燃振动夯实机		
	夯实机：H	蛙式：W		HW	蛙式夯实机		
		爆炸式：B		HB	爆炸夯实机		
		多头式：D		HD	多头夯实机		

5.2 常用压实机械

5.2.1 光轮静压压路机

(1) 光轮静压压路机适用范围。静作用光轮压路机是依靠自身的重量对被压实对象实现压实作业，其作业过程是沿作业面反复前进、后退，达到压实和整平，是一种广泛使用的压实机械。适用于非黏性土壤（沙土、砂砾石）、碎石、沥青混凝土铺垫层压实作业。

自行式光轮静压压路机按结构可分为两轮两轴式、三轮两轴式、三轮三轴式。按重量可分为轻型（5t左右）、中型（10t）和重型（15t）。轻型多为两轮式，适用于路面压实作业，压实沥青混凝土路面、混合土路面等。中型有两轮和三轮式，适用于压实路基、地基及铺砌层等工程；重型宜用于压实路基和砾石、碎石及沥青混凝土路面的最终压实工作；超重型宜用于路基的最终压实及重型石砌层和路面的压实。

对沥青混凝土铺层的碾压：应注意控制沥青混合料的温度。温度低时，碾压作业会失去效果。沥青混合料压实温度见表5-3。

表5-3　　沥青混合料压实温度表

混合料种类	压实温度/(℃)	混合料种类	压实温度/(℃)
石油沥青细混凝土	100～110	煤沥青细混凝土	65～77
石油沥青粗混凝土	90～100	煤沥青粗混凝土	60～70

对碎石铺垫层的碾压：开始碾压时铺垫层处于疏散状态，可使用轻型压路机，然后再使用中型或重型压路机，这样碾压的质量和效果最佳。

(2) 光轮静压压路机基本构造。光轮静压压路机的基本构造，按车架结构形式分为整体式和铰接式；按传动方式可分为机械传动和液压传动。主要由车架、动力传动系统、转向系统、制动系统、钢轮、电气系统和附属装置等组成。光轮静压压路机构造见图5-3。

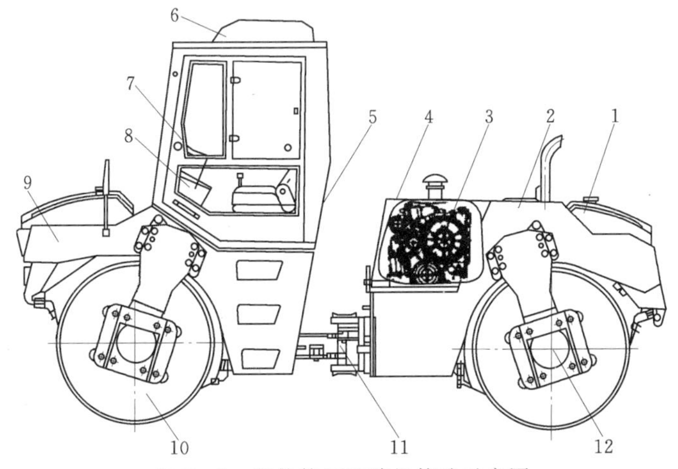

图5-3　光轮静压压路机构造示意图

1—转洒水系统；2—后车架总成；3—动力系统总成；4—发动机机罩；5—驾驶室总成；6—空调系统；7—操纵台总成；8—电气系统；9—前车架总成；10—前轮总成；11—中心铰接架；12—液压系统总成

(3) 光轮静压压路机性能参数。光轮静压压路机主要性能参数有额定质量、碾轮宽度、碾轮直径、线载荷、轴距、离地间隙最小转弯半径、行驶速度、最大爬坡能力、外形尺寸等。

部分型号国产三轮静压压路机主要技术参数见表 5-4。

表 5-4　部分型号国产三轮静压压路机主要技术参数表

项目			型号 3Y152J	3Y252J	624	SR2124S	LGR81821
整机质量/kg			12000	21000	21000	21000	18000
加载总重量/kg			15000	25000	24000	24000	21000
工作性能	前轮静线载荷/(N/cm)				564/653	524/613	475/555
	后轮静线载荷/(N/cm)		1029	1320	1050/1145	1086/1225	1083/1260
	压实宽度/mm		2120	2422		2320	2260
	转向轮宽度/直径/mm					1485/1600	
	驱动轮宽度/直径/mm					600/1600	
	压轮重叠量/mm		100	100			
行走机构	最小转弯半径/mm		6000	6500	6500	5200	6055
	最小离地间隙/mm		488	539		450	442
	轴距/mm					3060	
	理论爬坡能力/%		20	20		20	20
行走速度/(km/h)	前进	1 挡	0~3.08	0~2.5	0~6.5	0~3.19	0~2.8
		2 挡	0~5.36	0~4.8	0~13.0	0~6.12	0~5.5
		3 挡	0~12.01	0~10.3		0~13.11	0~11.6
		4 挡					
	后退	1 挡	0~3.12	0~2.4		0~3.35	0~2.78
		2 挡	0~5.43	0~4.7		0~6.59	0~5.51
发动机	型号		YC4D85Z-T20	YC4A125Z-T21		YC6108G	YC6B-120-T20
	功率/kW		60	92	90	92	85
	转速/(r/min)		2200	2200	2300	2200	2000
	冷却方式		水冷	水冷	水冷	水冷	水冷
尺寸/mm	长		6224	6240	6145	5988	6098
	宽		2120	2422	2187	2320	3070
	高		3297	3348	3110	3297	2260
容量/L	燃油箱		130	200			
	液压油箱		70	70			

5.2.2 凸块压路机

(1) 凸块压路机适用范围。凸块压路机是在普通光轮上加装或焊接若干个像羊爪一样的凸起铁块（有圆柱形和梯形等），又称为羊脚碾。凸块压路机既可压实非黏性土，又可压实含水量不大的黏性土壤、沙砾石以及碎石等。凸块压路机在作业时，滚轮上凸块与土壤接触，对土壤产生剪切和翻松作用，从而提高了土壤的密实度，凸块压路机压实效果和压实深度均高于同重量的光轮压路机。

凸块压路机按行走方式分为拖式和自行式，按振动方式分为静压式和振动式。自行式多为中型压路机，拖式多为重型（20～25t）压路机，适合于堤坝、路基、机场等基础压实作业。

（2）凸块压路机基本构造。常用的凸块压路机多为拖式单碾筒凸块碾，结构简单，维修方便。为增加碾筒重量，提高压实效果，碾筒侧边有孔，可加入水、沙或铁砂。拖式凸块振动压路机压实力大，影响深度深，作业时铺垫层可适当增厚，一般用履带拖拉机牵引。

拖式凸块碾装备激振装置，可成为拖式凸块振动碾，其外形见图 5-4。拖式凸块振动碾一般为自带独立激振系统，采用机、电、液一体化设计，实现无级调速调频，用户可根据被压实对象实行最佳频幅调配，以求达到最佳压实效果。

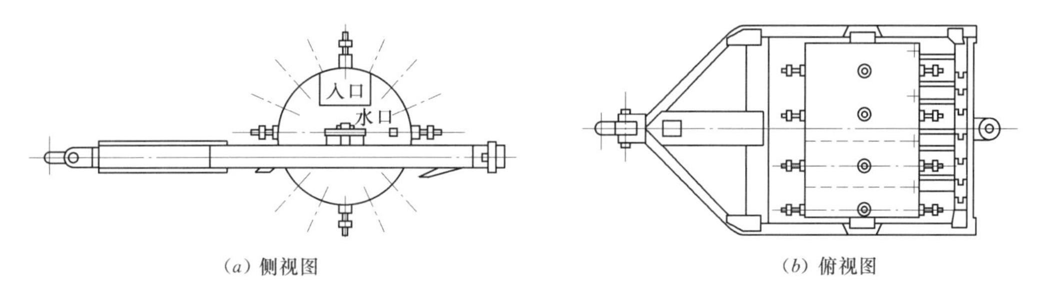

(a) 侧视图　　(b) 俯视图

图 5-4　拖式凸块碾外形图

（3）凸块压实机规格与参数。自行式单碾筒凸块碾，凸块压实轮有固定式和可拆卸式。凸块有圆柱形、梯形、长方形和菱形等多种形式，在碾轮上一般呈梅花形布置。凸块高度和压实深度有关，通常羊脚高度与碾轮直径之比为 1∶5～1∶8，凸块碾单位压力分类和凸块几何参数见表 5-5。

表 5-5　凸块碾单位压力分类和凸块几何参数表

规格	凸块的单位压力/MPa	凸块高度/mm	凸块端面积/cm^2
轻型	1.96		
中型	1.96～3.93	＞190～250	22
重型	3.93～9.81	＞250～400	66

（4）凸块压实机性能参数。凸块压实机主要性能参数有整机质量、碾筒数目、碾筒有效容积、单个凸块的支撑面积、牵引动力、牵引速度、单位压力、压实宽度、压实厚度、最小转弯半径、生产率等。

部分型号凸块压实机主要技术参数见表 5-6。

表 5-6　　部分型号凸块压实机主要技术参数表

项目 \ 型号		YZT(K)16A(B)	YZTK22Y	YZTK25Y	YZ12HD(K)	YZ14HD(K)	LSS2101P	LSS2301P	LSS2501P	YZK19	YZK25
机型		拖式凸块压实机	拖式凸块压实机	拖式凸块压实机	自行式凸块压实机	自行式凸块压实机	自行式凸块压实机	自行式凸块压实机	自行式凸块压实机	自行式凸块压实机	自行式凸块压实机
工作重量/kg		16000	22000	25000	12000	14000	21000	23000	25000	19000	25000
总压实力/kN		549	764	843							
激振力/kN		392	549	598	171～274	182～292	220～360	240～380	260～400	370/270	430/280
振动频率/Hz		24～29	20～30	20～30	31～35	31～35	28	28	28	29/35	28/32
振幅/mm		1.5	1～1.8	1～1.8	1～1.7	1～2	1～2	1～2	1～2	1.7/0.75	1.8/0.95
静线压力/(kN/m)		78.4	110	125	34	41	105	115	130	90	130
动线压力/(kN/m)		250	384	424	130	137	386	398	445	280	432
铺层厚度/m		0.4～1	0.6～1.4	0.8～1.8	0.3～0.8	0.5～1	0.3～0.8	0.5～1.0	0.5～1.2	0.5～1.0	0.6～1.2
碾压遍数/遍		4～6	2～4	2～5	4～6	4～6	4～6	2～4	2～4	2～6	2～4
发动机功率/kW		90	110	110	100	110	132	132	140	148	176
牵引功率/kW		≥67	≥110	≥130							
外形尺寸/mm	长	5679	6000	6000	6000	6095	6600	6600	6600	6200	6310
	宽	2738	2800	3200	2300	2300	2300	2340	2360	2400	2480
	高	1720	2400	2400	3055	3055	3000	3000	3000	3220	3270

5.2.3 轮胎压路机

（1）轮胎式压路机适用范围。轮胎式压路机是一种新型静力压路机，具有压实接触面积大，压实效率高，压实效果好等特点，广泛用于压实各类建筑基础、路面、路基及沥青混凝土路面。轮胎式压路机可以通过调整轮胎的充气压力来改变轮胎接地比压，压实时不会破坏基础原有黏结力，使各压实层之间有良好的结合性，适于压实松软的黏性土和砂砾土。

（2）轮胎式压路机基本构造。自行式轮胎式压路机由发动机、底盘（包括机架、传动系统、操纵系统、洒水装置和电气设备）和压实轮胎等组成。压实轮胎为多个串联在同一轴上，组成一长形轮胎滚，前后各一组。轮胎式压路机可通过调整轮胎充气压力和增减配重的办法来调整轮胎接触压力，自行式轮胎式压路机最终传动采用链传动形式，自行式轮胎式压路机结构见图5-5。

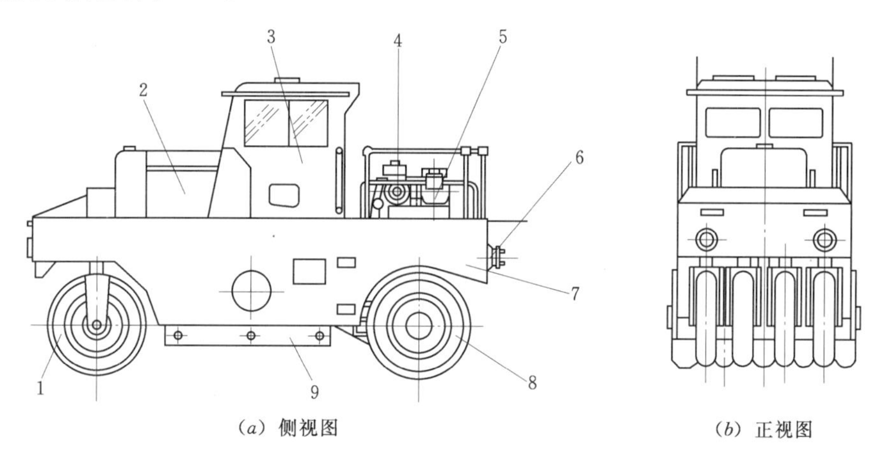

（a）侧视图　　（b）正视图

图5-5　自行式轮胎式压路机结构示意图

1—方向轮；2—发动机；3—驾驶室；4—汽油机；5—水泵；6—拖挂装置；7—机架；8—驱动轮；9—配重

（3）轮胎式压路机性能参数。轮胎式压路机主要性能参数有：额定质量（空载加载）、机重分配（前轮后轮）、轴距、轮距、轮胎、前后轮胎重叠量、接地压强、最小转弯半径、行驶速度、外形尺寸等。部分型号轮胎式压路机主要技术参数见表5-7。

5.2.4 振动压路机

（1）振动压路机适用范围。振动压路机是在压路机碾压钢轮内安装激振机构，当振动压路机作业时，激振机构通过碾压钢轮产生的激振力来完成压实作业。振动压路机适宜压实各种非黏性土壤、碎石、碎石混合料以及碾压混凝土（RCC）、沥青混凝土等，是公路、铁路、机场、海港、堤坝等建筑工程必备的压实机械。振动压路机具有压实效果好、效率高、压实物料粒径适应范围大等特点。振动压路机压实深度为静作用压路机的1.5～2倍；达到同样的密实度，碾压遍数少，生产率比静作用压路机高40%～60%；振动压路机具有良好的水饱和指标，压实面坚实耐用。当压实非黏性和半黏性材料时，振动频率以1200～2500次/min为宜；对于碾压混凝土（RCC）、沥青混凝土材料，振动频率以2000～

表 5-7　　部分型号轮胎式压路机主要技术参数表

项目			XP262	XP302	SPR200	SPR300	LRS235H	XG6262P	XG6301P	630R	YL16G	LRS235H	CP224	CP274	GRW280-12	GRW280-24	GRW280-28
最小工作质量/kg			12900	12900	10000	1400	30000	17700	18100	20000	9000	30000	9450	10800	11800	23585	27660
最大工作质量/kg			26000	30000	20000	30000	35000	26000	29500	30000	16000	35000	21000	27000	23000	26500	28300
配重水质量/kg			1600	1600				3800	3800								
配重块质量/kg			11500	15500				4500	7600								
工作性能	爬坡能力/%		20	20	20	20	20	20	20	20	20	20	25	25	25/35	25/35	25/35
	轮胎重叠量/mm		70	70	45	52	50			50	40	50	42	42			
	前轮摇摆量/mm		±50	±50	±50	±50	±50										
	压实宽度/mm		2365	2365	2250	2420	3065	2750	2750		2255	3065	1820	2350	2084	2084	2084
	接地比压/kPa		250～460	250～480	200～400	200～540	400～530	200～360	300～460	260～480	150～300	400～530					
行走机构	最小转弯外半径/mm		9000	9000	9300	9500	9000	9000	9000		7500	9000	7994		5640	5640	5640
	最小离地间隙/mm		290	290	310	320	315	300	300								
	轴距/mm		3840	3840	4000	4210		3836	3836	3840					3600	3600	3600
	轮胎规格		13/80-20	13/80-20	11.00-20-16	12.00-20-16	12.00-20-16						13/80 R20	13/80 R20	11.00-R20	11.00-R20	R11.00-R20
	轮胎花纹		光面	光面	光面	光面	光面	光面	光面	光面	光面	光面	光面	光面	光面	光面	光面
	轮胎数量（前+后）/个		4+5	4+5	5+4	5+4	5+6	5+6	5+6	5+6	4+5	5+6	5+4	5+4	4+4	4+4	4+4
行走速度/(km/h)	前进	1挡	0～8	0～8	0～7	0～7	0～11.5	3.5～6.5	3.5～7	0～16	0～15	0～11.5	0～9	0～7	0～8	0～9	0～10
		2挡	0～20	0～16	0～18	0～16	0～19	7～15.5	7～16.5				0～20	0～20	0～19	0～19	0～19
		3挡											0～23	0～23			
		4挡															

续表

项目		型号	XP262	XP302	SPR200	SPR300	LRS235H	XG6262P	XG6301P	630R	YL16G	LRS235H	CP224	CP274	GRW280-12	GRW280-24	GRW280-28
行走速度/(km/h)	后退	1挡	0～8	0～8	0～7	0～7	0～8	3.5～6.5	3.5～7	0～16	0～15	0～11.5	0～9	0～7	0～8	0～9	0～10
		2挡	0～20	0～16	0～18	0～16	0～22	7～15.5	7～16.5				0～20	0～20	0～19	0～19	0～19
		3挡															
		4挡															
发动机	生产厂家		上海柴油机厂	上海柴油机厂	康明斯	康明斯	上海柴油机厂	康明斯	康明斯	康明斯	康明斯	上海柴油机厂	康明斯	康明斯	道依茨	道依茨	道依茨
	型号		D6114ZG10B	D6114ZG6B	4BTAA3.9	6BTAA5.9	SC8D200	6BT5.9	6BTA5.9	6BTA5.9	4BTA3.9	D6114	QSB3.3 T3	B4.5 T	TCD 2012L04	TCD2012L04	TCD 2012L04
	功率/kW		115	132	93	132	147	105	128	128	95	147	74	74	100	100	100
	转速/(r/min)		2000	2000	2200	2200	2300	2000	2100	2100	2400	2300	2200	2200	2300	2300	2300
	冷却方式		水冷	水冷	水冷	水冷	水冷	水冷	水冷	水冷	水冷	水冷	水冷	水冷	水冷	水冷	水冷
外形尺寸/mm	长		5520	5060	5200	5400	5524	4906	4906	5060	4770	5524	5180	5840	4670	4670	4670
	宽		2270	2466	2250	2420	3065	2800	2800	2845	2255	3065	2032	2332	2144	2144	2144
	高		3010	3464	3220	3285	3270	3330	3330	3480	3162	3270	2990	2990	2994	2994	2994
容量/L	燃油箱		180	180	200	200		220	180	225	230	220	180	200	185	210	200
	液压油箱		100	100	160	160		200	170	200	200	180	150	180	200	180	198
	水箱容积		1600	1600	400	400		420			1000		415	415	195	195	195

3000 次/min 为宜。振动压路机为了适应不同压实需求，振动轮分为光轮和凸块等结构型式。振动压路机适用范围见表 5-8。

表 5-8　　振动压路机适用范围表

压实物料 / 机型	块石	砂、砾石		粉质土		黏土		混凝土	
		优良级配	均匀	粉沙	粉土	低、中强度黏土	高强度黏土	碾压混凝土	沥青混凝土
3t 以下振动平碾	—	可用	可用	可用	可用	—	—	—	—
3～5t 振动平碾	—	适用	适用	可用	可用	可用	—	—	—
5～10t 振动平碾	可用	适用	适用	适用	可用	可用	可用	可用	可用
10～15t 振动平碾	适用	适用	适用	适用	可用	可用	可用	适用	适用
15～20t 振动平碾	适用	适用	适用	适用	—	—	—	—	—
拖式振动平碾	适用	适用	适用	适用	—	—	—	—	—
拖式振动羊角（凸块）碾	—	—	可用	可用	适用	适用	适用	—	—

（2）振动压路机基本构造。振动压路机机型种类较多，其构造存在一些差异。最常用的是自行式单钢轮、双钢轮振动压路机。光轮单钢轮压路机是一种前面装有压实钢轮，后面装有轮胎的压实机械，总体构造一般由发动机、液压系统、传动系统、振动机构、行走装置、车架、辅助装置等组成。单钢轮振动压路机构造见图 5-6。

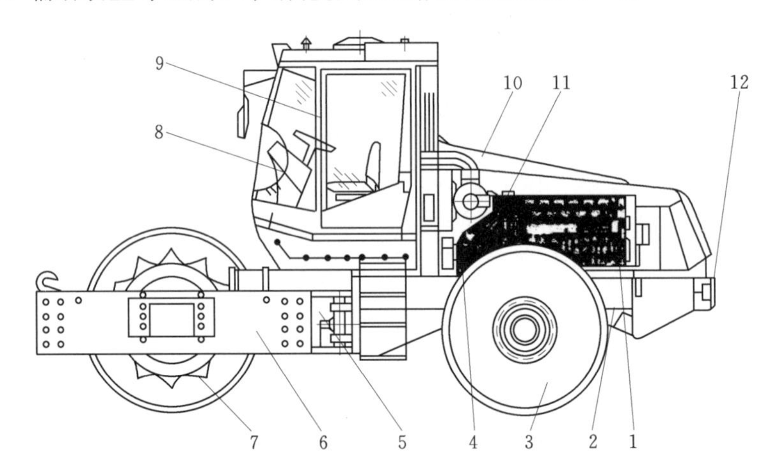

图 5-6　单钢轮振动压路机构造图

1—动力系统；2—后车架；3—后轮；4—液压系统；5—中心铰接架；6—前车架；7—振动钢轮；8—操纵系统；9—驾驶室；10—机壳件；11—空调系统；12—电气系统

1）发动机。一般采用柴油涡轮增压发动机。

2）液压系统。振动压路机的液压系统，包括振动、行走和转向三部分。主要形式有开式液压系统和闭式液压系统。开式液压系统采用定量泵、定量马达结构型式；闭式液压系统采用变量泵、定量或变量马达结构型式。

3）传动系统。振动压路机的传动系统，目前采用较多的是机械-液压传动系统和全液压传动系统两种。

机械-液压传动系统。行走系统采用机械传动包括：发动机、主离合器、变速箱、驱动桥减速器、轮边减速、驱动轮。转向、振动装置采用液压传动。转向系统包括：发动机、转向液压泵、转向阀、转向油缸、转向轮；振动系统包括：发动机、液压泵、振动控制阀、控制阀、振动马达。

全液压传动系统。全液压传动系统具有液压行走、液压转向、液压振动特征。各工作液压泵由分动箱分配动力。行走系统包括：发动机、分动箱、行走液压泵、控制阀、行走马达、减速器、驱动桥减速器、轮边减速器、驱动轮；转向系统包括：发动机、分动箱、转向液压泵、转向阀、转向油缸、转向轮；振动系统包括：发动机、分动箱、振动液压泵、控制阀、振动马达。

4）振动机构。振动机构和振动轮是振动压路机的主要工作装置。振动机构内置于振动轮内，一般有偏心轴和偏心块两种型式。通过调整振动机构的振动频率和振幅，可适应不同压实材料的压实作业。振动幅度的调整，可通过调整偏心轴偏心距或调整偏心块间距和质量大小，获得振幅和激振力大小的改变；振动频率调整，可通过调整振动液压马达或振动机构的转速，获得振动频率的改变。

5）行走装置。单钢轮振动压路机一般有前轮、后轮驱动和后轮驱动两种结构型式。

6）车架。车架是振动压路机主机架，安装连接有发动机、行走装置、振动机构、操作装置、驾驶室等，具有较好的强度和刚度。

7）辅助装置。振动压路机主要辅助装置有：①减震装置，一般装有2～3级减振装置，在振动轮、驱动轮与车架之间以及驾驶室与车架之间都安装有减振块，消除作业时对整机和驾驶员的不利影响；②监测报警装置，监测整机工作时发动机水温、油温；液压系统油温等，确保整机正常工作；③压实检测装置，压实检测装置能实时记录压实效果，并能通过数据传输实施远程监控，以确保质量控制。

（3）振动压路机性能参数。振动压路机主要性能参数有工作重量、前轮分配重量、后轮分配重量、静线压力、振幅、频率、激振力、行走速度等。

单钢轮振动压路机主要技术参数见表5-9，部分型号双钢轮振动压路机主要技术参数见表5-10。

5.2.5 冲击压路机

（1）冲击式压路机适用范围。冲击压实是一种不同于传统静作用压实、振动压实和夯实压实的新型压实技术。20世纪50年代由南非Aubrey Berrange（蓝派）公司提出，90年代开始向全球推广运用。冲击压路机用一种非圆形碾轮、大振幅、连续滚动冲击压实路面、路基，具有行驶速度快、压实效果好、成本低、应用范围广等特点。冲击压实过程中，压实轮的势能和动能周期性转化为冲击能作用于地面，达到连续破碎和压实路面、路基的目的，有效提高了路面、路基强度和稳定性。

冲击式压路机因具有振动压实和夯实双重特点，对高填方路基、基础压实非常有效。压实行驶速度高达10～18km/h，压实厚度0.5～1.5m。适合砾石、碎石、砂石混合料、砂性土壤等非黏性铺料层的压实作业，广泛用于高速公路、铁路、机场、港口、堤坝等工程压实作业。

（2）冲击式压路机基本构造。冲击式压路机由牵引车和压实装置两部分组成，通过十字缓冲连接组件相连，其构造见图5-7。

表 5-9　　单钢轮振动压路机主要技术参数表

项目		XS182-I	SSR180	SSR260	YZ12	YZ20E	YZ25B	SR18	SR26-5	SD150D	SD200DX	SD251DX	3516HT	3518P	3520	CA500D	CA610D	CA702D
工作质量/kg		18000	18800	26700	12000	20000	25000	18000	26000	15750	20408	25218	15755	18025	19800	15600	20650	27250
前轮分配质量/kg		11500	12050	17100	7200	12600	16000	11350	17000	10300	13605	17955	9305	10985	12490	5200	13700	17200
后轮分配质量/kg		6500	6750	9600	4800	7400	9000	6650	9000				6450	7040	7310	10400	6950	9700
钢轮/mm	宽度	2130	2170		2150	2150	2150	2140	2140	2134	2134	2134	2140	2220	2160	2130	2130	2130
	直径		1700		1560	1600	1600	1600	1650	1600	1651	1651	1504	1565	1784	1563	1575	1680
	轮圈厚度	40	40	42	40	40	40	42	42	35	40	40	40	40	38	40	40	40
静线载荷/(N/cm)		529	555	788	328	574	729	530	779				426.3		551.7	478.2	639.9	791.8
激振系统	振动驱动方式	液压驱动	液压	液压	液压	液压	液压	液压	液压	液压	液压	液压	液压	液压	液压	液压	液压	液压
	振动频率(高/低)/Hz	33/28	35/29	31/27	32/29	35/28	32/28	29/33	28/32	0～30	23.3～30.8	23.3～30.8	40/30	30/27	30/27	33/29	31/29	30/28
	名义振幅(高/低)/mm	1.86/0.93	1.9/0.95	2.05/1.03	1.7/0.85	2/0.8	2.1/1.1	1.75/0.95	2.0/1.1	1.97/1.28	1.76/1.14	1.76/1.14	1.9/0.9	1.93/1.15	2.0/1.19	1.8/1.0	1.8/1.02	2.0/1.3
	激振力(高/低)/kN	340/240	380/275	461/275	260/160	420/263	430/280	310/215	410/300	321/209	340/240	353/245	256/215	331/243	331/243	300/·238	317/231	330/254
行走机构	驱动方式	液压驱动	液压	液压	液压	液压	全液压	液压	液压	液压	液压	液压	液压	液压	液压	液压	液压	液压
	轴距/mm		3200	3261				3150	3300	3309	3215	3215	3090	3165	3165	2992	2990	3341
	最小离地间隙/mm		490	495			407	360	417	526	468	468	100	100	100	450	450	405
	最小转弯半径/mm	4370(内)	490	495	6250	6400	6400	5800	6000				4360	4180	4180	3200	3200	3700
	转向角/(°)	±33	±35	±35	±32	±35	±35	36	38				±32	±32	±32	±38	±38	±38
	摆动角/(°)	±10	±12	±12	±10	±10	±10	15	10				±10	±10	±10	±9	±9	±9
	爬坡能力/%	55	45	45	50	45	45	45	45	44.7	59	46	57/62	55/60	50/55	49	43	45

续表

项目		型号	XS182-I	SSR180	SSR260	YZ12	YZ20E	YZ25B	SR18	SR26-5	SD150D	SD200DX	SD251DX	3516HT	3518P	3520	CA500D	CA610D	CA702D
行走速度/(km/h)	前进	1挡		0～5.5	0～6.0	0～6.5	0～5	0～5	0～5.6	0～4	0～6.7	0～4.4	0～4.4	0～14	0～3.8	0～4.2	0～11	0～11	0～8
		2挡		0～7.5	0～7.5	0～9	0～10	0～10	0～7.1	0～5.4	0～10.8	0～12.7	0～12.7		0～5.3	0～5.6			
		3挡	0～10	0～9.0	0～8.0				0～8.7	0～9.5					0～5.9	0～6.7			
		4挡	0～10	0～12.0	0～11.0				0～13.5						0～11.1	0～11.4			
	后退	1挡	0～10	0～11.6	0～11.6	0～9	0～10	0～10	0～5.6	0～4	0～10.8	0～12.7	0～12.7	0～14	0～11.1	0～11.4	0～11	0～11	0～8
		2挡							0～7.1	0～5.4									
发动机	型号		D6114	BF6M-1013EC	BF6M-1013EC	QSB4.5-C110	BF6L-913C	BF6M-1013C	6BTA5.9-C132	6CTAA8.3-C215	6BT5.9-C	QSBT-AA5.9	QSBT-AA5.9	TCD2012-L062V	TCD2012-L062V	BFM2012C	6BTA5.9C	6BTA5.9C	QSB6.7T3
	功率/kW		140	148	174	82	141	161	132	160	110.4	152.9	152.9	155	179	147	129	129	164
	转速/(r/min)		2200			2500	2500	2300	2500	2200	2300	2200	2200	2300	2300	2300	2200	2200	2200
	冷却方式			水冷	水冷	水冷	空冷	水冷	水冷	水冷	水冷	水冷	水冷	水冷	水冷	水冷	水冷	水冷	水冷
外形尺寸/mm	长		6222	6423	6717	5780	6250	6310	6092	6501	5767	6280	6523	6075	6210	6210	6000	6180	6535
	宽		2390	2370	2450	2300	2400	2480	2450	2562	2463	2486	2586	2270	2390	2390	2350	2400	2420
	高		3077	3140	3190	3200	3220	3270	3130	3151	2960	3114	3114	3020	2990	2990	2955	3008	3043
容量/L	燃油箱		240	300	300		327	410	350	370	272	257	257	230	230	280	320	320	320
	液压油箱		240	200	200		140	117	220	220	180	180	180	205	205	180	205	205	205

表 5－10 部分型号双钢轮振动压路机主要技术参数表

项目	型号	XD82E	XD122E	XD143	STR110C	STR130C	YZC12B	CLG613T	XG6141D	YZC13－17	LDD314H	DD120	DD140	CB－564D	CC4200	CC7200
工作质量/kg		8000	12300	14000	11400	13500	12500	13500	14000	16000	14000	12830	13900	12600	11350	16800
前轮分配质量/kg		4000	6150	7000	5700	6750	6300	6850	7100	7500	7000	6655	7150	6260	5100	8245
后轮分配质量/kg		4000	6150	7000	5700	6750	6200	6650	6900	8500	7000	6175	6750	6340	5100	8530
钢轮/mm	宽度	1200	2130	2130	1680	2135	2100	2130	2130	2100	2130	2000	2135	2130	1730	2130
	直径	800	1300	1400	1228	1230	1250	1214	1250	1400	1300	1400	1400	1300	1300	1300
	钢圈厚度	18	19	19	19	21	16	19	19	22	19	20	20	23	22.5	23
静线载荷（前/后）/(N/cm)		233/233	297/297	330/330	330/330	310/310	294/289	315/305		400/325	329				289/289	379/392
激振系统	振动驱动方式	液压	液压	液压	液压	液压	液压	液压	液压	液压	液压	液压	液压	液压	液压	液压
	振动频率（高/低）/Hz	48/45	67/50	67/50	50/40	50/40	45/32	50/42	45/35/30	42/50	55/40	67/56	53.3	63.3	67/51	67/51
	名义振幅（高/低）/mm	0.7/0.35	0.8/0.3	0.8/0.3	0.73/0.3	0.73/0.3	0.8/0.35	0.75/0.31	0.93/0.42	0.9/0.35	0.74/0.35	0.63～0.34	0.58～0.13	0.56～0.33	0.8/0.3	0.7/0.4
	激振力（高/低）/kN	40	159/103	170/110	125/75	140/90	135/70	145/90	175/45	182～62	175/110	102～190	97.1～188	44～112.6	139/92	215/102
行走机构	驱动方式	液压	液压	液压	液压	液压	液压双驱	液压双驱	液压双驱	液压双驱	液压双驱	闭式液压	闭式液压	液压	液压	液压
	轴距/mm	3400	3700	3700	3300	3300	3350	3366	3580	3650	3590	3550	3550	3640	3690	3690
	最小离地间隙/mm	310	340	417	400	400	350	360	360	364	350	310	308	306	310	310
	最小转弯半径（内/外）/mm	3830/55100	4770/6900	4470/6600	6300	6300/13000	/6450	/6500	/6500	5785	7000	3772/	4562/	3937/6070	3200	3200
	转向角/(°)	±38	±35	±35	±30	±30	±36	±35	±35	±32	±30	±40	±35	±35	±32	±32
	摆动角/(°)	±8	±8	±8	±6	±6	±10	±10	±10	±8	±6	±10	±10	±10	±7	±7
	爬坡能力/%	30	30	35	30/35	30/35	38	30	27	30	40	33.4	30.9	38	45	30

续表

项目		型号	XD82E	XD122E	XD143	STR110C	STR130C	YZC12B	CLG613T	XG6141D	YZC13-17	LDD314H	DD120	DD140	CB-564D	CC4200	CC7200
行走速度/(km/h)	前进	1挡	0～5.0	0～6.0	0～6.0	0～5.7	0～5.7	0～6	0～5.5	0～5	0～5	0～13	0～8.1	0～7.9	0～5.6	0～5.0	0～5.0
		2挡	0～8.0	0～8.0	0～8.0	0～8.5	0～8.5	0～8	0～7.5	0～7	0～7	0～6	0～10.8	0～10.6	0～8.5	0～8.5	0～8.0
		3挡	0～10.0	0～12.0	0～12.0	0～11.0	0～11.0	0～12	0～11	0～10	0～11	0～8			0～13	0～12.0	0～1.0
	后退	1挡	0～3.0	0～3.5	0～3.5	0～3.5	0～3.6	0～6	0～5.5	0～5	0～5	0～6	0～5.0	0～4.6	0～5.6	0～5.0	0～5.0
		2挡	0～6.0	0～6.5	0～6.5	0～5.7	0～5.7	0～8	0～7.5	0～7	0～7	0～8	0～8.1	0～7.9	0～8.5	0～8.5	0～8.0
发动机	型号		BF4M2012	BF04M2012C	BF04M2012C	BF4M2012C	BF4M2012C	BF4M1013	4BTA3.9	6BT5.9	6BTA5.9-C	6BT5.9	QSB 4.5	QSB6.7	3054C	QSB 4.5	QSB 6.7
	功率/kW		74..9	98	98	98	98	88	93	112	132	110	113	129	97	97	164
	转速/(r/min)		2400	2300	2300	2300	2300	2300	2200	2400	2200	2400	2200	2200	2200	2200	2000
	冷却方式		水冷	水冷	水冷	水冷	水冷	水冷	水冷	水冷	水冷	水冷	水冷	水冷	水冷	水冷	水冷
外形尺寸/mm	长		4890	5700	5140	4550	4550	5520	5007	5189	5600	4890	5995	5995	5766	4990	5400
	宽		1970	2420	2320	1830	2290	2270	2396	2280	2352	2240	2210	2337	2435	1878	2319
	高		2950	3060	3070	3000	3000	3010	3095	3326	3300	3120	3264	3274	2950	2990	2990
容量/L	燃油箱		150	210	210	200	200	210	200	210	205	200	201	259	220	240	335
	液压油箱		67	65	50	60	60	80	110	105	110	120	115.5	121	159	125	160

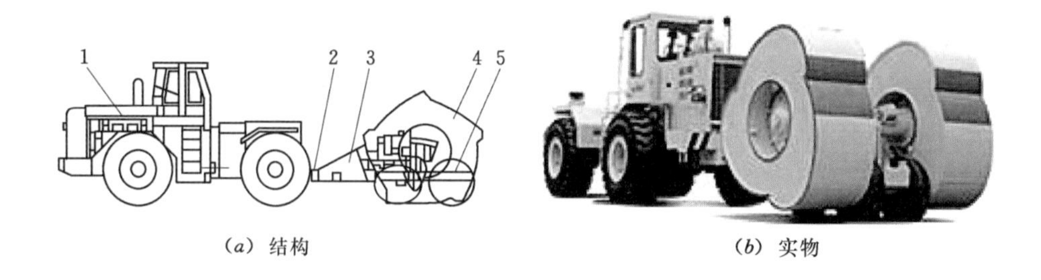

(*a*) 结构　　　　(*b*) 实物

图 5-7　冲击式压路机构造图

1—牵引车；2—十字缓冲连接组件；3—压路机机架；
4—五边压实轮；5—机架行走轮胎

1）牵引车。冲击式压路机作业时要求一定的行走速度，通常配备专用的牵引车。牵引车一般配备大功率增压柴油发动机，以确保动力性能强劲；传动系统采用液力传动，动力换挡变速箱实现无级变速和动力柔性传递，提高了突变载荷的自适应性；转向系统采用铰接式车架液压转向，转向灵活轻便，转弯半径小，可适应较窄的工作面作业。制动系统多采用双气路系统，钳盘式制动器，制动时间短，制动安全可靠。操作驾驶采用液压操作，操作简单、轻便。驾驶室一般装有单独减振器和减振座椅，为操作手提供了舒适的工作环境。

2）压实装置。主要由压实轮和减振装置组成，压实装置见图 5-8。压实装置由连接头、机架、压实轮组件、连杆架、防转器和油缸等组成。缓冲装置由摆杆、限位橡胶块和缓冲油缸等部件组成，其作用是缓冲冲击轮对机架的冲击影响。压实装置配有一套辅助行走装置用于非工作时行走，由提升油缸、连杆架、行走轮胎等组成。

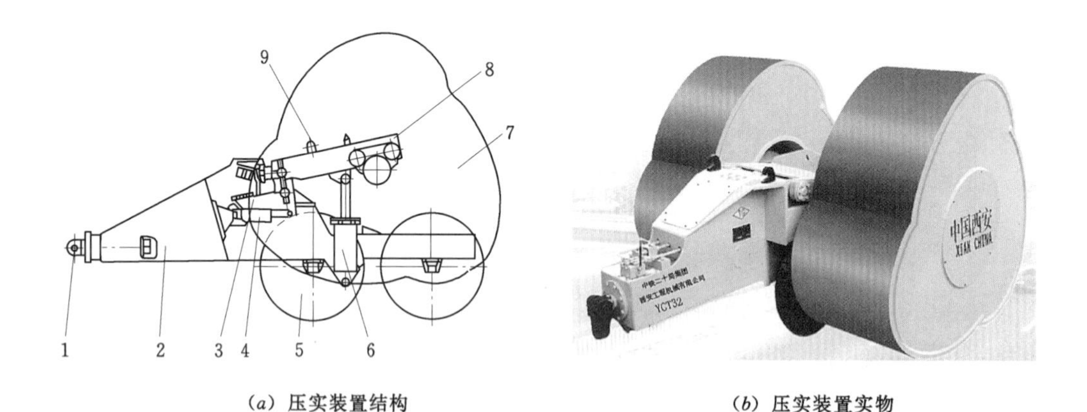

(*a*) 压实装置结构　　　　**(*b*) 压实装置实物**

图 5-8　压实装置图

1—连接头；2—机架；3—摆杆；4—油缸；5—行走轮胎；6—提升油缸；
7—三边压实轮组件；8—连杆架；9—防转器

（3）冲击碾压机性能参数。冲击碾压机的主要性能参数有：工作质量、冲击轮尺寸、冲击轮质量、最大冲击力、工作速度、压实工作频率、压实影响深度、冲击能量、爬坡能力等。

部分型号国产冲击式压路机主要技术参数见表5-11。

表5-11　　部分型号国产冲击式压路机主要技术参数表

项目		SD25T	SD25P	XG62513C	XG63214C	YCT32	YCT25
冲击轮工作质量/kg		16000	16000	12600	13740	16500	16500
冲击频率/(次/min)		50～90	50～90	55～90	75～140		
冲击能量/kJ		25	23	25	32	32	32
冲击轮宽度/mm		2×900	2×800	800	1300	2×900	2×900
冲击轮结构形式		三边弧形	五边弧形	三边弧形	四边弧线轮	三边弧形	三边弧形
牵引功率/kN		≥250	≥176	≥154	≥220	≥240	≥240
工作性能	每次铺层厚度/mm	400～1000	400～700	500	600	500～1500	400～1400
	重心参数（最低/最高）			980/780	1046/871		
	密实度/%	≥95～98	≥95～98	≥95～98	≥95～98	≥95～98	≥95～98
	压实产量/(m^3/h)	≥1850	≥3400			≥2000	≥1850
	碾压遍数/遍	3～4	4～6				
	工作速度/(km/h)	12～15	8～10	6～10	8～15	12～15	10～15
牵引机	型号	QCY360		ZL50改装/专用			QCY360
	发动机	WD615-46				WD615-46	WD615-46
	功率/kW	266		≥154		266	266
	转速/(r/min)	2200				2200	2200
	冷却方式	水冷		水冷		水冷	水冷
外形尺寸/mm	长	3729	3720	3930	10300	3860	3729
	宽	2950	2750	3000	2800	2950	2950
	高	2150	2100	1745	3500	2240	2150
牵引钩高度/mm		760	760	760	760	760	760

5.2.6　复式水平振荡压路机

（1）复式水平振荡压路机适用范围。复式水平振荡压路机是在振动压路机的基础上发展起来的一种新型压实机械。振荡压实技术实际上是采用了振动压实与静压搓揉相结合的压实方式，振荡与振动压实作用原理见图5-9。振荡压路机是利用振荡碾筒内偏心机构诱发振荡压力波，使填筑层在水平和垂直面内承受交变剪切作用，填筑材料沿剪切力的方向产生急剧变形，剪切面滑移错位，填筑层材料颗粒将互相填充、重新排列、嵌合楔紧，达到稳定的密实状态。振荡压路机适合桥梁，高架道路，隧桥和高速公路等路面的压实作业，是现代道路路面工程中使用的专用压实机械。

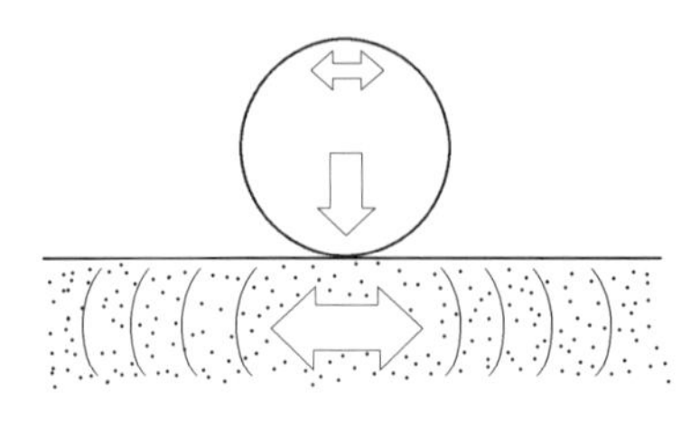

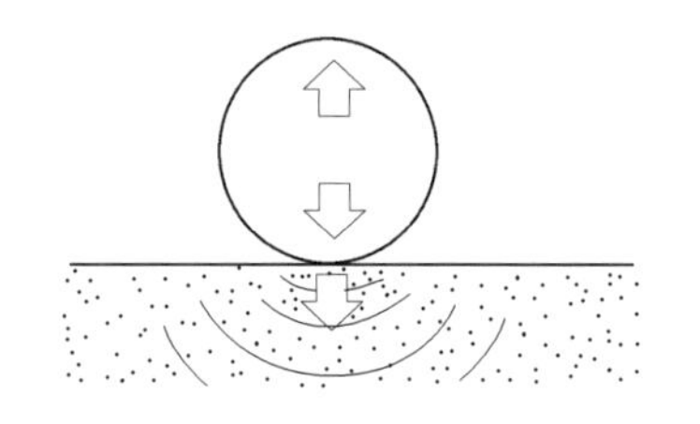

（*a*）振荡压实　　（*b*）振动压实

图 5－9　振荡与振动压实作用原理示意图

（2）复式水平振荡压路机基本构造。复式水平振荡压路机总体结构与自行式振动压路机基本相似，由发动机、传动系统、铰接机架、碾压滚轮、操纵与控制系统、减振器等部分组成。目前，复式水平振荡压路机有双钢轮串联式、双轮胎单滚轮和多轮胎单滚轮组合式等几种型式系列产品，工作重量为 6～10t。

复式水平振荡压路机碾滚结构型式可分为两类：一类为卧轴振荡式；一类为垂轴振荡式。在卧轴式振荡碾筒内，装有三根平行卧轴，振荡碾筒结构见图 5－10。一根为振荡轮的中心激振轴；另两根为偏心轴。两根偏心轴对称安装在中心轴的两侧，由中心轴通过两条齿形皮带驱动。当中心轴由液压激振马达驱动转动时，两根偏心轴即被两根齿形传动带分别带动同向同步旋转。安装时，应确保两偏心轴上的偏心块相位差为 180°，两偏心轴的偏心质量、偏心距和偏心轴至中心轴的距离都相等。

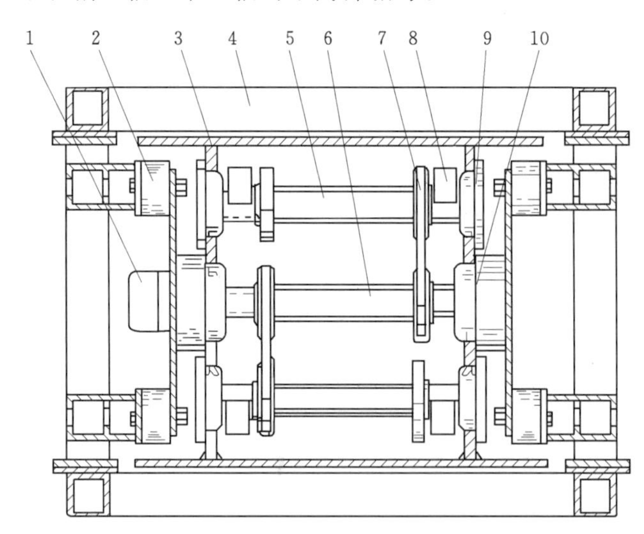

图 5－10　振荡碾筒结构示意图

1—振荡马达；2—减震器；3—振荡滚筒；4—机架；5—偏心轴；6—中心轴；7—同步齿形带；8—偏心块；9—偏心轴承座；10—中心轴承座

（3）振荡压路机性能参数。振荡压路机主要性能参数有规格型号、工作重量、功率、振动频率、激振力、最小转弯半径、爬坡能力等。

部分型号振荡压路机主要技术参数见表 5－12。

表 5-12　　部分型号振荡压路机主要技术参数表

项目			LDS206VO	YZDC4.5H	LTC6D	SW750N	SW800N
工作质量/kg			6000	4500	6100	9150	10770
振荡频率/Hz			40	50	43	50	51.7
振荡幅度/mm			0.6	0.56	0.6		
激振力/kN			60	80	20.6	142	123
工作性能	前轮静线载荷/(N/cm)		208	170	232.4	257	
	后轮静线载荷/(N/cm)		233			278	
	压实宽度/mm		1350	1320	1320	1680	1700
	转向轮宽度/直径/mm		950	860	950	1680/1220	1700/1270
	驱动轮宽度/直径/mm					1680/1220	1700/1270
	压轮重叠量/mm						
行走机构	最小转弯半径/mm		6000	5000		5400	6000
	最小离地间隙/mm		280			310	
	轴距/mm		2500	2200		3000	3300
	爬坡能力/%		20	30	20	21	33
行走速度/(km/h)	前进	1 挡	0~2.8	0~7.5	0~2.5	0~3.5	0~6.5
		2 挡	0~5.7	0~10	0~7.5	0~8	0~11.5
		3 挡	0~9			0~14	
	后退	1 挡					
		2 挡					
发动机	型号		ZN490Q	4L68	498BG	DD-4BG1T	DD-4BG1
	功率/kW		33.5	40	42	77	90
	转速/(r/min)			2600	2200	2300	2300
	冷却方式		水冷	水冷	水冷	水冷	水冷
外形尺寸/mm	长		3490	3120	3660	4230	5620
	宽		1550	1460	1600	1840	1905
	高		2580	2560	2700	3020	3105
容量/L	燃油箱					250	220
	液压油箱						80
	洒水箱		180			2×300	2×500

5.2.7　夯实机

夯实机是一种用于狭窄区域压实作业的小型压实机械，多为手持式。夯实机体积小、重量轻、操纵简便，主要适用于管道沟、沟渠；公路、碾压机械不能到达的边角夯实作业。

（1）夯实机分类。夯实机可分为振动夯实机和冲击夯实机。

按夯实冲击能量大小可分为轻型、中型和重型夯实机；按结构和工作原理分为自由落锤式夯实机、振动平板夯实机、振动冲击夯实机、爆炸式夯实机和蛙式夯实机；按工作动力分为内燃式和电动式。

（2）夯实机型号标识。夯实机型号标识如下：

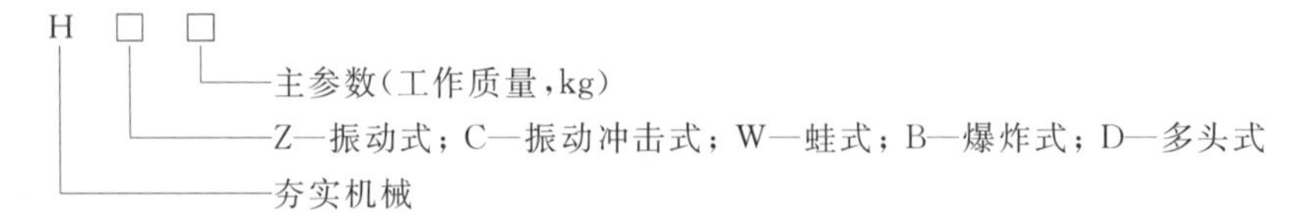

（3）几种常用夯实机见图 5-11。

(*a*) 蛙式夯实机　(*b*) 冲击式平板夯实机

(*c*) 电动冲击夯实机　(*d*) 电动振动夯实机

图 5-11　几种常用夯实机

5.3　压实机械选型原则

压实机械选型的主要依据有压实材料的种类、性质、颗粒组成、铺层厚度、压实工艺、作业条件、工程进度以及压实质量要求和压实机械的技术性能等，一般情况下遵循以下原则。

（1）根据压实作业内容选型。根据不同的压实作业内容，选择相应的压实机械。一般情况路基、铺层基础压实采用大吨位静压压路机、振动压路机；路面压实采用中型静压压路机、振动压路机。压实机械选定参考见表5-13。

表5-13　压实机械选定参考表

压实作业	压　实　机　械	备　注
道路填土、土质堤坝压实	轮胎压路机、凸块压路机、轮胎振动压路机、振动压路机	振动压路机在砂质成分较多的地方使用效果好；凸块压路机适合于黏性土质使用
坡面土石填料压实	夯实机、平板振动器、拖式斜坡压路机、专用斜坡压路机	坡面面积较小时采用夯实机和平板振动器；坡面面积较大时采用斜坡压路机
沥青路面压实	轮胎压路机、静压压路机、双钢轮振动压路机	
道路路基、机场基础和深层填方压实	振动压路机、冲击式压路机	作业面积大、填土层深可采用大吨位拖式振动碾或冲击式振动碾，功效高、经济效益好
堆石坝	振动压路机、冲击式压路机	作业面积大，亦可采用拖式振动压路机或拖式冲击式压路机

（2）根据被压实材料特性选型。

1）砂和扬沙土。压实性差，一般情况会掺合适量的黏土，改善其压实特性。多采用大吨位静压压路机压实，不宜采用振动压路机、凸块压路机。

2）黏土。黏结性好，一般采用轮胎式压路机、凸块压路机压实，不宜采用振动压路机。

3）碎石、砾石、混合土料。压实特性好，一般采用振动压路机、冲击式压路机压实。

4）沥青混合料。一般采用振动压路机。对于高等级路面，可采用复式水平振荡压路机。

（3）根据压实作业参数选型。压路机压实作业时的行走速度、碾压遍数、振动频率和幅度、铺层厚度等，将直接影响压实质量和压实效率。压实质量一般用密实度、压实均匀性、平整度等来衡量。要在确保压实质量的前提下，选择技术性能好的压路机。通常轮胎压路机能提高密实度均匀性；重型压路机、振动压路机能获得高密实度，提高基础强度。

1）碾压速度。碾压速度取决于被压实材料的压实特性和压路机技术性能。同时，直接影响压路机的生产效率。压实作业分为初压、复压和终压。

一般情况下，压路机初压作业时，可按静压光轮压路机1.5～2km/h；轮胎压路机2.5～3km/h；振动压路机3～4km/h。随着碾压遍数的增加，密实度相应提高，在进行复压和终压时，可适当提高碾压速度。碾压沥青混凝土速度1.2～1.8km/h；对RCC碾压速度控制在1～1.5km/h之间；堆石坝不超过4km/h；混凝土面板堆石坝要求小于3km/h。

2）压实厚度。压实厚度指铺料压实后的厚度。压实厚度是靠铺料松铺厚度来保证的，其厚度关系为：松铺厚度＝松铺系数×压实厚度。松铺系数为压实干密度与松铺干密度的比值，通常由试验获取，不同类型的压路机适合碾压厚度见表5-14。

表 5-14　　不同类型的压路机适合碾压厚度表

压路机类型	铺料厚度/cm	碾压遍数/次	土壤种类
10t 静压光轮压路机	15～20	8～12	非黏性土
15～20t 静压光轮压路机	20～25	6～8	非黏性土
15～20t 轮胎压路机	30～50	6～8	非黏性土
3～5t 拖式羊角碾	20～40	6～8	黏性土壤
10～20t 振动压路机	50～100	4～6	非黏性土、碎石、砂砾石
10～15t 拖式振动碾	100～120	6～8	碎石、砂砾石

3）振幅和振频。振动幅度和振动频率是振动压路机压实作业重要的技术性能参数。根据不同的压实料，通过调整合适振幅和振频，才能获得最佳的压实效果。

5.4　压实机械生产率计算

（1）土壤压实生产率的计算。

1）压实面积生产率计算。可按式（5-1）计算：

$$Q=\frac{3600(b-c)LhK_B}{\left(\frac{L}{v}+t\right)n} \tag{5-1}$$

式中　Q——压实机械的压实面积生产率，m^2/h；

b——一次碾压宽度，m；

c——相邻两碾压带的重叠宽度，m；一般情况取 $c=0.15\sim0.25m$；或相邻压实带有 1/3 的宽度重叠；

L——碾压地段长度，m；

h——铺土层压实后的厚，m；

v——压路机作业速度，m/s；

t——转弯调头或换挡时间，s（转弯调头时间：对于拖式压路机取 $t=15\sim21s$，自行式压路机取 $t=4.2\sim4.8s$；换挡时间一般取 $t=2\sim5s$）；

n——同一地段所需的碾压遍数；

K_B——时间利用系数，$K_B=0.8\sim0.9$。

2）压实体积生产率计算。土石填方压实的体积生产率单位为 m^3/h，而决定生产率的主要因素有：轮胎宽度、碾压遍数、碾压速度、工作效率、铺层厚度等。可按式（5-2）计算：

$$Q_1=\frac{1000BvH}{n}C \tag{5-2}$$

式中　Q_1——土石填方压实的体积生产率，m^3/h；

B——滚轮宽度，m；

v——碾压速度，km/h；

H——压实后的铺层厚度，m；

C——效率系数，C=实际生产率/理论生产率；

n——碾压遍数。

如果压路机处于近似连续工作状态，即每小时工作50min左右，并采用正常的重叠宽度来碾压土壤，则压实效率为0.75。

（2）沥青铺装层碾压生产率计算。压实沥青铺装层过程中，热混合料的冷却温度随时间而变化，碾压受到一定的时间限制。压路机应有足够高的生产率以满足时间的限制，既要满足铺装平均能力，又要能应付偶然出现的峰值。

确定沥青铺装层压路机面积生产率的主要因素是滚轮宽度、碾压速度、所需碾压遍数。与土壤的压实类似，面积生产率一般由式（5-3）计算：

$$A=\frac{1000Bv}{n}C \tag{5-3}$$

式中 A——面积生产率，m^2/h；

B——滚轮宽度，m；

C——效率系数，C=实际生产率/理论生产率；

v——碾压速度，km/h；

n——碾压遍数。

5.5 压实机械工作参数确定

压实机械工作参数一般根据被压实物料的物理性质（土壤性质、粒径等）、工程要求（设计要求、工程质量、工程进度等）和施工条件（施工强度、工程量等）等情况选定。

根据土壤性质，选用压实机械。一般情况下，碾压砂性土采用振动压路机效果最好，夯击式压路机次之，光轮压路机最差。碾压黏性土采用羊角碾式和夯击式最好，振动式稍差。各种压路机都有其特点，可以根据土壤情况合理选用，不同碾压机械适合的土壤见表5-15。

表5-15　　不同碾压机械适合的土壤表

机械名称＼类别	细粒土	砂类土	砾石土	巨粒土	备　注
6～8t两轮光轮压路机	A	A	A	A	用于预压整平
12～80t三轮光轮压路机	A	A	A	A	最常使用
25～50t轮胎压路机	A	A	A	A	最常使用
羊角静压式压路机	A	C或B	C	C	粉、黏土质砂可用
振动压路机	B	A	A	A	最常使用
羊角式振动压路机	A	A	A	A	最宜使用含水量较高的细粒土
手扶式振动压路机	B	A	A	C	用于狭窄地点

续表

机械名称 \ 类别	细粒土	砂类土	砾石土	巨粒土	备注
振动平板夯	B	A	A	B或C	用于狭窄地点，机械质量80kg的可用于巨粒土
手扶式振动夯	A	A	A	B	用于狭窄地点
夯板（锤）	A	A	A	A	夯击影响深度最大
推土机、铲运机	A	A	A	A	仅用于摊平土层和预压实

注 A代表适用；B代表无适当的机械时可用；C代表不适用。

5.5.1 静作用压实机械作业参数确定

静作用压实机作业参数确定主要是确定压实机的工作重量。

（1）平碾作业重量确定。平碾工作重量 Q 选择：

$$Q=(0.32\sim0.4)bD\sigma^2/E_0 \tag{5-4}$$

$$\sigma\leqslant(0.8\sim0.9)\sigma_p \tag{5-5}$$

式中 Q——平碾加载后的重量，kg；

D——碾轮直径，cm；

b——碾轮宽度，cm，一般取 $b\geqslant(1.0\sim1.2)D$；

σ——土料的允许接触压力，MPa；

σ_p——平碾碾压时，土料的极限强度值见表5-16；

E_0——土料变形模量，黏性土 $E_0\approx19.6$MPa，非黏性土 $E_0\approx9.8\sim14.7$MPa。

国内使用平碾经验数据见表5-17。

表5-16　　土料的极限强度值 σ_p 表　　单位：MPa

土壤名称	平碾	气胎碾
弱性砂壤土（砂土、砂壤土）	0.29～0.59	0.29～0.39
中黏结性土（壤土）	0.59～0.98①	0.39～0.59
高黏性土（重黏性土）	0.98～1.47	0.59～0.78
黏土	1.47～1.77	0.78～0.98

① 当黏土含量为8%～15%，且颗粒级配为最优时，极限强度可适当降低。

表5-17　　国内使用平碾经验数据表

黏土类型	黏粒含量/%	平碾质量/t	铺土厚度/cm	碾压遍数	压实平均干密度/(g/cm³)
花岗岩风化砂	40	5	30	8	1.99
风化砾石		12	30～40	2～4	1.79～2.34①
页岩、板岩风化土		7～10	30～40	6～8	1.7
黏土		12	20～25	4	1.7～17.8①
重黏土		12	30	2	1.65①
砂砾岩		12	30	2	2.0①

注 表中碾的重量12t（有效重量）为自行式，其余为牵引式。

① 经验数据。

(2) 轮胎碾作业重量的确定。首先，应根据土料性质选择适宜的轮胎内压力，然后根据轮胎内压力、轮胎数量、轮胎尺寸等确定碾重量。压实黏性土轮胎充气压力一般为0.49～0.59MPa，粉质黏土为0.59～0.78MPa，压实非黏性土为0.2～0.4MPa（砂壤土为0.3～0.4MPa，砂土为0.2～0.3MPa）。

根据已选定的轮胎气压，可用式（5－6）求出轮胎的接触压力：

$$\sigma=\frac{P_w}{1-\xi} \tag{5-6}$$

式中 σ——轮胎碾最大允许接触压力，一般 $\sigma\leqslant(0.8\sim0.9)\sigma_p$，MPa；

P_w——轮胎充气内压力，MPa；

ξ——轮胎静止刚性系数见表5－18。

表5－18 轮胎静止刚性系数表

轮胎充气内压力/MPa	0.1	0.2	0.29	0.39	0.49	0.59	0.69
轮胎静止刚性系数 ξ	0.6	0.5	0.4	0.3	0.25	0.2	0.15

轮胎碾总质量可由式（5－7）计算：

$$Q=aP_wSN \tag{5-7}$$

式中 Q——轮胎碾总质量，kg；

a——外胎高度影响系数，汽车轮胎取1.1～1.2；

P_w——轮胎充气内压力，MPa；

S——轮胎变形后与被压层的接触面积，cm^2，一般为轮胎宽度的112%～115%，可通过试验测定校核；

N——轮胎个数。

国内工程使用轮胎碾经验数据见表5－19。

表5－19 国内工程使用轮胎碾经验数据表

土类名称	黏粒含量/%	碾质量/t	气胎内压力/MPa	铺土厚度/cm	碾压遍数/次	平均干密度/(g/cm³)
粉质黏土	28～42	23	0.69	20	14	1.61
重粉质黏土	20	11	0.59	20	6～9	1.74
	23～35	30	0.78～0.83	35～40	11	1.66～1.88
重粉质壤土	23～35	21	0.74～0.78	30～35	11	1.66～1.88
	23	20	0.54～0.59	30	6	1.70
风化砂		8	0.2	50	8～12	1.77～1.82
砂砾料		15	0.2～0.3	50～70	6	1.72～2.07

5.5.2 振动压实机械工作参数确定

振动压实机械主要工作参数有静重及静线压力、振幅与振动频率、振动轮尺寸及重量等。

(1) 静重及静线压力。影响压实效果的主要因素是振动压路机静重量和静线压力。在其他参数不变的情况下，施加于被压材料层的静态和动态压力都与静重量成正比。轴载荷与轮宽、轮径乘积之比的理想值小于 0.25。通常静线压力增加 1 倍，压实影响深度也可以增加 1 倍。各种石料强度性能参数见表 5-20。

表 5-20　各种石料强度性能参数表

石料性质	石　料　名　称	强度/MPa	线载荷/(N/cm)
软石料	石灰石、砂岩石	30～60	600～700
中硬石料	石灰石、砂岩石、粗粒花岗岩	60～100	700～800
坚硬石料	细粒花岗岩、闪长岩石	100～200	800～1000
极坚硬石料	闪长岩石、玄武岩、辉绿岩石	>200	1000～1250

（2）振幅与振动频率。提高振幅能增加压实影响深度，提高压实效果，但同时给机械本身减振带来了困难。振动压路机振幅范围一般在 0.29～2.2mm 之间。

振动压路机与土壤体系的共振频率范围在 13～34Hz 之间，选择使用振动频率时要尽量选择比土壤的自然共振频率略高一些。从试验数据来看，最常用的振动频率在 28～31Hz 之间。碾压沥青混凝土时，选用振动频率在 40～50Hz 之间为最佳。

振动压路机用于压实大体积土壤和岩石填方时，振幅应在 1.5～2.0mm 范围内，相应适宜频率为 25～30Hz。对于土石填方压实以高振幅、低频率较为有效；对于压实沥青混凝土面层、薄层选用的振幅为 0.4mm，厚层选用振幅为 0.8mm，若再加上较高的振动频率即可获得良好的压实效果。不同作业内容下，振动频率与振幅选用范围见表 5-21。

表 5-21　振动频率与振幅选用范围表

工　程　项　目	频率/Hz	振幅/mm
路基	25～30	1.4～2.0
粒料及稳定土基层和底层	25～40	0.8～2.0
沥青面层	30～55	0.4～0.8

（3）振动轮尺寸及重量。振动轮直径越大，静线压力越高，振动轮宽度不应小于(2.4～2.8)R（R 为振动轮半径）。

在相同振幅条件下，振动轮重量越大，对压实面冲击能量也就越大，压实效果越好。双振动轮压路机的压实能力是单轮振动压路机的两倍，同样碾压遍数，达到的密实度较高。

5.5.3　工程实例

国内部分高混凝土面板堆石坝及心墙堆石坝堆石体参数见表 5-22。

表 5-22　国内部分高混凝土面板堆石坝及心墙堆石坝堆石体参数表

坝名	坝石分区	碾　压　参　数				总填筑工期/月	月平均填筑强度/万 m^3	月高峰填筑强度/万 m^3
		层厚/cm	碾压遍数	洒水量/%	碾压设备			
天生桥一级	主堆石区，软岩料区	80	6	10～20	20t 自行式振动碾	34.5	50～55	117
	次堆石区	160	6		25t 牵引式振动碾			

续表

坝名	坝石分区	碾压参数				总填筑工期/月	月平均填筑强度/万 m^3	月高峰填筑强度/万 m^3
		层厚/cm	碾压遍数	洒水量/%	碾压设备			
洪家渡	主堆石区	80	8～10	15	18t 自行式振动碾	33.5	27～28	45
					25t 牵引式振动碾			
					25t 三边形冲击碾			
	次堆石区	160	8～10		25t 三边形冲击碾			
	次堆石区，排水堆石区	120	8		同主堆石区			
水布垭	主堆石区，次堆石区	80	8	10～15	25t 自行式振动碾	38.5	37～38	47.6
	排水堆石区	120	8	10				
三板溪	主堆石区，下游堆石区	80	8～10	20	25t 自行式振动碾	21.5	38.5	约 60

注 洒水量为堆石填筑方量的百分数。

 地下工程开挖支护机械

地下工程开挖支护方法较多，采用机械化施工主要有钻孔爆破法、掘进机法、盾构法等，与其相应地支护方法有锚杆支护和喷锚支护等。

钻孔爆破法。通过钻孔、装药、爆破开挖岩石的方法，简称钻爆法。即：使用多臂凿岩台车或门架配手风钻钻孔，应用毫秒爆破、预裂爆破和光面爆破等技术爆破，配以装载机、铲运机、自卸车或矿斗车出渣。爆破法仍是目前使用较多的隧洞和地下工程开挖方法。

掘进机法。掘进机是全断面开挖隧洞的专用设备。它利用大直径转动刀盘上滚刀对岩石的挤压、剪切作用破碎岩石。全断面掘进机机械化程度高，比钻爆法掘进速度快，用工少，施工安全，掘进断面平整，设备一次性投资大，机体庞大，运输、安装不便，运行管理水平要求高，适用于长隧洞开挖，但对隧洞地质条件及岩性变化的适应性差，使用有局限性。

盾构法。盾构机是一种带有防护罩的专用掘进设备，适用于软基或破碎岩层掘进。

6.1 多臂凿岩台车

全液压多臂凿岩台车又称多臂凿岩钻车。在岩石隧道和地下工程施工中，钻爆法仍是主要的施工方法。随着机械化施工程度提高，全液压多臂凿岩台车成为机械化钻孔的主要设备。一般配备两台以上凿岩机，具有钻孔效率和钻孔精度高、能量消耗少、环保性能好（噪声小、作业面污染少）等特点，在隧洞开挖和地下工程建设中得到了广泛的应用。

随着液压技术和电子控制技术发展和应用，瑞典 Atlas、芬兰 Tamrock 等公司成功研制了电脑控制全自动凿岩台车，凿岩作业实现了自动化。凿岩台车工作时，钻臂移位、定位、开孔、钻进等工序，全由计算机控制，大大提高了凿岩效率。

目前，国内使用的多臂凿岩台车多数是国外产品，如：瑞典 Atlas、Sandvik（原芬兰 Tamrock）、日本古河等公司全液压多臂凿岩台车。国内合资生产多臂凿岩台车有南京阿特拉斯多臂凿岩台车，国内自主生产的多臂凿岩台车有徐工集团、山河智能装备集团、武汉海卓泰克液压技术有限公司等厂家的产品。

6.1.1 多臂凿岩台车分类

（1）按行走方式分为：轮胎式、履带式、轨轮式。

（2）按操作方式分为：电动式、气动式、液压式、全电脑式。

（3）按工作钻臂分为：单臂、双臂、三臂、多臂。

多臂凿岩台车外形见图 6-1。

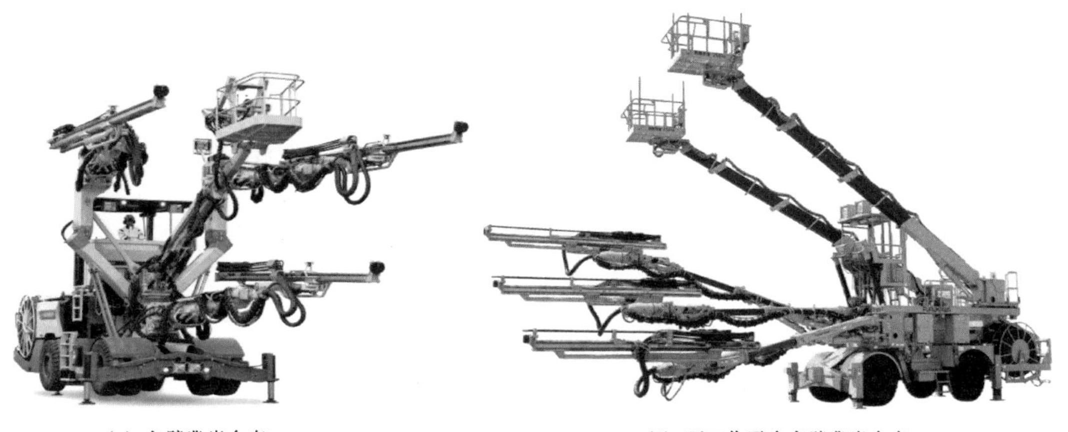

(*a*) 多臂凿岩台车　　　　(*b*) 两工作平台多臂凿岩台车

(*c*) 履带两臂凿岩台车

(*d*) 轮轨凿岩台车

图 6-1　多臂凿岩台车外形

6.1.2　多臂凿岩台车构造

为了满足隧道掘进高效、低耗、环保的要求，随着液压技术的发展，多臂凿岩台车多为全液压式。其主要构造由液压凿岩机、推进梁、液压钻臂、工作平台、动力系统、操作控制系统、底盘、辅助装置等组成。多臂凿岩台车构造见图 6-2。

(1) 液压凿岩机。液压凿岩机是在气动凿岩机的基础上，在 20 世纪 70 年代开发出来的一种高效能凿岩机，是凿岩作业的主要工作装置。液压凿岩机因其能量利用率高、凿岩速度快、环境污染和噪声低被广泛应用。液压凿岩机采用循环高压液压油作动力，推动活塞在缸体内往复运动，冲击钎杆钻头，达到破碎岩石造孔目的。

液压凿岩机构造：一般由冲击机构、转钎机构、冲洗和冷却机构、润滑机构和蓄能器组成，液压凿岩机外形及结构见图 6-3。

1) 冲击机构。液压凿岩机按冲击机构的配油方式分为有阀和无阀两大类。有阀液压凿岩机用配油阀来改变油缸两腔的进回油状况，以实现冲击活塞的往复运动。瑞典 Atlas COP 型系列凿岩机和国内生产的系列凿岩机属有阀液压凿岩机。无阀液压凿岩机是利用

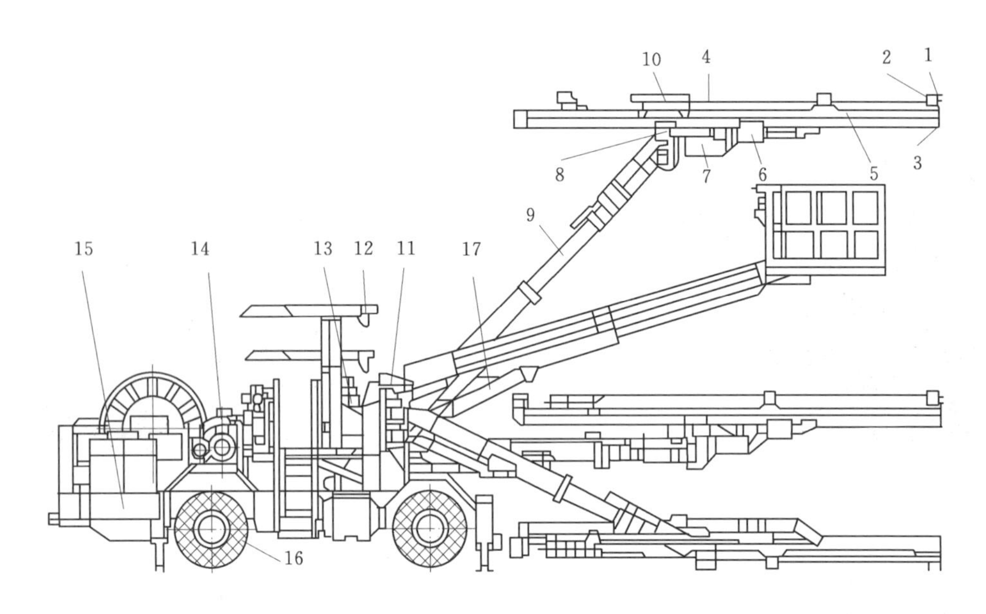

图 6-2　多臂凿岩台车构造示意图

1—钻头；2—托钎器；3—橡胶顶头；4—钻杆；5—推进器；6—推进器托架；7—推进梁摆动缸；8—推进梁补偿油缸；9—液压钻臂；10—凿岩机；11—大臂回转轴；12—工作照明灯；13—凿岩操作台；14—液压油泵；15—车架；16—轮式行走系统；17—大臂举升油缸

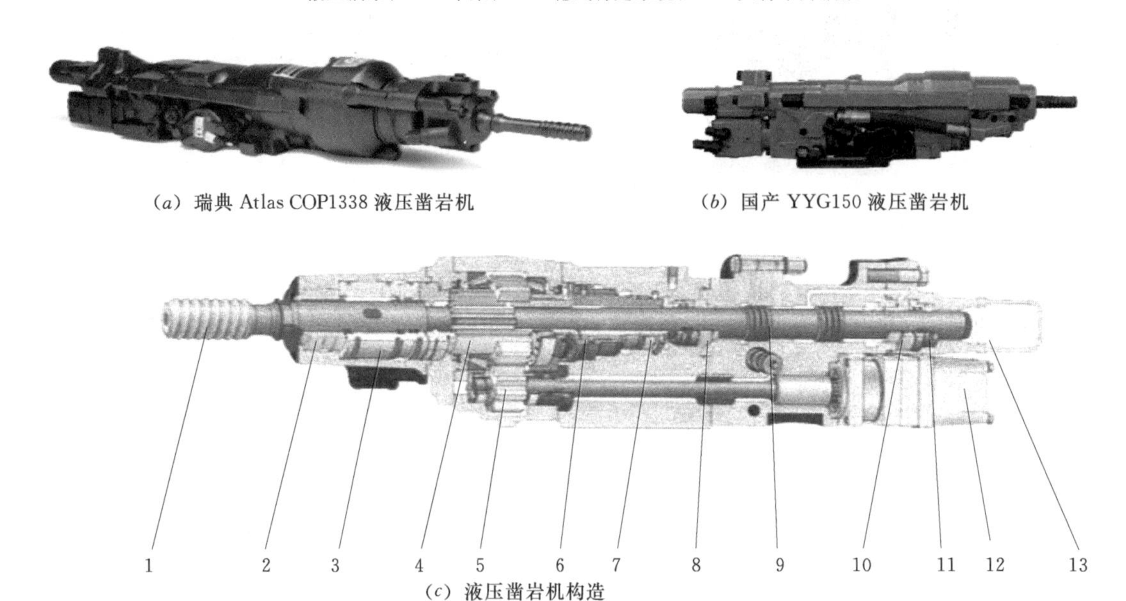

(a) 瑞典 Atlas COP1338 液压凿岩机　　(b) 国产 YYG150 液压凿岩机

(c) 液压凿岩机构造

图 6-3　液压凿岩机外形及结构示意图

1—钎尾；2—水封；3—前衬套；4—旋转驱动齿套；5—旋转传动齿轴；6—配流阀；7—密封环；8—密封环；9—冲击活塞；10—密封环；11—后衬套；12—旋转马达；13—后盖

冲击活塞本身的运动进行配油，活塞是冲击机构唯一的运动件，既起冲击作用，又起配油作用。山特维克（原坦姆洛克）HL 系列凿岩机属无阀液压凿岩机。

2）转钎机构。液压凿岩机的转钎机构多为外回转式（又称独立回转）。独立回转机构是由液压马达，经齿轮减速，通过回转齿套和钎尾带动钻杆回转。转钎机构的回转速度可调整控制，以适应不同岩石掘进。

3）冲洗和冷却机构。钻孔岩渣冲洗一般采用压力水冲洗，达到降尘、冲洗孔渣和冷却凿岩机的作用。

4）润滑机构。凿岩机冲击润滑由腔内液压油润滑，回转机构齿轮由耐高温齿轮油润滑，钎尾润滑则由油气喷雾润滑。

5）蓄能器。在液压凿岩机的冲击回路上设有蓄能器（高压和低压蓄能器），用于吸收冲击活塞回程能量、补油、减振等作用。

部分液压凿岩机主要技术性能参数见表6-1。

表6-1　　部分液压凿岩机主要技术性能参数表

型号 性能	COP1638	COP1838	COP2238	HD190	HD210	HLX5	HLX5T	DZYE28	DZYE38B
凿岩机长度/mm	1008	1008	1008	969	955	1020	1020	869	1002
钎尾/mm	R32/T38	R32/T38	R32/T38	R38	R38/R40	T38	T38	T38	T38
凿岩机机顶至钻机回转中心距离/mm	88	88	88	76	76	87	87	90	90
冲击功率/kW	16	20	22	18	20	20	22	11	15
冲击频率/min	3000	3000	3200	2700	2900			3000	3000
冲击压力/bar	200	230	250	210	210	225	245	125	230
回转速度/(r/min)	0～340	0～340	0～340	0～250	0～250				
回转扭矩/(N·m)	640(max)	640(max)	640(max)	540	540	400	625		
重量/kg	170	170	170	170	170	210	218	115	150

（2）推进梁。推进梁由凿岩机导向架、推进机构和附件等组成，推进梁构造见图6-4，其技术性能参数见表6-2。

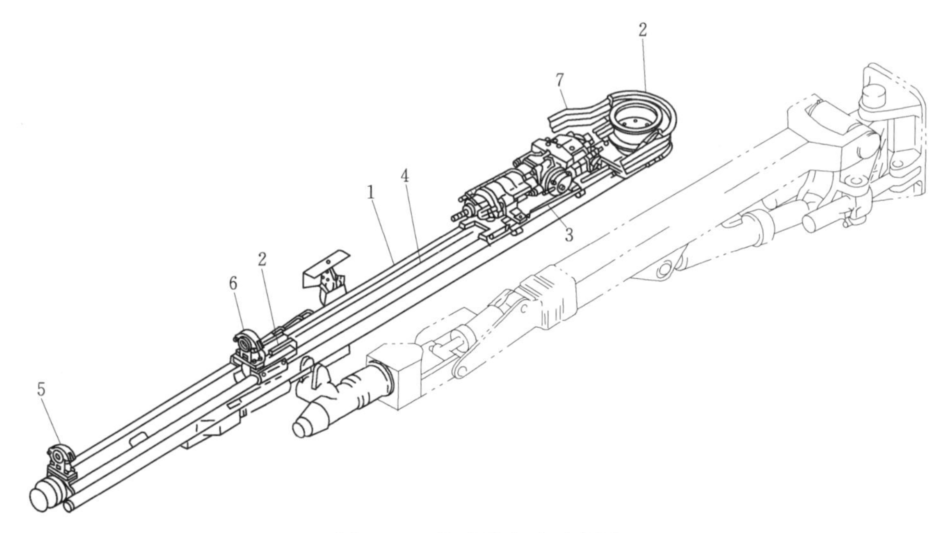

图6-4　推进梁构造示意图

1—导向梁；2—推进器；3—凿岩机机座；4—推进油缸（链条、钢绳）；5、6—钻杆定位支撑架；7—软管架

表 6－2　推进梁技术性能参数表

项目 \ 型号	BMH2831	BMH2837	BMH2849	BMH6812	BMH6814	BMH6816	BMH6818	GH833	GH833－40	TF500－14	TF500－16	TF500－18	TF500－20
推进方式	液压油缸-钢丝绳	液压油缸-钢丝绳	液压油缸-钢丝绳	液压油缸-钢丝绳	液压油缸-钢丝绳	液压油缸-钢丝绳	液压油缸-钢丝绳	液压油缸-钢缆	液压油缸-钢缆	液压油缸-钢缆	液压油缸-钢缆	液压油缸-钢缆	液压油缸-钢缆
总长度/mm	4677	5287	6507	5287	5882	6502	7102	3900～4800	5944	5880	6490	7100	7710
推进行程/mm	2795	3405	4625	3443	4048	4668	5268	2400～3300	4000	4050	4660	5270	5880
钻杆长度/mm	3090	3700	4920	3700	4310	4920	5530	2750～3600	4300	4305	4915	5525	6135
最大推进力/kN	15	15	15	20	20	20	20	20	20	25	25	25	25

1）凿岩机导向梁。导向梁是支撑凿岩机和钻具的装置。凿岩机工作时在导向梁上前后移动。导向梁多为铝合金整体铸造，具有较高抗弯和抗扭强度、耐磨。

2）推进机构。推进机构是提供凿岩机凿岩时的轴向推力。推进机构结构型式有：液压油缸-钢丝绳推进器、液压马达-链条式推进器、液压马达-丝杠式推进器。目前，使用较多的是液压油缸-钢丝绳推进器，结构简单，维修方便。

3）附件。附件主要由钻杆定位支架和油管支架等组成。

（3）液压钻臂。液压钻臂作为台车的工作装置主要有定位、支撑两种功能。液压钻臂长度和相应工作油缸的工作行程，决定凿岩机钻孔高度和钻孔范围。液压钻臂结构形式、结构尺寸、定位速度、准确度和平稳度对掘进速度有较大影响。

液压钻臂分类：按其运动轨迹可分为直角坐标钻臂、极坐标钻臂、复合坐标钻臂。按凿岩作业范围分为轻型、中型、重型钻臂。按钻臂的结构分为定长式、折叠式、伸缩式、旋转式液压钻臂。目前，使用较多的是复合坐标伸缩式液压钻臂，该钻臂性能更加完善，使钻孔作业更加方便灵活，定位更加准确，并且克服了凿岩盲区，但结构复杂，多用于重型钻臂。

液压钻臂为箱形（圆形）伸缩臂结构，由机械四连杆平动机构或液压油缸平动机构、举升油缸、辅助补偿油缸、定位油缸、翻转机构等组成。主要功用是保证凿岩机钻孔、定位准确、工作平稳。液压钻臂可使凿岩机定位、延伸、180°翻转以及90°仰俯，可钻向上、向下、水平横向炮孔和底板炮孔。液压钻臂结构图和油缸布置分别见图6-5、图6-6。

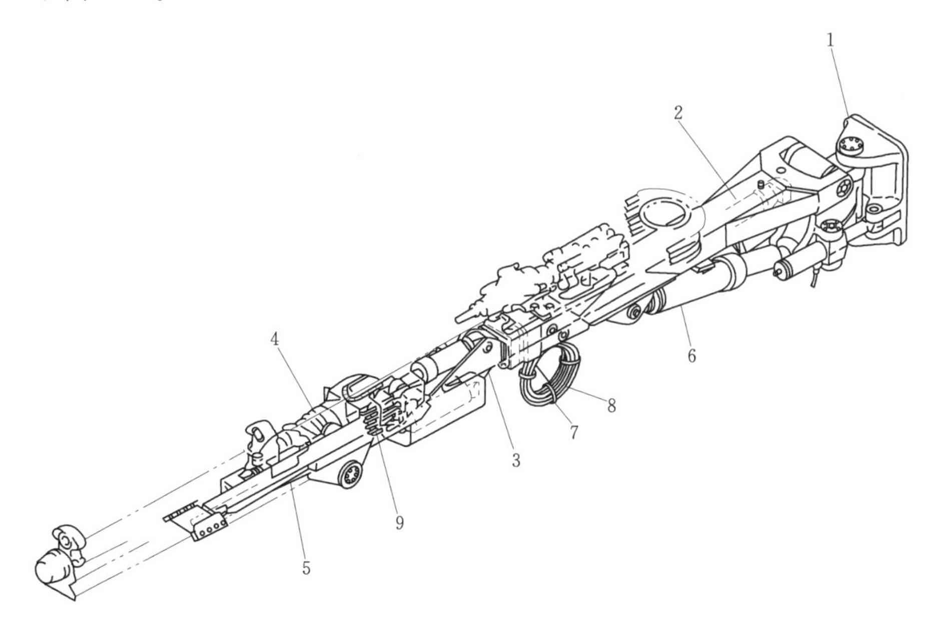

图6-5　液压钻臂结构示意图

1—钻臂安装底座；2—液压钻臂；3—大臂机头；4—推进梁翻转油缸；5—推进器安装底座；6—大臂举升油缸；7、8—油管架；9—凿岩机油管接头架

液压钻臂技术参数见表6-3。

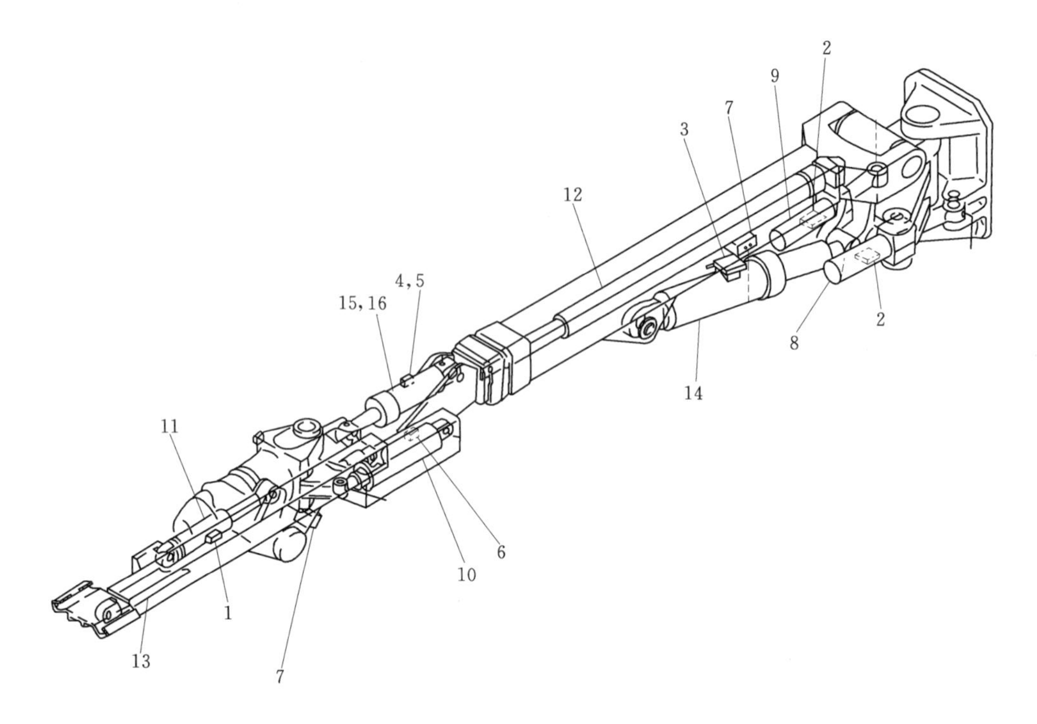

图 6-6　液压钻臂油缸布置示意图

1～7—平衡阀；8、9—大臂回转油缸；10—推进器摆动油缸；11—推进器倾斜油缸；12—大臂伸缩油缸；13—推进器伸缩补偿油缸；14—大臂举升油缸；15、16—推进器倾斜油缸

表 6-3　　液压钻臂技术参数表

性能 \ 型号	BUT28	BUT35	BUT45	JE331	JE332	TB120	TB150
钻臂延伸长度/mm	1250	1800	2500	1400	1600		
推进梁补偿长度/mm	1250	1600	1800	1350	1600	1650	1650
平动机构形式	液压自动	液压自动	液压自动	液压自动	液压自动	液压自动	液压自动
回转机构形式	液压马达	液压马达	液压马达	液压马达	液压马达	液压马达	液压马达
钻臂举升角/(°)	+65/－30	+70/－45	+55/－42	+60/－30	+60/－30		
钻臂摆动角/(°)	+/－35	±45	±42	25～45	±45		
推进梁翻转角/(°)	360	360	±190	360	360	360	360

（4）动力系统。全液压多臂凿岩台车的动力系统，一般采用一个凿岩机一套独立的动力系统，由主电动机、减速器、液压泵、控制组件、继电保护等组成。电动机采用 380V 三相异步电机，功率 45～55kW。液压主泵常用的有多级齿轮泵或变量柱塞泵，分别提供凿岩机冲击、旋转、推进和液压钻臂液压回路的工作压力油。

（5）工作平台。工作平台主要用于钻孔的辅助作业，可用于装填炸药、安装锚杆和通风管、处理危岩等工作。结构型式为箱式伸缩结构，载重 250kg，多臂台车滑座式工作平台结构见图6-7。

（6）操作控制系统。操作控制系统由操作手柄、阀组件和仪表盘等组成，是操控凿岩

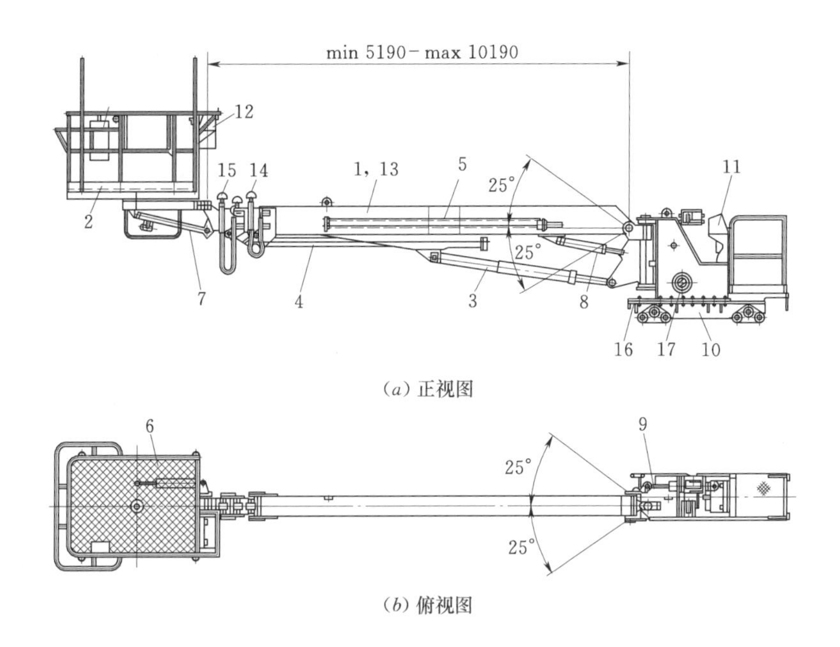

图 6－7　多臂台车滑座式工作平台结构示意图

1—大臂；2—工作平台；3—举升油缸；4、5—大臂伸缩油缸；6—平台回转油缸；7—平台倾斜油缸；8—大臂摆动油缸；9—大臂回转油缸；10—平台滑移底座；11、12—操作阀；13、14、15—油管支架；16—限位开关；17—底座驱动马达

作业全过程操作平台，三臂凿岩台车钻孔操作台见图 6－8。

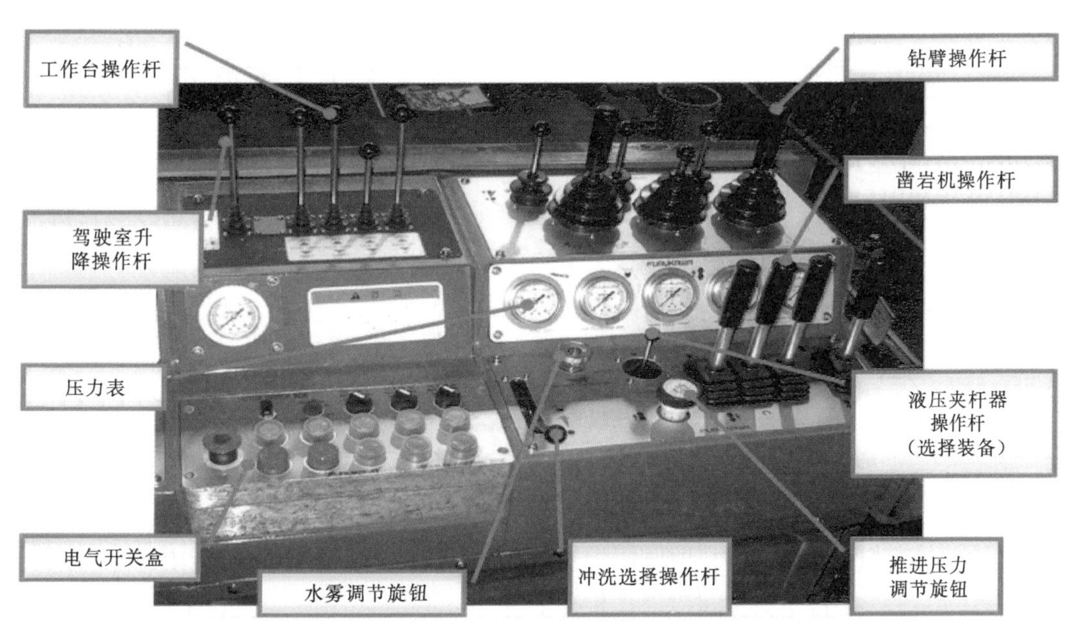

图 6－8　三臂凿岩台车钻孔操作台

1）操作手柄。一般有两组，一组操控液压钻臂动作，用于钻臂移动和钻孔定位；另一组操控凿岩机，用于钻孔作业。

2）阀组件多为先导控制阀，先导阀有气控先导阀和液控先导阀。操作过程为：操作手柄—先导阀—主控阀组—工作装置（冲击、回转、推进、液压油缸等）。

3）仪表盘。由各种压力表和调整按钮组成。压力表主要监控凿岩作业过程中液压系统、凿岩机等各种压力参数变化。一般有液压系统工作压力表、凿岩机旋转压力表、冲击压力表、推进器推进压力表和冲洗水压力表、空压机压力表等。调整按钮主要用于钻孔作业遇到岩石变化时，调整液压系统工作压力。

（7）底盘。液压凿岩台车底盘形式有轮式、履带、轨轮式。底盘装有四个液压千斤顶，用于台车工作时稳定台车，其三种不同形式底盘特点见表6-4。

表6-4　凿岩台车三种不同形式底盘特点表

轮胎式底盘	多为液压、液力四轮驱动铰接式车架。由低污染柴油发动机、变矩器或行走液压泵、行走液压马达、动力转向、传动装置、轮边减速器等组成。具有移动灵活、工作可靠等优点。轮式底盘构件多、结构复杂、日常维护要求高，洞内转弯半径大
履带底盘	履带式底盘，液压马达驱动。由低污染柴油发动机、行走液压泵—马达—轮边减速装置、履带行走装置等组成。稳定性好，适用于大断面隧洞开挖。洞内移动不如轮胎式灵活
轨轮式底盘	由电动机或液压马达驱动，钢架式结构，结构简单。适用于超大断面和配备四台以上凿岩机的断面掘进，但要敷设专用轨道

（8）辅助装置。

1）开孔装置。为使凿岩机定位后能顺利开孔，在液压回路中增设了开孔回路，使凿岩机在开孔时，凿岩机冲击、推进处于半功率工作，避免开孔时蹦孔。即：操作手柄置于开孔位置时（一般是主控手柄前倾15°），凿岩机的冲击、旋转和推进工作压力自动减半，使其能够顺利开孔；待开孔完成后，主控手柄推到正常钻进位置，凿岩机全功率工作，正常钻进。

2）自动防卡钎装置。在凿岩过程中，遇到作业面岩石破碎和裂隙，难免出现卡钎现象。为避免卡钎，在液压回路增设了防卡钎回路。其原理通常是监控凿岩机的旋转压力，当遇到岩石夹层、裂隙等情况时，凿岩机掘进阻力加大，旋转压力上升，表明有卡钻的倾向。当旋转压力超过设定值，冲击、推进压力自动降低。同时，推进阀自动换向，退回凿岩机；当凿岩机旋转压力小于设定值，推进阀自动换向，凿岩机正常推进。通过反反复复的进退动作，达到防卡钎的目的。瑞典Atlas凿岩台车，采用DCS18-3-55控制系统，操作简单，维护方便。配有自动开孔、回转压力控制推进压力（RPCF）、自动防卡保护（Anti-jamming），缓冲压力控制冲击（DPCI）和润滑气压控制冲击（ECL）等多项自动保护功能。

3）空压系统和增压水泵。凿岩台车配备了一台小型空压机，主要功用是为液压凿岩机钎尾油—气润滑装置、吹孔等装置提供气源。增压水泵是在凿岩台车进水压力不足的情况下，通过增压泵提供凿岩机正常的冲渣水压。

4）电缆卷盘、水管卷盘。凿岩台车配备了电缆、水管卷盘各一个，由液压马达驱动，随车配各电缆、水管长度各为100～150m。

5）发动机尾气净化装置。为了降低凿岩台车行走时柴油发动机的排气污染，除了装备低污染柴油发动机外，还增加了尾气净化装置，进一步降低尾气的排放污染。尾气净化装置有铂金球催化净化箱和水洗净化箱。

6）驾驶室。驾驶室一般有两种形式，防护顶棚和密封驾驶室。两种都具有防落物冲击功能，符合 FOPS（防坠落保护）认证要求。

6.1.3 电脑凿岩台车

20 世纪 70 年代，随着计算机和控制技术的发展，国外凿岩机生产商研发了电脑凿岩台车。电脑凿岩台车是在保留传统液压凿岩台车所有功能和特性的基础上，采用了计算机进行全方位智能控制钻进系统。用先进的计算机和图形化显示技术来精确控制钻孔定位，推进梁角度和钻孔过程，将测量、位置传感、数据收集和存储等技术集成应用于液压台车全自动钻进系统。

电脑凿岩台车与传统全液压凿岩台车相比，具有无可比拟的先进性及经济性。主要优点有：①钻孔精度高，通过不断优化孔位布置，提高了炮孔利用率和爆破效果，降低了工程成本；②控制系统自动布设隧道周边孔和主炮孔，控制超欠挖，提高光面爆破效果；③缩短掘进准备时间，提高了掘进功效；④可加装接杆器，在不良地质情况下，可作超前地质预报探孔和隧道超前支护，如长管棚、超前锚杆等；⑤操作环境舒适，有效地降低了施工噪音对工人身心健康的影响，改善了作业环境。

目前，电脑台车发展迅速，国外生产电脑台车的厂家有瑞典阿特拉斯、芬兰汤姆洛克、挪威 AMV 等，其产品已发展到第三代。下面将瑞典阿特拉斯 BOOMER XE3C 电脑台车主要特点做一介绍。

瑞典阿特拉斯 BOOMER XE3C 三臂电脑凿岩台车是近几年推向市场较为先进的机型，主要配备了 RCS 电脑控制钻进系统、ABC 钻臂控制系统和相应的重型钻臂、大功率液压凿岩机，保证了台车较高的作业功效。

(1) 整机技术参数。最大掘进覆盖面积 198m^2；最大掘进工作高度 13300mm；最大掘进工作宽度 17400mm。

(2) 液压凿岩机。台车配备了型号 COP1838HD 凿岩机，冲击功率达 20kW。其特点是采用独特的细长活塞结构，确保凿岩机的钻进效率，降低了钻具的消耗；设有双液压减震缓冲系统，有效吸收钻具反冲能量；配有三冲程调节机构，以适应在各种岩石条件下都能获得最佳的钻进速度。

(3) 推进梁。推进梁采用 BMH6000 系列产品，有四种规格，钻孔深度 4000～6000mm，推进力 20kN。BMH6000 系列重型推进梁采用铝合金冷拔成型技术，质量轻，强度高，能有效防止钻孔偏斜。

(4) 液压钻臂。液压钻臂采用 BUT45 重型钻臂。该钻臂定位时间短，覆盖面积大，定位准确。主要技术参数：大臂推进力 22kN；推进补偿 1800mm；钻臂延伸 25000mm；推进梁翻转±190°；推进梁水平偏摆角度±135°；大臂举升角度上 55°，下 42°；大臂左右摆角±42°。

(5) 液压系统。液压系统采用三套独立单元（每个钻臂一套），每套液压泵组采用两个柱塞变量泵和两个定量泵，分别提供冲击、旋转、推进、定位装置的工作压力，系统最大压力 250bar。

（6）钻进控制系统（Rig Control System，简称 RCS）。RCS 钻进控制系统是电脑凿岩台车控制系统及功能的统称。采用先进的计算机控制技术来实现凿岩钻孔过程的自动化控制，凿岩工作时钻臂、推进梁的移动、偏转、定位完全按照计算机设定的程序来完成。

RCS 配备了人机交互式操作面板和彩色显示屏，使人机对话更为便捷，其主要功能有自动开孔、防卡钎功能、自动调整凿岩机冲击功率、故障自动集成诊断系统等，各控制回路相互独立，以确保凿岩机功率输出最大化。

自动开孔和自适应钻孔功能：在开孔时，系统可根据探测掌子面岩石情况，进行无级调节凿岩机的冲击压力，以保证低压开孔。自动开孔功能可以获得较好的孔直度，确保钻孔的精度。开孔结束后，钻机自动进入正常掘进。

推进压力控制冲击功能（Feed Presure Controlled Inpact，简称 FPCI）：当推进压力达到一个适当值时，即当钻头完全抵在岩石时，控制系统自动调整冲击压力上升到全功率冲击。

回转压力控制推进功能（Rotation Pressure Controlled Feed，简称 RPCF）：根据凿岩时回转压力的变化，系统能控制和调整推进压力和速度，始终保持凿岩机最佳的钻进速度。同时，该功能有效保持钎尾与钻杆紧密连接，以保证能量有效传递和延长钻具的寿命。

自动防卡钎功能（Anti－Jammming）：当岩石条件变化时，回转压力会持续上升，系统将自动调整推进和回转压力，钻机自动返回，以防止卡钻。

故障自动检测排除功能：系统通过传感器能自动检测故障，使设备检测盒维修更加便捷，节省了大量的维护时间，提高了台车的利用率。

（7）钻臂控制系统（Advance Boom Control，简称 ABC）。ABC 钻臂控制系统是专为 BUT45 型钻臂设计配置，主要功能通过 RCS 钻进控制系统保证钻进快速、精确定位和钻进。ABC 钻臂控制系统按照钻臂自动化控制水平分为 3 个级别。即：基本型、常规型、全面型。

ABC 基本型：是钻臂自动化程度最低操作级别。钻孔时，在显示屏的引导下，钻臂和推进梁移位调整完全手动控制。

ABC 常规型：是中级程度的自动化钻臂控制。预先将掌子面的布孔图和隧洞相关数据输入计算机，通过计算机导向可使钻臂准确进行定位、调整、开孔和钻孔。相关数据可以准确记录在 PC 卡上，便于分析。

ABC 全面型：钻进过程完全由计算机控制。钻臂和推进梁的调整定位完全由计算机来控制完成，所有钻孔按照预先设定的布孔图和钻孔顺序，自动完成定位、调整、开孔、钻进。

（8）底盘。采用全轮液压驱动铰接式底盘，具有良好的机动性和通过性。发动机采用道依茨六缸涡轮增压低污染柴油发动机。

（9）其他辅助设备。电气系统：采用 3×75kW 主电机；电压：50～60Hz、380～1000V。

空压系统：空压机采用液压驱动 GAR5 螺杆式空压机，排气量：9bar，26L/s；

水系统：增压水泵采用液压驱动 PX R160 7H；

自动润滑系统：台车配有全车自动润滑装置，对钎尾、液压臂、推进梁等100多个润滑点自动润滑。

6.1.4 多臂凿岩台车选型

目前，多臂凿岩台车生产厂家对于凿岩台车主要部件一般是成系列配置，能满足不同隧洞断面、岩石掘进要求。但当标准配置不能满足掘进要求时，则要对主要部件提出专门要求，如液压凿岩机、钻臂数量、底盘型式、动力系统、液压系统等。凿岩台车选型的一般遵循以下原则：

（1）按掘进断面优先选择标配系列产品的凿岩台车。从目前工程情况来看，对于掘进断面小于12m×12m，可选择凿岩台车，全断面一次钻孔掘进；对于大断面的导流洞、地下厂房，一般采用分层开挖，用规格稍小的凿岩台车完成顶拱（占全断面1/3左右）钻孔掘进，其余断面采用梯段爆破。对于无轨出渣隧洞掘进，优先选用轮式底盘凿岩台车。国外多臂凿岩台车主要工装配置见表6－5。

表6－5　　国外多臂凿岩台车主要工装配置表

项目 型号	隧道断面尺寸/(m×m)				液压臂数量/个	凿岩机功率/kW	工作平台/个
	8×6	10×8	12×10	15×12			
BOOMER282	○				2	16	1
BOOMER L2D		○	○		2	16/20	1
BOOMER XL3D			○	○	3	20	1
DT700	○				2	20	1
DT1000		○	○		2～3	22	1
DT1200			○	○	3	22	1
JTH2AM－210	○				2	20	1
T2RW－210			○	○	2	20	1
T3RW－210				○	3	20	1

（2）按岩石情况选择凿岩机和液压钻臂。一般岩石完整，宜选择长推进器，重型液压钻臂配大功率凿岩机，提高钻孔效率。岩石情况不好，宜选择短推进器配中型凿岩机，采用短进尺，多循环，来提高掘进效率。

（3）若工作面临时支护锚杆较多或使用凿岩台车打系统支护锚杆孔，宜采用配置两个工作平台的凿岩台车，以提高锚杆安装速度。

6.1.5 多臂凿岩台车技术参数

部分型号国内外多臂凿岩台车主要技术参数见表6－6；电脑凿岩台车主要技术参数见表6－7。

表 6-6　　部分型号国内外多臂凿岩台车主要技术参数表

项目		B00MER282（轮式）	BOOMER XL3D（轮式）	JTH2A（轮式）	JTH3200（轮式）	DD320（轮式）	DT1130（轮式）	TZ3（轮式）	SUNWARD（轮轨式）	CLJY12.3（轮式）
钻臂数量/臂		2	3	2	3	2	3	3	2	3
掘进断面（宽×高）/(mm×mm)		8700×6300	14300×11420	8400×7400	13220×8840	8700×6300	18300×10920	14000×12000	12000×8500	12000×8500
孔径范围/mm		45～102	45～102	38～65	38～65	43～51	45～102	38～65	38～65	
最大孔深/m		4600	5800	4000	5244	4000	5800	4000	3900	
凿岩机	型号×台数	COP1638×2	COP1838×3	HD190×2	HD210×3	HL510×2	HLX5×3	3	COP1238×2	3
	冲击功率/kW	16	18	18	20	16	22	16～22	14～20	14～18
	冲击频率/(次/min)	3000	3000	2900	2900			3000		3000
	回转速度/(r/min)	0～310	0～300	0～250	0～250	0～310	0～300	0～340	0～300	0～300
	回转扭矩/(N·m)	660	640	0～540	0～540	400	625	640	500	500
推进器	型号	BMH2800 系列	BMH6800 系列	JE332	GH833	TF500 系列	TF500 系列		AT1541	
	推进器形式	液压油缸-钢缆绳	液压油缸-钢缆绳	液压油缸-钢缆绳	液压油缸-钢缆绳	液压油缸-钢缆绳	液压油缸-钢缆绳	液压油缸-钢缆绳	液压油缸-钢缆绳	液压油缸-钢缆绳
	推进行程/mm	4625	6000	4040	5240	5580	6000	5100	4005	4000
	最大推进力/kN	15	20	18	20	25	25	20	12	12.7
液压钻臂	型号	BUT28	BUT35	JE323	JE331	TB40	TB150		Ab741	
	推进梁补偿长度/mm	1250	1800	1450	1600	1050	1650	1800	1600	1700
	推进梁翻转角度/(°)	360	360	360	360	358	358	360	360	360
	钻臂延伸长度/mm	1250	1600	1400	1600	1350	3200	1650	1600	1600
	钻臂举升角度/(°)	+65/−30	+65/−30	+60/−30	+60/−30	+55/−30	+55/−30	+70/−30	+55/−45	+57/−57
	钻臂摆动角度/(°)	左 0/右 35	±45	左 25/右 45	左 45/右 45	左 0/右 35	±45	±45	±45	±60
工作平台数量/载量/kg		1/500	1/500	1/500	2/500	1/500	1/500	1/500	1/500	1/500
液压系统	液压钻臂工作油压/bar	220	220	220	220	200	200	210	220	250
	冲击回路工作油压/bar	230	230	175	180	120～175	225			
	旋转回路工作油压/bar	150	150	210	210	175	175			
	推进回路工作油压/bar	120	120	220	220	180	180			

续表

项目 \ 型号			B00MER282（轮式）	BOOMER XL3D（轮式）	JTH2A（轮式）	JTH3200（轮式）	DD320（轮式）	DT1130（轮式）	TZ3（轮式）	SUNWARD（轮轨式）	CLJY12.3（轮式）
底盘	发动机	型号	F5L912W	BF6M1013	F6L912W	6BT－5.9	BF4M2012	BF6M1013	2013 CP		TD60D
		功率/kW	63	173	63	122.7	74	170	180		117
		尾气净化装置	水洗	水洗	水洗、触媒自然燃烧式		水洗				
	底盘型号		DC15				TC6	TC11			
	行走速度/(km/h)		10	15	12	9	10	15	12	10	15
	爬坡能力/(°)		15	15	15	15	15	15	18	12	10
动力站	主电机数量×功率/kW		2×45	3×55	2×55	3×55	2×55	3×55	3×55	2×45	3×45
	液压主泵		变量柱塞泵	变量泵＋定量泵	变量柱塞泵	变量柱塞泵	变量柱塞泵	变量柱塞泵	变量柱塞泵	变量柱塞泵	变量柱塞泵
	数量/组		2	3	2	3	2	3	3	2	3
空压机	空压机型式		活塞式	活塞式	活塞式	活塞式	活塞式	活塞式	活塞式	活塞式	活塞式
	功率/kW		7.5	7.5	7.5	7.5	7.5	7.5	7.5	7.5	7.5
增压水泵	压力(进/出)/bar		1/15	1/15	0.5/10	0.5/10	1/15		1/10	1/15	1/15
	功率/kW		5	7.5	5.5	5.5	4	4	7.5	7.5	7.5
电机总功率/kW			150	200	170	188	150	195	153.5	150	163
外形尺寸/mm	长		11820	16565	11500	14270	12480	17780	16000	14130	13000
	宽		1976	2650	2000	2690	1900	3680	2950	3400	2600
	高		2302	3300	3140	4000	2345	3600	3400	3000	3000
整机质量/kg			16600	42000	18000	38000	19510	23000	45000	39500	32000

表 6－7　　　　　　　　　　电脑凿岩台车主要技术参数表

项目		型号 BOOMER XE3c	Sandvik DT1130－SCDATA	Sandvic DT1131i	AMV SIGMA X BOOMS
钻臂数量/臂		3	3	3	3
掘进断面（宽×高）/(mm×mm)		17400×13300	18210×10920	18210×10920	16000×11000
孔径/扩孔/mm		45～64/76～127	43～64/76～127	43～64/76～127	43～64/76～127
最大覆盖面积/m²		198	183	183	180
凿岩机	凿岩控制系统	RCS 钻进控制系统	i－DATA 电脑控制系统		AMV－Bever
	型号	COP1838ME/COP2238	HFX5T/HLX5T	RD525	MONTABERT HC 105
	冲击功率/kW	20/22	24.5/22	25	28
	冲击频率/(次/min)	3600/4380	5160	5580	
	回转速度/(r/min)	0～310	0～340	0～380	0～350
	回转扭矩/(N·m)	640	625	625	610
推进器	型号	BMH6818	TF500－18	TF500－18	AMV
	推进器形式	油缸-钢缆绳	油缸-钢缆绳	油缸-钢缆绳	油缸-钢缆绳
	推进梁总长/mm	7102	7100	7100	7465
	推进行程/mm	5268	5270	5270	5240
	钻杆长度/mm	5530	5520	5520	5500
	最大推进力/kN	20	25	25	12.5
	推进器伸缩行程/mm	1800	1650	1650	2400
	翻转/摆动/外插角度/(°)	360/±180/2	360/±45/1.4	360/±45/1.4	360/±180/2
	推进器倾斜角/(°)	90	±35	±35	
液压钻臂	型号	BUT45	TB150	TB150	AMV
	覆盖面积/m²	198	159	159	
	控制方式	采用极坐标定位	直坐标系定位。液压控制水平和垂直两个方向	直坐标系定位。全电脑控制水平和垂直两个方向	直坐标系定位。全电脑控制水平和垂直两个方向
	钻臂延伸长度/mm	2500	3200	3200	2200
工作平台	型号	HI230－MB	SUB 5iA	SUB 5iA	AMV5
	举升高度/m	14	12	12	11
	载重量/kg	410	510	510	500
	伸缩长度/mm	4500	6000	6000	4800
液压系统	液压钻臂工作油压/bar	220	220	220	210
	冲击回路工作油压/bar	230	235	235	230

续表

项目 \ 型号			BOOMER XE3c	Sandvik DT1130 - SCDATA	Sandvic DT1131i	AMV SIGMA X BOOMS
液压系统	旋转回路工作油压/bar		40～50	175	175	50
	推进回路工作油压/bar		50～70	200	200	200
底盘	型号		DC150	TC11	TC11	AMV 2849
	发动机	型号	TCD6.1 L064V 水冷涡轮增压柴油机	MB OM904 LA 水冷涡轮增压柴油机	MB OM904 LA 水冷涡轮增压柴油机	BF6M 1013 水冷涡轮增压柴油机
		功率/kW	173	110	110	133
	转弯半径（内/外）/mm		5900/11450	6040/11860	6040/11860	6080/12050
	爬坡能力/(°)		14	15	15	13
	离地间隙/mm		483	400	400	450
动力站	型号			HP575	HP575	
	主电机数量×功率/kW		3×75	3×75	3×75	3×75
	液压主泵		双联变量柱塞泵+1个齿轮泵	双联变量柱塞泵+1个齿轮泵	双联变量柱塞泵+1个齿轮泵	双联变量柱塞泵
	数量/组		3	3	3	3
空压机	空压机型式		螺杆式 GAR5	螺杆式	螺杆式	螺杆式
	工作压力/bar		9	7	7	7.5
	流量/(L/s)		26	20	20	20
	功率/kW		7.5	7.5	7.5	15
增压水泵	最大工作压力/bar		15	15	15	20
	最大流量/(L/min)		300	375	375	200
	功率/kW		15	15	15	11
电力总功率/kW			250	250	250	290
外形尺寸/mm	长		17632	17780	17780	16000
	宽		2926	2900	2900	2800
	高		3664	3690	3690	3300
整机质量/kg			43100	40000	48000	45000

6.2 天井钻机

天井钻机（又称反井钻机）指以正向钻出导孔后，反向扩孔方式进行竖、斜井开挖作业钻机。盲天井钻机，指不用钻进导孔而直接用刀盘钻进成井的旋转钻机。

天井钻机是一种机械化程度高、安全高效的竖井、斜井开挖施工机械。天井钻机技术是钻井技术、机械破岩技术和其他相关技术在地下掘进工程建设中的综合应用，解决了长期困扰水电、煤炭、冶金等地下工程建设中竖井、斜井和导井开挖施工难题。使用天井钻机竖井、斜井开挖比传统的吊罐法、爬罐法施工，速度快、效率高、孔斜率偏差小、安全可靠。随着天井钻机设备性能、钻孔精度的提高，天井钻机施工技术日趋完善。

近些年来我国天井钻机制造技术有很大的发展和进步，自行生产的天井钻机已成系列产品，广泛用于煤炭、冶金、水电等竖斜井建设中，并取得良好的工程业绩。

6.2.1 天井钻机适用范围和特点

（1）天井钻机适用范围。天井钻机应用范围很广，地质适应性强，可以完成各类工程竖井、斜井、地下通风井等开挖，天井钻机适用范围见表6-8。

表6-8　天井钻机适用范围表

应用领域	阶段性临时工程	临时工程	永久工程
煤炭系统	各种溜矸孔煤仓、暗井、主井、副井、风井	采区风眼、溜煤眼、溜矸眼、瓦斯抽放孔、安全救护钻孔	通风井、卸料井
水电系统	各种导井（压力管道、调压井、电梯井）	施工期间通风竖井（长大隧洞、地下调压室）	地下永久建筑（厂房、变压室等）通风竖井、观测孔、引水发电洞
其他开采矿井	各种溜井（井筒、矿仓）	采区风眼、溜矿眼、溜渣眼、材料人员井	通风孔等
地下建筑	各种导井	施工期间通风孔	通风井、进出口

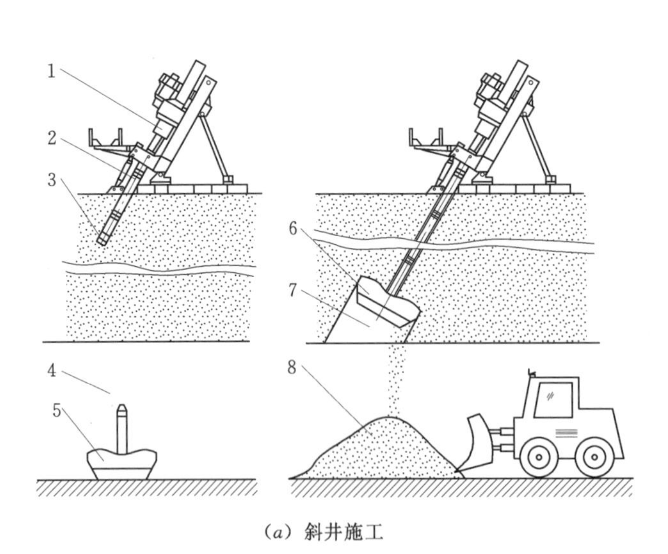

(a) 斜井施工

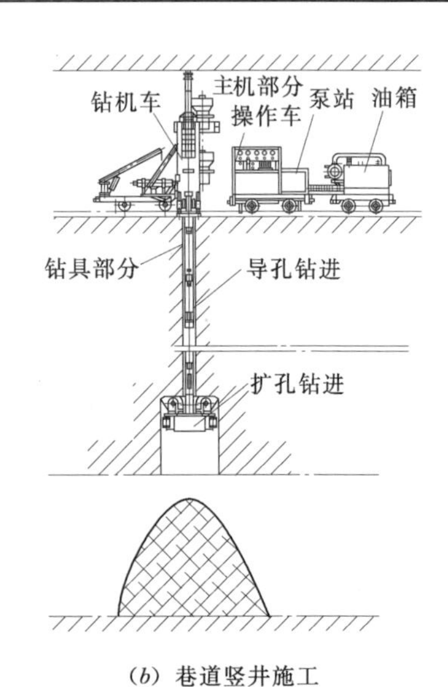

(b) 巷道竖井施工

图6-9　天井钻机施工工艺示意图

1—天井钻机；2—钻杆；3—导孔钻头；4—下水平巷道；5—等候装接的扩孔钻头；6—扩孔工作中的扩孔钻头；7—扩孔后的导井井筒；8—岩渣

（2）天井钻机施工工艺及特点。

1）天井钻机施工工艺。天井钻机施工主要分三个阶段。天井钻机施工工艺见图 6 - 9，竖井施工见图 6 - 10。

(*a*) 主机就位钻导孔

(*b*) 导孔与下平洞贯通

(*c*) 扩孔牙轮刀盘安装完毕

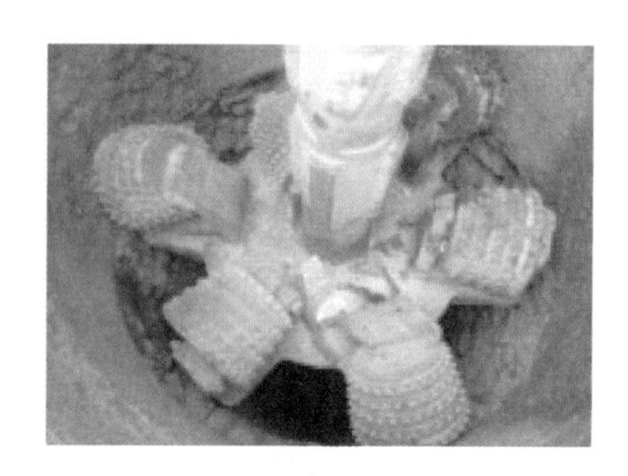

(*d*) 扩孔施工

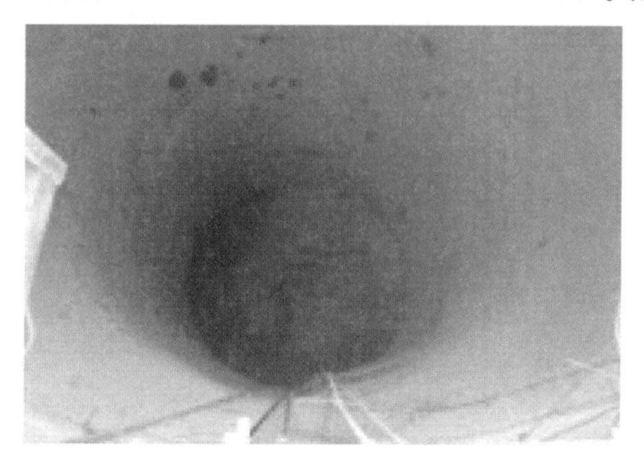

(*e*) 竖井形成

图 6 - 10　竖井施工

A. 施工准备阶段。主机就位，将天井钻机安装在预先浇筑好的混凝土基础上，连接主机风、水、电和液压系统，进行主机运转调试。同时，竖井、斜井底部出渣平洞开始施工。出渣平洞的开挖断面，取决于出渣设备的外形尺寸。

B. 导孔掘进。钻机自上而下钻进导孔。旋转动力头、推进缸产生的扭矩和进给力通过钻杆传递给导孔钻头，通过剪切、挤压、破碎岩石形成导向孔。导向孔直径一般为200～250mm，深度100～300m。掘进时冲洗循环系统自钻杆中心压入泥浆液，浆液携带破碎的岩渣通过钻杆和孔壁形成的环形空间从井口排出。导孔和下部出渣平洞贯通后，导孔掘进结束。

C. 扩孔掘进。在下部出渣平洞拆掉导孔钻头，安装扩孔钻头，进行自下而上的扩孔作业。扩大后的井筒直径一般为1～3m。扩孔钻进时的岩渣落到出渣平洞内，由出渣设备运出。

2）天井钻机施工特点。

A. 施工安全有保障。施工时，作业人员不需进入作业工作面，能确保人员的安全，避免事故的发生。

B. 作业效率高。反井钻机施工为机械化连续作业，速度快，作业工效高。同时，为后续施工创造了良好的施工条件（如导孔形成后，为后续扩挖既可做溜渣井，亦可做通风井），综合效益显著。

C. 成孔质量好。天井钻机通过滚刀剪切和挤压破碎岩石，对围岩破坏小，井壁光滑，有利于扩挖溜渣、通风、排水。

D. 劳动强度低。天井钻机采用液压或电控进行传动、控制，操作简单。钻杆吊装、接、卸等均有机械辅助，作业人员功效高、劳动强度低。

E. 对地质条件要求较高，对操作手操作水平要求高。

（3）天井钻机标识和基本参数。

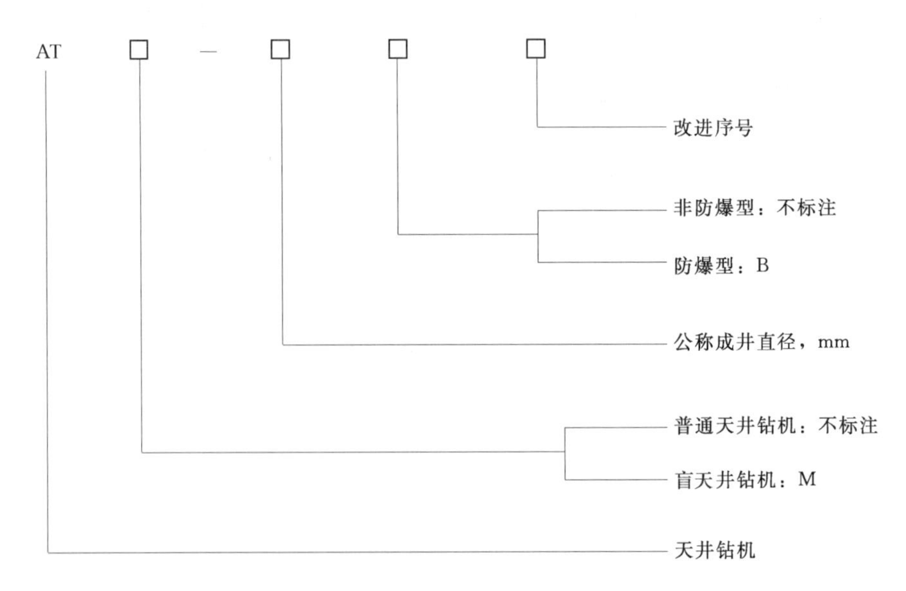

天井钻机基本参数。《天井钻机》（GB/T 1276—2010）规定了天井钻机生产厂产品规格基本技术参数，应满足表6-9中的数据。

表 6-9　　　　　　　　　　　　　　天井钻机基本参数表

<table>
<tr><th colspan="2">基本参数 ＼ 型号</th><th>AT-500</th><th>AT-800</th><th>AT-1000</th><th>AT-1200</th><th>ATM-1200</th><th>AT-1500</th><th>AT-2000</th><th>AT-3000</th></tr>
<tr><td colspan="2">公称成井直径/mm</td><td>500</td><td>800</td><td>1000</td><td>1200</td><td>1200</td><td>1500</td><td>2000</td><td>3000</td></tr>
<tr><td colspan="2">最大钻井深度/m</td><td colspan="3">120</td><td>220</td><td>50</td><td colspan="3">220</td></tr>
<tr><td colspan="2">钻井角度/(°)</td><td colspan="8">60～90</td></tr>
<tr><td rowspan="2">液压系统工作压力/MPa</td><td>主泵</td><td colspan="8">≥25</td></tr>
<tr><td>副泵</td><td colspan="5">≥21</td><td colspan="3">≥25</td></tr>
<tr><td rowspan="3">导孔掘进</td><td>转速/(r/min)</td><td colspan="3">≥32</td><td colspan="5">≥40</td></tr>
<tr><td>推力/kN</td><td colspan="3">≥240</td><td colspan="2">≥320</td><td>≥403</td><td>≥750</td><td>≥950</td></tr>
<tr><td>扭矩/(kN·m)</td><td colspan="3">≥16</td><td colspan="2">≥21</td><td>≥25</td><td>≥35</td><td>≥60</td></tr>
<tr><td rowspan="3">扩孔掘进</td><td>转速/(r/min)</td><td colspan="3">≥16</td><td colspan="5">13</td></tr>
<tr><td>拉力/kN</td><td>≥490</td><td>≥520</td><td>≥556</td><td colspan="2">≥880</td><td>≥1000</td><td>≥1340</td><td>≥1547</td></tr>
<tr><td>扭矩/(kN·m)</td><td>≥13</td><td>≥20</td><td>≥32</td><td colspan="2">≥42</td><td>≥50</td><td>≥70</td><td>≥120</td></tr>
<tr><td colspan="2">总功率/kW</td><td>≤50</td><td>≤60</td><td colspan="4">≤81</td><td>≤145</td><td>≤195</td></tr>
</table>

6.2.2　天井钻机构造

天井钻机采用全液压驱动，各种钻进参数可实现无级调整，抗冲击性好，工作平稳，结构紧凑，安装简单方便。天井钻机主要由主机、液压动力站、钻具［包括钻杆、稳定（导向）钻杆、钻头及扩孔钻头等］、操作台、辅助装置组成。天井钻机主机构造见图6-11。

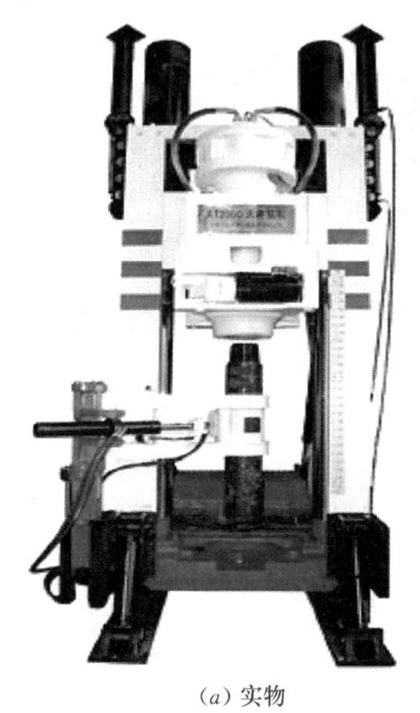

(a) 实物

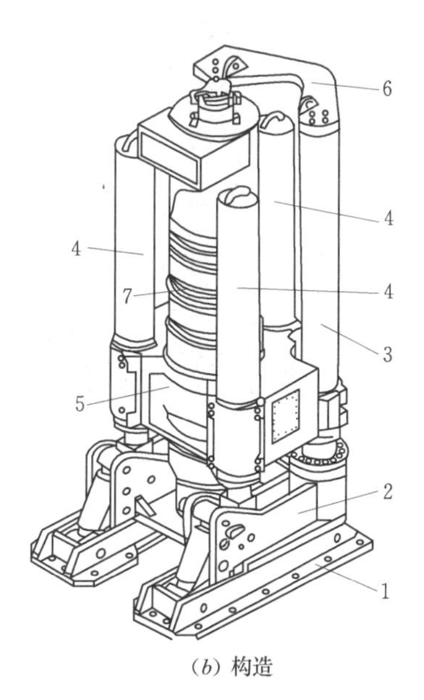

(b) 构造

图 6-11　天井钻机主机构造图

1—钻机机座；2—主机机架；3—导向支柱；4—推进（拉拔）油缸；
5—回转机头；6—顶盖护板；7—机头

（1）主机。主机由机头、推进油缸、导向支柱（机架）和机座等组成。

1）机头。由两台（单台）液压马达通过齿轮减速箱、驱动头构成钻机回转系统。驱动头：与钻杆连接，提供钻孔、扩孔所需的扭矩。驱动头带有浮动余量和棘轮装置，装卸钻杆时使钻杆有上、下浮动，以免由于主轴的升降速度与螺距不一致时，损坏螺纹；驱动头外套上设置了棘轮，配合辅助接杆器便于接换钻杆。

2）推进油缸。目前较为先进的是三缸两柱式结构，该结构整体钢性较强，稳定性好，承载能力大。三只推进油缸三角形布置，中心连线为一等边三角形，三角形中心就是钻机回转中心，对钻具施力均匀，从而保证钻机钻孔时的工作稳定性，提高钻扩孔精度。三只对称布置的推进油缸上、下移动，提供钻孔、扩孔所需的钻压。

3）导向支柱（机架）。导向支柱是机头上下移动的轨道，有圆形导管和槽形导轨两种。钻机工作时，以机架导向，通过推进油缸推拉机头，并带动钻杆、钻头进行钻进。机架与机座铰接，机架的角度可以通过斜撑油缸进行调节，并通过定位螺杆固定，定位螺杆也可以用来微调机架的角度。

4）机座。机座是钻机的基础，机座上部与机架相连，下部用地脚螺栓固定在混凝土基础上。底座还设置了一套四连杆机构，用于钻机的斜孔作业。

（2）液压动力站。由液压泵、电机、控制阀组等组成，提供钻机工作装置工作油压。一般液压系统采用主泵、副泵双回路系统，使回转系统和推进系统各自独立，互不干涉。

（3）钻具。钻具由钻杆（标准长度1m；锥形管螺纹连接）、稳定（导向）钻杆、钻头及扩孔钻头等组成，扩孔刀具和钻杆见图6-12。

(a) 刀具

(b) 钻杆

图6-12　扩孔刀具和钻杆

（4）操作台。用于操控钻、扩孔作业，一般和主机分开设置。

（5）辅助设施。辅助设施有循环水冲洗装置、钻杆辅助起吊装置、接杆机械手等。

6.2.3　天井钻机选择

天井钻机由于施工场地和地质条件适应性强，能承担多种竖、斜井掘进施工，一般选型原则如下。

（1）地质情况。研究作业面地质情况，包括岩石的物理性质、岩层的走向、岩石裂隙发育、水文和地下水等变化情况，为钻机选型和施工提供依据。

（2）导井参数的确定。依据竖井、斜井设计图，确定反井钻机导、扩孔倾角和尺寸。目前，国内外生产反井钻机，钻进倾角 60°～90°；导孔直径 200～250mm；深度 100～300m。

（3）钻机主要技术性能参数。天井钻机整机技术参数较多，其中：推力、提升力、扭矩、转速等主要技术参数，能满足要求。

（4）钻具的选取。依据作业面岩石情况选取导孔、扩孔钻头。国内生产的钻头能适应各类岩石，形式较多，规格齐全。导孔钻头可用通用钻头或牙轮钻头。扩孔钻头。一般采用镶齿多刃盘式结构，适用于抗压强度 300MPa 及以下岩石的钻进。常用规格系列为 1.0、1.2、1.4、1.8、2.0、2.5、3.0、3.5。扩孔盘式刀具选择见表 6-10。

表 6-10　扩孔盘式刀具选择表

滚刀齿型 / 岩石情况	多刃盘式滚刀		
	楔形	楔形-锥形	球形
岩石耐磨性	低	中	高
岩石硬度	软	中硬	坚硬

6.2.4　天井钻机使用要点

首先，导孔掘进是竖、斜井施工的关键环节，控制导孔孔斜度是天井钻机掘进的关键工序。一般可采用控制钻进速度、适时检测导孔斜度和增加导向钻杆等措施来控制孔斜率。

（1）控制导孔钻进速度。天井钻机安装就位后，经调试开始进行钻进作业。从开孔到掘进 10m 深度阶段，宜采用控制推进力来降低钻进速度，钻杆可采用全导向钻杆。待开孔正常后，可逐渐提高钻进速度和减少导向钻杆。合理布置导向钻杆是控制钻孔偏斜的有效措施之一，导向钻杆不宜过多，过多会阻碍洞渣回流，影响钻进速度。经验数据表明，导向钻杆按钻杆总量的 20%～30%配备。

（2）适时检查导孔斜度。适时检查导孔斜度是保证导孔精度的重要手段。要定时检查导孔斜度，在遇到地质发生变化和涌水，要增加检查频次，为纠偏方案提供依据。一般的纠偏措施，增加导向钻杆，降低钻进速度。遇到围岩断层、涌水、渗水等，则采用灌浆后，重新钻进。

（3）扩孔。导孔形成后，安装扩孔刀具，进行扩孔作业。扩孔作业开始时，因多刃滚刀还未全部接触岩石，亦采用低转速，小拉拔力掘进。待钻头全部均匀接触岩石后，方能正常扩孔钻进。扩孔作业阶段要保证有足够量的冲洗水，以满足冲渣和冷却滚刀的要求。

（4）辅助设备要确保正常运行。导孔、扩孔作业期间，要确保动力装置、冷却装置和其他辅助设施工作正常，以防止卡钻、堵孔的情况发生。

6.2.5　天井钻机技术参数

AT/ZFY、LM 系列天井钻机主要技术参数见表 6-11。

表 6-11 AT/ZFY、LM 系列天井钻机主要技术参数表

项目 \ 型号	AT1000 ZFY0.9/100	AT1200 ZFY1.2/100（A）	AT1500 ZFY1.5/100（A）	AT2000 ZFY2.0/100（A）	FZYD-1200	FZYD-1500	ZFYD-2500	AFY1200	LM1.2/120（LM-120）	LM1.4/200（LM-200）	LM1.4/280（LM-280）	LM1.4300（LM-300）
导孔直径/mm	216	215～245	250	280	200	250	250	250	244	216	250	250
扩孔直径/m	0.9～1.0	1.2	1.5	1.8～2.5	1.2	1.5	2.5	1500	1200	1400	1400	1400
钻井深度/m	100	100	100	250	200	100	100	200	120	200	280	300
钻孔推压力/kN	240	320	450	1200	170	222.5	222.5	490	250	350	700	550
扩孔拉拔力/kN	556	880	883	2200	440	1154	1470	880	500	850	1250	1300
钻机摆角/(°)	60～90							45～90	60～90	60～90	60～90	60～90
钻孔偏斜率/%	≤1								≤1			
额定转速/(r/min)	钻孔：0～32 扩孔：0～16	钻孔：0～26 扩孔：0～13	钻孔：0～40 扩孔：0～13	钻孔：0～32 扩孔：0～16	钻孔：0～52 扩孔：0～26	钻孔：0～35 扩孔：0～17	钻孔：0～35 扩孔：0～12	钻孔：0～27 扩孔：0～13	5～33	5～33	5～33	钻孔： 5～36
额定扭矩/(kN·m)	钻孔：16 扩孔：32	钻孔：21 扩孔：42	钻孔：25 扩孔：50	钻孔：50 扩孔：100	10.7～21.5	22～44	68.5～98	钻孔：18 扩孔：39	钻孔：15 扩孔：30	钻孔：20 扩孔：40	钻孔：25 扩孔：52	钻孔：36 扩孔：70
轨距/mm	600～900											
额定电压/V	380/660/1140											
电动机总功率/kW	85	90	90	150	62.5	121	166.5	90	66	86	86	129.6
外形尺寸/mm 长	2940	4200	3050	4550	1915	2265	2690	3000	2290	3230	3280	3280
外形尺寸/mm 宽	1320	1800	1630	1380	1020	1245	1590	1800	1110	1770	1810	1810
外形尺寸/mm 高	2833	2900	3289	4030	2500	2764	2900	3400	1430	3448	3488	3488
机重/t		10	10	13	3.65	6.5	9.4	6.4	6	8.3	12	10

注 AT 系列：非煤企业型；ZFY 系列：煤炭企业防爆型。

6.3 爬罐

爬罐是用于竖井、斜井掘进专用施工机械，其施工方法是作业人员在工作平台自下而上完成竖井、斜井掘进，称之为“爬罐法”。用爬罐施工竖井、斜井实现了凿岩和出渣工序平行作业，大大提高了作业效率。爬罐法施工自20世纪50年代开始采用并得到迅速发展，成为竖井和斜井开挖最常用的施工方法，特别是挪威、瑞典等几个国家应用较多。我国自20世纪80年代开始引进阿里玛克爬罐，并在多个水电站的竖井、斜井施工中使用，取得了较好的效果。如：鲁布革水电站、十三陵抽水蓄能电站、泰安抽水蓄能电站、西龙池抽水蓄能电站等工程。国内使用较多的爬罐是阿里马克生产的各系列爬罐。国内爬罐生产厂家较少，生产的爬罐开挖导井直径2m、高度200m左右。

6.3.1 爬罐作业工序

爬罐是在专门敷设的轨道上上下移动，主罐设有工作平台，作业人员在平台上完成钻孔、装药、清撬危岩、接轨等作业工序，爬罐作业工序见图6-13。

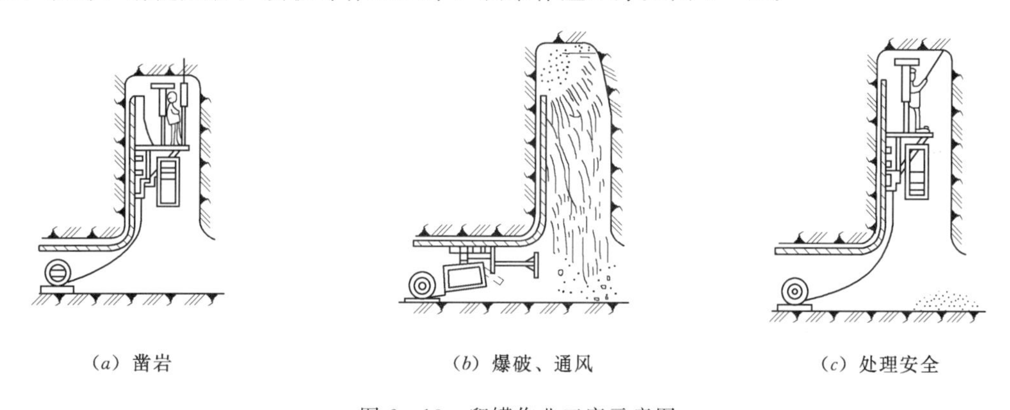

图6-13 爬罐作业工序示意图

6.3.2 爬罐的构造

爬罐驱动有风动、电动和柴油机液压驱动三种型式。一般情况下，掘进高度小于200m时，采用压缩空气做动力，驱动风动马达爬升；掘进高度在200～500m之间时，采用电力驱动爬升；掘进高度在大于500m时，多采用液压驱动爬升。凿岩作业一般用风动凿岩机。

爬罐构造由主爬罐、副爬罐、轨道、安全装置、风水电系统、通信系统等构成。爬罐系统组成见图6-14。

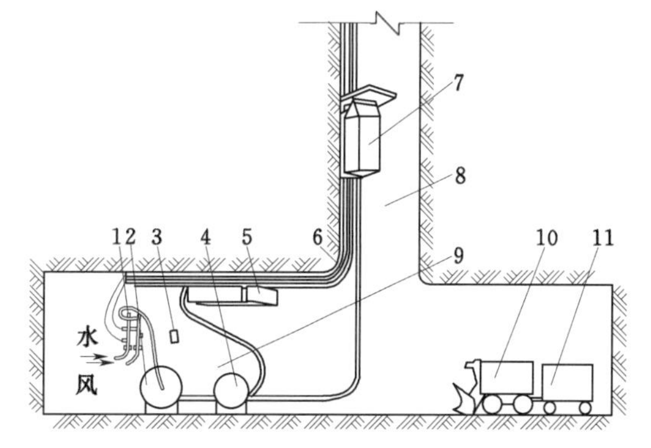

图6-14 爬罐系统组成示意图

1—风、水分配器；2—主爬罐软管绞车；3—通信联络装置；4—辅助爬罐软管绞车；5—副爬罐；6—爬罐运行导轨；7—主爬罐；8—竖井；9—设备安装存放洞室；10、11—出渣设备

主爬罐：主爬罐设有工作平台，用于操作人员钻孔、装药、处理安全等作业。

副爬罐：副爬罐和主爬罐共用一条轨道，独立运行。用于运送作业人员、材料等，紧急情况也用于救援。

轨道：用于主罐、副罐爬行轨道。爬罐上的爬行齿轮与导轨上的齿条相啮合，使爬罐沿导轨爬升。导轨是分段组装而成，用锚栓固定在岩壁上。一般有直轨和弧形轨道。直轨有1m和2m长度规格。弧形轨道有多种配置以满足不同曲率半径圆弧。

安全装置：在主罐上设有可升降安全棚以保证作业人员不被岩石砸伤。传动系统设有安全制动器保证主罐、副罐正常升降，一般有手动制动器和超速离心制动器。工作时用锁定装置固定主罐，保证作业人员正常工作。

风水电系统：风水电是提供爬罐行走和凿岩作业动力。爬罐行走装置有气动马达、电动马达和柴油机驱动三种型式，有单台驱动和双台驱动。风水电管路沿导轨布置。

通信系统：用于作业人员上下联系，多用无线对讲机。

6.3.3 爬罐使用要点

（1）爬罐安装前，要综合考虑爬罐进入竖井、斜井段施工、安装措施。一般在出渣平洞开挖一个安装场，支护锚固后方可进行爬罐安装。

（2）为保证爬罐能安全平稳爬升，爬罐轨道安装十分重要。爬罐轨道安装时，一般用膨胀螺栓和锚杆将轨道牢牢固定在井壁上。同时，采取必要的措施保证轨道的安装精度，否则会导致轨道偏斜，影响爬罐正常爬升。

（3）凿岩作业在主罐工作平台上进行，多采用手风钻造孔，乳化炸药、非电雷管分段引爆。要严格按照爆破设计的要求布孔和装药，确保爆破后石渣粒径均匀，避免石渣下落对轨道、电缆、风水管路等造成损坏。

（4）爆破石渣应顺导井溜至下平洞后运出，现场布置时要考虑避免出渣与爬罐开挖交叉干扰问题。

（5）爬罐施工中要及时了解地质变化情况。为避免因地质变化引起的塌方、涌水等，应有相应的预案应对，确保施工安全。

（6）爬罐在运行中发生故障，应立即进行救援及抢修，切勿带病运行。

（7）安全装置是保证爬罐安全运行的关键。安全制动器要每天检查，确保正常工作。

（8）加强安全培训的力度，确保作业人员严格按操作规程操作，持证上岗。

（9）爬罐运行前，主爬罐、副爬罐安全装置必须进行空载及负载试验。

（10）通信系统要保证畅通。

6.4 全断面掘进机

全断面掘进机（Full Face Tunnel Boring Machine，简称TBM）包括全断面岩石掘进机（Full Face Rock Tunnel Boring Machine，简称TBM）和盾构机（Tunnelling Shield Machine，简称Shielded TBM），但习惯上所称掘进机（TBM）是专指全断面岩石掘进机。全断面掘进机是用机械能破碎隧洞掌子面、随即将破碎石渣连续向后输出并获得预期洞形、洞线的机器，是集机械、电子、液压、激光、控制等技术为一体，高度机械化和自动化大型隧洞开挖衬砌成套设备，具有高效、优质、安全、经济、对岩体扰动小、有利于环境保护和降低劳动强度等优点；但它也有一次性投资较大、对地质条件依赖性大、设备的型号一经确定后开挖断面尺寸较难更改等不足。在单位成本上，掘进机施工随掘进速度的提高而降低，国内很多工程的投标单价已接近或低于钻爆法。许多具有实际经验的掘进机专家都认为：采用掘进机开挖隧洞工程的成功在于正确选择适合地质条件的掘进机机型（产品质量可靠、功能齐备）以及一支能力强、经验丰富的施工队伍。

一般来说，直径在1.5～14m之间的圆形隧洞都适合采用掘进机施工，特别是水工输水隧洞，在断面上能得到充分利用。掘进机可以开挖较大坡度变化范围的隧洞，以满足工程设计需要，但施工中坡度受所选运输方式的限制，轨道运输时坡度不能大于1：6，采用无轨运输时的坡度也受牵引车辆能力的限制；而国内外广泛采用的连续皮带输送机可完成较大坡度条件下的渣料运输。因此，掘进机已广泛应用于水利水电、铁路、交通、煤矿、城市地下工程、油气管道及国防隧洞工程中，尤其在长大深隧洞施工中，具有钻爆法无可比拟的优势。

自1952年美国罗宾斯（ROBBINS）公司生产第一台直径8m掘进机以来，经过60多年的发展在技术上已经成熟，尤其是开挖3km以上的长隧洞，更能发挥其优势。一般来说，当隧洞长度与直径之比大于600时，采用全断面掘进机施工是经济的。对于1km以下的短洞或地质特别复杂（如大规模岩溶、涌水、断层兼有）的隧洞，全断面掘进机难以发挥其优势。

随着我国基础工程建设规模不断扩大，单线长、大断面隧洞采用掘进机施工项目相继建成。如：秦岭铁路隧洞、引大入秦引水隧洞、万家寨引黄入晋引水隧洞、天生桥二级水电站引水隧洞、大伙房引水隧洞等，掘进机施工得到了长足的进步。有些项目在使用中相继刷新了全断面掘进机掘进世界纪录，并创造了良好的经济效益。全断面掘进机成功运用为后续项目提供了有力例证，使得全断面掘进机在我国推广使用形成了良性循环。

我国全断面掘进机研制起步较晚，1966年在原上海水工机械厂生产出首台直径为3.4m敞开式掘进机，并达到实用阶段，之后由于技术性能、产品质量等原因停止了研发。自20世纪90年代初，随着国内进口掘进机数量的增多，加大了技术引进和技术合作。目前，已有多个厂家研发生产的全断面掘进机和后配套投入使用，并取得了较好的社会效益和经济效益。

6.4.1 掘进机分类

随着掘进技术和制造技术的发展，全断面掘进机已发展成为一个庞大的家族，按照不同的分类标准有不同的分类方法，主要方法如下。

（1）按掘进机体与推进机构是否联合一体分为：整体式、分体式。

（2）按开挖洞线分为：水平洞、竖井、斜井。

（3）按开挖隧洞掌子面是否需要压力稳定分为：常压式、增压式。

（4）按掘进机的头部形状分为：臂架式、刀盘式。

（5）按掘进机是否带有盾壳分为：敞开式、护盾式。

（6）按掘进机盾壳的数量分为：单护盾、双护盾和三护盾。

（7）按开挖断面的形状分为：圆形断面、非圆形断面、球冠形断面。

（8）按成洞开挖次数分为：一次成洞、先导后扩挖等。

全断面掘进机分类见图 6-15，常用全断面掘进机见图 6-16。

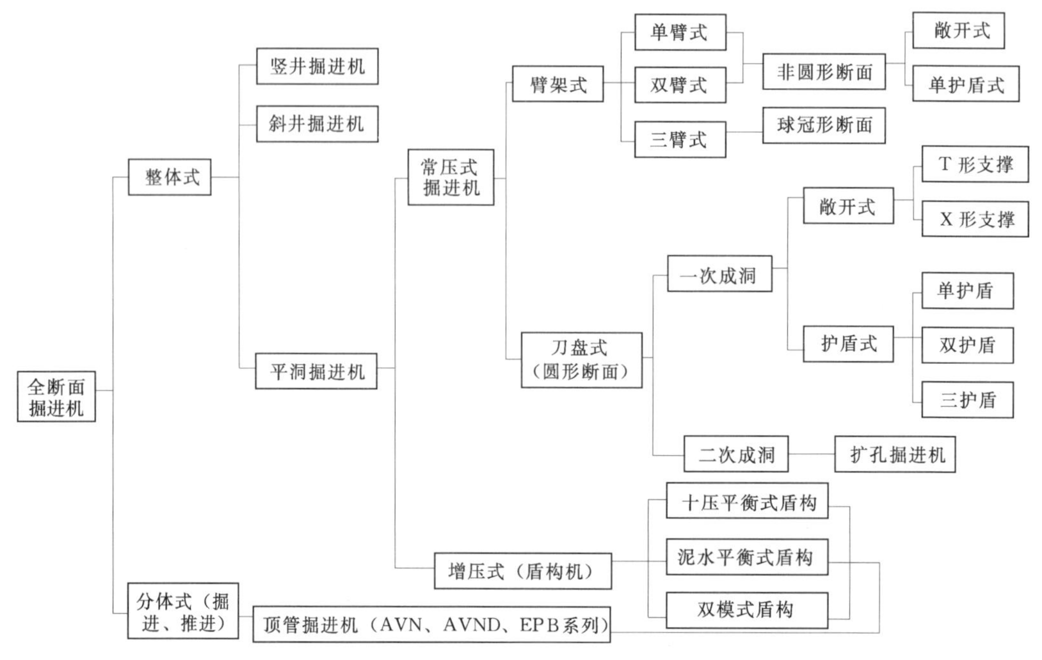

图 6-15　全断面掘进机分类图

(*a*) 敞开式全断面硬岩掘进机

(*b*) 护盾式全断面掘进机

图 6-16　常用全断面掘进机

6.4.2 敞开式掘进机

敞开式掘进机（也称支撑式掘进机）刀盘后面没有护盾防护，是敞开的。敞开式掘进机有单支撑（T形）和双支撑（X形）两种典型结构型式。21世纪初，德国海瑞克公司又研发了小微断面（开挖直径2.5～4.5m）的格构式掘进机，该结构省去了主机大梁，采用六个推进油缸，降低了主机总重量，具有较高的推力和良好的抗扭转性能，易于精准纠偏（纠偏半径小），但不太适用于抗压强度较高的花岗岩围岩。敞开式掘进机见图6-17。

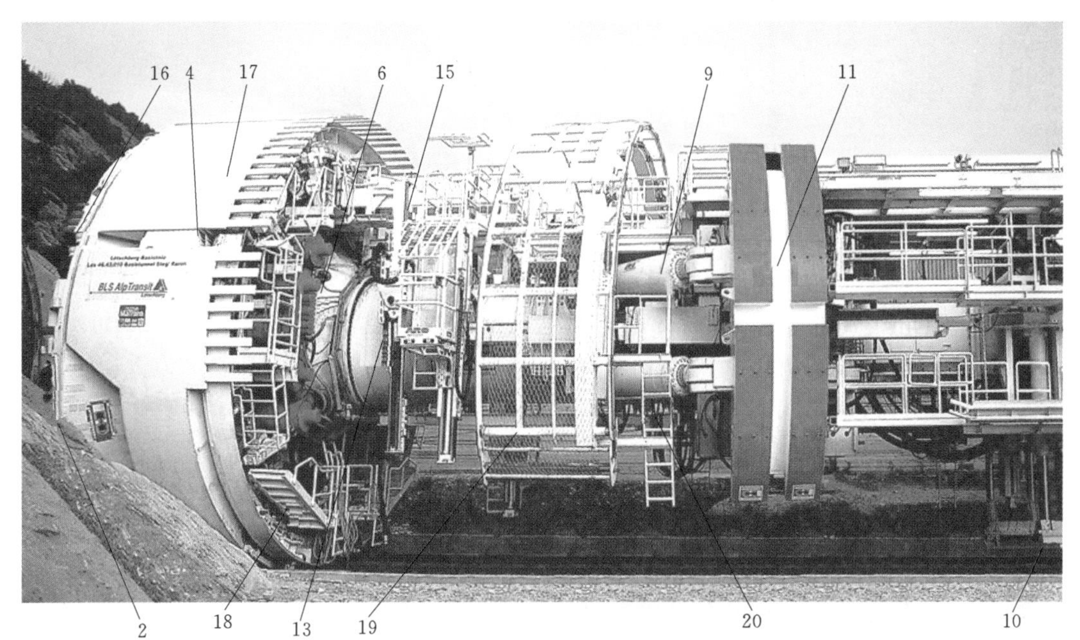

(*a*) 单支撑（T形）敞开式掘进机

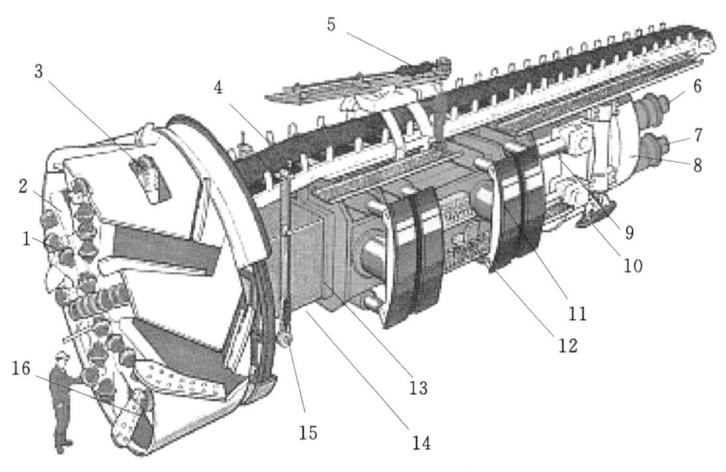

(*b*) 双支撑（X形）敞开式掘进机

图6-17（一）　敞开式掘进机

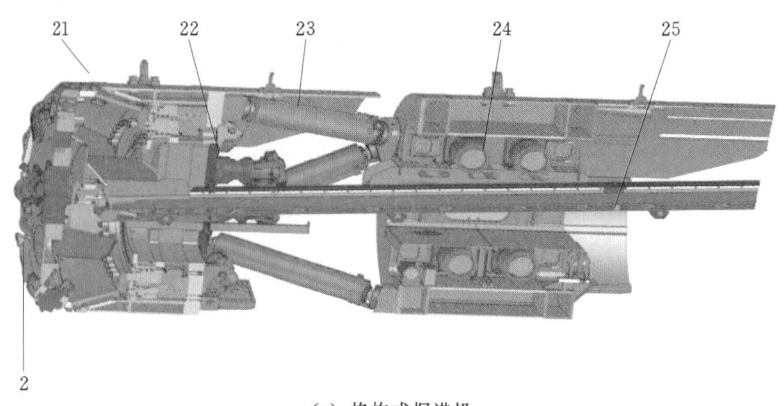

(c) 格构式掘进机

图 6-17（二） 敞开式掘进机

1—盘形滚刀；2—刀盘；3—扩孔滚刀；4—出渣皮带机；5—超前钻机；6—驱动电机；7—行星齿轮减速箱；8—末级传动；9—推进油缸；10—后下支撑；11—水平支撑靴；12—操作室；13—外机架；14—内机架；15—锚杆钻机；16—铲斗；17—顶护盾；18—环形支撑安装机构；19—环形钢筋网安装机构；20—人行爬梯；21—前盾；22—主驱动；23—主推油缸；24—撑靴；25—输送皮带

（1）敞开式掘进机工作原理和作业循环。敞开式掘进机工作原理：破岩刀具均采用盘形滚刀。掘进机水平支撑靴撑紧洞壁以承受掘进时刀盘反作用力和反扭矩；刀盘旋转，安装在刀盘上的盘形滚刀（随刀盘旋转公转，同时自身自转）在推进液压缸推力作用下锲刃挤压岩石。同时，在刀盘回转作用下，盘形滚刀沿同心圆轨迹滚动剪切破碎岩石，岩渣靠自重掉入洞底，由铲斗经溜槽落入配套皮带机出渣，完成掘进循环。掘进机破岩出渣见图 6-18。

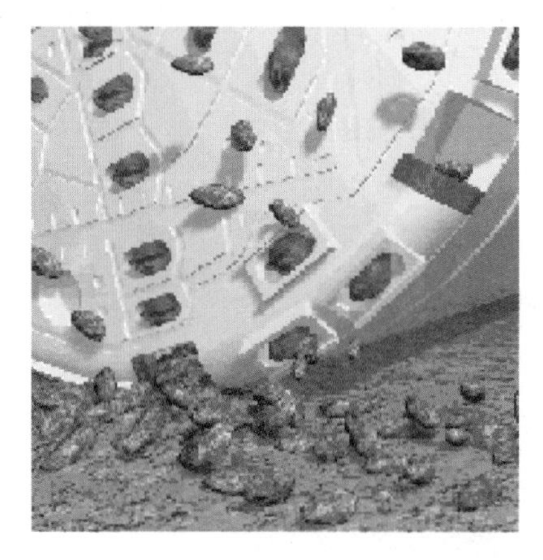

(a) 岩石被挤压破碎成碎块

(b) 岩石碎块通过主机皮带机运输

图 6-18 掘进机破岩出渣

敞开式掘进机作业循环由掘进作业和换步作业组成，敞开式掘进机掘进见图 6-19。

1）掘进行程见图 6-19（a）和（b）。支撑靴撑紧洞壁，前、后下支撑回缩（罗宾斯机型前下支撑接触洞底不能回缩），刀盘由主电动机带动旋转，推进油缸推进刀盘掘进。

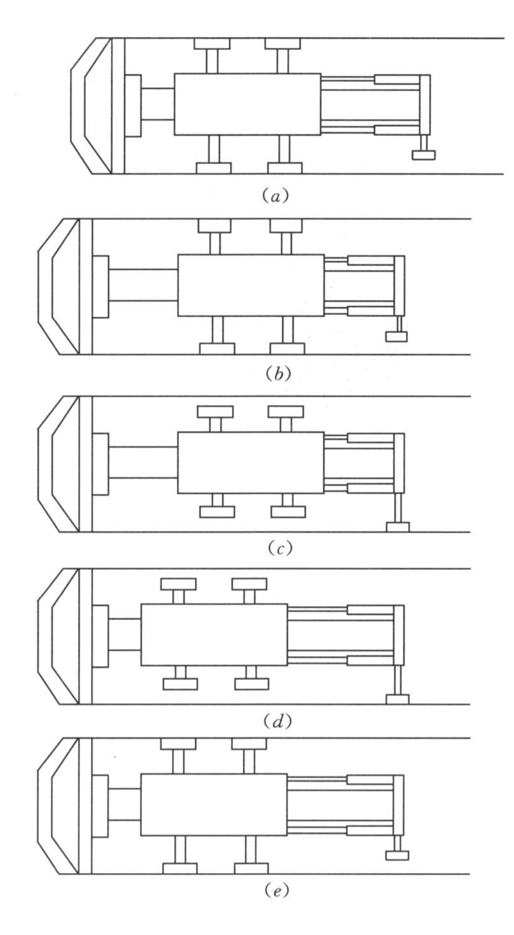

图 6-19　敞开式掘进机掘进示意图

2）换步行程见图 6-19（*c*）和（*d*）。前、后下支撑承地，刀盘停止旋转，支撑靴回缩，推进油缸带动支撑靴和外机架前行复位。

3）支撑靴撑紧洞壁，前、后下支撑回缩，准备下一个掘进行程［见图 6-19（*e*）］。

（2）敞开式掘进机基本构造。敞开式掘进机一般由主机和后配套设备两大部分组成，掘进机构造见图 6-20。

1）主机：由刀盘部件、导向壳体、驱动系统、推进油缸、后支撑、出渣皮带机等组成。

A. 刀盘部件。用于布置破碎岩石的刀具，分中心刀、正刀和边刀，在边刀最外侧还安装有仿形超挖刀（可在 0～30mm 范围调整，开挖直径可扩大 60mm），以确保掘进机正常掘进，掘进机刀具见图 6-21。

滚刀主要由刀圈、刀体、轴承和心轴等组成，这些主要部件均可拆卸，磨损、损坏后可更换。掘进机施工中每延米刀具的消耗费用是一个重要的经济衡量指标，而刀具的寿命又直接决定了换刀次数和换刀停机时间（换刀时间一般占全部时间的 10%～20%），

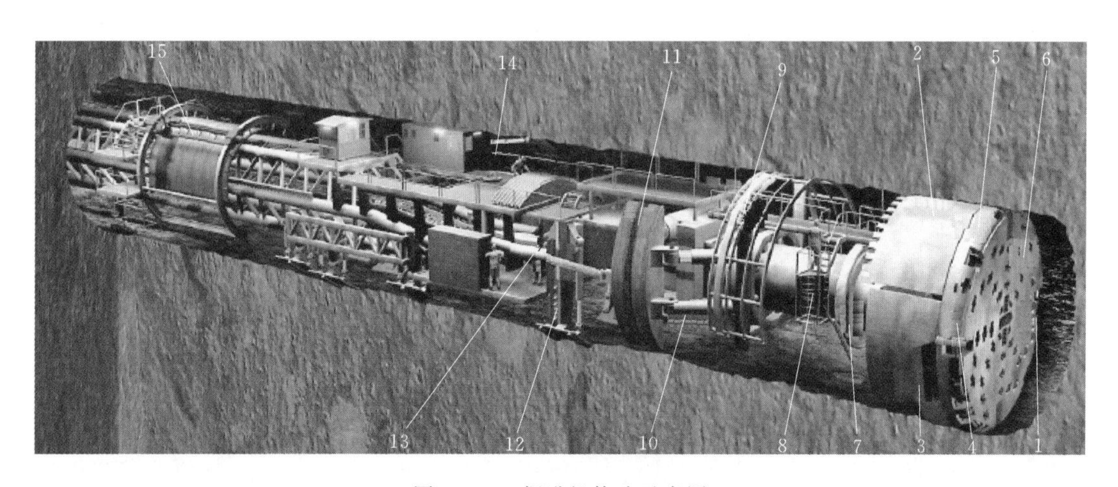

图 6-20　掘进机构造示意图

1—刀盘部件；2—顶护盾；3—刀盘支承壳体；4—铲斗；5—超挖刀；6—喷水嘴；7—锚杆钻机；8—人行爬梯；9—钢筋网安装机；10—推进油缸；11—水平支撑靴板；12—后下支承；13—牵引油缸；14—升降机；15—混凝土喷射机构

(a) 双刃中心滚刀

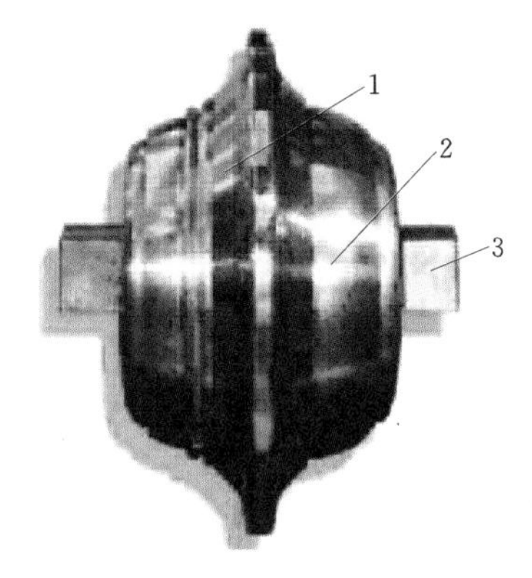

(b) 单刃滚刀（正刀）

图 6-21 掘进机刀具

1—刀圈；2—刀体；3—心轴；4—刀座

刀具使用寿命直接影响了开挖成本和掘进效率。TBM 制造商都非常重视刀具尤其是刀圈规格、材料的研发，国内多家企业对刀具、刀圈的研制已达到实用的良好成绩，但与国外刀具、刀圈质量相比还有一定差距，主要问题是原材料的质量、热处理工艺和热处理设备等方面还存在差距。常用刀圈材料钢号及化学成分见表 6-12。

表 6-12　　常用刀圈材料钢号及化学成分比较表

材料及钢号	化学成分/%									
	C	V	Cr	Mo	Ni	Si	Mn	S	P	Cu
40CrNiMoA	0.380		0.890	0.240	1.460	0.240	0.670	0.016	0.012	0.090
AISI4340	0.385		0.820	0.230	1.750	0.220	0.730	0.016	0.012	0.090
X50CrVMo5-1	0.48—0.53	0.80—1.00	4.80—5.20	1.25—1.45		0.80—1.10	0.20—0.40	≤0.03	≤0.03	

刀盘轴承。刀盘轴承连接刀盘部件并起支撑作用，刀盘轴承是决定掘进机大修使用寿命的最关键部件。刀盘轴承除承受刀盘推进时的巨大推力和倾覆力矩外，同时还承受刀盘回转时巨大的回转力矩，其结构型式采用双列圆锥滚柱轴承（适用于开挖岩石抗压强度小于 150MPa 的掘进机）、三排三列滚柱轴承（适用于较小直径的掘进机）和三排四列滚柱轴承（适用于开挖岩石抗压强度大于 150MPa 的较大直径掘进机）。目前经验数据表明，刀盘轴承的使用寿命一般为 10000～20000h。

B. 导向壳体。导向壳体是重型焊接构件，其上安装刀盘轴承外圈（轴承内圈与刀盘相连）。行星齿轮减速机构套入壳体内并与刀盘回转驱动电机连接。在壳体顶部安装顶护盾，防止碎石掉落及稳定机器前部。导向壳体两侧装有侧向支撑装置，由液压油缸撑紧洞壁，起稳定刀盘和水平调向的作用。

C. 驱动系统。刀盘驱动系统一般由多组电动机—离合器—行星齿轮减速器—末级传动等组成，其中行星齿轮减速器和末级传动是关键部件。由于掘进过程中围岩变化复杂，减速器长时间连续运转，冲击负荷力、扭矩变化大。因此，普遍采用双排行星齿轮减速器，以满足传动比大、强度高、润滑性能好的要求。末级传动的大（内）齿圈直径大，多个小齿轮与同一大（内）齿圈啮合传动，要求同步啮合，避免干涉而造成齿廓破坏。德国维尔特公司驱动系统曾采用液压马达驱动，以实现无级变速，简化了传动系统，能适应岩石软硬等复杂变化的工况，且安全可靠。但液压驱动发热量大、维修复杂，在洞内施工是个突出问题，没有普遍使用。

D. 推进油缸。推进油缸是推动掘进机前进破岩的主要机构，通常选偶数对称布置在主梁两侧。推进油缸有三种连接方式：①水平支撑靴板与导向壳体之间的连接；②水平支撑靴板与内机架之间的连接；③外机架与内机架的连接。前两种方式推进油缸与掘进方向有一夹角，油缸推进力受到部分损失，但从刀盘到洞壁的反推力传递不经过水平支撑油缸，水平支撑油缸不承受反推力的传递。掘进机掘进时推进油缸承受巨大的冲击反力及振动，严重影响水平支撑靴板的稳定及铰接点的强度。有些公司在支撑靴板铰接点处增设了减振板簧，缓解冲击振动。第三种方式推进油缸和掘进方向无夹角，推进力无损失，但水平支撑油缸承受反推力的传递，水平支撑油缸结构需要加强抗弯刚度与强度。推进油缸两端用球铰连接，同时配置防止油缸体回转的装置。另外，推进油缸的进出油口均宜布置在油缸下部，油缸活塞杆上部用滑移式钢板罩罩上，以免落石砸坏活塞杆，有些公司在外机架和水平支撑油缸之间安装了扭矩油缸用于掘进机垂直方向的调整和纠偏。

E. 后支撑。后支撑是用于支撑掘进机尾部的机构，一般直接与主梁用高强度螺栓连接，还可通过滑套架与主梁连接。滑套架依靠液压油缸沿主梁实现移位，以便掘进遇破碎带时，通过位移找到最佳后支撑点。

F. 出渣皮带机。出渣皮带机由溜渣槽、皮带机和主机后部的转载料斗组成，由此将岩渣运至后配套转载皮带机上。由于地下裂隙水和用于降温、除尘的刀盘喷水等原因，掘进机初始掘进时岩渣中所带水分较多，极易形成出渣皮带机头部岩浆泄漏和岩渣掉落，而这种岩浆凝固结块后很难铲除，施工时要注意及时清理。另外，根据工程实践经验，如果制造商能够在导向壳体下部设计一台易于更换的污水排除设备，可有效解决上述问题。

2）后配套设备。主要由电气系统、液压系统、润滑系统、空气系统、支护系统等组成。

A. 电气系统。掘进机的破岩、运渣过程是一个由电能转化为机械能不断做功的过程，具有耗电量大、负荷波动大、电动机单机功率大等特点。因此，必须保证掘进机的供电网络具有足够大的电源容量和抗冲击能力。另外，掘进机是在阴暗潮湿的山洞中工作，潮湿、粉尘、振动等恶劣的工作环境对电气设备及其保护系统都提出了更高的要求（在高海拔缺氧地带还有更特殊的要求需要关注）。

掘进机一般都采用高压供电方式，洞外变电所的10kV或6kV高压电源经高压电缆进洞接入后配套上的变压器高压侧，根据需要的容量和电压等级变更为如下数值。

主机驱动工作电压：660V、400V；

液压、润滑泵及辅助设备电动机：400V（或220V）；

控制、照明电源：220V（或110V）；

直流安全电压：36V（或24V、12V）。

掘进机开挖直径越大，总装机功率也越大，考虑出渣系统、后配套辅助设施、通风除尘、照明、排水及其他用电，掘进机系统装机总功率（kW）一般经验估算为500～750倍的开挖直径（m）。

另外，一般在后配套系统上还需要布置一台应急发电机（一般150～500kVA），当进洞高压电缆或电路意外断电时，确保主配电盘及操纵控制室、主机照明、电缆卷筒动力、排水、通风等设备供电。

B. 液压系统。掘进机除掘进时刀盘回转采用电动机直接驱动（德国维尔特公司曾生产采用液压马达驱动，后未普及）外，其他的运动几乎均由液压系统控制（包括利用油缸实现的直线运动和利用液压马达实现的转动等）。掘进机液压系统一般将推进和水平支撑设为两个相对独立的系统，由于这两个系统的外载荷随岩性的变化而改变，所以一般采用变量泵；对于后支撑、侧支撑、顶护盾、支护设备等外载荷较稳定的设备，一般采用定量泵。支撑系统（水平支撑、后支撑、顶护盾、侧护盾等）都需要长期保压功能，油缸都设有高性能液压锁，液压锁安装在回路的软管之前靠近执行元件处，以确保软管破裂时液压锁继续有效。

C. 润滑系统。润滑系统是确保掘进机正常作业的关键系统。其中刀盘大轴承的润滑尤为重要。刀盘大轴承润滑一般与刀盘驱动系统进行连锁，当润滑系统出现故障时，刀盘自动停止回转，以便及时检查、处理故障，避免发生事故。润滑系统分为三类：①油液式，如大轴承、大齿圈、行星齿轮减速器、滚刀、皮带机驱动滚筒等；②油脂式，如各油缸铰支点、主梁导轨、大密封前迷宫式密封、锚杆机及运送吊机滑动副等；③混合式，如脂液混合（长轴鼓型齿联轴器）、气液混合（大轴承内外密封）。

D. 空气系统。空气系统是掘进机中一个较为简单的系统，分为压缩空气和多级串联的轴流风机两个独立的系统，分别完成气泵、空气离合器、油雾气供气和新鲜空气的供气。在后配套平台车上，一般配有0.1MPa，10～20m^3/min空压机及2m^{3}储气罐，所产生的压缩空气用于刀盘驱动系统的空气离合器、主梁轨道和大轴承润滑气泵。在洞外设置多级串联的轴流风机将洞外新鲜空气压入洞内，出风口设在司机室附近，以确保操作人员获得足量的新鲜空气。由于掘进机不断向前推进，后配套平台车上安装了风管伸缩机构，以便连续掘进一节风管长度后加接新的风管与挂在洞壁上的风管相连接，确保新鲜空气不间断输送到司机室附近。

E. 支护系统。为了适应掘进机通过不良地质洞段，在不同部位安装了相应的支护设施，如超前钻机、锚杆钻机、圈梁安装器、钢筋网安装机构、混凝土喷射系统等。①超前钻机位于机头后面（与锚杆钻机共用时可轴向90°回转），安装在圆弧形机座上，配备液压延伸机构和导向机构，由液压马达驱动，钻杆直径32～65mm，钻孔深30～50m，作为探测不良地质洞段、灌浆固结围岩及建立管棚之用；②锚杆钻机一般设在顶护盾后的主梁上或主梁两侧，左右各一台，主管隧洞顶部240°范围内的钻孔，还可前后移动约2m进行钻孔，每台锚杆钻机可单独操作，进行伸长、铰接转动、定位、旋转、冲击、进给和退回运动，钻头直径32～42mm，钻孔深6m左右；③圈梁安装器位于内机架前端，配有夹住钢环梁的机械手，可以把分段圈梁提升、旋转、就位、轴向移位伸长和收缩等运动，分段圈梁可以逐节（一般五节为一圈）拼装，最后由液压张紧器撑紧在洞壁上；圈梁安装工作在顶护盾保护下进行，可遥控操作完成；圈梁的间距可根据围岩破碎程度调整，但要与水平支撑靴板上的凹槽间距相匹配；④钢筋网安装机构位于顶护盾的后面，预制好的钢筋网从后配套平台车运到环形架的特别托盘上，托盘顶升，钢筋网被扣紧；环形架能够转动和前后移动；⑤后配套平台前端设置1～2套混凝土喷射系统，每套系统安装两台湿式混凝土喷射机，喷射机喷头除进行前后移动作业外，还可以做弧形摆动。为了减轻劳动强度，可遥控操作。

6.4.3 护盾式掘进机

最早的全断面掘进机是针对开挖围岩较完整的隧洞而设计制造，隧洞围岩大都有较好的自稳性。因此，掘进机只要在机头安装一个简单的顶护盾即可安全工作，即使遇到局部不稳定的围岩，也可以利用安装在掘进机刀盘后面机架上的设备进行临时支护（如打锚杆、架钢支撑、钢筋网、喷混凝土等），或实施超前钻进行小导管管棚施工，待掌子面围岩稳定后再掘进。但在工程实践中，掘进机常常会遇到复杂的地质情况（如断层、破碎带、涌水、岩爆、岩溶等），仅采用上述临时支护措施就难以稳定围岩。尤其在破碎岩层掘进时，围岩抗压强度低于掘进机支撑靴最小支撑比压，以至掘进机难以获得有效支撑而导致不能正常掘进。为了扩大掘进机适用范围，研发了护盾式掘进机。护盾式掘进机在机体整机外围设置了与机器直径相一致的圆筒形护盾结构，在遇到围岩变化时，采用管片衬砌、将推进油缸顶在衬砌管片上，其适用性比敞开式掘进机大为增加。适用围岩条件从比较破碎的、多断层的中软岩到比较完整的硬岩（抗压强度可达300MPa）。护盾式掘进机有单护盾、双护盾和三护盾掘进机，使用较多的为双护盾掘进机。

护盾式掘进机与敞开式掘进机的破岩机理基本相同（如都使用安装在刀盘上的滚刀破岩，刀盘、大轴承及密封、刀盘回转系统等基本相似），其余部分结构则有很大不同，本节将重点介绍与敞开式不同的结构特点。

（1）单护盾掘进机。单护盾掘进机主要由护盾、刀盘部件及驱动机构、刀盘支撑壳体、大轴承及密封、推进系统、激光导向机构、出渣系统、通风除尘系统和衬砌管片安装系统等组成，单护盾掘进机模型见图6-22。

单护盾掘进机大多用于软岩或破碎地层。掘进时，机器的前推力，靠护盾尾部的推进油缸支撑在衬砌好的预制混凝土管片上获得。因此，每掘进一个循环，须进行预制混凝土管片安装后，再进行下一循环掘进。掘进和管片衬砌不能同时进行，从而限制了掘进速度。

随着制造技术的不断进步，单护盾掘进机逐步与盾构机技术相结合，形成了混合模式盾构机，从很大程度上扩大了对开挖围岩岩性的适应范围，纯粹的单护盾掘进机已经很少了。

（2）双护盾掘进机。双护盾硬岩掘进机属于较为复杂的掘进机类型。掘进与管片安装操作可同时进行，使双护盾掘进机能适应较为复杂的地质结构，尤其适用于含有断层、破碎带硬岩隧洞掘进，双护盾掘进机见图6-23。

双护盾掘进机没有主梁和后支撑，主要由装有刀盘及刀盘驱动装置的前护盾、装有支

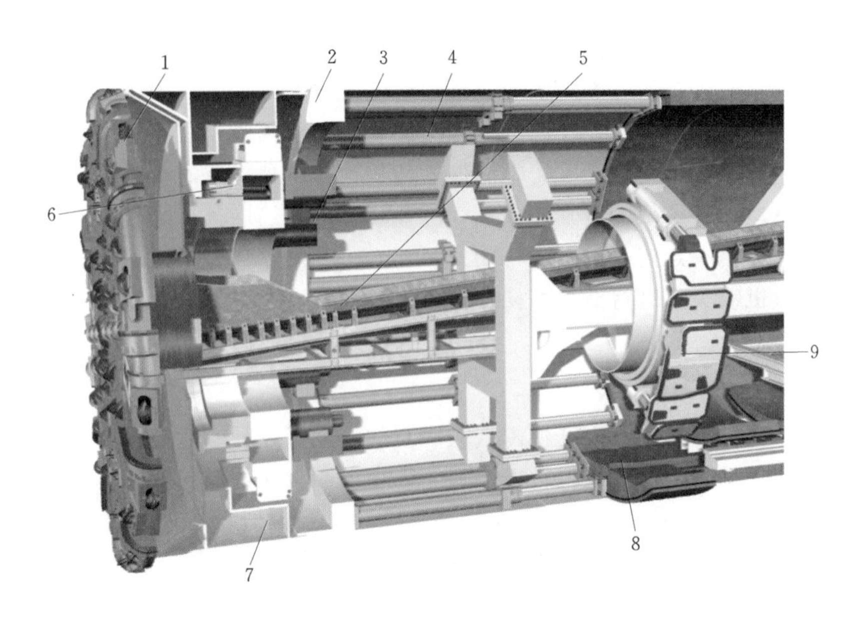

图 6-22　单护盾掘进机模型示意图

1—刀盘；2—护盾；3—驱动装置；4—推进油缸；5—出渣皮带机；6—主轴承及大齿圈；7—刀盘支撑壳体；8—混凝土预制管片；9—混凝土预制管片铺设机

图 6-23　双护盾掘进机示意图

1—前盾；2—刀盘；3—撑靴；4—辅助推进油缸；5—衬砌管片

撑装置的后护盾，连接前、后护盾的伸缩部分和安装预制混凝土管片的尾盾组成。根据地质情况，双护盾掘进机也可以配备安装超前钻机、锚杆机和注浆机等设备。

1）刀盘。为了改善掌子面的稳定性，一般采用平面型刀盘。同时，为防止破碎地层中大块岩石将刀盘卡住，采用内凹式刀座，并且使滚刀的刀缘只有一小部分凸出在刀盘表面的前方。出渣铲斗和刮板较浅，使护盾切割边缘与隧洞掌子面之间的距离尽量小，有利于掌子面稳定。在大轴承下部对称设置的两个刀盘上抬油缸，可以将刀盘包括大轴承及刀盘驱动装置上抬（刀盘中心高于前护盾的中心，不再重合），刀盘的超挖部分都位于前护盾上方，从而保持开挖的洞底平整一致。

2）前护盾和刀盘支撑壳体。前护盾为一由厚钢板滚压、焊接加工而成的圆形壳体，它包裹着刀盘支撑壳体，其后部设置有与主推进油缸连接的耳孔座，另外，与敞开式掘进机类似，大轴承和大齿圈也安装在刀盘支撑壳体内。前护盾的外径略小于掘进机的开挖直径，以便于主机调整方位，并可防止在边刀磨损后使开挖直径减小的情况下护盾和洞壁之间发生卡阻。前护盾靠自重紧贴在洞底，与洞顶之间便形成了一定的间隙。

为了在掘进过程中稳定刀盘，在前护盾前端顶部两侧对称设有一对稳定靴，既对洞壁保持一定的压力，又能沿洞壁滑动。这对稳定靴还具有在推进系统复位时，撑紧洞壁以固定前护盾和帮助掘进机进行调向的功能。

3）刀盘驱动装置。双护盾掘进机较敞开式掘进机要在更为复杂的地质条件下工作，刀盘普遍采用变频控制电机驱动，在遇较硬和合适的围岩时达到尽可能高的转速，以得到最佳的贯入度，在较软和破碎围岩时应以较低的转速和最大的扭矩运转。

4）前、后护盾的连接装置。前护盾的后端用螺栓与外伸缩护盾壳连接，外伸缩护盾壳则包裹着与后护盾相连接的内伸缩护盾壳，内外伸缩护盾壳间保持一定的间隙。当内外伸缩护盾壳处于收缩位置，内护盾壳前端顶到外护盾壳的环形大密封时，可将水或膨润土泵入两壳之间的间隙以清除岩渣。通常内伸缩护盾壳通过若干铰接油缸与后护盾连接。内外伸缩护盾壳组成的这个“伸缩节”解决了前后护盾之间的伸缩问题，使掘进机能同时掘进和安装管片。另外，还解决了前后护盾之间的“弯曲”问题，以利于掘进机的调向和转弯。

前后护盾之间使用主推进油缸进行连接，主推进油缸既可传递推力，又可传递拉力（主推进油缸的工作行程应满足安装一环衬砌管片的要求）。当掘进机以双护盾模式工作时，由支撑靴板外伸被“锚定”在洞壁的后护盾承受反推力和反扭矩，刀盘向前掘进的推力全部由主推进油缸产生；当掘进机以单护盾模式工作时，由被副推进油缸顶住的衬砌块承受反推力和部分反扭矩，刀盘向前掘进的推力全部由副推进油缸产生。

5）后护盾支撑系统及推进系统。后护盾也是由厚钢板滚压、焊接加工而成的圆形壳体，其前端用主推进油缸和前护盾连接、用铰接油缸和内伸缩盾壳连接。后护盾内设有副推进油缸和支撑装置，后护盾承受前护盾的全部推进反力和反扭矩，也可通过主推进油缸将前护盾回拉。

后护盾尾部有一段外伸的壳体称为尾护盾，可为管片安装提供足够大的安全工作空间，尾护盾在仰拱部分为敞开的，能在仰拱区留出足够大的操作空间将仰拱管片直接坐落在洞底。

与敞开式掘进机相比，由于双护盾掘进机开挖的围岩岩石更软、更破碎，所以要求其支撑机构的支撑面积更大，对围岩的接地比压尽可能的小（不大于4MPa）且分布均匀。罗宾斯和海瑞克机型由两个水平对称的支撑靴板（外圆与后护盾外圆相一致，构成一个完整的盾壳）组成，通过上下水平布置的两个支撑油缸加力；维尔特机型将撑靴布置在水平剖分线上方45°成斜置的两块，且与洞底块相连，当水平支撑油缸加力时，两侧靴板与底靴一起都压向围岩，形成了一个稳定的三点支撑；还有的机型则将支撑设计成一个撑紧环，更有利于支撑机构的撑紧和稳定。

副推进油缸也是分为上、下、左、右四组沿圆周布置的，在双护盾工作模式时，用于帮助支撑护盾重新定位。由此，当掘进机用双护盾模式掘进时，后护盾固定，前护盾推进；完成一个掘进行程推进系统复位时，前护盾固定，后护盾由主推进油缸牵引缩回；在复位后，后护盾后部的副推进油缸把衬砌管片挤紧到位，并可帮助后护盾向前推移。

6）调向、反向扭矩及防止偏转。相对于敞开式，双护盾掘进机的调向、反向扭矩及防止偏转措施有许多特点。在双护盾模式掘进时，副推进油缸既可以帮助调向，还可以帮助掘进机克服前护盾和刀盘的“低头下沉”问题；另外，前护盾上的一对稳定靴也可以帮助调向。

罗宾斯和海瑞克机型将主推进油缸设计成交叉桁架梁式布置，以承受反向扭矩并传递给支撑靴，这种桁架式布置还可以防止在驱动系统扭矩的作用下前护盾绕机器轴向偏转的趋势。主推进油缸一边进行推进，一边传递反向扭矩，还要调整前、后护盾之间的相对偏转，互相会有些干扰。

维尔特机型在前后护盾之间设计了两组带扭矩反作用油缸及导向块的扭矩支承梁来传递反扭矩；两组扭矩梁中，一组为长梁（左、右各一根），它将反扭矩从前护盾传给内伸缩盾壳，然后通过一组短梁（也是左、右各一根）将反扭矩从内伸缩盾壳传给后护盾；前后两个护盾间的相互转动，可分别通过两组扭矩支撑梁上、下方的扭矩反作用油缸进行调整；其扭矩反作用的传递与主推进油缸的推进相互独立，互不干扰，保证了主推进油缸工作的独立性。

另外，与敞开式不同，双护盾掘进机前、后护盾外壳与洞壁贴靠的比较紧密，它们之间的摩擦力也能够承受一定的扭转反力矩。

7）尾盾、管片安装及尾盾密封。尾盾的作用是为预制混凝土衬砌管片的安装提供足够的操作空间。在洞外预制的混凝土衬砌管片是由全液压控制的管片安装器在尾盾内进行安装的，一个完整的衬砌环一般由一定数量的管片和一块封闭块组成，封闭块的位置可安设在衬砌环的不同方位。

管片安装器支撑在后护盾结构件的悬臂安装桥上，可以纵向移动，一般配备有线和无线控制两种方式；配备真空吸板或机械式抓取装置（在单件管片质量不大于4t时，推荐使用机械式抓取装置），可双向旋转各220°，端部有三个平面内铰接，共有六个自由度，以确保衬砌管片的正确安装位置。

为防止漏水，预制混凝土管片各边接合处装有预张紧管片密封，侧边密封的张紧靠安装器的旋转来实现，环形密封则靠副推进油缸来进行压紧，并保持恒力直到扭紧管片连接螺栓。

预制混凝土衬砌管片的封闭环形成后，封闭环与尾盾的上半部留有一定的空隙，通过预制混凝土管片上预留的回填料孔用豆砾石和水泥浆进行回填，以稳固衬砌环。在尾盾和衬砌环之间不同机型设置了不同的密封装置，用于防止豆砾石和水泥浆外泄。

8）衬砌管片存送器。混凝土衬砌管片在洞外的工厂预制好后由机车运到后配套系统的前端，管片吊机再将衬砌管片从卸料区吊起往前运送到管片存送器上。管片存送器其实是一个行进梁机构，能将管片按照要求的顺序逐节向前输送。

9）双护盾掘进机的典型工作方式。在较好地质条件下掘进时的双护盾工作模式见图6－24。

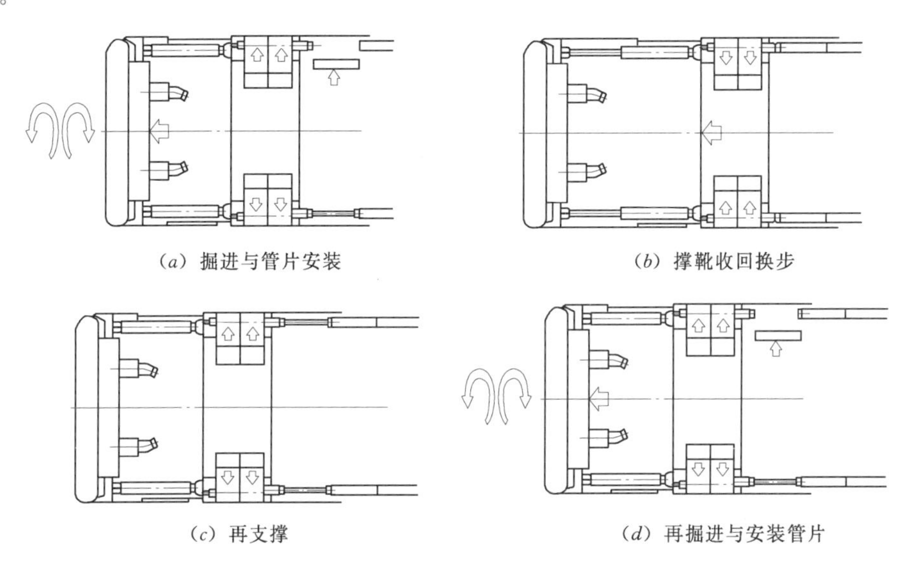

（*a*）掘进与管片安装　（*b*）撑靴收回换步　（*c*）再支撑　（*d*）再掘进与安装管片

图6－24　在较好地质条件下掘进时的双护盾工作模式示意图

第一步：掘进与管片安装。

A. 副推进油缸离开衬砌管片，并在尾盾保护下安装预制混凝土管片，位于前护盾上方的一对稳定靴外伸抵住洞壁，使压力保持在既能稳定刀盘又能允许稳定靴沿洞壁滑动的水平上。

B. 支撑靴板外伸，将后护盾"锚定"在洞壁上，以承受反推力和反扭矩；此时可通过主推进油缸对掘进机的方向进行调整。

C. 刀盘旋转，主推进油缸加压，将装有刀盘及刀盘驱动装置的前护盾向前推进（掘进过程中，混凝土管片被运送到掘进机尾部，并在尾盾内铺设就位）。

D. 掘进机后端用以牵引后配套门架平台车的牵引油缸处于浮动状态，在掘进过程中，后配套门架平台车在原地保持不动。

第二步：撑靴收回换步。

A. 停止掘进，刀盘停止旋转。

B. 提高一对稳定靴油缸的压力，使稳定靴撑紧洞壁，"锚定"前护盾。

C. 支撑靴板回缩，离开洞壁，主推进油缸收缩复位，此时后护盾及支撑靴板被牵引前移，副推进油缸外伸，顶到刚刚铺设的预制混凝土衬砌管片上，一方面加压将管片挤紧到位；另一方面也可帮助后护盾前移。

第三部：再支撑。

A. 主推进油缸收缩到位，后护盾及支撑靴板也被牵引前移到位，撑紧支撑靴板，将后护盾"锚定"在洞壁上，调整掘进方向（需要时），使位于前护盾上方的一对稳定靴压力保持在既能稳定刀盘又能允许稳定靴沿洞壁滑动的水平上。

B. 收缩牵引油缸，使掘进机后配套门架平台车向前移动到位，然后将牵引油缸重新置于浮动状态。

第四步：再掘进与安装管片。

返回第一步，开始下一个循环的掘进。

在较好地层掘进时，由于双护盾掘进机有独立的支撑机构，机器的推进力并不依赖于衬砌管片，所以，掘进和混凝土预制管片衬砌可同时进行，实现了掘进机的连续掘进，从而提高了掘进效率。

在不良地质条件下掘进时的单护盾工作模式见图 6-25。

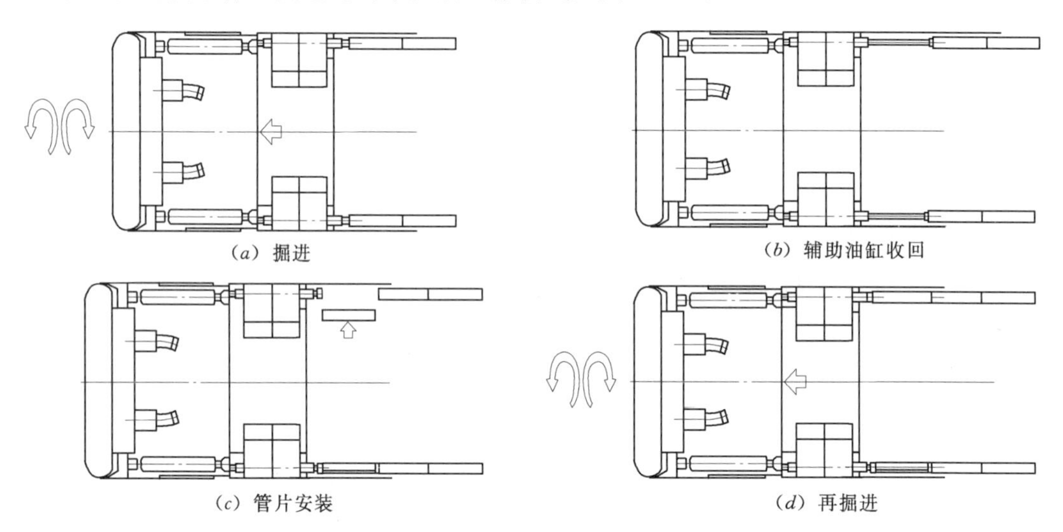

图 6-25　在不良地质条件下掘进时的单护盾工作模式示意图

第一步：掘进（与在较好地层中的掘进相比，主要有三点不同）。

A. 开始掘进前，副推进油缸必须伸出顶住衬砌管片，依靠衬砌管片承受推进力的反力和部分反扭矩。

B. 支撑靴板不伸出窗口外，仅位于与后护盾外表面相平齐的位置上（即支撑靴板并不向洞壁施加压紧力）。

C. 刀盘旋转，副推进油缸加压外伸，将后护盾、主推进油缸和前护盾一起向前推进，直至完成一个行程的推进。

第二步：辅助油缸收回。

停止推进，同时刀盘停止旋转。副推进油缸收缩复位，以让出空间铺设新的一圈衬砌管片，牵引油缸将后配套门架平台车向前牵动到位，然后重新处于浮动状态。

第三步：管片安装。

安装预制混凝土管片。

第四步：再掘进。

副推进油缸伸出顶住刚安装好的预制混凝土管片，返回第一步，准备下一个循环。

由此可见，在不良地层掘进时，不使用支撑靴板，前护盾与后护盾之间没有相对运动，其工作和单护盾掘进机相同。机器的掘进和衬砌管片的铺设不能同时进行，因而总的掘进速率会有所下降。

在不良地质条件下掘进时还可以采用另外一种方式：机器掘进时，副推进油缸顶紧衬砌管片后即锁闭，使后护盾的位置相对不动，用主推进油缸推动前护盾向前掘进。

双护盾掘进机综合了敞开式掘进机和单护盾掘进机的设计优点，既有支撑靴板，又有护盾，使机器对不同地质条件的适应能力大大增强。因此，双护盾掘进机适用于硬岩、软岩及地质条件比较复杂的围岩中掘进并采用预制混凝土管片衬砌。

（3）三护盾掘进机。三护盾掘进机主要由三个护盾（前、中、后护盾）、两套支撑靴（前、后支撑靴）、两套推进油缸系统和三套稳定靴（前、中、后稳定靴）组成。掘进时，前后两套支撑推进系统交替使用，避免了原有的换步顺序，实现了连续掘进。由于三护盾掘进机的结构较为复杂，只是罗宾斯公司的一种尝试机型，未能推广。

6.4.4 掘进机选型

掘进机是伴随工程不断提出新的要求而发展的（一般来说，每台掘进机都是针对特定的隧洞地质条件而专门设计配套的），其目的是使掘进机结构更合理，机械化程度更高，掘进机更具安全、高效和适应性。

（1）选型原则。

1）分析隧洞轴线地质变化对掘进机掘进的影响。隧洞轴线围岩变化将直接影响掘进机的正常掘进，主要因素有岩石抗压强度、岩体裂缝（节理、层理等）、岩石硬度和石英含量、涌水等。一般情况下隧洞轴线围岩断层破碎带多，岩溶发育，地下水丰富，围岩自稳性差，埋深地压大，高硬度，高石英含量岩石等地段不宜选用掘进机。

在隧洞围岩较完整、有一定自稳性时，选择敞开式掘进机能充分发挥其优势，特别是在硬岩、中硬岩掘进中，敞开式掘进机能充分发挥其效能。另外，相对于护盾式掘进机，敞开式掘进机在主机价格上要减少20%左右，从工程投资上看，管片衬砌费用要高于二次衬砌，而二次衬砌在防水、速度和质量上易于受到控制。

当隧洞沿线大多为软弱围岩和破碎地层时，应选择单护盾掘进机。单护盾掘进机是在敞开式掘进机的基础上结合盾构的结构而设计形成的，利用已安装的管片提供推力完成掘进，是单护盾掘进机可以在软弱围岩和破碎地层中掘进的基础，它解决了敞开式掘进机在软弱围岩中撑靴不能提供有力支撑的劣势。

当隧洞沿线软弱围岩和破碎地层不太多时，应选择双护盾掘进机。双护盾掘进机综合了敞开式和单护盾掘进机的设计优点，它在后盾上也设置了支撑靴，可以在硬岩条件下，为刀盘提供强大推力，以双护盾模式快速掘进，使掘进和衬砌支护同步完成；也可以在软岩和破碎地层时利用已安装的管片提供支撑，以单护盾模式掘进，克服了撑靴不能提供有力支撑的劣势，从而增强了双护盾掘进机的适用范围。虽然双护盾掘进机有圆形护盾保护结构，并在掘进的同时可以进行管片安装，但是它更适用于在地层相对稳定、岩石抗压强度适中、地下水不太丰富的地层中施工（护盾式掘进机的高速掘进记录大都在这类地层中创造），当它在地应力变化大，遇挤压围岩不能及时、迅速通过时，则护盾有被卡住的危险（为避免此情况的发生，特殊地质条件下，可选用刀盘能进行上下、左右移动的结构）。

2）技术性能参数应能满足隧洞设计、使用要求。掘进机使用针对性较强，对掘进机性能指标应该要有特殊要求。如：掘进机刀盘尺寸、掘进断面、掘进进尺、爬坡度、转弯半径等主要整机技术性能参数满足隧洞设计要求；对纯掘进速率、刀盘轴承完好率和寿命（掘进延米或运行小时）、刀具寿命（掘进延米）等也应提出相应要求。

3）掘进机后配套要满足掘进机正常掘进要求。要发挥掘进机快速、高效的特点，后配套系统至关重要。掘进机后配套是由电力、液压、通风、排水、出渣平台等配套系统组成，应能满足掘进机正常掘进的需要。为了隧洞临时支护，一般情况下还可配备衬砌管片安装器（机械手）、锚杆钻机、超前钻机、混凝土喷射等设备。

后配套选型设计时应遵循：①满足掘进机连续出渣的要求；②结构简单，布置合理；③各系统能安全可靠地运行；④要有足够的空间，易于维修保养。

（2）掘进机主要技术参数确定。

1）刀盘尺寸。刀盘是钢结构焊接件，其前端是加强双层壁，通过溜渣槽与后隔板相连接，刀盘后隔板用螺栓与刀盘轴承连接。刀盘要有足够的强度和刚度，能够使施加在刀盘上的推力平均分配到每把盘形滚刀上，以使它们能同时挤压入岩石同一深度，达到较高的破岩效率和较低的刀具消耗。

A. 敞开式掘进机刀盘直径，计算式（6-1）为：

$$D=d+2(h_1+h_2+h_3) \tag{6-1}$$

式中 D——刀盘直径，cm；

d——成洞直径，cm；

h_1——预留变形量，cm（约为15cm，其中掘进误差5cm，围岩变形5cm，浇筑衬砌误差5cm）；

h_2——初期支护厚度，cm，约为10cm；

h_3——二次衬砌厚度，cm，约为30cm。

B. 护盾式掘进机刀盘直径，计算式（6-2）为：

$$D=D_0+2(\delta+h) \tag{6-2}$$

式中 D——刀盘直径，cm；

D_0——管片内径，cm；

δ——管片厚度，cm；

h——灌注豆砾石平均厚度，cm，一般 $D_0=300\sim800$cm 时，$h=6\sim11$cm。

2）盘形滚刀在刀盘上的布置。在刀盘上安装有中心刀、正滚刀、边刀及扩孔刀。盘形滚刀在刀盘上的布置，主要考虑了盘形滚刀的类型、径向布置与周向布置。径向布置主要考虑相邻滚刀之间刀间距的确定，以求得最佳破岩效果；周向布置主要考虑滚刀相位角的确定，以求得每把滚刀所承担的破岩量尽量平衡，减少振动，改善刀盘受力和延长刀具的使用寿命。掘进机在切割不同硬度的岩石时贯入度（刀盘每转动一周刀具切入岩石的深度mm）是不同的，当岩石硬度较软时，贯入度大，过小的刀间距会形成粉碎状岩渣，开挖效率降低、机械能耗浪费；当岩石硬度较高时，同样的推力下贯入度小，刀间距过大达不到破岩效果。为了获得更广泛的适用性，从大量的经验、统计数据中得到：硬岩刀间距大约是贯入度的10～20倍，软岩刀间距在65～90mm之间，不同岩石抗压强度与贯入度的关系见表6-13。

表 6-13　　不同岩石抗压强度与贯入度的关系表

类　　别	砂岩	板岩	闪长岩	石英岩	片岩	片麻岩	片麻花岗岩
抗压强度/MPa	45	110	120	140	140	135～280	135～280
贯入度/(mm/r)	3.8	8.2	3.0～5.0	3.15～5.0	8.0	4.8～9.0	2.5～3.5

贯入度指标不仅与岩石类别、岩石单轴抗压强度有关，同时也与岩石裂隙程度有关，而且是影响硬岩掘进贯入度指标的重要因素，岩石单轴抗压强度和刀间距与贯入度比值关系见表 6-14。

表 6-14　　岩石单轴抗压强度和刀间距与贯入度比值关系表

岩石单轴抗压强度/MPa	刀间距与贯入度比值	岩石强度特性
<25	3	软弱至中等强度
25～100	5～10	硬岩
>100	10～15	坚硬岩

3）刀盘推力。刀盘最大推力取决于盘形滚刀的结构和数量，当滚刀数量确定后，每把滚刀的承载力越大，所形成的总推力也越大。刀盘推力的计算式（6-3）为：

刀盘(额定)推力=(中心刀+正滚刀+边刀)数量×承载力/把　　(6-3)

滚刀承载力受刀圈断面形状、材质、热处理、滚刀轴承、滚刀安装空间等方面因素的制约。理论上，同样的刀间距、荷载和刀刃宽度，滚刀直径越大，所允许的刀圈磨损量也越大，滚刀寿命越长。同时，允许安装更大滚刀轴承及相关部件的空间也越大（提高滚刀自身强度及承载力），进刀量和刀间距也可根据滚刀直径的加大做相应调整，以获得较好的破岩效果。因此，人们总是希望研制更大直径的滚刀，以加快掘进速度，降低刀具成本，发挥掘进机的大功率优势。然而，滚刀直径的加大，意味着滚刀重量的增加（涉及制造、运输、拆装滚刀的便利性）和刀间距的增大（涉及岩石的岩性和掘进机开挖的隧洞直径等因素），这又是一个矛盾。目前应用较为广泛的是直径 17 英寸（432mm，单把刀承载力按 250kN 估算）和 19 英寸（483mm，单把刀承载力按 300kN 估算）直径的滚刀。

4）刀盘额定扭矩。掘进机在掘进时刀盘实际扭矩受地质条件的影响而变化。在硬岩中掘进时，需较大的推力，扭矩相对较小；在软岩中掘进时，滚刀阻力大，所需推力较小，扭矩相对较大。

5）刀盘转速。刀盘转速是随着刀盘直径的增大而减小的，而决定刀盘转速的因素有以下几点。

A. 在掘进机掘进时，刀盘外缘的线速度控制在不大于 150m/min 为宜。

B. 从滚刀破岩机理分析，当滚刀在压力作用下，有 90%的能量消耗于使岩石产生粉末和裂纹，仅有 10%的能量用于岩石裂纹的扩展，使两滚刀轨迹之间的裂纹连通而形成岩渣。若刀盘线速度超过一定值时，很难使滚刀轨迹间裂纹适时连通，这样就会降低破岩效果。

C. 铲入刀盘铲斗中的岩渣，经铲斗通道降落至接渣斗并进入主机皮带输送机上，若刀盘半径加速度超过重力常数一定比例，铲斗通道中的岩渣就不能倾卸干净。

D. 当位于刀盘周边的边刀线速度升高时，将直接影响并降低边刀轴承的寿命。

另外，试验还表明，只要刀盘转速在合理的范围内，刀盘的贯入度几乎与刀盘的转速无关，即在相同条件下，大直径掘进机的掘进速度要低于小直径掘进机。

(3) 生产率及刀具损耗费用。

1) 影响掘进机生产率的主要因素。掘进机的生产率一般指掘进机在单位时间内开挖洞室空间的体积（每小时开挖洞室空间的体积，或完成一个掘进行程需要的时间）。关于掘进机生产率的计算，目前还没有一个统一的标准，也很难形成一个统一的准确标准，因为每台掘进机是根据开挖隧洞的地质条件而专门设计的（每台掘进机的开挖直径、驱动功率、出渣方式等不同），而每条隧洞的地质条件是不相同的，即使是同一条隧洞的地质地层也是随时变化的，这就导致掘进机没有一个统一准确的生产率计算标准。但是，可以总结影响掘进机生产率的主要因素：①隧洞沿线的地质情况，包括直接影响掘进速率的岩石特性、岩石裂隙指标，对涌水、溶洞、岩爆、塌方等不良地质洞段的地质处理等；②掘进机的性能参数，包括刀盘直径、推力、扭矩、滚刀直径、贯入度、刀盘转速等；③后配套的保障程度，包括出渣能力、管片衬砌能力，供水、供电的可靠性等；④操作人员的经验及熟练程度等。

2) 掘进机掘进速度和刀具损耗费用的预测。一般掘进机制造商会根据所生产掘进机的性能，针对隧洞沿线勘探地质状况和岩石特性预测给出一个掘进速度和刀具损耗费用的数据。某制造商对某工程给出的直径 4m 掘进机预测掘进速度及有关数据见表 6-15。

表 6-15　某制造商对某工程给出的直径 4m 掘进机预测掘进速度及有关数据表

围岩	长度 /m	抗压强度 S_D/MPa	抗拉强度 S_Z/MPa	研磨材料含量 AM/%	刀具最大负荷 F_c/kN	刀盘转速 /(r/min)	最大扭矩 M_d /(kN·m)	掘进时间 /h	掘进速度 V_t/(m/h)	刀具费用 /(欧元/m³)
正长斑岩	1945	73.0	7.3	55	234	6.0	4555	385	5.05	2.30
	1090	60.0	6.0	50	196	6.0	3866	210	5.20	1.50
	1970	55.0	5.5	45	180	6.0	3544	379	5.20	1.20
	410	15.0	1.5	40	49	6.0	967	79	5.20	0.70
混合花岗岩	2700	74.0	7.4	55	235	6.0	4555	540	5.00	2.35
	100	15.0	1.5	40	49	6.0	967	19	5.20	0.70
混合岩	6020	109.0	10.9	55	250	6.0	3857	1881	3.20	4.25
	2145	80.0	8.0	50	243	6.0	4555	456	4.70	2.55
	1320	70.0	7.0	45	229	6.0	4510	254	5.20	1.95
	230	15.0	1.5	40	49	6.0	967	44	5.20	0.70
安山岩	1762	75.0	7.5	35	237	6.0	4555	356	4.95	2.05

目前，国内外通常采用平均每月掘进进尺来表述掘进机的生产率，根据统计资料，敞开式掘进机平均月进尺在 450～550m 之间，双护盾掘进机平均月进尺在 450～600m 之间。

表 6-16　常用中硬岩掘进机技术参数表

序号	项目规格 \ 型号	EJ30/32	SJ58A/58B	260 系列	TB750/920（敞开式）	353-197（敞开式）	TB880E（敞开式）	S-301（双护盾）	ϕ5.39m（双护盾）	1811-256（双护盾）	ϕ4.94m（双护盾）	1217-303（双护盾）	TB1172H/TS(双护盾)
1	刀盘直径/m	3.0/3.2	5.8	8.03	8.03	10.8	8.8	6.76	5.39	5.54	4.94	3.655	11.74
2	主轴承直径/mm	2110	2060	5200	4400		5200			3050			
3	滚刀数量/把×刀圈直径/英寸	29/31×12	48×15.5	54×19	59×17	69×15.5	71×17	42	42×17	39×17	33×17	25×17	77×17
4	单刀承载能力/kN			311	250	180	250	267		200		250	
5	刀盘最大推力/kN	3600	7100/9000	19000	18000	12520	21000	28149	30000	15600	25900	6250	50600
6	刀盘驱动功率/kW	250	600	3150	3360	1766.4	3440	2100	1500	960	1500	1300	4000
7	刀盘扭矩/(kN·m)	313		4340	7670		5800	4496	2700	3210	2600	1089	7200
8	刀盘转速/(r/min)	8/7.8	5.35/4.94	0～6.9	0～7.9	2.95	2.7/5.4	0～8.03	0～8.6	2.88/5.72	0～9	5.7～11.4	0～4
9	推进缸行程/m	1.0	1.0	1.87	1.8	1.82	2.0	1.7	1.53	0.90	0.70	1.27	1.85
	支撑缸最大推力/kN						60000	36989	38000		30000		65000
	支撑缸行程/mm							500					
10	主皮带运载能力/(m^3/h)			1104	780		1150	700		600	488		
11	液压系统功率/kW			200	150	166.15	1658				37	168	
12	液压系统额定压力/bar			345	320						320		
13	变压器/(kV·A)			5000	4000		5400	3500	3000	1800	2800	2600	7550
14	高压侧电压/V			10000	10000	10000	10000		11000	10000	15000	10000	22800
15	二次电压/V			690	690	460	690/400		380	660	690/400	690	690

续表

序号	型号 项目规格	EJ30/32	SJ58A/58B	260 系列	TB750/920（敞开式）	353－197（敞开式）	TB880E（敞开式）	S－301（双护盾）	ϕ5.39m（双护盾）	1811－256（双护盾）	ϕ4.94m（双护盾）	1217－303（双护盾）	TB1172H/TS(双护盾)
16	除尘能力/(m^3/min)			850	600			300					
17	新风筒储存/m			100	100								
18	高压电缆筒容量/m			300	300				500				
19	排水管储存量/m			100									
20	应急发电机/kW			160	250		160	150					240
21	掘进机主机重量/t	60/87	190	710	790	734	796		420	339		220	1200
22	伸缩油缸推力/kN							12736	10000				
23	伸缩油缸行程/m							0.95	0.11				
24	辅助油缸推力/kN							37160	25000				
25	辅助油缸行程/m							2.6	1.9	2.95	2.3	2.4	2.0
26	接地比压/(N/mm^2)							3					
27	管片安装功率/kW							75					
28	管片灌浆能力/(m^3/h)							2.4					
29	螺旋注浆泵能力/(m^3/h)							8					
30	豆砾石泵送能力/(m^3/h)							12.5					

纵观国内外掘进机使用历史，在地下水、岩爆较少、溶洞不发育的地层中掘进，掘进机更能发挥其优势，创造出较高的生产率业绩（平均月进尺980m，最高月进尺1821m），反之亦然。其中，掘进机在地下水较少的地层中生产率普遍较高。

6.4.5 掘进机使用要点

相对于钻爆法来说，中硬岩掘进机的使用有如下特点。

（1）对地质条件要求高。选择使用掘进机施工前，应充分掌握隧洞沿线的地质、岩体特性，地下水状况等，以选择与之相适应的掘进机类型，配备相适应的后配套设备。

（2）对洞外安装场地要求高。要求有一定的组装、施工布置场地。掘进机主机及后配套总长一般在100～200m之间，是一个综合性隧洞掘进工厂，再加上与之配套的刀具维修车间、配电室、洞外转渣设施、混凝土管片预制厂等都需要一定的场地布置。

（3）对运输道路、桥梁的通行能力要求较高。由于掘进机主机刀盘、主机架等大件物品重达几十吨、甚至上百吨，所以，对到达施工现场的道路、桥梁要事前有充分的了解。

（4）对电源供电的可靠性要求较高。掘进机主机总功率大都在上千千瓦、甚至几千千瓦，瞬间启动电流势必对电网造成冲击。另外，由于是隧洞掘进施工，隧洞中的通风、照明、排水无一不是使用电力，而且要求不能停顿，这就对供电电源的可靠性提出了较高的要求。

（5）对施工管理要求较高。掘进机将隧洞施工工厂化，施工中各个环节都必须与洞内掘进相配套，任何一台设备或总成的故障、任何一个环节的故障都将使整个生产停顿下来，这就要求对关键设备和总成、重点工序突出管理，对整个运行系统进行综合管理。

常用中硬岩掘进机技术参数见表6-16。

6.5 盾构机

盾构机的发明要追溯到1818年，当时英国的布鲁内尔（M. I. Brunel）还取得了专利。1825—1843年布鲁内尔采用盾构法施工建造泰晤士河水底隧道；针对施工中遇到的问题，格雷特黑德（T. H. Greathead）成功地开创了使用气压的盾构施工法，至1897年普莱斯（J. Price）首次使用旋转切削式机械掘进盾构可称为现代盾构机的雏形。1917年日本引进盾构施工技术，是欧美国家以外第一个引进盾构法的国家；1963年，土压平衡盾构首先由日本Sato Kogyo公司开发出来；1974年，第一台土压平衡盾构机（开挖直径3.72m）在东京掘进了1900m的主管线；1989年长10km的日本东京湾海底隧道使用了8台直径14.14m的泥水加压盾构机施工；1992年，日本研制成世界上第一台三圆泥水加压式盾构机，并成功应用于大阪市地铁7号线施工。

盾构机施工技术主要由稳定开挖面、挖掘及排土、衬砌灌浆三大要素组成。其中开挖面稳定技术是区别于硬岩掘进机主要方面。盾构法隧洞施工的基本原理用圆形钢筒作为盾构，依靠盾构沿隧洞轴线掘进，对挖掘出的还未衬砌的隧洞段起着临时支撑的作用，承受周围土层压力，有时还承受地下水压。盾构机具有自动化程度高、节省人力、施工速度快、不受气候影响；掘进时可控制地面沉降、减少对地面建筑物的影响等特点，广泛用于城市轨道交通、输水隧洞等地下工程。

我国于20世纪60年代开始运用盾构技术，并于70年代在上海首次采用盾构法施工黄浦江过江隧道获得成功。80年代末，通过设备引进和技术合作，上海地铁公司成功修建了地铁1号线盾构隧道。至此，我国的盾构技术在均富水软土地层中开始得到广泛应用。如90年代初，广州地铁1号线成功采用了2台泥水加压盾构机和1台土压平衡盾构机；后来，广州地铁2号线采用了4台土压平衡盾构机和2台在1号线使用过的泥水盾构机（改造为混合式土压平衡盾构机）；广州地铁3号线采用了土压平衡盾构机13台，泥水盾构机2台；广州地铁4号线采用了土压平衡盾构机8台；武汉过江隧道采用了直径11.38m的气垫式泥水盾构机2台；广深港铁路客运专线采用了直径11.18m气垫式泥水盾构机4台；连接北京站和北京西站的地铁工程西段采用了直径11.97m气垫式泥水盾构机2台；上海地铁2号线采用了直径6.34m土压平衡盾构机2台；2000年年初，香港地铁DB320标段又采用了直径8.75m双模式盾构机。进入21世纪，南水北调中线穿黄工程也采用了直径9m泥水盾构机2台；2006年，上海更是采用了直径15.43m混合式盾构机2台（S-317，S-318），在65m深的水下，长度7.47km隧道进行掘进。目前，随着国内城市化进程的推进，盾构机已广泛应用于我国各大中城市的地铁建设中。

6.5.1 盾构机分类

（1）盾构机分类。盾构机分类方法有以下几种。

1）根据挖掘方式可分为人工挖掘式、半机械挖掘式和机械挖掘式。

2）根据切削面上的挡土方式可分为开放型和封闭型（开挖面土体能自稳时采用开放型方式，土体松软不能自稳时则采用封闭型方式）。

3）根据向开挖面施加压力的方式不同可分为气压方式、泥水加压方式、削土加压方式和加泥方式。各制造商在对稳定开挖面的措施和排土机构进行研发的过程中采用独特的技术，因而即便是类似的盾构机，各制造商的称呼也不尽相同。而从目前使用情况来看，盾构机主要分为两种类型，即土压平衡式和泥水加压式盾构机（也称混合式）。两种典型的盾构机外形见图6-26。

(*a*) S-264土压平衡式盾构机

(*b*) 直径14.87m泥水加压式盾构机

图6-26　两种典型的盾构机外形

(2) 盾构机适用范围。目前，一般根据稳定工作面的技术分为两大类，土压平衡盾构机和泥水加压盾构机。

1) 土压平衡式盾构机是把土料作为稳定开挖面的介质，刀盘后隔板与开挖面之间形成泥土室，刀盘旋转开挖使泥土料增加，再由螺旋输料器旋转将土料运出，泥土室内渣土压力可由刀盘开挖旋转速度和螺旋出料器出土量进行调节。土压平衡式盾构机适用于低渗水性的黏土、亚黏土或淤泥质的混合土质开挖，尤其当岩土中的粉粒和黏粒总量达到40%以上时更为适宜；也适合含有抗压强度200MPa以下岩层的复合地层开挖，在渣土改良的配合下也能适合于高渗透性的砂砾卵石层开挖。

2) 泥水加压式盾构机是通过加压泥水或泥浆（通常为膨润土悬浮液）来稳定开挖面，其刀盘后面有一个密封隔板，与开挖面之间形成泥水加压室，里面充满了泥浆，开挖土料与泥浆混合由泥浆泵输送到洞外分离厂，经分离后泥浆重复使用。泥水加压式盾构机适用于高渗水性砂层、砂砾和砂卵石地层（渗透系数大于10^{-7}m/s）；也可适用于含有抗压强度200MPa以下岩层的复合地层。对于地面沉降控制要求高，断面直径大，工作压力高，或者穿越江河湖海的工程，宜选用泥水加压式盾构机。

土压平衡盾构机和泥水加压盾构机适用范围见图6-27。

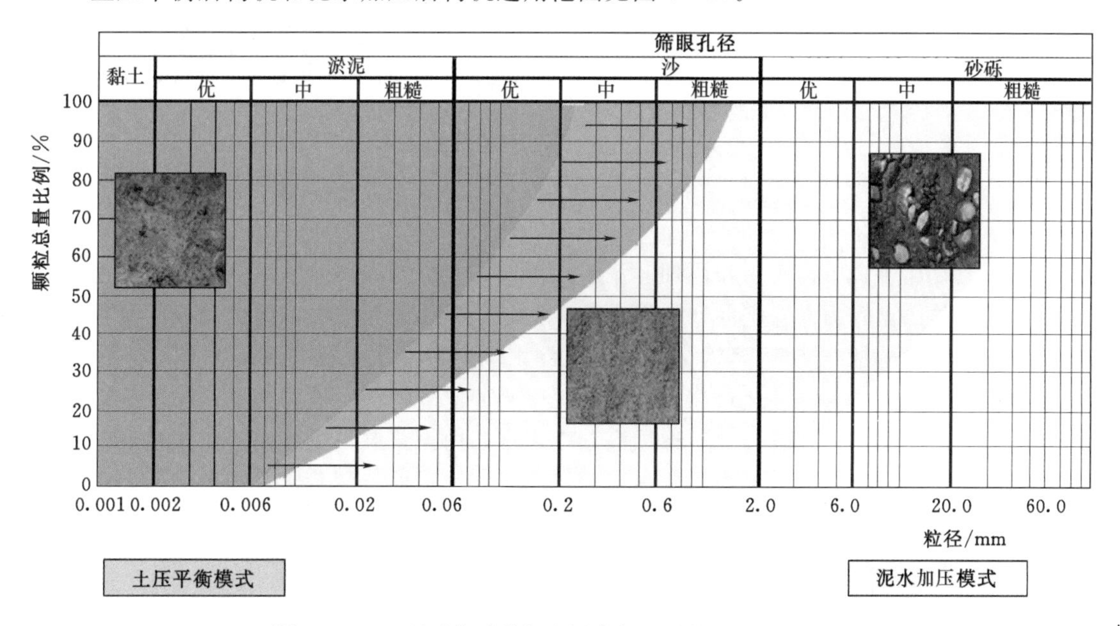

图6-27　土压平衡盾构机和泥水加压盾构机适用范围图

6.5.2　盾构机工作原理

(1) 土压平衡式盾构机工作原理。土压平衡式盾构机工作原理：启动刀盘电机或液压马达驱动刀盘旋转。同时，开启盾构机推进油缸，随着盾构机的推进，刀盘持续回转，由旋转刀盘切削下来进入密封舱内的渣土，通过安装在切削密封舱内的螺旋输送机排至后送皮带机或旋转式排料斗内。密封舱和螺旋输送机中的渣土积累到一定数量时，开挖面刀盘切下的渣土进入密封舱的阻力会逐渐增大，当密封舱的土压与开挖面的土压力相平衡时，开挖面就能保持稳定，此时，只要控制螺旋输送机排出量与刀盘切削下来进入密封舱中的渣土量相平衡，开挖工作就能顺利进行，土压平衡式盾构机见图 6-28。

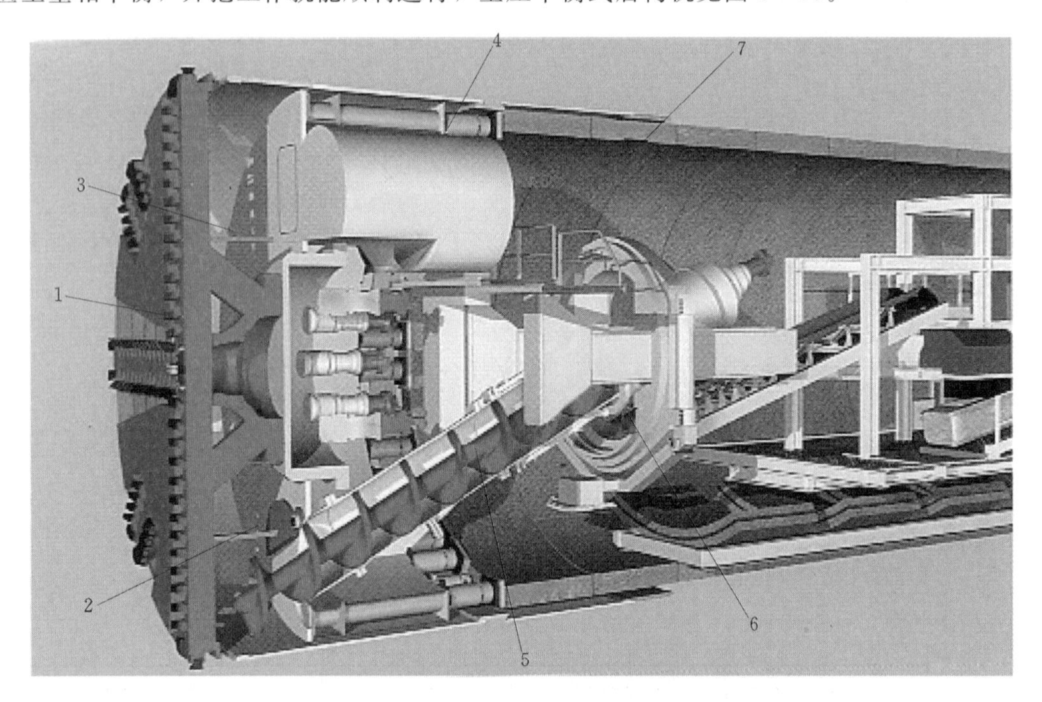

图 6-28 土压平衡式盾构机示意图

1—旋转刀盘部件；2—土体；3—密封舱；4—推进油缸；5—螺旋输送排土机械；6—旋转漏斗；7—衬砌管片

(2) 泥水加压式盾构机工作原理。泥水加压式盾构机是在刀盘的后侧，设置一道封闭隔板，隔板与刀盘间的密封空间称为泥水舱。把水、黏土及其添加剂混合制成的泥水或泥浆（通常为膨润土悬浮液），经输送管道压入泥水舱，待泥水充满整个泥水舱，并具有一定压力，形成泥水压力室，通过加压泥水或泥浆来稳定开挖面。盾构机推进时，旋转刀盘切削下来的土砂经搅拌装置搅拌后形成高浓度泥水，由泥浆泵以流体输送方式送到地面泥水分离系统，经分离后泥沙卵石被分离出去，剩余泥水再通过泥浆输入管道送回泥水舱重复使用。一般分以下几种加压方式。

1) 向切削密封舱内喷水、喷气或注入添加剂来维持开挖面的稳定。

2) 向开挖面施加高压水来保证切削土的流动性，同时保持与地下水压力之间的平衡，维持开挖面的稳定。

3) 向开挖面施加高浓度泥水来保证切削土的流动性，同时用施加高浓度泥水的压力来抵挡开挖面上的土压力和水压力，保持开挖面的稳定，泥水加压式盾构机见图 6-29。

6.5.3 盾构机机械要素

盾构机和单护盾掘进机工作原理差别不大，但构造要复杂得多，除了要完成常规掘进、排土、衬砌、通风等作业外，在软弱土层掘进时，还要确保土层的压力和泥水的平衡作用，其主要有以下机械要素。

(1) 推力。盾构机推力的确定主要由以下因素决定：盾构外周（盾壳外层板）和土体

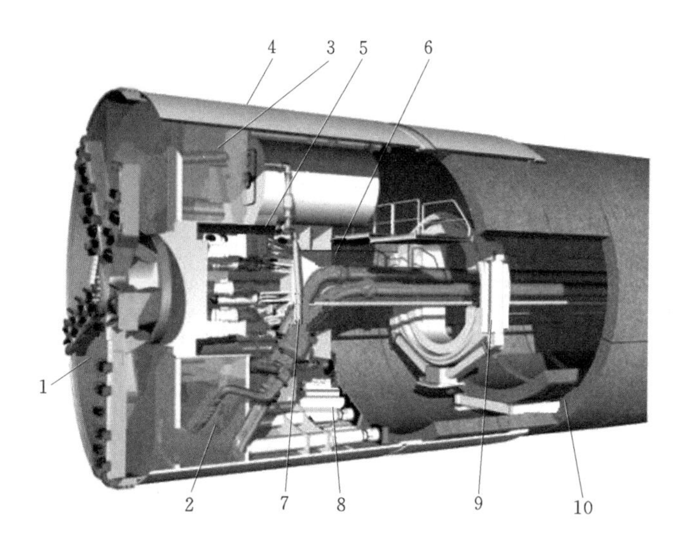

图 6-29　泥水加压式盾构机示意图

1—旋转刀盘部件；2—泥水舱；3—气垫调压舱；4—盾壳；5—刀盘旋转驱动装置；6—泥浆输入管道；7—高浓度泥水输出管道；8—推进油缸；9—混凝土预制管片安装器；10—混凝土预制管片

之间的摩擦阻力或黏附阻力、盾构正面阻力、管片和盾壳外层板之间的摩擦阻力、盾构刃口的切入阻力等。此外，作为盾构机的装备推力还要考虑变向阻力（包括曲线施工、纠偏和变向用的盾构稳定器及稳定翼板产生的阻力等）和牵引后配套前进的阻力等因素，一般采用上述这些因素合计值的 2 倍以上。

（2）切削刀盘扭矩。盾构机的切削刀盘扭矩的确定主要由以下因素决定：土体的抗剪力产生的扭矩、切削刀头的切削扭矩、与土体之间的摩擦阻力扭矩以及刀盘外圈部位的摩擦阻力、超挖刀的切削阻力和土的搅拌阻力等。

（3）切削刀盘。在最初的盾构机设计中，针对不同的地层，设计了多种类型的切削刀盘，经过实践检验，为了较容易安装超挖刀和控制掘进方向，现大多采用切削刀盘外周部突出于盾壳前瞻刃口的型式，其形状也大多采用垂直平面形或圆锥形，有封闭型和开放型两种。切削刀盘的支撑方式有中心轴支撑、周围支撑和中间支撑三种型式。切削刀盘使用的轴承一般为组合配套的滑动轴承或双列圆锥滚动轴承，安装在切削刀盘与盾构壳体之间的旋转部位。堵头挡土板土砂密封，一般采用丁腈橡胶或聚氨酯橡胶，形状采用唇形。

（4）切削刀头。切削刀头是盾构机掘进主要的消耗件，由刀片和刀座组成。刀片与刀座连接有焊接式和插销式两种型式。插销式刀片更适用于有抗冲击力砂砾层和承受横向阻力的最外圈部位的刀头。目前，使用的刀头大多为插入式或采用加强处理刀片后焊接式刀头，布置形式为多道切削轨迹（特别是切削刀盘外圈部位适当加大刀头数量）。在砾石性质为燧石、花岗岩或角砾岩时，磨损会进一步加剧，为粉碎大型砾石，现在很多盾构机采用硬岩掘进机上使用的盘形滚刀。泥水加压式盾构机还在刀盘前部配备了碎石机，可粉碎粒径 800mm 的大块砾石。

（5）超挖刀和仿形刀。为了便于操纵盾构机掘进方向，大多采用了超挖装置。超挖刀就是将切削刀头突出于盾构外周，在全周方位上进行一定量的超挖，这种形式结构简单，使用的较多。仿形刀是安装了仿形机构的超挖刀，由电子、液压控制的仿形机构根据需要将切削刀头突出于盾构外周，并在旋转切削的局部范围内完成超挖量，在进行曲线施工时，它可以不挖掘开挖面的顶部和底部而仅挖掘两侧部位。

（6）螺旋输送机。螺旋输送机是盾构机的重要组成部分，主要功能有三点：①从切削密封舱内将切削下来的土运出；②密封添加材料在螺旋输送机内与切削土混合后，在机内形成螺旋状混合体，提高了止水效果；③通过转速对出土量进行控制。

（7）旋转式排土机。旋转式排土机（也称旋转式漏斗或旋转式阀门）是一种旋转式的排土隔板装置，能够完全防止因土体内水的分离而产生的异常出水，有断续式和连续式两种结构型式。断续式内部由1～2个隔舱构成，具有容积大、密封接触面宽的特点，但排土成断续状态。连续式内部由4～5个隔舱构成，进土口和出土口始终处在被翼片分隔封闭的状态，能够实现连续排土。

（8）润滑装置。盾构机设有自动润滑装置，确保各旋转装置和滑动结构正常润滑，重要部位润滑点设有自动报警装置。

（9）液压回路。盾构机液压回路及其功能可分为以下三个系统。

1）推进系统。盾构机借助隧洞管片上所承受的盾构推进油缸伸展动作的反作用力向前推进（前进的速度通常为20～60mm/min），这个装置就是推进系统。这个推进系统应具备的功能有：①为了在停止推进时保持开挖面上的压力，要保证盾构推进油缸不回缩，采用液压控制单向阀来切断换向阀的泄漏，或使用无泄漏换向阀；②管片拼装作业时，使用推进油缸的数量常有变化，有时某一个油缸上的负荷会出现过大而承受异常压力，必须设置免除上述异常压力的安全回路；③设置一个只限于切削刀盘负荷在允许范围内时推进系统才投入工作的安全回路（切削刀盘压力达到上限值就停止推进，压力下降后就会自动地重新开始推进）。

2）切削系统。盾构机需要能量最大的是切削系统。切削刀盘一般由多台液压马达驱动。该系统应具备的功能有：①掘进时刀盘旋转阻力上升超过设定值，要设置一个与推进系统连锁的安全电路，同时调整推进系统的工作压力；②使用变量液压泵，进行恒定输出的控制。

3）螺旋输送机系统。螺旋输送机的作用是将切削刀盘挖掘下来的土方输送到盾构机后方，同时对输送土方量进行控制，使之同盾构的推进量取得平衡。该系统具备的功能有：①将推进油缸的伸长速度信号传递给变量泵的电磁比例流量调节器，控制螺旋输送机的转速；②根据切削密封舱内的土压信号来控制螺旋输送机的转速；③设置反馈电路，消除误差。

（10）盾尾密封。盾构机后端的盾尾密封是为了防止地下水、外层土、衬砌背面注浆的浆液等流入隧洞内而设的。其材料大多采用钢丝内衬加强的天然橡胶＋尼龙或钢丝刷。另外，为了提高止水效果，还可在钢丝内衬内注入牛油腻子，并利用管片的注浆孔向盾尾密封部位注入牛油腻子，一直到填满为止。

（11）对切削土及地下水压力的控制机构。①机械控制机构，就是在螺旋输送机的排土口上采用各种形式的机构，对排土量进行控制，使螺旋输送机内及切削密封舱内充满切削土或添加料混合土（如采用水平闸门、倾斜闸门、铰链式闸门、锥形闸门及旋转式排土机等）；②物性控制机构，就是在切削刀盘的前面、密封舱内部或螺旋输送机后方排土口部位注入添加料，以改变切削土的性状（如加入黏性土、自然水、泥水或压入空气等）。

（12）开挖面稳定控制装置。通过填充切削土和添加料的混合料，来平衡开挖面土压力的稳定控制装置。其功能有：①土压力控制装置，通过对充土量的控制，使土压力维持在适当范围内，以保持开挖面稳定；②土量控制装置，将掘进土量、添加料量和出土量进行容积或重量上的比较，按适当值进行控制，以保证开挖面稳定；③水压力控制装置，通过对开挖面水压力的监测即可测得切削密封舱内的水压力，然后控制注入添加料的压力，以平衡开挖面上水压力；④切削刀盘负荷控制装置，通过切削扭矩控制，使之保持在适当范围内，以确保开挖面稳定。排出土量如少于掘进土量，切削扭矩就会增大，相反则减少。

6.5.4 盾构机构造

土压平衡式盾构机一般由主要部件、主要工作系统和后配套设备组成。

（1）主要部件。主要由盾构壳体、推进油缸、刀盘和驱动、主轴承、螺旋输送机、皮带输送机、管片拼装机等装置组成。

1）盾构壳体。壳体由钢板焊接而成，形状有圆形和矩形（已经研发出矩形盾构机）。一般有前盾、中盾和尾盾。壳体承受掘进时产生的土压力、水压、刀盘的动载荷等荷载。

前盾和承压隔板焊在一起，用来支撑刀盘驱动。承压隔板使泥土仓与后面的工作空间相隔离，推力油缸通过承压隔板作用到开挖面上，以起到支撑和稳定开挖面的作用。承压隔板上在不同高度处安装有土压传感器，用来探测泥土仓中不同高度的土压力。

中盾内侧安装多组推进油缸，推进油缸杆上安装有塑料撑靴，撑靴顶在安装好的管片上，通过推进油缸提供盾构机掘进力。

中盾的后边是尾盾，尾盾一般通过铰接油缸和中盾相连，铰接连接可以使盾构机易于转向。尾盾内一般设置有管片安装机、注浆机、风、水、电等辅助设备。

2）推进油缸。推进油缸的主要作用是提供刀盘掘进轴向推力和牵引盾构前进。一般分组布置，每组与支撑靴连接。根据作业要求推进油缸可以联动也可以分动，盾构机可以实现左转、右转等调整纠偏动作。

3）刀盘和驱动。刀盘一般设计成圆盘形（刀盘结构材料一般为Q345B、16MnR、GS52或相当的铸钢材料），用四根幅臂支撑的法兰盘连接在旋转装置上，有多个进料口，以便渣土进入泥土仓。根据切削土质的软硬程度，可选择安装硬岩刀具或软土刀具。为了便于盾构机转弯，刀盘的外侧装有一把超挖刀，在转向掘进时，超挖刀沿刀盘的径向方向向外伸出切削，开挖直径扩大，也有利于盾构机转向。刀盘驱动一般由多组变速齿轮箱和液压变量马达组成。

4）主轴承一般采用组合配套的滑动轴承或双列圆锥滚动轴承，密封采用唇形丁腈橡胶或聚氨酯橡胶。

5）螺旋输送机、皮带输送机。盾构机渣土输送过程是刀盘切削渣土排至泥土仓，由可调节排量的螺旋输送机运至皮带机，再由皮带机转送至出渣车上。

螺旋输送机有前后两个闸门，前者关闭可以使泥土仓和螺旋输送机隔断，后闸门可以调整开挖面和泥土仓的压力。

6）管片拼装机。管片拼装机主要用于预制混凝土衬砌管片的安装，由大梁、支撑架、旋转架和拼装头组成。

（2）主要工作系统。盾构机是高度集成、高度自动化的隧洞掘进机械，其主要工作系统由控制系统、电力系统、液压系统、掘进导向系统、通风系统、监测检测系统等组成。

（3）后配套设备。后配套设备主要由管片运输设备、电力设备、液压工作站、空压机站、通风设备、泡沫设备、注浆设备、膨润土设备、循环水收集设备等组成。

泥水加压式盾构机除由高浓度泥水输出管道代替螺旋输送机、皮带运输机外，还增加了位于机器前部的碎石机、泥水仓、泥浆输入管道和位于洞外配套设施的泥水分离装置；其余基本与土压平衡式盾构机类似。

6.5.5 盾构机选型

盾构机的选型包括对盾构机的“型”和“模式”的选择。盾构机的“型”可分为土压平衡式和泥水加压式，是在施工前选择决定的；而“模式”可分为开放式、半开放式和封闭式，是在施工过程中根据具体的施工环境由操作人员实时决策的。本节主要阐述的是对盾构机“型”的选择。

盾构机的选择主要根据工程地质与水文地质条件、隧洞断面形状、隧洞外形尺寸、隧洞埋深、地下障碍物、地面建筑物、地表沉降等要求，依据适用、技术先进、经济合理的原则确定。

（1）选择依据。

1）隧洞工程地质与水文情况。工程地质情况主要包含：隧洞岩性、抗压强度、粒径和级配、含水量、含砂土量以及作业面自稳性等。水文情况主要包含：隧洞埋深、熔岩、渗透系数、涌水、地下水分布等。

2）隧洞设计文件。隧洞开挖断面尺寸、一次支护断面尺寸、临时支护方法、隧洞坡度、转弯半径、隧洞开挖沉降要求等。

3）工期和造价要求。

4）环境条件。隧洞开挖轴线上、下建筑物和管线分布情况；盾构机安装场地；施工环保要求等。

5）辅助设施。风、水、电设施；沉砂池、弃料场等。

（2）选型原则。盾构机是盾构法隧洞施工的关键成套设备。选择合适的盾构机是保证工程项目顺利实施的前提条件，选择盾构机的一般原则如下。

1）根据工程地质情况要求选择合适的盾构机。一般情况下：①对于土体干燥、完整、自稳性好，无需支撑的开挖面，可使用土压平衡开放模式盾构机；②对于高渗水性的砂层、砂砾和砂卵石地层（渗透系数大于 10^{-7} m/s），地面沉降控制要求高，断面直径大，穿越江河湖海等工程，宜选用泥水加压式盾构机；③对于软弱冲积黏土层、砂土或砾石层掘进时（渗透系数小于 10^{-4} m/s），作业面自稳性较好，较多使用土压平衡封闭式盾构机；在这种地质结构情况下，即使局部作业面失稳，只需加入适当的黏土或泥浆，也能使开挖面稳定；与泥水加压盾构机相比，可节省泥水加压和泥水分离等设备，从而降低一次性设备投入；④对于软弱黏土层、易坍塌含水砂层及砂砾层等复杂地质条件，可根据实际作业情况，配备相应的加压装置，以确保盾构机正常工作。

2）盾构机整机性能应能满足工程工期、质量要求，具有良好的安全性和可靠性。①盾构机刀盘形状及外形尺寸应满足设计断面要求；②盾构机刀盘刀具型式、硬度、推力、扭矩等技术参数应满足掘进要求，正常掘进进尺应能满足工程工期和质量要求；③在地质情况发生变化时，要有足够的应变措施，确保迅速恢复正常掘进。

3）根据要求选择后配套设备。鉴于目前盾构机后配套配备模块化管理，根据工程掘进、支护工艺，提出配备要求（如出渣运输机、加压装置、管片安装机构、注浆设备、循环水装置、风水电等配套设备等）。

此外，还要对环保、安全等因素进行综合考虑。

（3）影响盾构机掘进的主要因素。影响盾构机生产率的因素很多，总结主要的因素有以下几点。

1）隧洞轴线地质情况，包括直接影响掘进速率的岩土特性、渗水指标，对涌水、塌方等不良地质洞段的处理等，以及地面建筑物情况。

2）盾构机性能参数，包括刀盘直径、推力、扭矩、滚刀、切刀和刮刀的布置及刀具质量、贯入度、刀盘转速等。

3）后配套的保障程度，包括出渣能力、管片衬砌能力、泥水分离装置、供水、供电的可靠性等。

4）现场管理、操作人员的经验及熟练程度。

6.5.6 盾构机使用要点

（1）选择使用盾构机施工前，应充分掌握隧洞沿线的地质、岩土特性，地下水状况及开挖沿线地面建筑物等，以选择与之相适应的盾构机类型，并配备相适应的后配套设备。

（2）盾构机要求有一定的组装、施工布置场地。盾构机主机及后配套总长一般也在60～140m之间，是一个综合性隧洞掘进工厂，再加上与之配套的刀具维修车间、配电室、出渣设施及泥水分离厂、混凝土管片预制厂等都需要一定的场地布置空间。

（3）对运输道路、桥梁的通行能力要求较高，盾构机主机刀盘、前盾、后盾等大件物品重达几十吨、甚至上百吨，所以对到达施工现场的道路、桥梁要事前有充分的了解。

（4）对电源供电的可靠性要求较高，由于是隧洞掘进施工，隧洞中的通风、照明、排水无一不是使用电力，而且要求不能停顿，这就对供电电源的可靠性提出了较高的要求。

（5）确定掘进参数。掘进前，应认真分析地段地质、土层特性、含水量等情况，预先确定盾构机工作参数。主要有：掘进模式、土层和压力室压力、油缸推力、掘进速度、刀盘转速、刀具贯入量、螺旋机出料速度、泥水管理指标、注浆参数等。掘进时，应随时根据掘进作业面反馈的信息，及时调整盾构机掘进参数，使掘进参数不断地得到优化。

（6）掘进时注意事项。

1）盾构机掘进时要密切关注泥土进、排量，以保证开挖量与排出量的相对平衡，在围岩较差时要特别注意泥水的质量，保证泥水黏度和固壁效果。

2）掘进方向控制。一般盾构机配备自动导向、定位和显示系统，能够显示盾构机掘进与设计轴线的偏差。随着掘进长度的延伸，为确保盾构机掘进始终保持在偏差范围内，应定期校核基准延伸点，以保证盾构机的掘进方向不偏离。在特殊地段掘进（上坡、下坡、转弯）时，可通过调整推进油缸来实现。在地质情况发生突变，导致盾构机不能正常掘进时，要认真分析原因，制定纠偏措施，及时调整盾构机偏差。

3）后配套设施要经常维护，确保正常工作。

6.5.7 盾构机的技术参数

随着我国城市化进程的推进，盾构技术在城市地铁建设中得到了广泛运用，国内一些重型机械制造厂家通过技术合作和自主研发，已能生产各种规格、类型的盾构机及后配套设备，以适应不同地质条件和工况要求。目前，国内盾构机没有系列产品，一般根据用户的要求加工制造。

部分国外典型盾构机技术参数见表6-17。

表6-17　　部分国外典型盾构机技术参数表

名　称	德国海瑞克	德国维尔特	德国海瑞克	日本三菱
盾构型式	土压平衡式	土压平衡式	泥水加压式	泥水加压式
设备总长/mm	75000	9500	11050	11850
盾壳长度/mm	7565			7670
盾构机外径/mm	前6250，中6240，后6230	前6260，中6255，后6250	前9000，中8985，后8970	6260
开挖外径/mm	6280	6280	9030	6280
总质量/t	520	320		
管片外径/mm	6000	6000	8700	6000
内径/mm	5400	5400	7900	5400
尾盾密封型式	三排钢丝刷型	线刷型，3排	四排钢丝刷型	刷型，3列
刀盘旋转方向	正/反	正/反	正/反	正/反
主轴承/mm	2600	圆柱滚子，3排，直径3300	3排滚柱轴承	
超挖量/mm	50	60	70	65
驱动液压电机数量	8	6	10	8
最大扭矩/(kN·m)	4500	4565	8466	6327
刀盘转速/(r/min)	0～6	0～6	0～2.6	0～3.4
工作油压/MPa	30	36	35	35
推进油缸	30个，行程：2000mm，最大推力：39890kN	20个，行程：2100mm，最大推力：36000kN	28个，行程：2600mm，最大推力：60344kN	24个，行程：1950mm，最大推力：36210kN
铰接油缸	14个，行程：150mm，牵引力：7340kN	8个，行程：200mm，牵引力：6400kN	6个，行程：400mm，牵引力：13784kN	16个，行程：190mm，牵引力：2000kN

续表

名　称	德国海瑞克	德国维尔特	德国海瑞克	日本三菱
螺旋输送机	中心轴式，驱动功率：315kW；转速：0～22.4r/min；最大出土能力：300m³/h；最大块径：500mm×600mm；螺旋机闸门：液压式	中心轴式，驱动功率：300kW；转速：0～22.5r/min；最大出土能力：300m³/h；最大块径：500mm×600mm；螺旋机闸门：液压式	无	无
皮带输送机	30kW电机驱动，皮带宽度：800mm；皮带长度：45m；皮带运行速度：2.5m/s；最大输送能力：750m³/h	30kW电机驱动，皮带宽度：800mm；皮带长度：56m；皮带运行速度：2.5m/s；最大输送能力：750m³/h	无	无
送泥管	无	无	管内径400mm	管内径250mm
排泥管	无	无	管内径400mm	管内径250mm
备用排泥管	无	无		管内径250mm
旁路管	无	无		管内径200mm
排空管	无	无		管内径50mm
管片拼装机	自由度：6个；驱动功率：55kW；回转角度：左右各200°；举升行程：1000mm；举升质量：12t；纵向行程：2000mm；纵向移动推力：5t；举升和纵向行走速度：0～8mm/min；回转力矩：150kN·m	自由度：6个；额定能力：40kN；回转角度：左右各220°；提升油缸：行程900mm/2个；移动油缸：行程800mm/2个；管片夹持油缸：行程60mm/1个；平衡油缸：行程60mm/3个；移动油缸：行程60mm/1个	中心回转式，自由度：6个，液压驱动，真空吸盘式抓取；回转角度：左右各200°；旋转速度：0～1.0r/min；移动速度：0～8m/min；纵向行程：2000mm；无线控制系统：1个；互锁安全系统：1套	环形齿轮门型，液压马达驱动，转速：0.78～1.53r/min；回转角度：左右各220°；推入力：110kN×2；提升力：75kN×2；升降行程：700mm；有效空间：直径约3050mm
冷却系统	泵、油冷却器1套	泵、油冷却器1套	泵、油冷却器1套	泵、油冷却器1套
注浆设备	KSP-12注浆泵2台	2台	2套	2套
发泡系统	发泡装置、注入管道等1套	1套	1套	1套
尾盾注脂泵送系统	油脂泵等1套	1套	1套，200kg	1套
控制室	1个	1个	1个	1个
高压电缆卷筒	1个	1个	1个	1个
水管卷盘	1个	1个	1个	1个
软风管存储筒	1个	1个	1个	1个
管片送进系统	管片送进器、吊车1套	管片送进器、吊车1套	管片送进器、吊车1套	管片送进器、吊车1套
数据采集系统	1套	1套	1套	1套
自动导向系统	激光导向系统1套	激光导向系统1套	SLS-T APD导向系统	激光导向系统1套
通信系统	电话、数据传输1套	电话、数据传输1套	电话、数据传输1套	电话、数据传输1套

6.6 锚杆台车

锚杆台车是集钻孔、注浆、锚杆安装于一体的锚杆作业机械，具有高效、安全、机械化程度高等特点，广泛用于隧道、地下工程边顶拱锚杆临时和永久支护作业。锚杆台车能安装多种形式的锚杆，如：注浆锚杆、树脂锚杆、楔形锚杆、水涨锚杆，锚杆长度3～9m，锚杆直径16～30mm。锚杆台车多为全液压操作轮式单臂台车，亦可根据用户需要，配备两臂或多臂履带底盘锚杆台车。锚杆台车见图6-30。

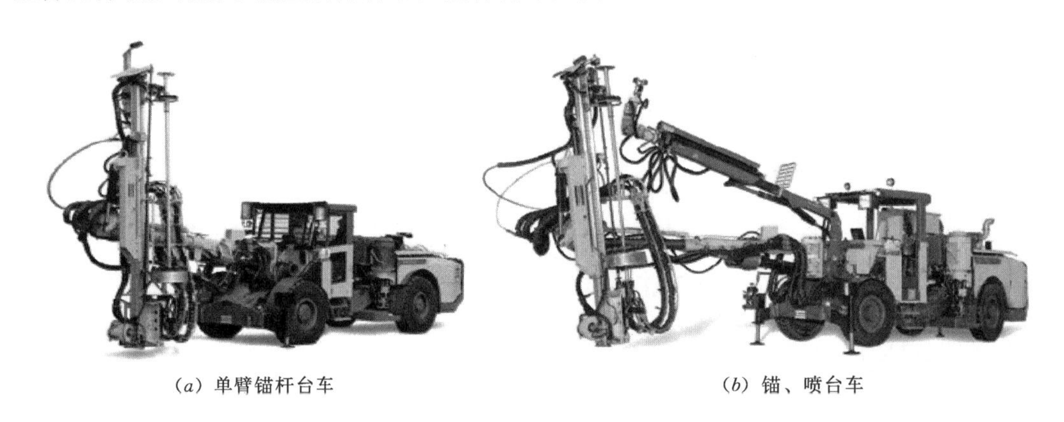

(*a*) 单臂锚杆台车　　(*b*) 锚、喷台车

图6-30　锚杆台车

6.6.1 锚杆台车作业工序

锚杆台车能独立完成钻孔、注浆、锚杆安装等作业，锚杆机头工位变化尤为重要，锚杆机头是通过围绕定位器旋转不同的角度，来实现作业工序转变。作业流程（以山特维克锚杆机为例）：台车就位—定位器定位—凿岩机钻孔—注浆机注浆—锚杆安装。

(1) 定位器定位。锚杆机头定位器油缸伸出，顶住岩石，固定锚杆机头。

(2) 凿岩机钻孔作业。操作凿岩机钻孔。

(3) 注浆机注浆。钻孔作业完成后，锚杆机头旋转一个角度，注浆管推进机构自动将注浆管送达孔底，进行注浆（若是树脂锚杆，树脂包由压缩空气吹入锚杆孔内）。

(4) 锚杆安装。注浆完成后，锚杆机头再旋转一个角度，液压机械手从锚杆架上取出锚杆，送入锚杆推进器，锚杆推进器将锚杆推入锚杆孔内，完成锚杆安装。

阿特拉斯锚杆机锚杆机头作业工位的变化，是依靠机头底座的滑板平行位移来实现工位的变化。

6.6.2 锚杆台车构造

锚杆台车多为全液压操作。锚杆台车主要由锚杆机头、液压钻臂、砂浆搅拌机、注浆泵、空压机、增压水泵、操作系统、动力系统、轮式底盘等组成。锚杆台车构造见图6-31。

(1) 锚杆机头。锚杆机头是锚杆台车主要工作装置。由凿岩机、凿岩机推进器、锚杆

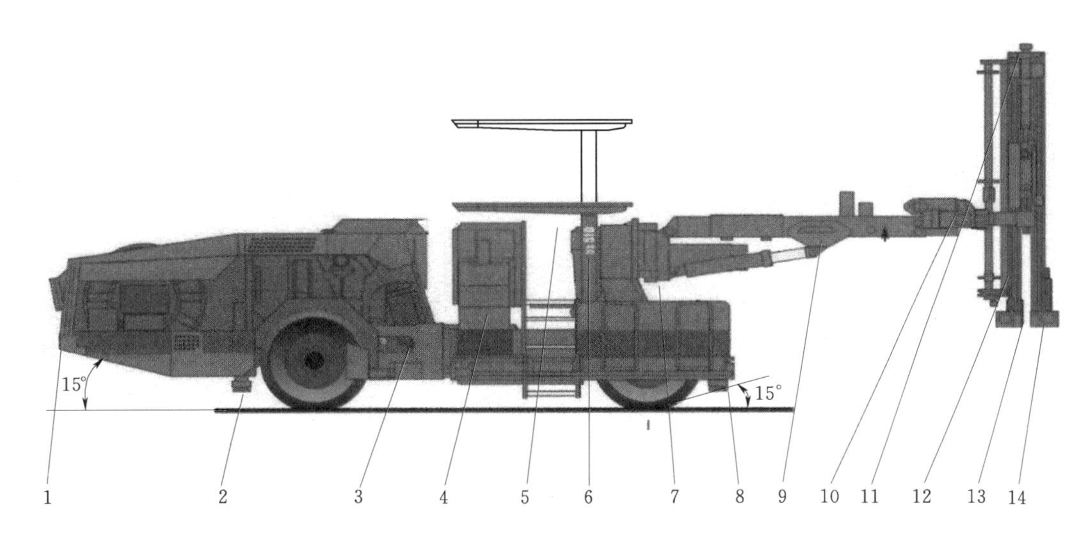

图 6-31　锚杆机构造示意图

1—铰接式轮式底盘；2—后千斤顶；3—树脂发射器；4—水泥浆搅拌器；5—升降安全棚；6—操作台；7—液压臂支座；8—前千斤顶；9—液压臂；10—锚杆头翻转马达；11—锚杆头定位器；12—锚杆储存架；13—锚杆推进器；14—凿岩机推进器

推进器和锚杆架、定位器、注浆管架等组成。

1）凿岩机。液压凿岩机用于钻凿锚杆孔，孔径 20～30mm。

2）凿岩机推进梁。由高强度铝合金或铸钢件制成，长度 3～7m。

3）锚杆推进器和锚杆储存架。用于储存和安装锚杆的工作装置。锚杆推进器结构型式多为液压马达—链条式推进器。锚杆储存架可储存 6～8 根锚杆。

4）锚杆机头定位器。定位器工作时用伸缩液压缸牢牢顶住岩石，起到固定锚杆机头的作用。锚杆机头围绕定位器回转，通过机头工位的变化，完成不同锚杆作业工序。

山特维克锚杆机头适用范围见表 6-18。

表 6-18　　山特维克锚杆机头适用范围表

锚杆机头型号	机头长度 /mm	锚杆长度 /m	隧道高度（最小/最大） /m	质量 /kg
BH15	2600	1.2～1.5	3/10	1300
BH18	2815	1.2～1.8		1470
BH22	3217	1.5～2.2	4/10	1580
BH24	3430	1.5～2.4		1690
BH27	3740	1.5～2.7		1740
BH30	4040	1.5～3.0	5/12	1790
BH40	5260	2.4～4.0		2150
BH50	6240	4.0～5.0		2440
BH60	7240	5.0～6.0	7/12	2530

（2）液压钻臂。一般为箱形伸缩式结构，用于支撑锚杆机头，可使锚杆机头上下移位、摆动、翻转，以适应不同位置锚杆作业。

（3）注浆搅拌器和注浆泵。锚杆台车配备了1台小型叶片式搅拌机，用于水泥砂浆搅拌。注浆泵多为活塞式泵，用于注入水泥砂浆。

（4）底盘。锚杆台车底盘多为铰接轮式底盘，结构形式和液压凿岩台车相似，有4个千斤顶用于工作时支撑和固定锚杆台车。

（5）空压机、增压水泵。锚杆台车配备1台空压机，用于凿岩作业和将树脂药包吹入锚杆孔内。增压水泵，在进水压力不足的情况下，通过增压泵提供凿岩机正常的工作水压。

（6）动力系统。锚杆机在进行锚杆作业时由电动机-液压泵提供液压元件的工作油压。行走时由内燃机—液压泵—液压马达提供行走动力。

（7）操作系统。锚杆台车的操作系统与液压凿岩台车类似。锚杆台车设置安全棚确保操作人员的安全。在工作面围岩较差的情况下进行锚杆作业时，可用1套遥控操作装置，操作锚杆台车。

6.6.3 锚杆台车技术参数

国内生产厂目前还没有批量和成系列生产锚杆台车，工程中使用较多的是阿特拉斯、山特维克，古河等国外品牌锚杆台车，部分型号国外锚杆台车技术参数见表6-19。

表6-19　部分型号国外锚杆台车技术参数表

项目＼型号		Boltec 235	Boltec LD	DS311	DS510
最大钻孔高度/m		8.5	12	7.5	12
锚杆长度/m		1.5～2.4	1.5～6	1.5～3	4～5
凿岩机	型号	COP1132	COP 1132	STAR200	HL300S
	钻孔直径/mm	28～51		32～45	
	工作压力/bar	200		160	
	冲击功率/kW	11			8
	回转扭矩/(N·m)	500			245
	回转速度/(r/min)	0～300			250
锚杆机头	型号	机械式 MBU			HD60
	推进梁长度/m	2.5～4	3～6.5	2.5～4	4.5～6.5
	推进长度/m	3～5	3～6	3～5	4～6
	推进力/kN	12	13.23		
	储存锚杆数量/根	10	10		8
液压钻臂	型号	BUT35BS	BUT35HBE	B26 XLB	ZRU1470
	钻臂延伸长度/mm	1600	1600	1600	1800
	推进梁补偿行程/mm	1000	1000	1200	1200

续表

项目 \ 型号		Boltec 235	Boltec LD	DS311	DS510
液压钻臂	推进梁翻转角度/(°)	360			
	钻臂举升角度/(°)	+65/−30			
	钻臂摆动角度/(°)	±45	±45	±50	±50
注浆泵	注浆泵型式	活塞式			
	注浆压力/bar	170		150	
液压系统	主泵型号	一组4联泵		两联泵	
	系统工作压力/bar	150～240	150～240		160～180
	总功率/kW	63	83	55	80
底盘	底盘型式	铰接式四轮驱动	L系列铰接式四轮驱动	TC6轮式铰接式	TC8轮式铰接式
	发动机型号	D914L04	TCD2013LO4		MB OM904LA
	发动机功率/kW	58	120	70	149
	最大行车速度/(km/h)	12	15	10	10
	最大爬坡能力/(°)	14	14	15	15
	离地间隙/mm	316	265	320	400
外形尺寸/mm	长	6192	14207	11260	14000
	宽	1930	2500	1875	2500
	高	2300	3003	3100	2750
整机质量/kg		15000	26000	14000	25000

6.7 混凝土喷射机械

混凝土喷射机是用压缩空气或喷射泵将按一定配合比水泥砂浆、混凝土，通过管道输送并高速喷射到受喷面上（岩面、边坡、结构件等），形成混凝土支护层，以恢复和提高受喷面承载强度。混凝土喷射机已由过去单一的干喷机发展到潮喷、湿喷机和集储料、拌和、喷射于一体的混凝土喷射机组。混凝土喷射机广泛用于水电工程、地下工程、边坡支护等工程。

6.7.1 喷射混凝分类

喷射机混凝土按拌和料水灰比和添加料不同可分为干式、湿式和介于两者之间的半湿式（潮式）三种。水利水电工程常用喷射混凝土有干喷射混凝土、潮喷射混凝土、湿喷射混凝土、水泥裹砂混凝土、钢纤维喷射混凝土等。

（1）干喷射混凝土。水灰比小于0.25。水泥、砂石混合料和干粉速凝剂，按比例混合经搅拌均匀后，喷料由干式混凝土喷射机用压缩空气经输料管送至喷嘴处，与压力水混合后喷射到结构面上。干喷射混凝土工艺简单、易操作，但回弹率高、作业面粉尘大。

(2) 潮喷射混凝土。水灰比在0.25～0.35之间。水泥、砂石混合料和干粉速凝剂，按比例混合经搅拌均匀后，喷料由潮喷机用压缩空气经输料管送至喷嘴处，与压力水混合后喷射到结构面上。潮喷射混凝土施工时的回弹率和粉尘比干喷小得多。

(3) 湿喷射混凝土。水灰比0.5左右。水泥、砂石、细骨料、水等按比例搅拌均匀后，将喷料用湿喷机（泵）经输料管送至喷嘴处，与液态速凝剂混合，借助压缩空气喷射到结构面上。湿喷混凝土粉尘少、回弹低、强度高。但工艺较为复杂，对材料和液态速凝剂质量要求高。

(4) 水泥裹砂混凝土。按一定配比拌制而成的水泥裹砂砂浆和以粗骨料为主的混合料，分别用砂浆泵和喷射机输送至喷嘴混合后，喷到受喷面上所形成的混凝土。

(5) 钢纤维喷射混凝土。钢钎维喷射混凝土是在混凝土材料中掺入适量的钢钎维，均匀搅拌后形成复合型混凝土。钢纤维在混凝土中均匀分布，改变了素混凝土的脆性弱点，使喷射混凝土韧性、扰曲强度、冲击强度、开裂抗力、抗疲劳性能得到了极大的改善。适用于松软、破碎的软岩边坡、隧道等支护。

6.7.2 混凝土喷射机分类和型号标识

(1) 混凝土喷射机型号标识如下：

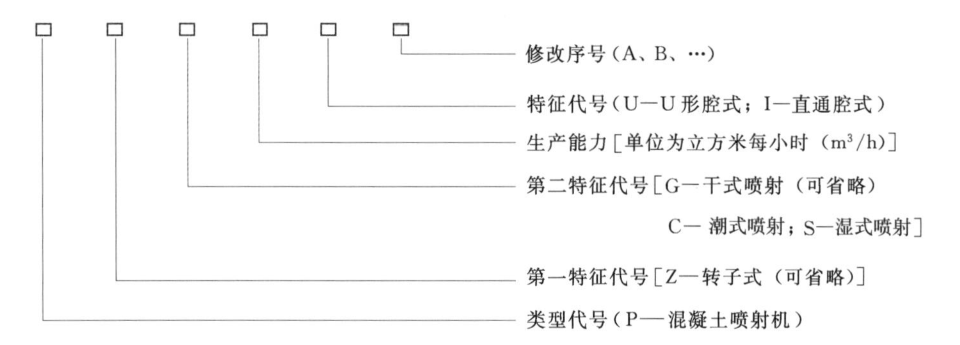

(2) 混凝土喷射机分类。混凝土喷射机按喷射工艺可分为干式、潮式、湿式喷射混凝土机。

国家标准规定混凝土喷射机基本参数见表6-20。三种混凝土喷射机技术性能比较见表6-21。

表6-20　　国家标准规定混凝土喷射机基本参数表

项　目	单位	参　数		
		干式	潮式	湿式
适用混凝土水灰比		≤0.20	>0.20	>0.5
额定工作压力（风压）	MPa	0.5		
输送距离（水平/高度）	m	150/40	100/30	30/10
骨料最大粒径	mm	≤20		

表 6-21　　三种混凝土喷射机技术性能比较表

项目＼喷射机形式	干式喷射机	潮式喷射机	湿式喷射机
粉尘浓度/(mg/m³)	较大 50	可降低 50%～80%	可降低 80%以上
回弹率	较大 40%左右	20%左右	10%左右
水灰比	0.25	0.25～0.35	0.5 以上
耗风量	较大	一般	可降低 50%
压送距离/m	200	较短	较短
抗压强度/MPa	较低 10～15	提高约 50%	较好提高 50%以上
水泥用量/(kg/m³)	400	450 左右	500 左右
混凝土坍落度/cm	5～7	8～10	10～15
设备情况	简单、维护方便	适中	较复杂

1）干式混凝土喷射机。干式混凝土喷射机多为直通转子式喷射机。具有结构简单、上料高度低、连续出料、输送距离大、操作维修简单等特点，但回弹量、粉尘大。干喷机广泛用于露天边坡、基坑边坡支护。

干式喷射机结构型式有双罐式、螺旋式和转子式，使用较多的是转子式。

国产干式混凝土喷射机技术参数见表 6-22。

表 6-22　　国产干式混凝土喷射机技术参数表

项目＼型号		PZ-3	PZ-5	PZ-9	HPZ-5	HPZ-7	HPZ-9	HPZ-5	HPC-VB
生产能力/(m³/h)		3	5	9	5	6.5	8	5.5	5.7
水灰比		≤0.45							
输料管内经/mm		42/50	50	65	50		65	65	65
最大骨料粒径/mm		10	15	20	15		20	20	20
最大输送距离/m		200		150	200			200	200
工作风压/MPa		0.2/0.6	0.2/0.6	0.6	0.2～0.4			0.4	0.4
耗风量/(m³/min)		5～6	7～8	9～10	7～8		10～12	7～8	5～8
电动机功率/kW		3	5.5	7.5	5.5		7.5	5.5	5.5
电压等级/V		380、660							
上料高度/mm		1100			1010			1050	
外形尺寸/mm	长	1130	1500	1650	1250		1300	1520	1570
	宽	540	750	830	780		800	762	755
	高	1020	1020	1320	1200		1300	1180	1228
底盘		可装配轮胎式、轨轮式							
质量/kg		520	780	830	550	700	850	700	1160

2）潮式混凝土喷射机。潮式混凝土喷射机是在干式喷射机基础上研发出来的。与干

式喷射机比较，具有回弹率低、粉尘小、效率高等特点。PC 系列潮式混凝土喷射机是目前使用较多一种潮式喷射机，其转子结构分为 U 形腔和直通腔两种型式。

U 形潮喷机转子料腔截面呈 U 形，料腔进料口和出料口在同一平面上，采用的是一片结合板和一片衬板组成一对密封面，以满足料腔承压时密封性能要求。

直通式潮喷机转子料腔截面呈 I 形。料腔进料口位于转子的上平面，料腔出料口位于转子的下平面，由于不在同一平面上，需采用 2 片结合板和 2 片衬板组成两对密封面，以满足密封性能的要求。

在水利水电工程施工中，两种型式潮式喷射机都有使用。总体来看，U 形腔潮式喷射机密封性能好，易损件少，维护费用低，使用较广。部分型号潮式混凝土喷射机技术参数见表 6－23。

表 6－23　　部分型号潮式混凝土喷射机技术参数表

项目 \ 型号	PC5	PC6	PC8	PC6U	PC7U	PC8U	PC6	PC7U
喷射机型式	转子式			U 形转子			转子式	U 形转子
生产率/(m^3/h)	5	6	8	6	7	8	6	7
水灰比/%	0.35						0.3	
输料管内经/mm	51	51	63	51			51	51
最大骨料粒径/mm	≤20							
最大输送距离/m	水平：60～80；高度：30			水平：120；高度：40			100/30	
工作风压/MPa	0.4			0.2～0.4			0.2～0.4	0.2～0.3
耗风量/(m^3/min)	7	8	11	6～8			7～10	6～8
转子转速/(r/min)	11							
电动机功率/kW	5.5	7.5	9	5.5	7.5	9	5.5	5.5
电压等级/V	380/660							
上料高度/mm	1100			1000～1100				
外形尺寸/mm 长	1530	1520	1943	1400		1400	1590	1300
外形尺寸/mm 宽	818	820	866	740		740	740	740
外形尺寸/mm 高	1188	1180	1287	1150		1030	1200	1150
质量/kg	700	720	980	700	720	750	720	680

3）湿式混凝土喷射机。混凝土湿喷是针对干喷粉尘大、喷射回弹率高、喷射混凝土水化程度不足等问题而发展起来的新工艺，其特点是混凝土混合料在进入喷射机前加入足够的水，经搅拌均匀后，由压力气或泵通过送料管送至喷嘴，喷射到受喷面上。湿喷混凝土水灰比能够准确控制，有利于提高混凝土水化程度，喷射时粉尘、回弹较少，混凝土均质性好，强度易于保证。湿喷机结构较干喷机复杂，购置、维护费用较高。

湿式混凝土喷射机按喷射方式不同，可分为两大类：泵送和风送，湿式混凝土喷射机见图 6－32。

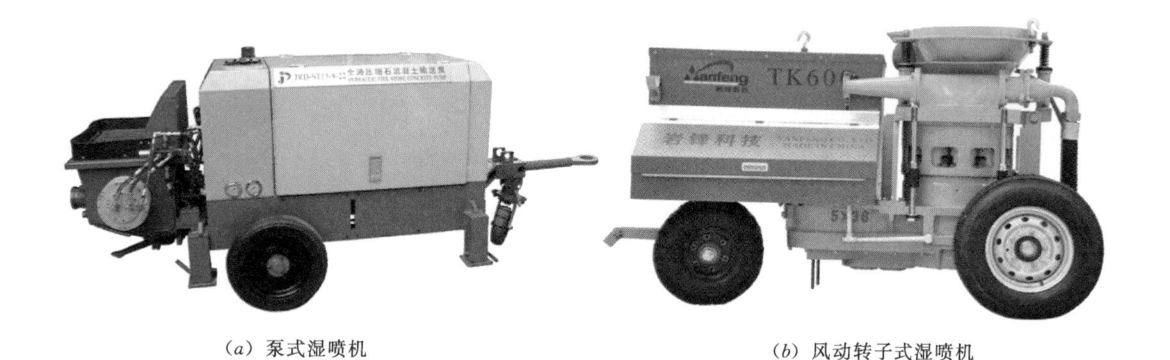

(a) 泵式湿喷机　　　　(b) 风动转子式湿喷机

图 6-32　湿式混凝土喷射机

A. 泵送法。其特点是喷射混凝土呈稠流态状，喷射混凝土按一定的配合比将水泥、粗细骨料和水在搅拌机（器）中搅拌均匀（水灰比一般 0.6 左右），用泵式湿喷机将拌和料经输送管送至喷嘴处，在喷嘴处与液态速凝剂混合，借助压缩空气将拌和料喷射到结构面上。泵送喷射混凝土机多为柱塞泵和螺杆泵式湿喷机。

B. 风送法。其特点是喷射混凝土呈半稠流态，拌和料水灰比一般 0.4 左右。将拌和料添加至压缩空气输送的湿喷机，经输料管送至喷嘴处，在喷嘴处与液态速凝剂混合，并加上适当的补充水，借助压缩空气将拌和料喷射到结构面上。风送湿式喷射混凝土机的结构型式有罐式和转子湿喷机，目前使用较多为转子式湿喷机。

湿式喷射机主要特点如下。

1）降低了粉尘。湿喷机大大降低了作业面喷射时的粉尘浓度，有效减少环境污染和降低了对施工人员健康危害。

2）生产率高。干式混凝土喷射机一般不超过 $5m^3/h$。而使用湿式混凝土喷射机，人工作业时可达 $10m^3/h$；采用喷射机械手作业时，则可达 $15\sim20m^3/h$。

3）喷射回弹率低。干喷时，混凝土回弹率可达 35%～50%；采用湿喷技术，回弹率可降低到 10%左右。

4）喷射质量好。湿喷时，由于水灰比易于控制，拌和料均匀程度高，大大改善喷射混凝土的质量和匀质性；而干喷时，混凝土的水灰比是由喷射手根据经验及肉眼观察来进行调节的，混凝土的品质在很大程度上取决于喷射机操作手操作正确与否和熟练程度。

部分型号湿式混凝土喷射机技术参数见表 6-24。

表 6-24　　部分型号湿式混凝土喷射机技术参数表

项目 ＼ 型号	PS8	ZBSP6	ZSP5	ZSP10	SPZ5	KSP9	PS5I-H	TK700	TK150Y
喷射机形式	活塞式		转子式						
生产率/(m^3/h)	8	6	5	6～10	5	9	5	7	8～15
水灰比			≤0.45		0.35～0.4	≤0.4			

续表

项目＼型号	PS8	ZBSP6	ZSP5	ZSP10	SPZ5	KSP9	PS5I-H	TK700	TK150Y
混凝土坍落度/cm	15～18	8～20	5～20		≤15		15～18	≤18	18
速凝剂添加能力/(L/h)		0～100							
输料管内经/mm	64	50、64	50	50、64	50	50	51	51	76
最大骨料粒径/mm	20	20	20	20		15～20			20
输送距离（水平/垂直）/m	150	200	40/20		≤50	30/20	30/10	20/20	20/20
工作风压/MPa	0.4	0.4	0.4～0.6	0.6	0.2～0.4	0.4	0.5	0.5	0.5
回弹率/%	≤10	≤10	≤15	≤10	≤15	≤15	≤15	≤10	≤10
耗风量/(m^3/min)	10	10	8～10	19	≤10	10～12	12	17	20
电动机功率/kW	22	18.5	5.5	7.5	5.5	7.5	7.5	11	22
上料高度/mm	1000	1100	1200	1200	1100	1100			
外形尺寸/mm 长	2580	2680	2136	2446	2200	2100	2374	2200	2280
外形尺寸/mm 宽	1110	1100	940	1026	740	950	951	1110	1428
外形尺寸/mm 高	1180	1320	1242	1287	1300	1300	1348	1300	1350
质量/kg	1600	1300	960	1500	800	850	1585	1800	2200
底盘型式	轮胎式		轮胎、轨轮式						

6.7.3 几种典型混凝土喷射机

（1）U形腔潮式转子混凝土喷射机。U形腔潮式混凝土喷射机工作过程。预拌和的拌和料经筛网落入料斗，由拨料器、配料盘至转子料杯，随着转子转动拌和料进入气路系统，拌和料由压缩空气带动，经结合板、出料弯头、输送管路至喷嘴处，加水混合后高速喷至受喷面。

U形腔潮式喷射机的构造：主要由供料部分、传动机构、气路系统、不黏料转子、喷射系统、上座、下座、翻转铰接快速楔销紧固件及结合板径向快速压紧装置等组成。U形腔潮式喷射机有两种结构型式，其区别在于：一种是拨料器和转子同轴；另一种是非同轴，后者的优点是降低了上料高度。U形腔潮式（同轴）混凝土喷射机结构见图6-33。

1）供料部分。由筛网、料斗、拨料器、定量板及配料盘等组成。其作用是连续均匀的定量加料。调节定量板的高度的可以控制给料量的多少，从而调节生产能力的大小。通常情况下，定量板应调整在低位。

2）传动机构。由电动机、减速器等组成。减速器采用齿轮传动，其作用是带动转子、拨料器等旋转。

3）气路系统。由阀、压力表、管路、结合板和出料弯头等组成。其作用是利用压缩空气在密封状态下实现拌和料的输送。

4）不黏料转子。不黏料转子是喷射机的核心部件，主要由衬板、本体、整体料杯等

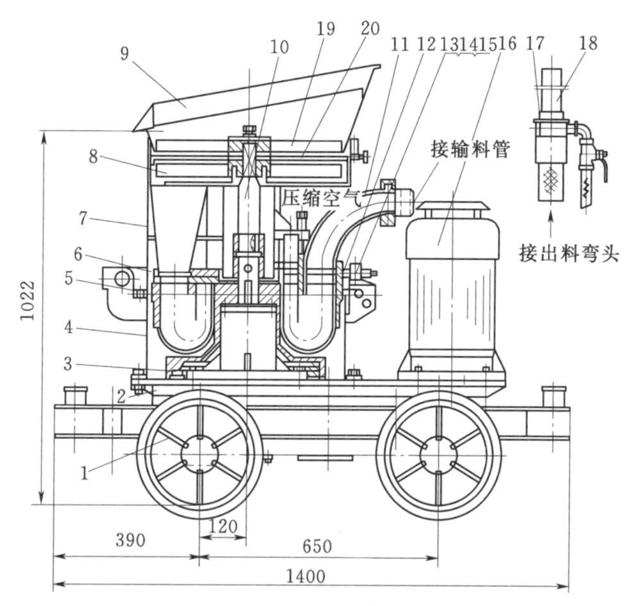

图 6-33　U形腔潮式（同轴）混凝土喷射机结构图（单位：mm）

1—轮组；2—减速器；3—平面轴承；4—下座；5—不黏料转子；6—清扫板；7—上座；8—配料盘；9—料斗；10—给料器转轴；11—弹性弯头；12—结合板；13—锁定螺钉；14—翻转支座；15—支座；16—电动机；17—喷头；18—喷嘴；19—拨料器；20—定量板

组成。其作用是实现向气路系统连续不断输送拌和料。

5）喷射系统。由输料管路、阀、喷头和喷嘴等组成。其作用是实现拌和料的输送和喷射。调节喷头水阀可控制拌和料的加水量，改变喷射混凝土的水灰比。

6）翻转铰接快速楔销紧固件。由一个翻转铰接及两个楔销紧固等组成。实现上座、下座的快速紧固及上座的翻转（100°），用于衬板，清扫板及料杯的维护和清理。

7）结合板侧向快速压紧装置。由翻转支座，支撑座，销轴及锁定螺钉等组成。由于翻转支座可以向下转动，便于出料弯头和结合板的装拆和更换。

8）行走系统。拖式，由两对铁轮或胶轮组成。

（2）拖行式混凝土喷射机组。拖行式混凝土喷射机组适用于断面较小的隧道断面喷射作业，一般由拌和机、上料机和喷射机组成。喷射机多为潮喷和湿喷机，拖行式混凝土喷射机组见图 6-34。

(*a*) 潮式　　(*b*) 湿式

图 6-34　拖行式混凝土喷射机组

（3）混凝土喷射台车。随着混凝土喷射技术的发展，20 世纪 80 年代国外研发了集混凝土喷射系统（喷射机加喷射机械手）、压缩空气系统、添加剂、拌和运输等于一体的混凝土喷射台车。混凝土喷射台车研发使用，极大改善了作业面施工人员的劳动强度，扩大了喷射范围，提高了喷射混凝土工作效率和质量，实现了喷射混凝土机械化作业。

混凝土喷射台车由动力系统、喷混凝土系统、行走系统、空压系统、控制系统等组成。同时，该车还配备有速凝剂添加装置、电缆卷筒、风管卷筒和水管卷筒等部分组成，由此构成功能齐全的混凝土喷射机组。国产混凝土喷射台车见图 6-35。

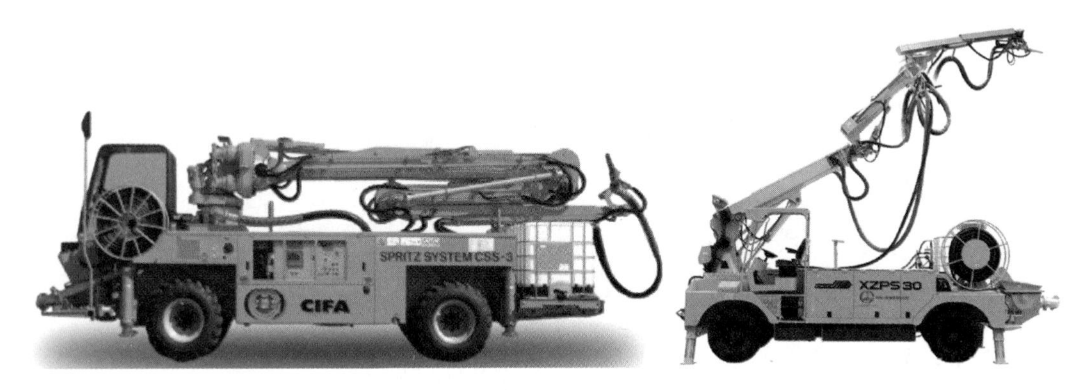

（a）CIFA CSS3 混凝土喷射台车　　（b）XZPS30 混凝土喷射台车

图 6-35　国产混凝土喷射台车

混凝土喷射台车一般采用双动力系统，全液压驱动，根据工况条件可以方便切换电动机或柴油机作业模式；喷射机采用泵式湿喷机；喷射机械手采用先进的臂架智能控制技术，加上喷头采用液压马达驱动，伞面旋转，喷射无盲区；整机采用计算机控制和监测优化，极大提高了喷射作业效率，确保了喷射混凝土的质量。

目前，工程上使用较多的混凝土喷射台车多为国外产品。国内制造混凝土喷射台车起步较晚，20 世纪 90 年代小规模相继研发了 PS、PC 系列混凝土喷射台车。近年来随着技术引进、并购、合资开发和自主研发，相继开发了多款混凝土喷射台车投放市场，例如：中联重科-CIFA CSS3、中铁岩峰 RPJ-D、成都新筑 XZPS30、三一重工 HPS30、铁建重工 HPS3016 等混凝土喷射机台车，被广泛用于各类建筑工程。

混凝土喷射台车技术参数见表 6-25。

表 6-25　　混凝土喷射台车技术参数表

项目 \ 型号		CSS-3	TTPJ3012A	Maxijet E2	CJM1200
喷射机械手	液压臂结构型式	液压折叠伸缩式	液压折叠伸缩式	液压伸缩式	液压伸缩式
	喷射高度/m	15.7	16	11.5	10
	喷射宽度/m	32	30	28	22
	喷射深度/m	5.5	8	5	7
	最小喷射高度/m	3.3	4	5	4.5

续表

项目 \ 型号		CSS-3	TTPJ3012A	Maxijet E2	CJM1200
喷射机械手	最大喷射深度/m		15	8	7
	喷嘴旋转/(°)	360	360	360	360
	喷嘴仰俯/(°)	150	120	130	120
	机械手遥控装置	20m 有线遥控	15m 有线遥控	有线遥控	有线遥控
混凝土输送泵	结构型式	湿喷活塞式	湿喷活塞式	湿喷活塞式	湿喷活塞式
	输送最大粒径/mm	<20	16	20	<20
	输送能力/(m^3/h)	30	5～30	30	16
	输送压力/MPa	6.5	8	8～15	8～12
空压机	型式	电动螺杆式	电动螺杆式	电动螺杆式	不带空压机
	输出能力/(m^3/min)	11.5	10.8	7.1	
	输出风压/bar	7	7	7	
	电机功率/kW	75	55	37	
添加剂装置	型式	可控螺杆泵	电动螺杆泵	可控泵	干粉螺旋输送
	输送能力/(L/h)		130～900		0～420
	输送压力/bar		10		7
液压主泵	型式	变量泵	变量泵+齿轮泵	变量泵	变量泵
	流量				
	压力/bar			210	
	电机功率/kW		55	55	
底盘	驱动型式	静压四轮驱动	静压四轮驱动	静压四轮驱动	
	发动机型号		6BT5.9-C135	道依茨 TCD914	日本道依茨 912
	功率/kW		100	126	100
	爬坡能力/(°)	15	15	18	16
	转弯半径内/外/mm		2200/6000	2034/4907	73000
外形尺寸/mm	长	8960	8660	8350	11280
	宽	2450	2440	2370	2400
	高	3100	3500	2860	2800
质量/kg		16000	17000	17500	14000
国别		中国	中国	澳大利亚	日本

6.8 装岩出渣机械

在隧洞掘进和地下工程开挖中，装载与出渣是占作业循环时间较长的作业工序，一般情况下可占掘进循环时间的30%～50%。长期以来，为了提高装岩出渣的作业效率，对于小断面巷道隧洞，国内先后成功研制了装岩机、耙斗装岩机、蟹爪装岩机及立爪装岩机配矿车出渣；对于中、大断面（50m² 以上）的隧洞开挖，采用侧卸轮式装载机和铲运机配自卸车出渣。为了降低洞内污染，提高掘进效率，电动装岩机和低污染内燃机装载机、铲运机广泛应用。

6.8.1 装岩机械

（1）装岩机械产品标识如下：

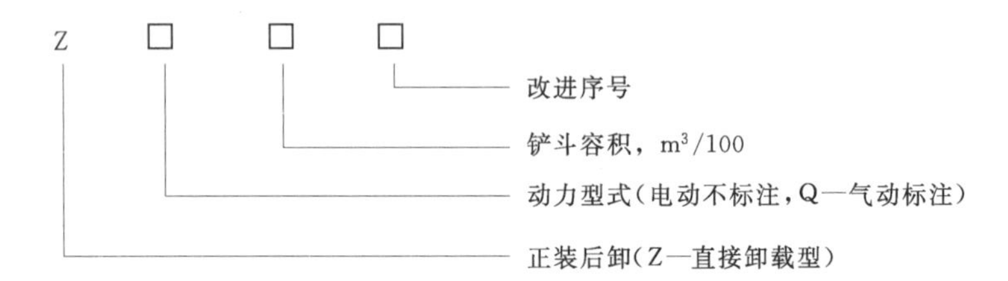

（2）装岩机种类。装岩机通常适用于小断面隧洞配矿斗车或梭式矿车出渣。装岩机种类很多，按工作装置分：铲斗式装岩机、耙斗式装岩机、蟹式立爪装岩机、挖掘装岩机等；按行走方式分：有轮式、履带式和轮轨式；按工作动力分：风动、电动和内燃机驱动。不同种类装岩机见图6-36。

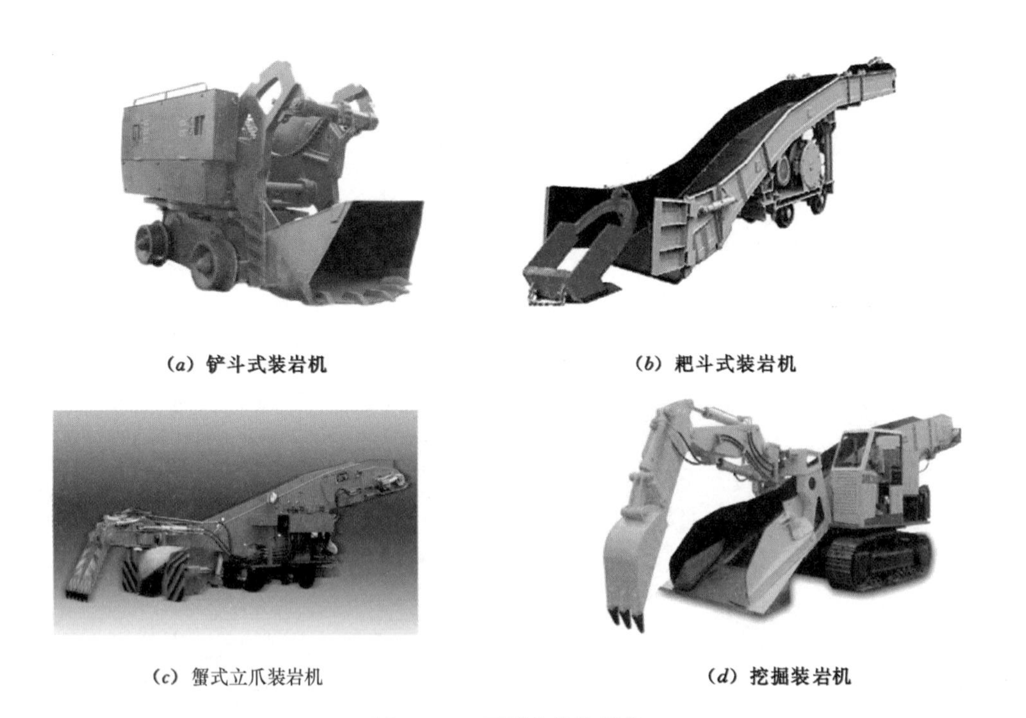

(*a*) 铲斗式装岩机　　(*b*) 耙斗式装岩机

(*c*) 蟹式立爪装岩机　　(*d*) 挖掘装岩机

图6-36　不同种类装岩机

1）铲斗装岩机。铲斗装岩机分为后卸式和侧卸式。铲斗式装岩机由铲斗、行走、操作、动力几个主要组成部分。铲斗式装岩机工作时机身前进、铲斗下降并插入岩石堆，然后提升铲斗、机身后退，铲斗将岩石翻倒在挂于机身后的矿车内或其他转载设备中。铲斗凿岩机结构简单、工作灵活、装岩生产率高，是小断面掘进广泛采用的装岩机械。

2）立爪、蟹式立爪装岩机（扒渣机）。立爪、蟹式立爪装岩机有轮式和履带两种行走结构。行走由柴油机提供动力，装岩作业由电动机提供动力。由机体（底盘）、刮板输送机及立爪耙装机构三部分组成。

立爪式装岩机。用立爪耙装岩石，刮板输送机转送岩石至运输设备，立爪始终保持从岩堆顶部开始耙集岩石，比铲斗式装岩机铲装岩石更趋合理，功效更高。

蟹式立爪装岩机。吸取蟹爪式和立爪式装岩机的优点，采用蟹爪和立爪组合的耙装机构，以蟹爪为主，立爪为辅，集合了两种装岩机的优点，有较高的生产能力。但是，蟹立爪装岩机结构复杂，维修要求高，多用于煤矿采掘和轻物质的装载作业。蟹式立爪装岩机结构见图 6－37。

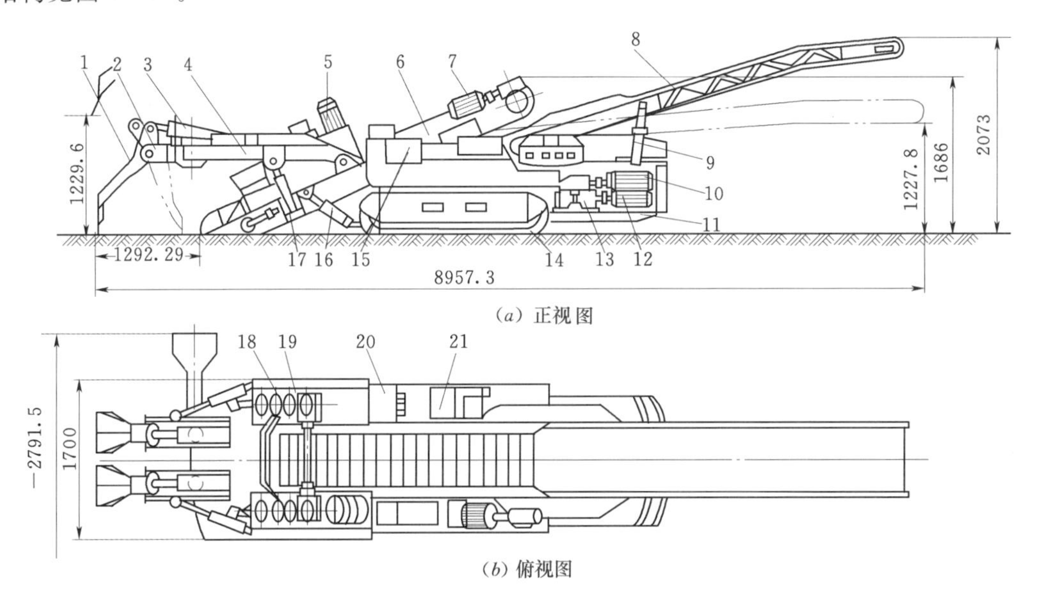

图 6－37　蟹式立爪装岩机结构示意图（单位：mm）

1—立爪；2—小臂；3—立爪油缸；4—大臂；5—蟹式立爪式电动机；6—双链刮板输送机；7—刮板输送机电动机；8—胶带输送机；9—升降油缸；10—油泵电动机；11—机座；12—履带电动机；13—减速器；14—履带装置；15—油压系统；16—机头升降油缸；17—大臂升降油缸；18—蟹立爪式减速器；19—同步轴；20—电气系统；21—驾驶座

3）挖掘装岩机（挖斗装载机）。挖掘装岩机是一种高效的装岩机械，具有装岩范围大、适应性强、效率高、维护简单等特点，广泛用于煤矿、冶金、水电隧洞和地下工程出渣作业。挖掘装岩机有轮式和履带两种底盘结构型式，挖掘装置为铲斗型式，输送机采用高效刮板式输送机，自行式全液压操作。

（3）装岩机选型。装岩机选型主要依据隧洞、巷道尺寸以及出渣形式。装岩机有多种规格以适应不同的隧洞、井巷作业断面。装岩机适用隧洞断面参考表见表 6－26。

表 6-26 装岩机适用隧洞断面参考表 单位：m

隧洞断面 装岩机型号	铲斗装岩机	立爪、蟹式立爪式装岩机	挖掘装岩机
60	2×2 以下	2×2 以下	2×2
80			2.2×2.4
100		2.5×2.5	2.6×2.8
120		2.8×2.8	2.8×3.5
150		2.8×3.5	3.5×3.5
180		3×3.5	4×4.5
200			4×4.5
220			4.5×4.5
260			5×5

（4）装岩机技术参数。部分型号铲斗式装岩机技术参数见表 6-27，部分型号挖掘装岩机技术参数见表 6-28。

表 6-27 部分型号铲斗式装岩机技术参数表

型号 项目		ZQ-26	Z-20	Z-45	Z-17	Z-30	ZQ-26	ZY-20	ZY-30	ZYQ-26
装载能力/(m^3/h)		40～50	30～40	60～70	20～30	50～60	40～50	30～40	50～60	40～50
铲斗容积/m^3		0.26	0.2	0.45	0.17	0.3	0.26	0.2	0.3	0.26
装载宽度/mm		2700	2000	2800	1700	2200	2700	2000	2200	2700
卸载高度/mm		1250	1330	1500	1250	1370	1250	1330	1370	1250
轨距/mm		600/750/762								
动力源		风动	电动机	电动机	电动机	电动机	风动	电动机	电动机	风动
行走功率/kW		10.5	10.5	18.5	10.5	15	10.5	10.5	15	10.5
扬斗功率/kW		15	13	15	10.5	15	15	10.5	15	15
外形尺寸/mm	长	2375	2480	2630	2120	2620	2375	2400	2620	2375
	宽	1380	1210	1500	1010	1300	1380	1330	1300	1380
	高	1455	1520	1565	1200	1545	1455	1460	1545	1455
质量/kg		2700	3750	5100	3760	4600	2700	3700	4600	2700

表 6-28 部分型号挖掘装岩机技术参数表

型号 项目	ZW-80	ZWY-120	ZWY-150	LWT-50	WZT-60	WZL-80	WZL-100
结构型式	履带挖斗式	履带挖斗	履带挖斗式	轮式挖斗	轮式挖斗	履带挖斗式	履带挖斗式
装载能力/(m^3/h)	80	120	150	50	60	80	100
挖掘距离/mm	2450	2600	2820	1350	1800	1800	2250
挖掘宽度/mm	5870	6050	6050	2500	2600	3600	4000

续表

项目＼型号		ZW－80	ZWY－120	ZWY－150	LWT－50	WZT－60	WZL－80	WZL－100
挖掘高度/mm		2340	2500	2750	2100	2600	3300	3100
挖掘深度/mm		650	700	700	700	450	500	700
卸料高度/mm		2000	2360	2450	1650	1550	1800	1800
工作臂摆角/(°)		65	70	70	70	70	70	70
离地间隙/mm		300	300	290		200	200	300
最小转弯半径/m		6.5	7	7		4.5	5	5
发动机功率/kW								
电机功率/kW		37	55	75	11	22	30	45
外形尺寸/mm	长	11560	12500	14200	5800	4800	5540	5600
	宽	2060	2200	2200	1800	1550	1540	1800
	高	3010	3170	3270	1700	1770	2060	2000
质量/kg		9500	13500	15500	3200	4500	8000	9250

6.8.2 出渣机械

隧洞、地下开挖工程出渣运输机械的确定，取决于出渣运输形式，即有轨运输和无轨运输。一般情况下，有轨运输出渣机械多为矿斗车和梭式矿车；无轨运输为自卸车、铲运车。

(1) 矿斗车、梭式矿车。矿斗车、梭式矿车是中小巷道掘进有轨运输出渣的主要机械。矿斗车和梭式矿车见图 6－38。

(*a*) 矿斗车

(*b*) 梭式矿车

图 6－38　矿斗车和梭式矿车

矿斗车一般用于断面较小的隧洞开挖，由铲斗装岩机装渣，人工推运至弃渣场卸渣。

梭式矿车具有结构简单、容积大、能连续自动卸渣、转载等特点，是一种高效的出渣运输设备。梭式矿车与挖斗装载机、电机车配套使用，形成机械化程度高，装渣容量大的隧道运渣配置，广泛用于铁路隧道、水工涵洞、地下矿井、洞室等机械化施工作业。梭式矿车可单车使用，也可以将若干辆串接组成梭式列车运行，提高隧道掘进出渣效率。

梭式矿车主要由槽形车厢和行走部分组成，用电机车牵引在轨道上行驶。车体设置在两个转向架上，在车厢底板上装有刮板或链板运输机，由电动机驱动。梭式矿车工作时，石渣从车厢的装碴端装入，链板输送机自动地将矿料石渣转载到卸渣端，待整个梭车装满，由牵引电机车牵引至卸渣场，开动链板输送机，将石渣卸掉。

国内生产梭式矿车定型产品分小型梭式矿车、大型梭式矿车，容积有 $4m^3$、$6m^3$、$8m^3$、$10m^3$、$12m^3$、$14m^3$、$16m^3$、$20m^3$、$25m^3$、$30m^3$、$45m^3$ 十一种。部分型号梭式矿车技术参数见表 6－29。

表 6－29　　　　部分型号梭式矿车技术参数表

项目＼型号		S4	S6	S8D	SD12	SD14	SD16	SD20	SD25	SD30	SD40
车辆容积/m^3		4	6	8	12	14	16	20	25	30	40
载重/t		10	15	20	24	28	32	40	53	55	75
装载高度/mm		1200	1200	1200	1320	1330	1420	1500	1544	1650	1850
卸载时间/min		1	1.2	2.0	2.0	2.0	2.0	2.5	4.0	4.5	5.0
轨距/mm		600	600	600	600/762/900						
最小转弯半径/mm		8	12	12	15	15	18	20	30	30	35
外形尺寸/mm	长	6250	7014	9600	10500	11255	12940	12900	16220	19500	22500
	宽	1280	2450	1360	1710	1720	1670	1800	1760	1800	1800
	高	1620	1640	1780	1700	1800	2400	2700	3250	2980	3250
自重/t		6	8	9.28	12.3	13	17.8	20	26.3	30	37.5
适用断面/(m×m)		≥2.2×2.2	≥2.4×2.4	≥3.0×3.0	≥3.4×3.4	≥3.4×3.4	≥4.0×4.0	≥4.0×4.5	≥4.20×4.5	≥5.0×5.5	≥5.0×6.0
推荐钢轨/(kg/m)		≥16	≥16	≥18	≥18	≥18	≥24.33	≥33.43	≥33.43	≥38.45	≥43.50

（2）铲运机。铲运机是一种集铲、装、运为一体的多功能多用途铲装机械。铲运机有内燃机和电动机驱动，在结构上和装载机基本相似，但铲运机为了提高铲掘力，一般配备大功率内燃机或电动机。为了保证运输的安全性，底盘比装载机要低，通过性和稳定性较好。在大断面、中断面隧道和大洞室开挖得到了广泛使用。地下工程铲运机见图 6－39。

(a) 电动铲运机　　(b) 内燃机铲运机

图 6－39　地下工程铲运机

铲运机的结构特点。一般采用低污染柴油机或电动机作为驱动动力。传动链为：柴油机（电动机）—液力变矩器—动力换挡变速箱—分动齿轮箱—前、后驱动桥—轮边减速器。

表 6-30　部分型号铲运机技术参数表

项目	型号	SYCY-2	SYCY-4	SYCY-6	JCCY-2	JCCY-4E	CYE-4	ATLAS EST2D	ATLAS ST1030	TORO6	LH306E	TORO 7M
额定斗容/m^3		2	4	6	2	4.5	3.5	2	4.5	3.1	3.1	4.5
额定载质量/kg		4000	9500	13500	4000	9500	9500	3629	10000	6000	6577	10000
铲掘力/kN		100	135	239	85		156	93	179	112	90	163
牵引力/kN		115	146	260	104	155	185	115	200	165	105	190
最大卸载高度/mm		1600	1800	2300	1780	1890	1850	1800	2500	1830	2450	2530
操作型式		全液压	全液压	全液压	全液压	全液压	全液压	全液压	全液压	全液压	全液压	全液压
发动机	型号	BF4M1013C	F10L413FW	F12L413FW	F6L912FW		F10L413FW		QSL9 C250	OM 906		F10L413FW
	功率/kW	90	170	204	63		170		186	150		170
电动机	电压/V					1000		1000			1000	
	功率/kW					132		56			94	
底盘	传动型式	液力传动	液力传动	液力传动	液力传动	液力传动	液力传动	液力传动	液力传动	液力传动	液力传动	液力传动
	速度/(km/h)	0～18	0～22	0～24	0～20	0～11.5		0～15	0～20	0～22	0～18	0～24
	转弯半径/m	3.3/5.7	3.5/6.5	3.4/6.6		3.9/6.7	3.4/6.5	3/5.2	3.4/6.7	3.1/5.6	3/5.7	6.7/3.9
	爬坡能力/(°)	14	14	14	13	13		15	15	14	13	14
尾气净化			催化式	催化式		催化式	催化式	催化式	催化式	催化式	催化式	催化式
外形尺寸/mm	长	7682	9682	10080	7210	10108	9775	7682	9695	8630	8407	9680
	宽	1750	2235	2600	1700	2740	2269	1750	2440	2100	1930	2550
	高	2250	2470	2540	2150	2600	2413	2250	2355	2212	2235	2395
质量/kg		13000	23000	33500	12500	25300		13000	27200	18020	17240	26200

工装采用反转连杆结构的工作机构，具有卸载高度高，铲取力大等特点；驾驶操作系统采用先导阀液控操作，使铲运机的行驶更加敏捷、平稳；工装装置操作更加简单、高效；铰接式车架四轮液压动力转向，使行走、转向更加灵活和稳定；柴油机配以催化水洗尾气净化箱，使柴油机尾气污染得到改善，有利于环保。

部分型号铲运机技术参数见表 6 - 30。

7 混装炸药设备

混装炸药设备主要由移动式乳胶制备站（MEF）和混装炸药车组成。MEF 是混装炸药生产配套设备，用于炸药原材料、半成品料储存和加工，与混装炸药车配套使用，实现炸药现场制备与爆破装药机械化作业。

7.1 MEF 制备站

移动式乳胶制备站（MEF）改变了乳化炸药固定式工厂生产模式，将乳化炸药生产设备小型化、高度集成。一般集中设计安装在两台标准的半挂车箱体内，乳化炸药生产采用计算机自动控制，连续、高效、安全地生产乳胶基质。MEF 制备站既可生产适合于地下工程使用的乳胶基质炸药，又可生产露天中型、大型炮孔使用的铵油炸药。MEF 制备站广泛用于露天矿山采掘、地下工程、水利水电开挖等开挖强度相对集中、作业周期长、流动性较大的土石方爆破工程。

7.1.1 MEF 制备站分类标识

MEF 制备站按适用于现场混装炸药车分为三种型式。BYDR 适用于乳化系列混装炸药车；BYDZ 适用于重铵油系列混装炸药车；BYDL 适用于粒状铵油系列混装炸药车。

MEF 制备站型号标识如下：

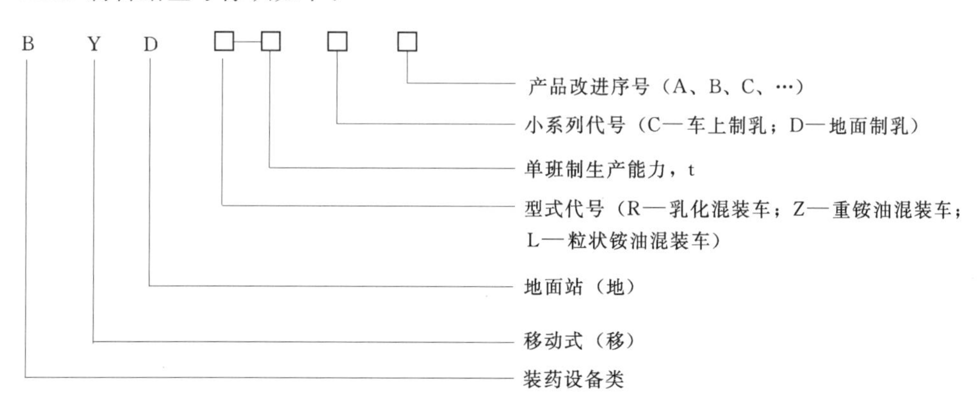

7.1.2 MEF 制备站组成

MEF 制备站组成：通常主要由水相原料制备车、油相（乳化基质）制备车、发电机组三大设施组成，分别设置在三个标准的集装箱内（见图 7-1、图 7-2）。

制备站设有水相制备及输送系统、油相制备及输送系统、发泡剂制备及输送系统、控制系统等。

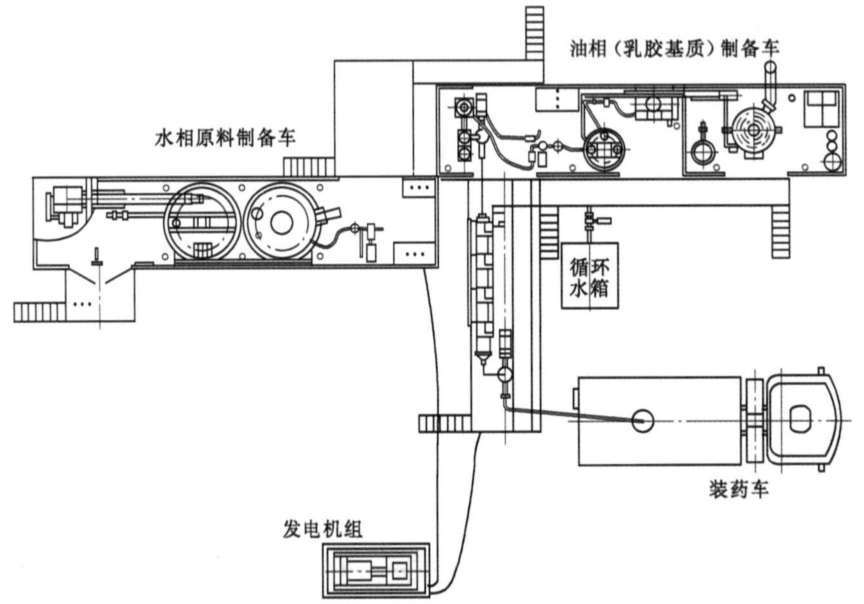

图 7-1　MEF 移动式制备站平面示意图

动力车设有配电屏、发电机、蒸汽锅炉、水处理装置、污水处理装置、化验室、乳化剂储存罐等。

7.1.3　MEF 制备站工艺流程

MEF 制备站高度自动化，是一条生产过程由 PLC（可编程计算机）全程控制，连续乳化生产线，实现了工业炸药自动化生产。MEF 制备站生产工艺流程见图 7-3。

生产过程：操作员将当天各种炸药组分制备量及炸药配方编号输入计算机，计算机将自动计算出各种原料和添加剂的数量，经确认后，发送到各制备工序的显示屏上。

水相配制：程序控制器自动将水和硝酸铵、硝酸钠加入水相制备罐内；打开蒸汽阀，启动搅拌器；当加热温度到水相溶液性能要求时，自动关闭蒸汽阀，停止搅拌器，水相制作完成。管道泵将水相溶液泵送到水相储存罐中保温备用。

油相配制、敏化剂配制过程水相配制。

当乳胶基质在制备站制作完成后，即可根据作业现场的用量，通过泵送到装药车上，由装药车运输到现场，进行混装装药作业。

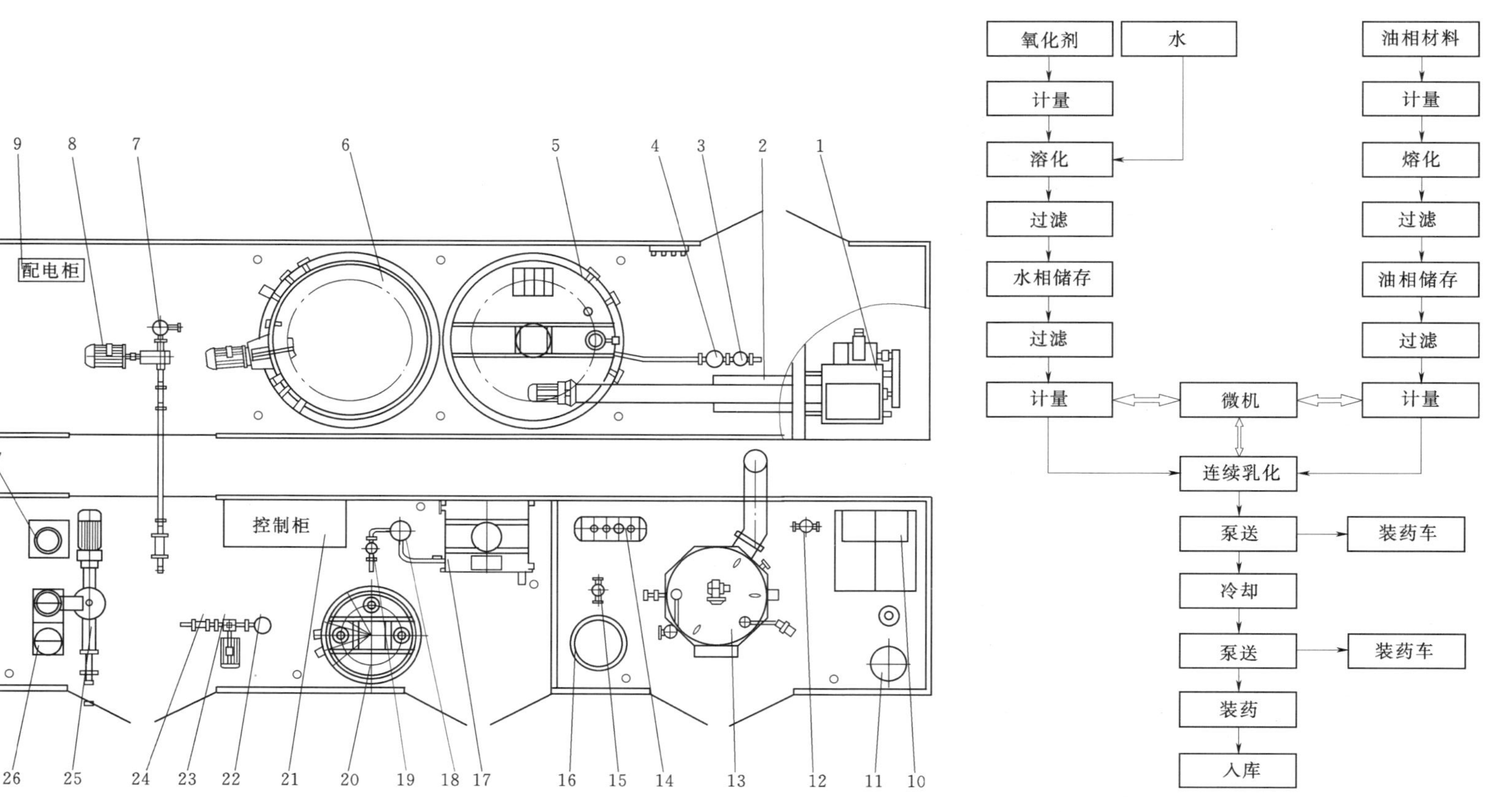

图 7-2　水相(上图)、油相(下图)制备车配置平面示意图

1—粉碎机;2—螺旋输送机;3—水相输送泵;4—水相过滤器;5—水相制备罐;6—水相储存罐;7—水相过滤器;8—水相计量泵;9—配电柜;10—柴油箱;11—水处理装置;12—补油泵;13—蒸汽锅炉;14—分气缸;15—热水泵;16—热水罐;17—油相制备罐;18—油相过滤器;19—油相输送泵;20—油相储存罐;21—控制柜;22—油相过滤器;23—油相计量泵;24—水油相计量仪;25—乳胶输送泵;26—精乳机;27—连续乳化器

氧化剂 → 计量 → 溶化（水 → 溶化） → 过滤 → 水相储存 → 过滤 → 计量 ⇄ 微机

油相材料 → 计量 → 熔化 → 过滤 → 油相储存 → 过滤 → 计量 ⇄ 微机

两路计量 → 连续乳化（⇄ 微机） → 泵送（→ 装药车） → 冷却 → 泵送（→ 装药车） → 装药 → 入库

图 7-3　MEF 制备站生产工艺流程图

7.2 混装炸药车

混装炸药车主要面向工业炸药生产及工程爆破应用行业，是集炸药生产、储存、运输、装填为一体，全面提升水电施工炸药安全可靠使用的设备。混装炸药车自动化程度高，构造简单，运行安全，广泛用于露天煤矿、水利水电、有色冶金、大型洞室、水下等工程爆破作业。国产混装炸药车见图 7-4。

图 7-4　国产混装炸药车

7.2.1 混装炸药车分类和标识

混装炸药车按炸药种类分为：①乳化混装炸药车（BCRH），适用于有水炮孔炸药装填；②重铵混装炸药车（BCZH），属多功能混装炸药车，可混制乳化炸药、多孔粒铵油炸药和重铵油炸药，水孔和干孔都适用；③粒状铵油混装炸药车（BCLH），适用于大中型露天矿无水炮孔炸药装填；④井下乳化混装炸药车（BCJH），适用于地下工程爆破作业。

混装炸药车标识（JB/T 8432.1.2.3—2006）如下：

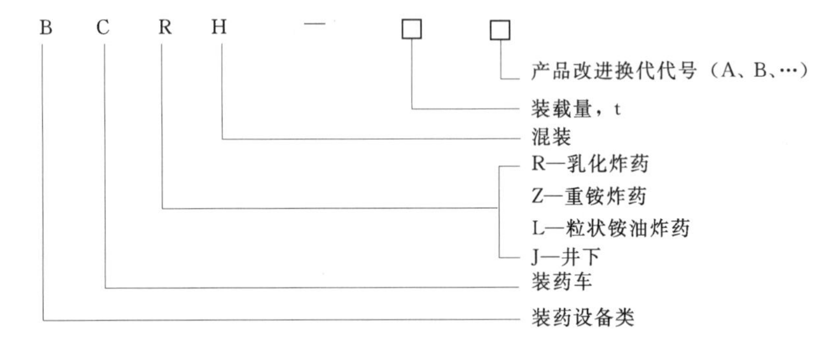

7.2.2 混装炸药车特点和作业流程

混装炸药车是集炸药原料运输、炸药生产、装填于一体高度自动化的设备，与传统人工装填炸药相比，有以下特点。

（1）运输、储存安全性好。炸药车上一般装有乳胶基质储存罐、添加剂罐等，配置了防颠簸、防冲撞装置，能确保运输途中的安全。在炸药使用区域内只存放非爆炸原材料或炸药半成品，无需修建炸药储存库和防爆安全设施，储存和使用安全有保障。

（2）计量准确、装药效率高。炸药车将乳胶基质、干料、添加剂经泵送系统混合后装入炮孔，经敏化后成为炸药。装药量、乳胶基质、添加剂等配比由可编程控制计算机

(PLC) 控制，自动化程度高，配制、计量准确，装填效率高。一般装药车装填效果：150mm 以上的炮孔 150～300kg/min；150mm 以下的炮孔 15～150kg/min。

(3) 装药密实、爆破效果好。炸药车装药过程连续、流动性好、不易卡孔，保证了装药密实度，偶合性好，炮孔利用率高，大大提高了爆破效果。

(4) 提高了爆破质量，降低爆破成本。炸药车输送管能将炸药直接送到炮孔的底部，解决了因炮孔内有水和岩渣致使炸药无法达到炮孔底部的困难，减少了卡孔造成的炮根与盲炮，爆破后底部较平整，避免了二次解炮处理工作量。同时，爆破岩石粒径得到合理地控制和改善，提高了挖装效率。一般情况采用炸药车装药，其孔网参数要比使用人工装药爆破的孔网参数大，延米爆破方量为人工装药爆破方量的 1.5 倍左右，钻孔量可减少 20%～30%。

作业流程如下。

(1) 炸药半成品制备。混装炸药半成品制备是乳化炸药形成第一步，通过采用 MEF 制备站炸药生产系统，对炸药原材料按照一定的比例进行混合加工制成半成品（水相、油相），分别装进混装炸药车的料仓中，完成了炸药半成品的制备和储备。

(2) 炸药储存和运输。混装炸药车可以实现炸药的现场制备和装药。平常可在混装炸药车上准备好一定量的炸药半成品（水相、油相），接到爆破通知后，将事先准备好的炸药半成品运送到需要爆破施工部位。

(3) 炸药现场配置和装填。混装炸药车到达作业现场，将炸药半成品混制成密度符合要求的炸药后，同时加入敏化剂，在炮孔中即时敏化为成品炸药。装药过程中，可根据需要随时调整密度和装药量，以达到理想的爆破效果。

7.2.3 混装炸药车组成

(1) BCRH 混装乳化炸药车。BCRH 混装乳化炸药车内料箱内分别装有水相、油相、干料和敏化剂罐和输送泵，在车上可完成炸药乳化、敏化工序，是集炸药半成品运输、混制、装填于一体，既可混制纯乳化炸药，亦可生产添加一定配比干料的重铵油炸药。制备过程通过计算机控制，水相、油相流量、乳化剂和干料的投放量自动跟踪记录，乳化炸药配比准确、性能稳定、安全可靠。广泛用于露天土石方开挖和露天煤矿爆破作业。

BCRH 混装乳化炸药车规格见表 7-1。

表 7-1　　BCRH 混装乳化炸药车规格表

性能参数 / 型号	装载量/t	装药效率/(kg/min)	计量误差/%
BCRH-8	8	200～280	±2
BCRH-12	12		
BCRH-15	15		
BCRH-20	20		
BCRH-25	25		

乳化炸药主要由水相（硝酸铵溶液）、油相（柴油和乳化剂的混合物）、干料（多孔粒状硝铵或铝粉）和微量元素（发泡剂）四大部分混制而成。装药前把 MEF 制备站制成的乳化炸药半成品和各种原料，装入混装车上的相关容器中。炸药车驶到作业现场，在计数器上输入炮孔的装药量，按下启动按钮，乳化混制机构开始工作。乳化后的乳胶体加入微

量元素混合敏化后，成为成品乳化炸药即可装填。

BCRH 混装乳化炸药车构造：由汽车底盘、动力输出系统、液压电气控制系统、水相系统、油相系统、配料系统、微量元素添加系统、保温系统等组成，其构造见图 7-5。

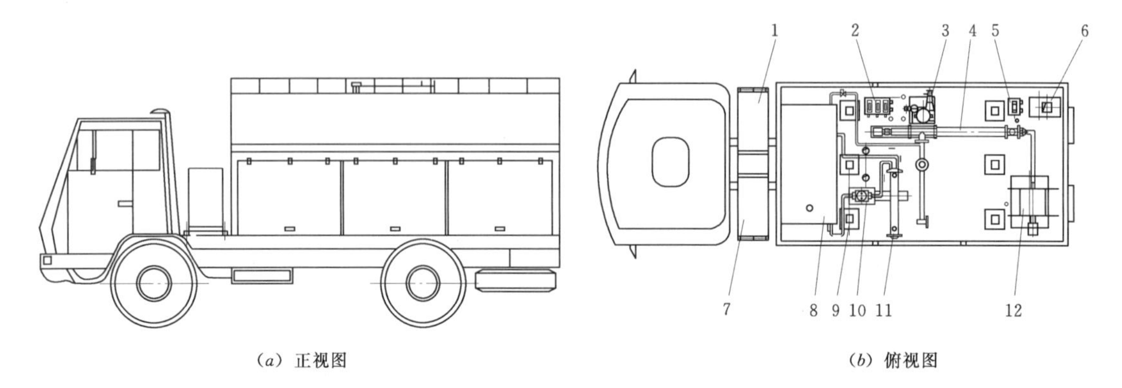

图 7-5 BCRH 混装乳化炸药车构造示意图

1—水箱；2、5—控制阀组件；3—泵件；4—螺杆泵；6—动力控制箱；7—液压油箱；8—冷却水箱；9—乳胶罐体；10—循环水泵；11—冷却器；12—乳胶输送管卷筒

(2) BCZH 混装重铵油炸药车。BCZH 混装重铵油炸药车是一种多功能混装炸药车，可在现场混制乳化炸药、多孔粒铵油炸药和重铵油炸药。配制生产过程由计算机控制，具有良好的配置性能，可在同一炮孔内准确装填两种不同配方的炸药，适用于露天矿山含水炮孔装药作业。

BCZH 混装重铵油炸药车乳胶基质一般在 MEF 制备站制成，泵送到车上的乳胶罐内。也可以在乳化车制作乳胶基质，混制炸药各种原料从 MEF 地面站分别装入车上各个原料罐内，驶入爆破现场，根据现场情况选择混制炸药品种。当选择使用乳化炸药时，启动乳胶泵和微量元素输送泵，将乳胶基质和敏化剂泵入螺旋输送装置内，混合均匀的乳化炸药，再经输送泵、输药软管将炸药装入爆破孔内。当选择使用多孔粒状铵油炸药时，启动螺旋输送机和柴油输送泵，混合均匀后的炸药经螺旋输送机送入炮孔。

BCZH 混装重铵油炸药车组成：由汽车底盘、动力输出系统、计算机控制系统、乳胶基质输药系统、微量元素添加系统、液压系统、空气净化系统、螺旋输送机、干料箱、乳化液箱、输药软管和软管卷筒等组成。

BCZH 混装重铵油炸药车规格见表 7-2。

表 7-2　　BCZH 混装重铵油炸药车规格表

型号 \ 性能参数	装载量/t	装药效率/(kg/min)	计量误差/%
BCZH-8	8	干孔：450 水孔：200	±2
BCZH-12	12		
BCZH-15	15		
BCZH-20	20		
BCZH-25	25		

(3) BCLH 混装粒状铵油炸药车。混装粒状铵油炸药车主要用于冶金、煤炭、化工、

石材场等大中型露天矿无水炮孔装填铵油炸药爆破作业。装药前先在地面站装入柴油和多孔粒状硝酸铵。炸药车驶到作业现场，在装药控制器上输入炮孔的装药量，启动取力器，按下启动电钮，多孔粒状硝酸铵经螺旋输送机送入搅拌器内。同时，柴油输送泵按比例将柴油泵入搅拌器进行混合搅拌，混合均匀的炸药按预先设置量由输送管送入炮孔内。

混装粒状铵油炸药车的组成：由汽车底盘、动力输出装置、液压系统、电气控制箱、螺旋输送机、干料储存箱和柴油油箱等组成。

BCLH 混装重铵油炸药车规格见表 7-3。

表 7-3　BCLH 混装重铵油炸药车规格表

性能参数 / 型号	装载量/t	装药效率/(kg/min)	计量误差/%
BCLH-4	4	200	±2
BCLH-6	6	200	
BCZH-8	8	200	
BCZH-12	12	200～450	
BCZH-15	15		
BCZH-20	20		
BCZH-25	25		

(4) BCJH 井下混装乳化炸药车。井下混装乳化炸药车和装药器，通过装药输送、混合系统，将乳胶基质和敏化剂充分混合后装填到炮孔内，在炮孔内经过一定时间后完全敏化形成乳化炸药。由于装载的是炸药半成品，其生产、运输和使用过程安全性高，广泛应用于矿山、公路、铁路、水电隧道开挖等爆破作业。

BCJH 井下混装乳化炸药车分为自行轮式和拖式结构。通常带有伸缩式工作平台，可满足不同断面、不同高度作业面及井下爆破装药要求，装药效率高、质量好，机械化程度高，其构造见图 7-6。

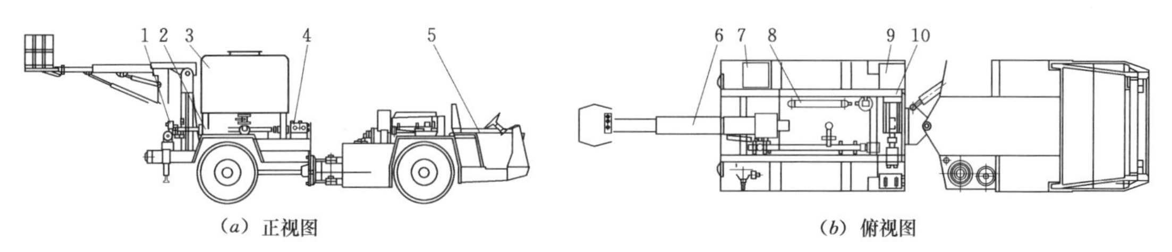

(a) 正视图　　(b) 俯视图

图 7-6　BCJH 井下混装乳化炸药车构造示意图

1—添加剂输送泵；2—乳胶输送泵；3—乳胶基质箱；4—液压系统；5—铰接式底盘；6—工作臂；7—控制箱；8—冷却系统；9—配电箱；10—电机动力系统

7.2.4 混装炸药车使用要点

(1) 使用现场混装炸药车装填炸药须经安全机构检查验收合格，按规定向所在地公安机关备案。

(2) 混装炸药车驾驶员、操作工，需经过严格培训和考核，熟练掌握混装炸药车操作程序和使用、维护方法，持证上岗。

(3) 混装炸药车上料前应对计量控制系统进行检测标定。上料时不应超过规定容量。

(4) 出车前应检查整车安全状况，配备的消防器具是否齐全，以及整机接地状况是否良好等。

(5) 混装炸药车正常行驶速度不应超过 40km/h，遇到雨天、大雾等能见度较差的天气时，应减速行驶，确保安全。平坦道路上行驶时，两车间距不应小于 50m；上山或下山时，两车间距不应小于 150m。混装炸药车进入作业区域车速小于 15km/h，在炮孔间移动时车速小于 5km/h。

(6) 混装炸药车进入爆破现场，应悬挂爆破警示标志，确保爆破现场符合爆破作业安全要求。

(7) 装药前应认真核对爆破设计参数，按参数要求将炸药、雷管和导爆索装入炮孔内。同时，应对前排炮孔岩性及抵抗线变化进行逐孔校核，设计参数变化较大的，应及时调整后再进行装填。

(8) 装填混装炸药时，对干孔应将输药软管送至孔口填塞段以下 0.5～1m 处进行装填；对有水炮孔应将输药软管末端插至孔底，并根据装药速度缓缓提升输药软管，确保炸药装填密实。装填混装乳化炸药时，装药完毕 10min 后，经检查合格后方可进行填堵，确保填堵段长度符合爆破设计要求。混装乳化炸药装填至最后一个炮孔时，完毕后应将软管内残留炸药清理干净。

(9) 装填过程中发现漏装情况，应及时采取处理措施。装填完应进行护孔，防止孔口岩屑、岩渣混入炸药中。

(10) 采用混装炸药车装填炸药时，炮孔内导爆索、导爆管雷管、起爆具等起爆器材的性能应满足国家标准要求。还应满足耐水、耐油、耐温、耐拉等现场作业要求。严禁电雷管直接入孔。

7.3 MEF 制备站、混装炸药车性能参数

随着国家对民爆行业现场混装技术的大力支持，乳化炸药现场混装技术已经得到迅速发展，现场混装技术体现的高效、安全、经济等优点得到了相关行业的认可。

MEF 制备站主要性能参数见表 7-4，混装炸药车主要性能参数见表 7-5。

表 7-4　　MEF 制备站主要性能参数表

项目 \ 型号		BYDR	BYDZ	BYCR	JWL-S
混装炸药类别		乳化炸药	重铵炸药	乳化炸药	乳化炸药
水相制备罐	容积/m^3	6.5		1500kg	
	溶化效率/(m^3/h)	5		3.6t/h	
水相储存罐容积/m^3		9		3000kg	
油相储存罐容积/m^3		2		250kg	
敏化剂容积/m^3		0.3			
乳化装置效率/(t/h)		10～18		0.8～3	15

表 7-5　　混装炸药车主要性能参数表

项目＼型号		BCRH-8	BCRH-15	BCZH-15	BCRHR-8	BCRH-15	BCZH-15	BCJ-1	BCJ-01	BCJ-3	BCLH-15	BCRH-15	DXRH	JWL-HZD
炸药车/装药器		混装车	混装车	混装车	混装车	混装车	混装车	混装车	混装车	混装车	混装车	混装车	混装车	装药器
适用场合		露天、隧道	露天、隧道	露天	露天	露天、隧道	露天	露天	露天	地下工程	露天	露天	地下工程	地下工程
底盘型式		汽车底盘	汽车底盘	汽车底盘	汽车底盘	汽车底盘	汽车底盘	汽车底盘	汽车底盘	铰接式带炸药平台	汽车底盘	汽车底盘	铰接式带装药平台	牵引式
炸药类别		乳化炸药	乳化炸药	重铵油炸药	乳化炸药	乳化炸药	重铵油炸药	乳化炸药	铵油、重铵油、乳化	乳化炸药	铵油炸药	乳化炸药	乳化炸药	乳化炸药
载药量/t		8	15	15	8	15	15	8、10、12	5、10、15	2000	15000	15000	800	1000
装药效率/(kg/min)	孔径 100mm	15～60		200	180～280		300	≥250		20～80	400	110	20～40	14～40
	孔径 250mm	200～280		450	200～300		450				800			
装药误差/%		±2								±2	≤2	≤1	≤1	≤1
外形尺寸/mm	长	7950	10175	11500	7946	9400	9450			7600	11700	11700	10280	2500
	宽	2450	2560	2560	2500	2450	2500			2140	2495	2495	2345	1400
	高	3200	3860	3620	3200	3200	3980			3000	3095	3095	2400	1650

8 辅助机械设备

8.1 通风机械

在隧道及地下工程施工中，钻爆法开挖作为一种经济高效的施工方法，得到了广泛运用。钻爆法在爆破和出渣过程中，产生大量有害气体，严重影响作业人员健康和作业效率。强化通风、排烟措施是保护作业人员身体健康和提高作业效率的主要手段，特别是长隧洞、大洞室开挖，通风、排烟已经变得越来越重要。通风机械作为通风技术的重要组成部分，近几年得到了快速发展，高效、低耗、低噪声、大功率变频调速风机被广泛应用。通风机械种类繁多，在隧洞和地下工程施工中使用较多的是轴流风机和射流风机。

隧道掘进中采用机械通风方式通常可分为压入式通风、抽出式通风、混合式通风三种，其中以混合式通风效果最佳。

（1）压入式通风。压入式通风是风机把新鲜空气由外向里，经风筒直接压入作业面，污浊空气沿巷道排出。压入式通风优点是：通风管直接入作业面，通风有效距离长，冲淡和排出作业面炮烟作用比较强；通风回风沿巷道排出，沿途可把巷道内的粉尘等有害气体带走。缺点是：长距离巷道掘进排出炮烟需要风压高、风量大，所排出炮烟和污染物在巷道中随风流而扩散，蔓延范围大，时间长，作业人员进入工作面时往往要穿过这些蔓延的污浊环境。

（2）抽出式通风。抽出式通风是风机把工作面的污浊空气由里向外，经风筒（负压）抽出，新鲜风流沿巷道流入。抽出式通风的有效吸程短，只有当风筒口离工作面很近时才能获得满意的效果。其优点是：在有效吸程内排尘、排烟效果好；排除炮烟所需的风量较小。抽出式通风筒只能用刚性风筒或有刚性骨架的柔性风筒。

（3）混合式通风。混合通风方式是压入式和抽出式的联合运用。为了达到快速通风的目的，可布置两套风管，一套用于压入式，一套用于抽出式，构成了混合式通风。

8.1.1 轴流风机

轴流风机是目前隧道和地下工程开挖常用通风设备。轴流风机具有效率高、噪声低、风量大、体积小、重量轻等优点。压入式和抽出式通风方式皆可使用。

（1）轴流风机型号标识。轴流风机型号一般由机型 SFD（A、B）加上机号 NO 组成，表示如下：

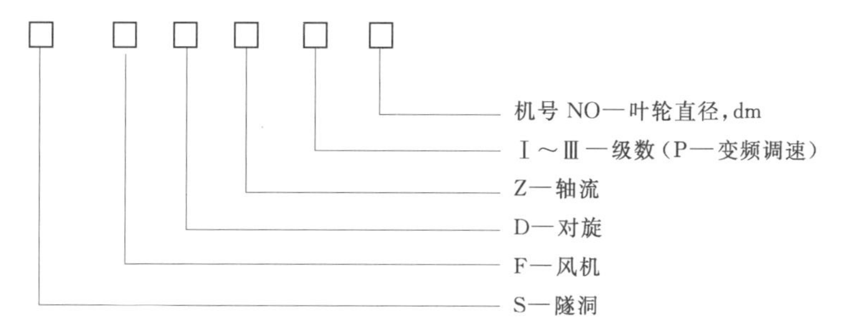

（2）轴流风机工作原理和构造。

1）轴流风机工作原理。轴流式通风机工作时，电动机驱动叶轮在圆筒形机壳内旋转，气体从集流器进入，通过叶轮获得能量，提高压力和速度，然后沿轴向排出。其特点是，轴流式风机叶片横截面一般为翼型剖面，通过叶片旋转时产生升力来输送气流。轴流风机叶片可以固定，也可以围绕其纵轴旋转，其间距亦可调整，增加间距则可产生较大的气流量，改变叶片角度或间距是轴流式风机主要优势之一。轴流风机外形见图 8－1。

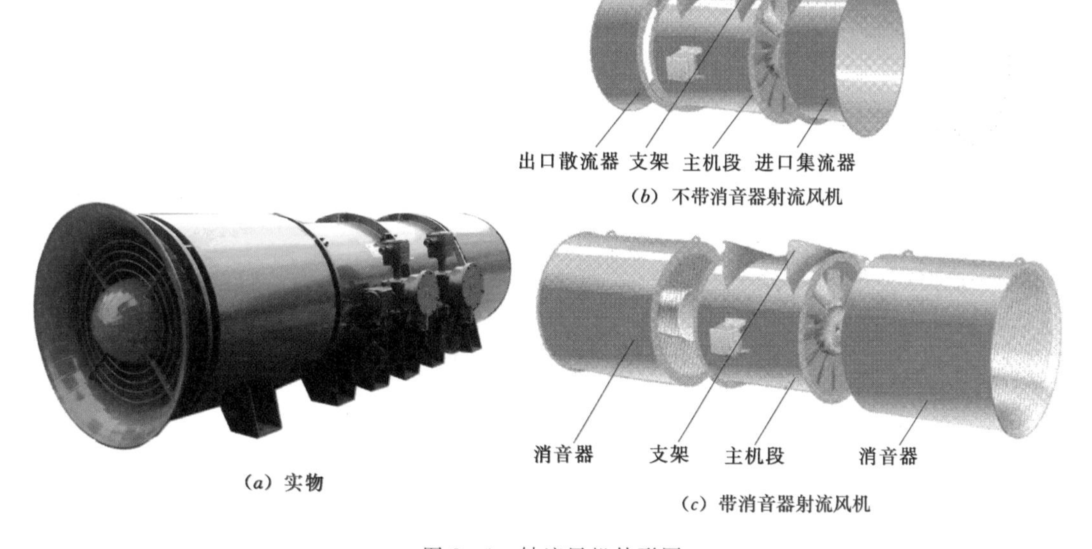

(*a*) 实物

(*b*) 不带消音器射流风机

(*c*) 带消音器射流风机

图 8－1 轴流风机外形图

2）轴流风机构造。轴流风机一般由集流器、消音器、整流体（消声锥）、叶轮、主机段组成。布置形式有立式、卧式和倾斜式三种，隧道施工常用的是电动机直联卧式。轴流风机构造见图 8－2。

集流器：集流器安装在风机进气前端。多为流线型，可使进入风机的气流均匀平稳，提高风机的运行效率、降低风机的噪声。

消音器：风机进出气两端配有消音器。消音器由消音筒和消音锥组成，为两层筒式结构，内筒为穿孔板，外筒为钢板滚圆焊接而成，中间填充高效吸音材料。

整流体（消音锥）：流线型的整流体可使风机内流场得到优化，提高风机的运行效率降低风机的噪声。

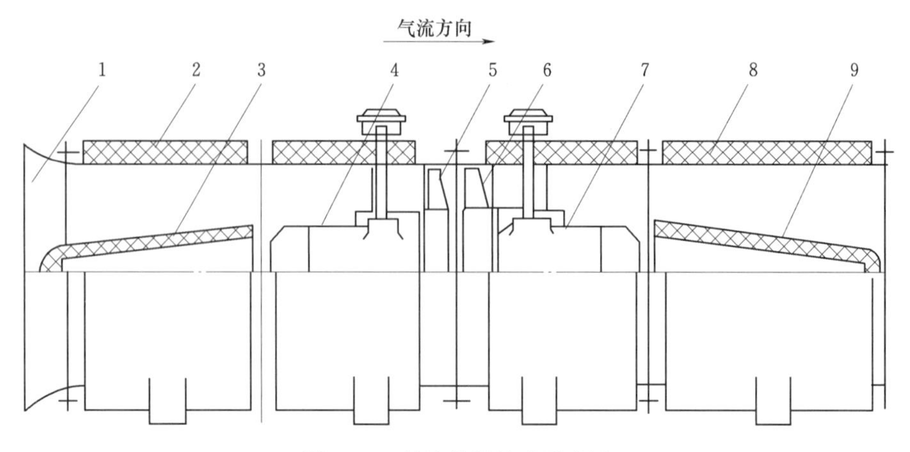

图 8-2　轴流风机构造示意图

1—集流器；2—进气消音筒；3—进气消音锥；4—一级电动机；5—一级叶轮；
6—二级叶轮；7—二级电动机；8—出气消音筒；9—出气消音锥

叶轮：叶轮是由固定在轴上的轮毂和以一定角度安装的叶片组成。叶片的形状为中空梯形，横断面为翼形，沿径向方向做成扭曲形，以消除和减小气流径向流动，其作用是增加气流的全压。叶轮有一级和二级两种结构形式。当装有两级叶轮的风机，二级叶轮产生的风压是一级两倍。安装可调角度的叶轮，可满足不同工况通风要求。

主机段：风机电动机在由钢板滚圆、焊接而成的外壳内，两端的法兰使消音器与主机方便连接，电机支撑板焊接于筒体内壁，使其接触更紧密。风机电动机一般采用特殊设计高效电机（亦可使用变频电机），运行可靠，并能适应高温环境下连续运转。

3）轴流风机主要技术性能指标。轴流风机主要技术性能指标有风量、压力、功率，效率和转速。另外，噪声和振动大小也是轴流风机重要参数。

风量：也称流量，用单位时间内流经通风机气体体积表示。

压力：也称风压，是指气体在通风机内压力升高值，有静压、动压和全压之分。

功率：是指通风机输入功率，即轴功率。通风机有效功率与轴功率之比称为效率。一般通风机全压效率可达 90%。

8.1.2　射流风机

（1）射流风机型号标识。

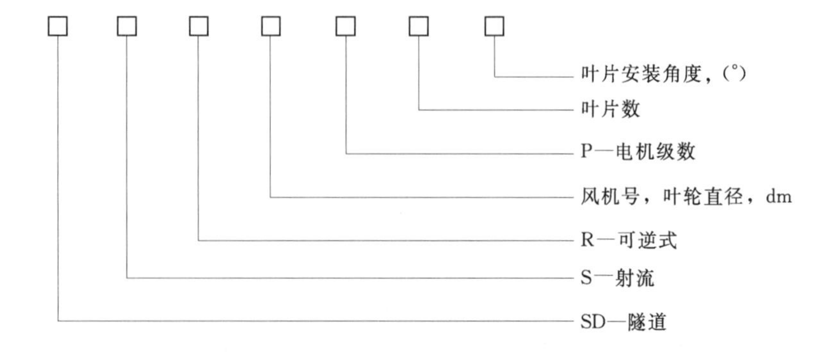

（2）射流风机工作原理和构造。

1）射流风机的工作原理。射流风机是在轴流风机基础上发展出来的新型风机，工作原理类似轴流风机。射流风机一般无需风筒，直接悬挂在隧道顶端或两侧。工作时，流经隧道总空气流量的一部分被风机吸入，经叶轮做功后，气流从风机出口高速喷出，高速气流把能量传给隧道内空气，推动隧道内空气向前流动，当流动速度衰减到某一值时，下一组射流风机“接力”工作。采取这种“接力”方式，实现了从隧道进口端吸入新鲜空气，出口端排出污染空气。射流风机的特点：高风压（推力）、低噪声、低耗高效，是长隧道、高速公路隧道通风的常用风机。射流风机外形见图 8－3。

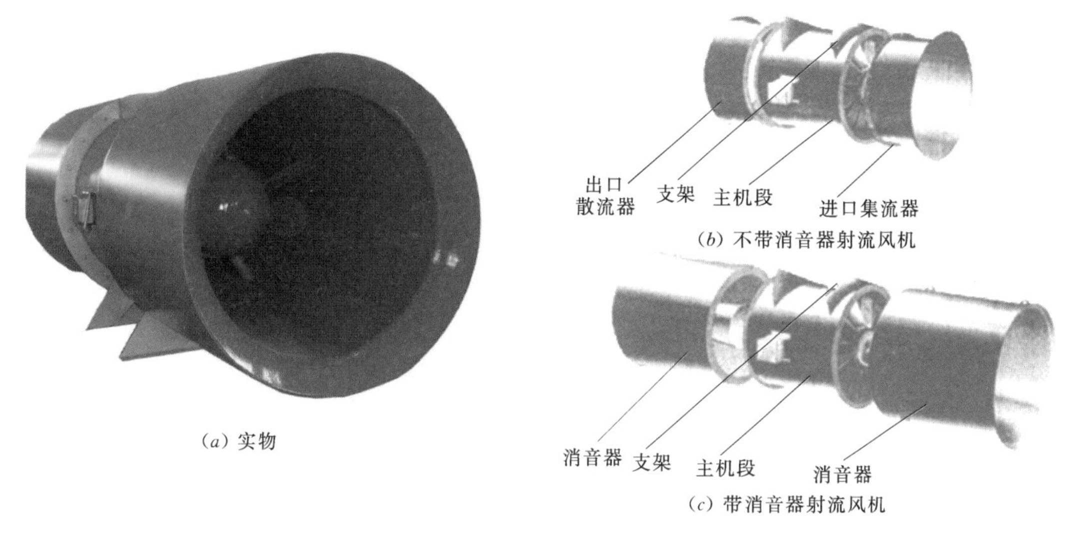

（a）实物

（b）不带消音器射流风机

（c）带消音器射流风机

图 8－3　射流风机外形图

2）射流风机构造。射流风机分为带消音器和不带消音器，有单向射流风机（SDS）和双向射流风机 SDS（R）两种通风形式。一般由喷嘴、消音器、整流体、风机段、电机组成。射流风机构造见图 8－4。

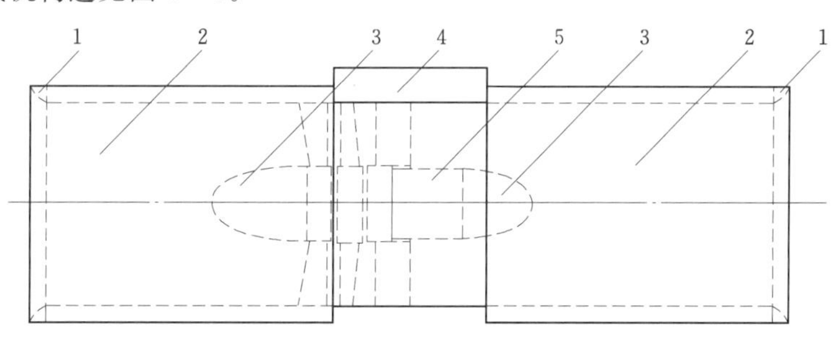

图 8－4　射流风机构造示意图

1—集风器；2—消音器；3—主机段；4—前、后整流体；5—电机

集流器及前、后整流体：近似流线型的整流体，改善了气流场，使风机具有较高的运行效率。

消音器：风机段两端配有消音器。消音器为两层圆筒结构，内筒为穿孔板，外筒由钢板滚圆焊接而成，中间充填专用吸音材料。消音器长度通常为风机直径的 1 倍。当降噪声要求较高时，亦可增加到 2 倍。

主机段：由钢板滚圆焊接，两端用法兰与消声器连接。内部安装电动机和叶轮，叶轮定位凸缘保证风机叶顶间隙一致。叶轮可以是单极、多级或变角叶轮，以适应不同工况要求。

电动机：采用特殊设计高效电机（亦可使用变频电机），运行可靠，并能使风机在高温环境下连续运转。

3）射流风机主要技术性能指标。射流风机主要技术性能指标有风量、风速、推力、声压、转速、功率等。风速和推力是射流风机重要的选型指标。

8.1.3 风机选型

风机选型是一个技术性很强的工作，选型方法也很多（如风机特性曲线选型、对数坐标曲线选型、管网阻力选型、运用专用软件选型等）。一般来说，熟悉和掌握用风机特性曲线就可以了。首先，根据通风设计所需要风机风量、全压这两个基本参数，就可以通过风机特性曲线（各风机产品说明书都有相关数据）确定风机型号和机号。其次，再结合风机工况要求、使用场合等，选择风机种类、机型以及结构材质等，以满足所需工况条件。力求使风机铭牌额定流量和压力（推力），尽量接近工况要求的流量和压力，使风机运行工况点接近风机特性曲线高效区。选择原则有以下几个方面。

（1）在选择通风机前，应了解国内通风机产品技术性能和质量情况（如通风机品种、规格和各种产品的特殊用途，新产品发展和推广情况等）；还应充分考虑节能环保的要求，优先选用变频风机。

（2）根据通风机输送气体的物理、化学性质的不同，选择不同用途的通风机。如输送有爆炸和易燃气体的应选防爆通风机；排尘或输送煤粉的应选择排尘或煤粉通风机；输送有腐蚀性气体的应选择防腐通风机；在高温场合下工作或输送高温气体的应选择高温通风机等。

（3）在通风机选择性能图表上查得有两种以上的通风机可供选择时，应优先选择效率高、机号小、调节范围大机型。

（4）对消音要求高的通风系统，应优先选择效率高、叶轮转速低的风机。同时，还应根据风机产生噪声和振动传播方式，采取相应的消声和减振措施。风机减振措施，一般可采用减振基座（如弹簧减振器或橡胶减振器等）。

（5）在通风设计中有并联或串联风机使用时，应选择同型号、同性能的通风机联合工作。

8.1.4 风机使用要点

（1）安装前应对风机各部件进行检查，特别是叶轮有否损伤，连接部分有否松动现象，叶轮与进风口间隙是否均匀不得有摩擦碰撞，发现异常，应及时修好后方可进行安装。

（2）悬挂吊装的风机，应检查吊装架锚固螺栓的承载力，确保风机能安全运行。

（3）风机安装完毕后，应检查风机内是否留有工具或杂物，各连接接螺栓是否拧紧，叶轮转动是否灵活等。

(4) 风机管道进口应安装金属网，防止异物吸入，保证风机运转安全。

(5) 风机通风管连接应自然吻合，不允许强制连接；风管连接处应有支撑，防止变形影响正常运转。

(6) 风机的供电线路最好为专用线路，保证供电容量充足，电压稳定，严禁缺相运行。风机必须有可靠接地，预防漏电危险。

(7) 风机在运行过程中要注意电动机电流或功率不要超过规定值。如出现有声音异常、电机严重发热、外壳带电、开关跳闸等现象，应立即停机检查，不能强行使用。

(8) 风机的日常维护。风机要定期检查各部件是否正常；定期对轴承补充或更换润滑油（脂），以保证风机在运行过程中良好的润滑，减少机器磨损；定期清理管道及风机里的灰尘、污垢等。

8.1.5 风机性能参数

近些年来，随着节能技术发展，调速和变频技术广泛用于各类风机。尤其是变频调速技术的使用，大大改善了风机运行工况。变频调速技术的基本原理，是根据电机转速与工作电源输入频率成正比的关系，通过改变电动机电源频率达到改变电机转速的目的，实现风机软启动和节能降耗。

国内生产 SFDZ 变频调速隧道施工专用轴流通风机，采用较为先进的 YVF 变频调速电动机，风机风量、风压，随着施工隧道沿长，可根据实际需要用风量大小来调节电机功率，获得需要的风量、风压，以达到节能的目的。变频风机比变极变速系列风机更容易操作和控制，使得节能效果更明显。国内专业生产变极、变频轴流风机的生产厂家有山西运城风机厂、山东巨龙风机有限公司、潍坊宇华机械有限等公司。

SFD 型单速隧道轴流风机主要技术性能参数见表 8-1（A），SFD 型变级调速隧道轴流风机主要技术性能参数见表 8-1（B）；SDS 型射流风机主要技术性能参数见表 8-2（A），SDS 型旋射流风机主要技术性能参数见表 8-2（B）。

表 8-1 (A)　　SFD 型单速隧道轴流风机主要技术性能参数表

风机型号	叶轮直径 /mm	风量 /(m^3/min)	风压 /Pa	转速 /(r/min)	最高点功率 /kW	电机功率 /kW
SFD-No9.6	960	1100	500～3200	1480	58	30×2
SFD-No10	1000	1225	550～3500	1480	71	37×2
SFD-No9.1	910	1418	606～3859	1480	85.5	45×2
SFD-No11	1100	1550	624～4150	1480	107	55×2
SFD-No11.5	1150	1863	727～4628	1480	135	75×2
SFD-No12.5	1250	2385	1378～5355	1480	216	110×2
SFD-No13	1300	2691	930～5920	1480	259	132×2
SFD-No14	1400	3361	1078～6860	1480	360	160×2
SFD-No14	1400	2226	473～3100	980	110	75×2
SFD-No15	1500	2738	543～3559	980	156	90×2
SFD-No16	1600	3323	618～4049	980	206	110×2

续表

风机型号	叶轮直径/mm	风量/(m³/min)	风压/Pa	转速/(r/min)	最高点功率/kW	电机功率/kW
SFD-No17	1700	3986	697～4571	980	293	160×2
SFD-No18	1800	4731	782～5124	980	389	200×2

表 8-1 (B)　　SFD 型变级调速隧道轴流风机主要技术性能参数表

风机型号	挡速	叶轮直径/mm	风量/(m³/min)	风压/Pa	转速/(r/min)	高效风量/(m³/min)	最高点功率/kW	电机功率/kW
SFD-Ⅲ-No10（4级、6级、8级）	高速	1000	750～1500	600～3500	1450	1250	68	37×2
	中速		550～1100	275～1600	980	850	21	12×2
	低速		410～780	200～910	740	640	9	5.5×2
	高速		800～1740	750～3900	1450	1400	82	45×2
	中速		600～1300	340～1800	980	1020	25	15×2
	低速		1150～1950	900～4200	740	770	11	7.5×2
SFD-Ⅲ-No12.5（4级、6级、8级）	高速	1250	1600～2950	1300～5500	1450	2400	208	110×2
	中速		1080～1930	600～2510	980	1620	64	34×2
	低速		820～1485	340～1430	740	1220	28	16×2
	高速		1780～3200	1450～5800	1450	2600	230	130×2
	中速		1200～2030	660～2510	980	1750	72	45×2
	低速		900～1530	380～1510	740	1320	31	22×2
SFD-Ⅲ-No13（4级、6级、8级）	高速	1300	1800～3350	1450～5950	1450	2700	248	132×2
	中速		1216～2233	642～2720	980	1820	76	45×2
	低速		918～1680	366～1550	740	1375	33	22×2
SFD-Ⅱ-No14（4级、6级、8级）	高速		2240～4200	1630～6900	1450	3370	360	185×2
	中速		1510～1830	740～3150	980	2278	112	60×2
	低速		1140～2140	420～1700	740	1720	48	30×2

表 8-2 (A)　　SDS 型射流风机主要技术性能参数表

风机型号	叶轮直径/mm	风量/(m³/s)	出口风速/(m/s)	不带消音器		带消音器				电动机	
						1D		2D			
				推力/N	声压/dB	推力/N	声压/dB	推力/N	声压/dB	转速/(r/min)	功率/kW
SDS (R) -12.5-4P-6-18°	1250	34	27.6	1114	82	1086	73	1064	70	1450	37
SDS (R) -12.5-4P-6-21°		37.1	30.3	1335	82	1302	73	1276	70		37
SDS (R) -12.5-4P-6-24°		40.4	32.9	1576	83	1537	75	1506	72		45
SDS (R) -12.5-4P-6-27°		43.8	35.7	1857	84	1811	75	1775	72		55
SDS (R) -12.5-4P-6-30°		40.7	38.3	2140	85	2086	76	2045	74		75
SDS (R) -12.5-4P-6—33°		50	40.7	2419	86	3359	78	2312	75		90

续表

风机型号	叶轮直径/mm	风量/(m³/s)	出口风速/(m/s)	不带消音器		带消音器				电动机	
						1D		2D			
				推力/N	声压/dB	推力/N	声压/dB	推力/N	声压/dB	转速/(r/min)	功率/kW
SDS(R)-14-6P-6-18°	1400	32.6	21	818	74	797	65	781	62	980	22
SDS(R)-14-6P-6-24°		39.7	25.1	1154	75	1125	66	1019	64		30
SDS(R)-14-6P-8-30°		45	30	1559	77	1520	68	1489	66		45
SDS(R)-14-6P-8-33°		48	31	1784	78	1739	70	1704	67		55
SDS(R)-16-6P-6-18°	1600	45	22	1241	77	1210	68	1186	65		30
SDS(R)-16-6P-6-24°		55.4	27.5	1812	80	1767	71	1732	68		55
SDS(R)-16-6P-8-30°		64.9	32.3	2492	81	2429	72	2381	70		75
SDS(R)-16-6P-6-33°		69.6	34.3	2864	83	2792	74	2736	71		90
SDS(R)-16-8P-6-30°		48.8	24.3	1404	73	1369	63	1165	61	740	37
SDS(R)-16-8P-6-33°		52.3	26	1614	74	1573	65	1540	62		45

表 8-2(B) SDS型旋射流风机主要技术性能参数表

风机型号	叶轮直径/mm	风量/(m³/min)	全压/Pa	噪音/dB	电机转速/(r/min)	电机功率/kW
2SDS-60	600	30000	4900	91	2950	30×2
2SDS-90	900	44000	3900	87	1480	37×2
2SDS-100	1000	60000	4800	88	1480	55×2
2SDS-125	1250	120000	4800	90	1480	110×2
2SDS-140	1400	110000	4100	90	980	90×2
2SDS-160	1600	160000	5400	91	980	132×2
3SDS-90	900	47000	3400	87	1480	22×3
3SDS-100	1000	65100	4200	88	1480	37×3
3SDS-125	1250	98100	5600	90	1480	75×3
3SDS-140	1400	137700	7000	92	1480	132×3
3SDS-160	1600	144000	4700	92	980	110×3
3SDS-180	1800	185000	3200	91	980	90×3

8.2 灌浆机械

灌浆作业通常用于建筑物基础、隧道围岩、软基等防渗、加固以及锚杆(锚索)注浆。灌浆机械是灌浆机（泵）和浆液拌和机的总称。

灌浆机（泵）的作用是将拌制好的浆液，加压后通过灌浆孔输送到建筑物基础的裂隙、断层、破碎带或建筑物本身的接缝、裂缝中，以提高被灌地层或建筑物的抗渗性和整体性，改善地基承载条件，保证建筑物坚固安全。

浆液拌和机，是将灌浆材料按照规定的配比，拌和成浆液的拌和机。

8.2.1 灌浆机分类

（1）灌浆机分类和型号标识。灌浆机的种类很多，按工作原理可分为气压式、容积式、涡轮式和射流式。目前，水电工程使用较多的是容积式（如活塞式灌浆机、柱塞往复式灌浆机；螺杆式注浆泵等），容积式灌浆泵见图 8-5。

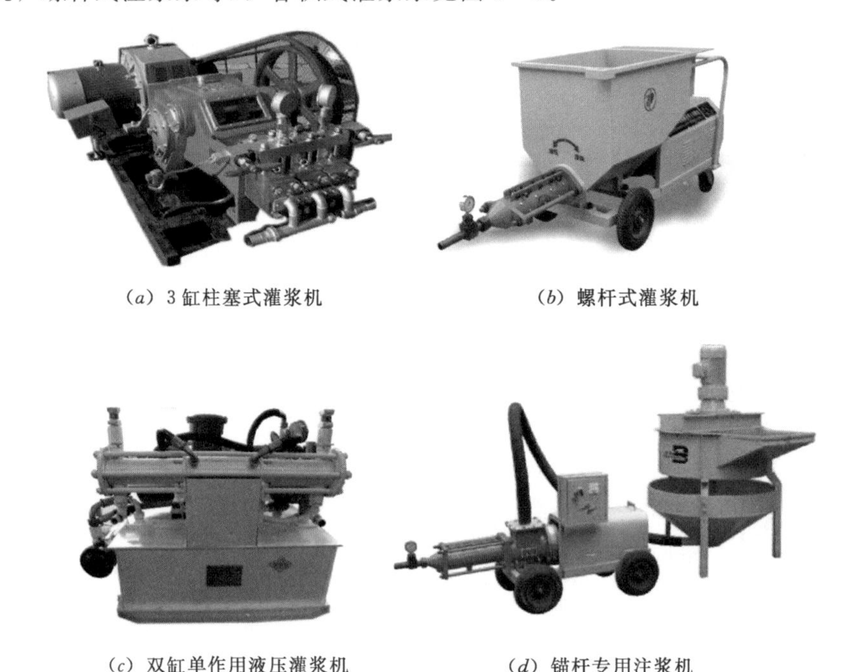

（*a*）3 缸柱塞式灌浆机　　（*b*）螺杆式灌浆机

（*c*）双缸单作用液压灌浆机　　（*d*）锚杆专用注浆机

图 8-5　容积式灌浆泵

灌浆泵按工作原理及元件的结构特点分为：活塞（柱塞）泵、螺杆泵、隔膜泵。

灌浆泵按活塞（柱塞）数目可分为：单联泵、双联泵、三联泵。

灌浆泵按元件往复一次工作次数可分为：单作用泵、双作用泵、差动泵。

灌浆泵按泵的排出压力可分为：低压泵不大于 2.5MPa；中压泵 2.5～10MPa；高压泵 10～100MPa；超高压泵不小于 100MPa。

灌浆泵按活塞 1 分钟往复次数可分为：低速泵不大于 80 次；中速泵 80～300 次；高速泵不小于 300 次。

灌浆泵按活塞（柱塞）轴线布置可分为：卧式泵（活塞、柱塞轴线水平布置）、立式泵（活塞、柱塞轴线是竖直布置）。

（2）灌浆泵型号标识。往复泵的型号由大写汉语拼音字母和数字组成，表示方法如下：

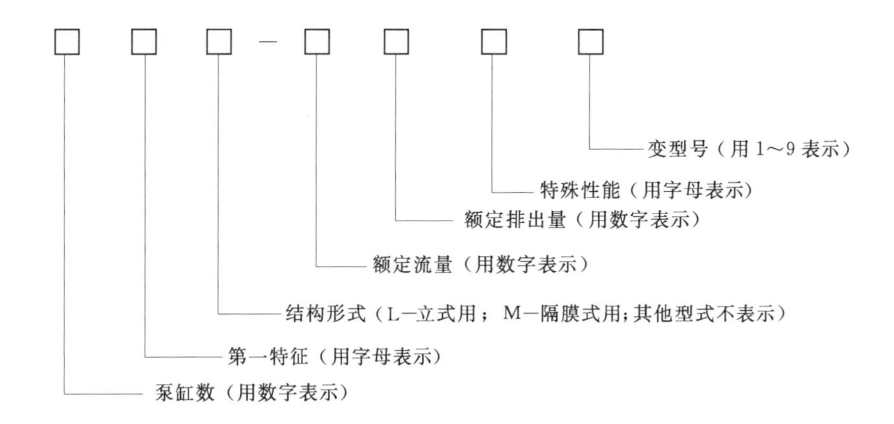

8.2.2 往复式灌浆泵

往复式灌浆泵工作原理，是通过工作腔内工作元件（活塞、柱塞、隔膜、波纹管等）往复位移来改变工作腔的内容积，使吸入的浆液增压后排出。往复式灌浆泵是以输送水泥砂浆为主，与注浆配套设备一起，用于铁路、公路、水电工程和高层建筑等地基处理、边坡加固；水库大坝防渗；矿山堵漏等中高压灌浆作业。往复式灌浆泵有单缸、双缸和多缸结构型式。

（1）往复式灌浆泵结构特点。

1）适应性较强，对浆液使用范围较为广泛。

2）适用压力范围广，效率高。

3）吸附能力强，排量均衡。

4）受结构制约，往复泵排量较小。

5）易损件多，维修工作量大。

（2）往复式灌浆泵构造。往复式灌浆泵一般由工作组件、动力装置、底座等组成。

1）工作组件。由泵缸体、活塞组件、密封组件、阀门、吸管和排浆管、压力表等组成。

泵缸体。泵缸是构成压缩容积实现浆液压缩的主要部件，为了承受浆液压力，应有足够的强度；由于活塞在其中运动，内壁承受摩擦，应有良好的润滑性及耐磨性。

活塞组件。活塞组件包括活塞、活塞杆及活塞环等。活塞在泵缸中作往复运动，起着压缩浆液的作用。通常要求活塞组件的结构与材料在保证强度、刚度、连接可靠的条件下，尽量减轻重量。

密封组件。它是阻止泵缸内浆液经活塞杆与泵缸的间隙泄漏的组件，其基本要求是良好的密封性和耐磨性。

阀门。包括吸入阀和排出阀，它的作用是控制浆液吸入与排出泵缸。阀门的好坏，直接关系到往复泵运转可靠性与经济性。

吸管和排浆管。用于输送浆液，材质一般采用聚氨酯软管和尼龙软管两大类，具有耐高压、耐磨损、耐老化、柔韧性良好等特点。

压力表。安装在排浆侧，用于实时监控灌浆压力。

2）动力传动装置。由曲柄连杆机构和传动装置组成。

曲柄连杆机构，由曲轴、曲柄连杆、十字头、带轮齿轮等组成。

表 8-3　　部分型号往复式灌浆泵主要技术参数表

项目 \ 型号		BW-250	GZB-40	HBW50/1.5	BWH100/5	BWS200/10	SNS150/3.5	SNS130/20	3SNS	SGB-1	SGB6-10	SGB9-12	ZBP-132	ZBP30-50	PP-120（普通型）	PP-120（防护型）	GZB-40A	GZB-40C	DMAR-100/10
结构型式		3缸柱塞式	3缸柱塞式	单缸柱塞式	3缸柱塞式	3缸柱塞式	3缸柱塞式	3缸柱塞式	3缸柱塞式	双缸双作用柱塞式	3缸柱塞式	3缸变量柱塞式	3缸柱塞式	3缸柱塞式	3缸柱塞式	3缸柱塞式	3缸柱塞式	3缸柱塞式	3缸柱塞式
适用范围		中压灌浆	高压灌浆	泥浆泵	中压灌浆	中压灌浆	中压灌浆	中压灌浆	高压旋喷	中压灌浆	中压灌浆	高压灌浆	高压旋喷	中压灌浆	高压旋喷	高压旋喷	高压旋喷	高压旋喷	中压灌浆
浆液介质比（水：灰：砂）					1：2：4	1：2：4		0.5：1：1.2	0.5：1：1.2	1：2：3	1：2：3	1：2：3	1：2：4	1：2：4	1：2：3	1：2：3	1：2：3	1：2：3	1：2：3
输出流量/(L/min)		250/145/90	76/96/119	50	100	200/100/75	150	85/130	100/207	90/50	100	150/72	114/170	100	120	60～160	80/90/100	96/99/110	100
额定压力/MPa		2.5/4.5/6	32/25/21	1.5	5	5/10/15	3.5	13.4/8.6	15/4	5/8	10	5/12	70/50	30	40	30	25/22/20	42/40/35	10
进/排浆管径/mm		76/51	51/16～25	76/51	76/51	76/51	64/32	64/32	64/32	50/25	50/25	50/25～50	50/25～50	50/25	50/25	50/25	50/25	50/25	64/25
电机功率/kW		15	55	5.5	15	22	11	22	18.5	11	18.5	22	132	55	90	90	55	90	18.5
外形尺寸/mm	长	1000	3050	1350	2250	1660	1600	1800	1800	1580	1890	1790	2673	1982	3160	3160	3050	3050	1700
	宽	995	1800	750	780	920	650	945	945	742	860	1040	1546	1056	1995	2015	1800	1800	1000
	高	650	1150	450	1700	867	650	750	705	842	620	750	1100	900	1680	1870	1150	1150	850
质量/kg		500	3700	180	700	500	630	930	930	364	750	820	2900	1350	4430	4830	3000	3500	760

曲轴是往复泵中重要的运动件。它将驱动机轴的自身旋转运动，转变成为曲柄销（曲柄的组成部分）的圆周运动。由于承受较大的交变载荷和摩擦磨损，所以对疲劳强度与耐磨性要求较高。

曲柄连杆是连接曲轴与十字头（或活塞）的部件。它将曲轴的旋转运动转换成活塞的往复运动，并将外界输入功率传递给活塞组件。

十字头是连接活塞杆与连杆的部件。它在导轨里作往复运动，并将连杆的动力传递给活塞部件。对十字头的基本要求是重量轻、耐磨并具有足够的强度。

传动装置由离合器、齿轮减速器、皮带轮等组成。

3）底座。一般有轮式和固定式两种型式。

（3）往复式灌浆泵主要技术参数。往复灌浆泵的主要参数有灌浆流量、最大灌浆压力、吸排浆管径、电机功率、外形尺寸、重量等，部分型号往复式灌浆泵主要技术参数见表 8－3。

8.2.3 螺杆式灌浆泵

螺杆式灌浆泵的工作原理和往复式泵不同，它是通过工作元件旋转来改变工作腔容积，使吸入浆液增压后排除。螺杆式灌浆泵具有结构简单、灌浆脉冲压力小、灌浆压力稳定、工作可靠、效率高等特点。螺杆式灌浆泵灌浆液水灰比范围大，特别适宜高浓度设计要求的稠浆灌注，广泛用于锚固灌浆、固结灌浆、回填灌浆、帷幕灌浆、堵漏等灌浆作业。

螺杆式灌浆泵主要由螺杆泵体（转子和壳体）、阀件、传动机构、动力装置、料斗、底座等组成。

部分型号螺杆式灌浆泵主要技术参数见表 8－4。

表 8－4　　部分型号螺杆式灌浆泵主要技术参数表

项目 \ 型号		GS20EC	GS50E	DMAR－3	DMAR－5	HSB－5	HSB－8	HSB－8A	HSB－15	HSB－15B	JRD200	JRD－300	JRD－500	JP－60PS
适用范围		锚杆、锚索注浆	固结、回填	固结、回填	固结、回填	锚索、回填	锚索、回填	锚索、回填	回填	高压堵水、固结	锚杆、锚索	固结、回填	固结、回填	固结、回填
输出流量/(L/min)		30～50	80～100	50	80	75	120	240	250	80	25～40	50	100	80
灌浆压力/MPa		2.5～4	2.5～6	4	2.5～6	4	4	2	3	7	2.5～4	2.5～6	2.5～6	2.5～6
水灰比		≥0.3	≥0.3	≥0.3	≥0.3	≥0.4	≥0.3	≥0.3			≥0.3	≥0.3	≥0.3	≥0.3
浆液粒径/mm		≤4	≤6	≤3	≤6	≤7	≤8	≤8	≤15	≤6	≤3	≤3	≤3	≤6
料斗容积/L		80	145	80	145	120	150	150	150	150	130	220	220	145
电机功率/kW		4	7.5	4	7.5	7.5	11	11	22	22	4	5.5	7.5	7.5
外形尺寸/mm	长	1000	1350	1000	1350	1800	2000		3000		1360	1460	1570	1380
	宽	540	970	540	980	660	660		880		580	800	800	610
	高	700	1100	70	1150	1400	1500		1800		800	1200	1200	1200
质量/kg		180	380	180	390	260	300		650		230	470	520	450

8.2.4 计量泵

计量泵又称变量泵、比例泵等，通常在化学灌浆中使用。计量泵是一种可以满足在按严格工艺流程需要，流量可在0～100%范围内实现无级调节，用来精确输送液体的特殊容积泵。计量泵按结构型式不同可分为机械柱塞式计量泵、隔膜式计量泵、液压隔膜式计量泵；按工作方式分为往复式、回转式等。

（1）机械柱塞式计量泵。机械柱塞式计量泵是通过调整柱塞的行程来改变输出的流量。主要有阀泵和无阀泵两种结构型式。柱塞式计量泵因其结构简单、计量准确、压力调节范围大和维护简单等优点而被广泛应用。

（2）隔膜式计量泵。隔膜式计量泵利用特殊设计加工的柔性隔膜取代柱塞，在驱动机构作用下实现隔膜往复运动，完成浆液吸入/排出过程。由于隔膜的隔离作用，在结构上真正实现了被计量浆液与驱动机构之间的隔离。

（3）液压隔膜式计量泵。液压隔膜计量泵也称柱塞隔膜计量泵，是结合柱塞式计量泵和隔膜式计量泵的特点而设计的一种计量泵。液压隔膜计量泵是通过曲柄连杆机构带动柱塞在液压油腔内做往复运动，由此产生液压油压力周期变化，使腔内液压隔膜扰曲位移来吸入和排出液体，通过调整柱塞的行程可调整液体的排量。

常用计量泵主要技术参数见表8-5。

表8-5　　常用计量泵主要技术参数表

项目 \ 型号		CHYB-5.0/10	CHYB-5.0/2	3ZBQ-20/24	JRDW400	JRD500	SNS-24/6	SNS-10/6	YZB系列
结构型式		双液柱塞式	柱塞式	气动隔膜	柱塞式带料斗	柱塞式带料斗	变频柱塞泵	变频柱塞泵	双液活塞式
输出流量/(L/min)		10	9	16	15	100	0.5～12	2～10	40～120
输出压力/MPa		0～5	0～2	≤24	2.5～5	2.5～6	0～6	0.5～6	6～22
浆液比				1:1	1:1.5	1:1	1:1	1:1	1:1
吸/排管径/mm		25/25	25/25	25/25	25/25	25/25	15/10	13/8	25/25
电机功率/kW		1.1	0.75	5.5	5.5	7.5	3	1.5	7.5
外形尺寸/mm	长	700	500	400	1400	1570		650	1200
	宽	350	210	400	640	800		350	700
	高	320	250	1100	900	1200		350	1100
质量/kg		156	100	110	295	520		95	360

8.2.5 灌浆记录仪

灌浆记录仪，即灌浆自动记录仪。其作用是在灌浆过程中，自动记录采集灌浆压力、流量、密度等灌浆参数，同时将这些采集参数在灌浆自动记录仪上显示出来。灌浆记录仪主要是为了随时分析灌浆质量和提高灌浆工作效率，减少人为记录的随意性和不准确性。2000年水电灌浆技术规范明确要求，国内大中型水电工程灌浆施工必须采用灌浆自动记录仪。目前，主要有单版机一拖一和电脑型的一拖多灌浆自动记录仪。

灌浆记录仪组成主要由灌浆记录仪主机、数据采集软件、笔记本电脑、打印机、传感器（可选自动调压控制系统）等组成。

灌浆记录仪数据采集与处理系统的核心部件是数据采集与处理模块。它是由一个16位专用32通道数据采集和转换系统组成，各传感器输入的电流模拟信号，经转换处理后，送到模数转换电路转变成数字信号，再经过光电隔离器送到计算机，数据经处理后送到显示器，用以实时观测及打印，灌浆记录仪数据采集过程见图8-6。

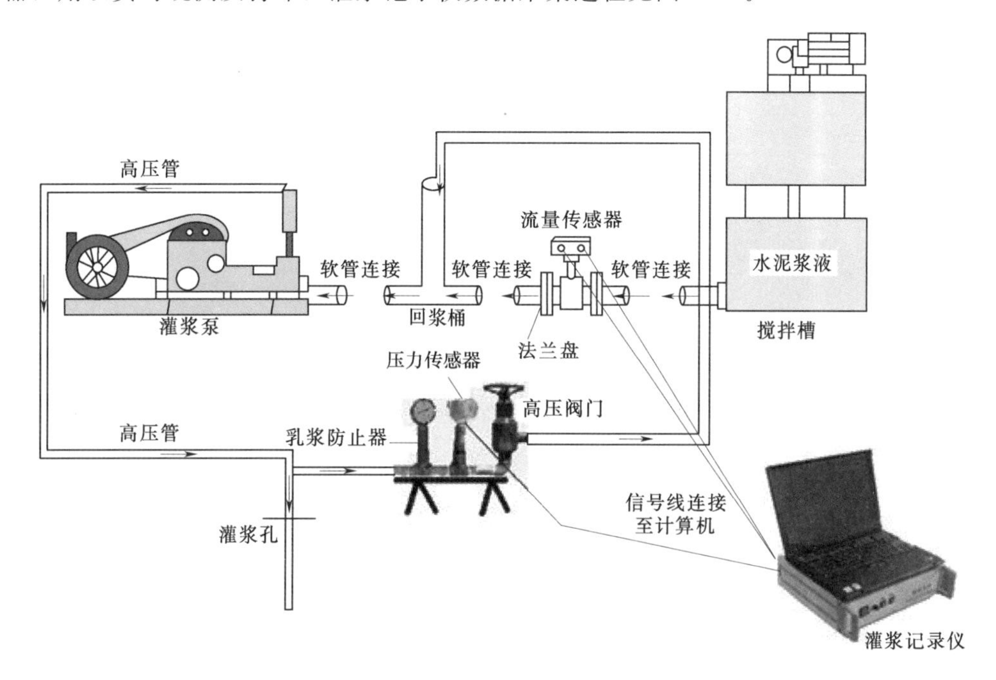

图8-6　灌浆记录仪数据采集过程图

8.2.6　浆液搅拌机

浆液搅拌机是用来搅拌灌浆液的设备，浆液搅拌均匀和充分对灌浆质量影响很大。浆液搅拌机按用途一般可分为制浆搅拌机和储浆搅拌机。制浆搅拌机是生产制造灌浆液，要求按配比对浆液进行强制搅拌，使浆液均匀。储浆搅拌机是将搅拌好的浆液，通过搅拌叶片在储罐中缓慢搅动，以防止浆液分离和沉淀。

浆液搅拌机按其工作原理可分为旋流式、叶桨式和喷射式搅拌机；按动力源可分为电动、气动搅拌机；按搅拌转速可分为低速、高速搅拌机。按搅拌轴布置分为立式和卧式搅拌机。近年来为了提高灌浆质量和灌浆的功效，高速（1000r/min以上）搅拌机应运而生，其特点是搅拌效率高，浆液均匀，浆液质量有保证，被广泛用于各类灌浆工程。

浆液搅拌机结构简单，一般由搅拌桶、搅拌叶片、传动机构、电动机等组成。对于灌浆工作量大的工程，采取修建集中制浆站。目前，制浆站已实现全自动化和半自动化制浆。根据选定的浆液参数，输入计算机控制器后，可控制、监测、记录整个浆液的生产过程，并可以随时进行调整。

部分国产浆液搅拌机主要技术参数见表8-6；浆液搅拌机、小型浆液制备站见图8-7。

表 8-6　　部分国产浆液搅拌机主要技术参数表

项目 \ 型号		JJS-2B	JJS-10	ZJ-400A	ZJ-800	JRD-SC200	JRD-ST 800	JRD-ZJ500D	YJ-200	YJ-340	JZ-250	JZ-400	JZ-800	XL-400	XL-600	XL-1500	NJ-1200	NJ-1800	NJL-400
搅拌桶容量/L		200	1000	400	800	200	200	500	200	400	250	400	800	400	600	1500	1200	1800	400
水灰比		0.5:1	0.5:1	0.5:1	0.5:1	0.5:1	0.5:1	0.5:1	0.5:1	0.5:1	0.5:1	0.5:1	0.5:1	0.5:1	0.5:1	0.5:1			1:2
搅拌转速/(r/min)		33.5	25			35	1440	1440	51	51				1450	1450	1450	610	750	1440
电机功率/kW		2.2	4	7.5	15	3		7.5	3	3	5.5	7.5	15	11	11	22	11	11	7.5
搅拌时间/min		3.5	3.5	3	3	3			3.5	3.5	3	3	3						3
外形尺寸/mm	长	1000	1340	1200	1670	850	1400	1340	850	1035	1200	1350	1725	1600	1600	1600	1520	2450	1400
	宽	850	1250	820	1670	1100	980	1250	850	1035	850	1150	1438	820	1000	1300	1650	1600	950
	高	2000	2100	1570	1720	1200	1150	2100	1900	2100	1300	1460	1838	1150	1300	1500	1610	1580	1367
质量/kg		360	715	360	680	285	430	500	410	460	310	450	680	480	520	700	750	800	400

(a) 立式浆液搅拌机

(b) 卧式浆液搅拌机

(c) 小型浆液制备站

图 8-7 浆液搅拌机、小型浆液制备站

8.3 空气压缩机

空气压缩机（简称空压机）是以内燃机或电动机为动力，将常压空气压缩成有一定压力且具有气流能的动力装置，是风动机械的动力源。空压机应用领域十分广阔，可为各种风动机械提供不同压力等级的压缩空气，是建筑工地最常用的辅助动力设备。

8.3.1 空气压缩压机分类

（1）按工作原理。空气压缩机按工作原理可分为容积式压缩机（活塞式、螺杆式、滑片式）、速度式压缩机（离心式、轴流式、混流式、喷射泵）。土石方工程机械常用的是容积式压缩机。

1）容积式压缩机。其工作原理是通过工作腔容积变化来提高气体压力。容积式压缩机外形与构造见图 8-8。

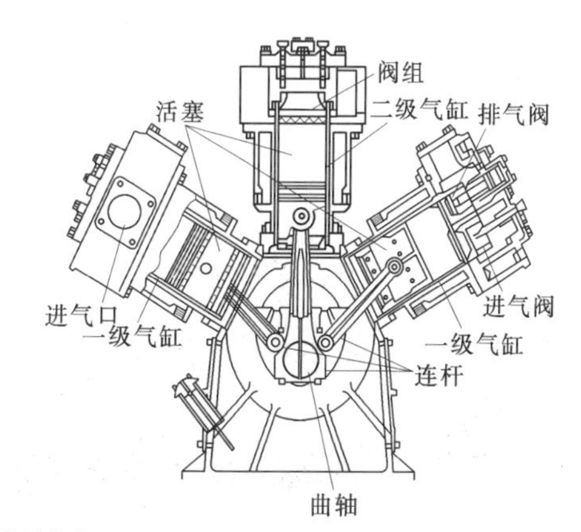

(a) 活塞式压缩机

图 8-8（一） 容积式压缩机外形与构造示意图

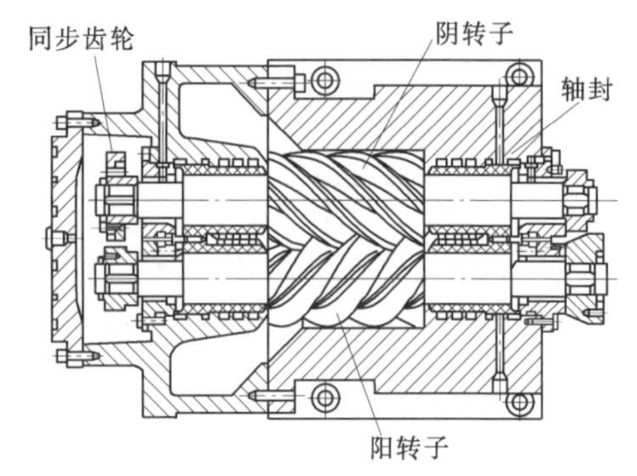

(*b*) 螺杆式压缩机

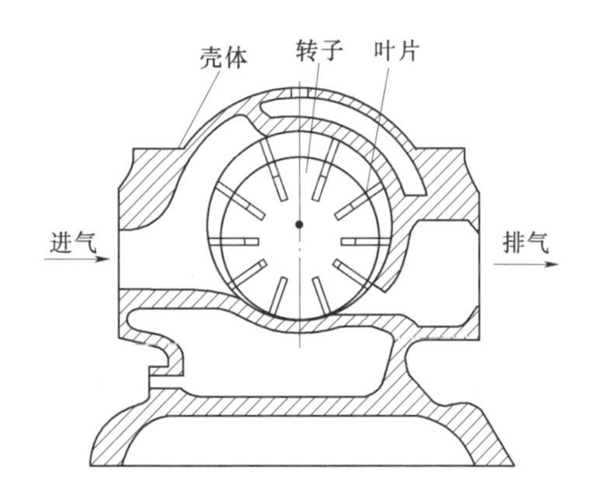

(*c*) 滑片式压缩机

图 8-8（二） 容积式压缩机外形与构造示意图

2）速度式压缩机。气体通常借助高速旋转的叶轮，使气体获得较高的速度，高速气体在扩压器中急剧降速，使气体的动能转变为压力能。速度式压缩机按气体对叶轮的流动方向不同，可分为离心式、轴流式、混流式，速度式压缩机外形与构造见图 8-9。

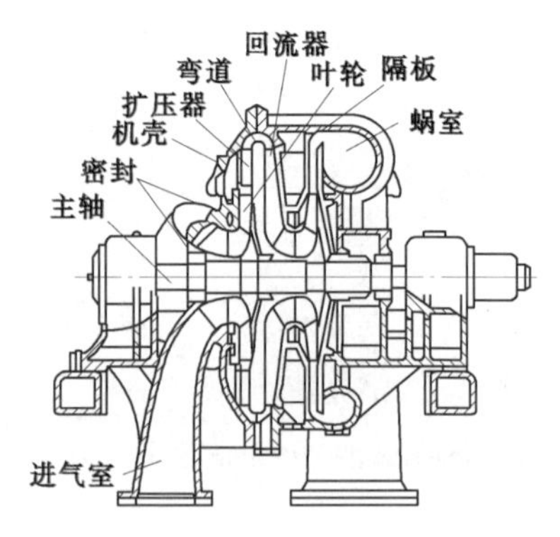

(*a*) 离心式压缩机

图 8-9（一） 速度式压缩机外形与构造示意图

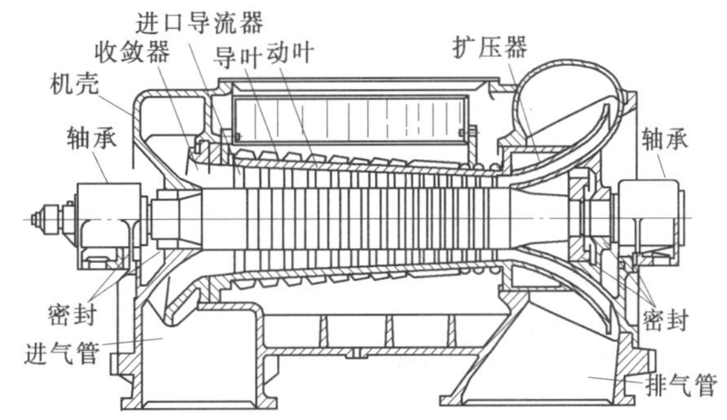

(b) 轴流式压缩机

图 8-9（二） 速度式压缩机外形与构造示意图

(2) 按结构型式。空气压缩机按结构型式可分为：活塞式（往复式）、回转式（螺杆式、滑片式）、膜式空压机。

(3) 按排气压力。空气压缩机按额定排气压力可分为：低压（0.2～1.0MPa）、中压（1.0～10MPa）、高压（10～100MPa）和超高压（100MPa 以上）。

(4) 按排气量。空气压缩机按排气量可分为：微型压缩机（$<1m^3/min$）、小型压缩机（$1\sim10m^3/min$）、中型压缩机（$10\sim100m^3/min$）、大型压缩机（$\geqslant100m^3/min$）。

(5) 按气缸排列方式。空气压缩机按气缸中心线和相对位置可分为：立式（气缸垂直布置）、卧式（气缸水平布置）、角度式（各气缸之间有一定的夹角，如 V 形、W 形、L 形等）和对置平衡式（各气缸作 H 形排列，水平配置）。

(6) 按压缩级数。空气压缩机按压缩级数可分为：单级（压缩比 2～8）、双级（压缩比 7～50 用于低、中压）和多级（压缩比大于 50，用于高压）。

(7) 按动力源。空气压缩机按动力源可分为：电动机驱动，适用于有交流电源的大型、中型、小型空压机，特别适用于隧道和地下工程施工。内燃机驱动，适用于无交流电源的移动式空压机，主要用于露天作业。

(8) 按移动方式。空气压缩机按移动方式可分为：固定式和移动式（拖行式、自行式）。

8.3.2 空气压缩机基本构造

空气压缩机种类很多，在土石方工程施工中最常用的是容积式压缩机，其中，活塞式和螺杆式空压机使用最为普遍。

(1) 活塞式空气压缩机。活塞式空气压缩机是传统容积式压缩机，其中 L 形结构形式使用最为广泛。活塞式空气压缩机具有制造工艺成熟，适用压力范围广，工况适应性强；热效率高，单位耗电少；但工作时额定转速一般较低，输气有脉动，振动、噪声大。活塞式空气压缩机使用时，须配备储气罐，以解决输出气压脉动。活塞式压缩机多用于施工现场固定式供风站。

L 形活塞式空气压缩机基本构造主要由机体、传动机构、压缩机构、润滑机构、冷却系统、操纵控制系统及附属装置组成，活塞式空气压缩机外形与构造见图 8-10。

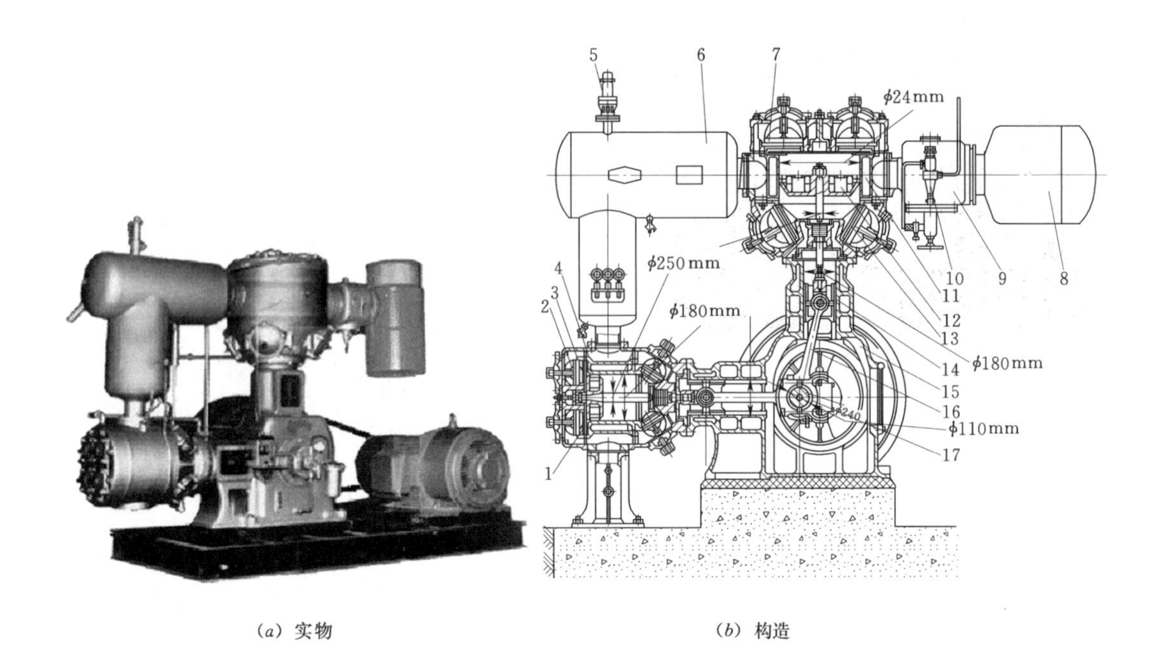

(a) 实物　　　　(b) 构造

图 8-10　活塞式空气压缩机外形与构造示意图

1—二级排气阀；2—二级吸气阀；3—二级活塞；4—二级气缸；5—安全阀；6—中间冷却器；7——级排气阀；8—空气过滤器；9—减荷阀；10—压力调节器；11——级气缸；12——级活塞；13——级吸气阀；14—十字头；15—机身；16—连杆；17—曲轴

1）机体。它是压缩机的定位基础构件，由机身、中体和曲轴箱三部分组成。

2）传动机构。由离合器、皮带轮或联轴器等传动装置以及曲轴、连杆、十字头等运动部分组成。通过它们将驱动机的旋转运动转变为活塞的往复直线运动。

3）压缩机构。由气缸、活塞组件、进气阀、排气阀等组成。活塞往复运动时，循环完成工作过程。

4）润滑机构。由润滑齿轮泵、油过滤器和油冷却器等组成。润滑齿轮泵由曲轴驱动，向运动部件提供润滑。

5）冷却系统。风冷式的主要由散热风扇和中间冷却器等组成。水冷式的由各级气缸水套、中间冷却器、管道、阀门等组成。L形固定式空压机一般使用循环水进行冷却，冷却效果好。

6）操纵控制系统。操纵控制系统包括：减荷阀、卸荷阀、负荷（压力）调节器等调节装置，安全阀、仪表以及润滑油、冷却水及排气的压力和温度等声光报警与自动停机的保护装置，自动排油水装置等。

7）附属装置。附属装置主要包括空气过滤器、盘车装置、传动装置、后冷却器、缓冲器、油水分离器、储气罐、冷却防护罩、安全防护网等。

（2）螺杆式空气压缩机。螺杆式空气压缩机工作组件主要由缸体和一对螺杆式转子组成。通过一对螺杆相对旋转，完成吸气、压缩、排气3个工作循环。螺杆式空气压缩机具有机械效率高、主机结构简单、可靠性强、维护成本低、操作维护简单、环境适应性强等特点。在水电工程中多用于移动式供风站。

螺杆空气压缩机主要由主机、进气系统、排气系统、润滑与冷却系统、气量调节与控制系统、电气及自动保护系统、行走系统和车棚外罩组件等组成，螺杆式空气压缩机构造见图 8-11。

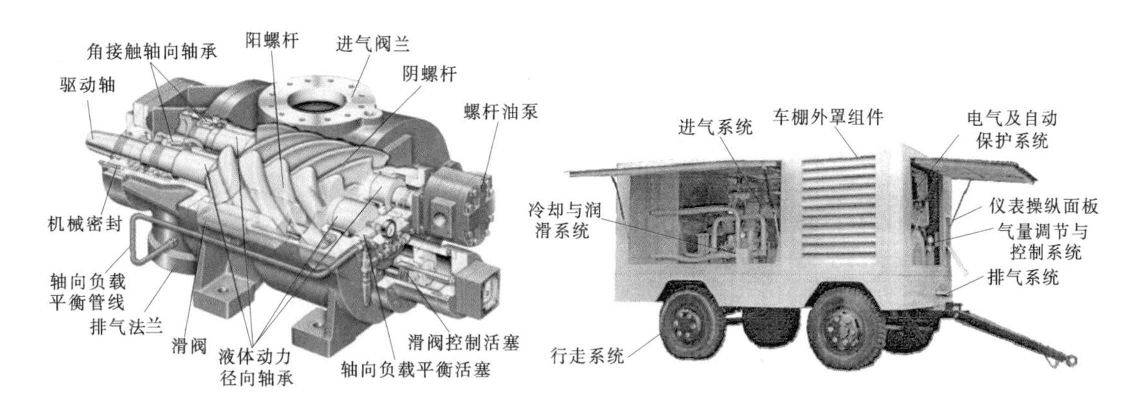

图 8-11 螺杆式空气压缩机构造图

8.3.3 空气压缩机选型原则

空气压缩机类型较多，应根据工程需要遵循适用性、技术性、经济性、可靠性与安全性等基本原则来选取。

选配空压机的基本步骤是先确定空压机结构类型和工作压力；再确定相应容积流量；最后确定驱动方式及动力装置（柴油机、电动机）容量。

（1）空气压缩机结构类型选择。空气压缩机主要结构型式有活塞式、螺杆式、滑片式三种，应根据对其技术性能进行比较从中作出选择，常用空气压缩机技术性能比较见表 8-7。

表 8-7 常用空气压缩机技术性能比较表

类型	结构	比功率 /[kW/(m^3/min)]	绝热效率	机械效率	使用性能	维修
活塞式	结构复杂、有基础安装量大	4.8～7	0.7～0.8	0.85～0.95	工作可靠、使用寿命长	易损件多、维修量大
螺杆式	结构紧凑、重量轻、安装简单	7～8	0.6～0.7	0.95～0.98	噪声大、使用寿命长	维修简单
滑片式	结构紧凑、重量轻、安装简单	7～7.5	0.6～0.7	0.7～0.75	滑片磨损大	维修简单

（2）空气压缩机排气压力和排气量选择。一般情况下，风动机械额定工作气压为 0.4～1MPa。选空压机排气时，按照满足风动机械所需要的工作压力，再加上 1～

2MPa的余量，作为空压机的排气压力（该余量是考虑从空压机安装地点到实际用气端管路压力损失，根据距离的长短在1～2MPa之间适当考虑）。排气量是空压机的主要参数之一，选择空压机的排气量要和风动机械所需的排气量相匹配，并视工况留有10%～15%的余量。

（3）空气压缩机动力类型选择。对于工程量较大、施工期较长（半年以上），用电比较方便的土石方工程和洞室开挖工程，应优先选择电动固定式空压机。如果施工工地远离城镇，架设电力线路的费用太高，可以考虑自备柴油发电机组供电。对于施工工地无电源的短期、临时和分散工程，或施工准备阶段等露天作业场合，大多采用移动式内燃空压机。

（4）空气压缩机冷却方式选择。固定式空压站优先选用循环水冷却。在缺水的北方、山区或高原地区，则应选择风冷式空压机。用气场合有长距离的变化（超过500m），则应考虑移动式。目前，水电工程施工现场使用的中型、小型空压机，多为风冷式空压机。

（5）空气压缩机运行安全性。空气压缩机是一种带压工作的机器，工作时伴有温升和压力，其运行的安全性要放在首位。国家对压缩机实行生产许可证和压力容器生产许可证（储气罐）规范化管理制度。因此，在选购压缩机产品时，要严格审查“两证”（安全证书、销售许可证）。

8.3.4 空气压缩机技术参数

水利水电土石方工程施工常用的部分型号国内品牌移动式空气压缩机，其主要技术参数见表8-8；部分型号国外品牌移动式空气压缩机主要技术参数见表8-9。

表8-8　　部分型号国内品牌移动式空气压缩机主要技术参数表

项目 \ 机型		LKY-15/10	LKY-12/13	HG400M-10	HG400M-13	LGCY-15/13A	PDSG460S	PDSG750S	PDSF830S	PDSJ750S	PDSH850S
整机质量/kg		3240	3240	2450	2450	3500	3230	3900	3900	4700	5350
排气量/(m^3/min)		15	12	11	10	15	13	21.2	23.5	21.2	24
额定排气压力/bar		10	13	10	13	13	12.7	13	10.5	21/13	17.5/13
工作压力范围/bar		7～10	7～10	5～10	5～13	5～13	5～12.7	5～13	5～10.5	13～21	13～17.5
形式				双螺杆单级	双螺杆单级		螺杆一级	螺杆一级	螺杆一级	螺杆二级	螺杆二级
发动机	型号	6BTA5.9-C180	6BTA5.9-C180	YC6108ZG	6BTA5.9	WD415.23		K13C-TJ	6D24-TE1	K13C-TJ	K13C-TJ
	额定功率/kW	132	132	150	110	166	118	232.4	206	228	228
	额定转速/(r/min)	2200	2200	2400	2500		2200	2000	2200	2200	2200
外形尺寸/mm	长	3520	3520	3220	3220	3600	3650	4000	4000	4300	4300
	宽	1650	1650	1850	1850	1850	1685	1900	1900	1900	1900
	高	2120	2120	1850	1850	2450	2070	2130	2130	2230	2230

表 8-9　　部分型号国外品牌移动式空气压缩机主要技术参数表

项目		E750HH	E750VH	VHP750	RHP750	XAHS836	XRHS836
整机质量/kg		4620	7200	4000	4400	4778	4778
排气量/(m^3/min)		21.2	21.2	21.2	21.2	25.5	21.9
额定排气压力/bar		12	24	13.8	20.7	12	20
工作压力范围/bar		5.5～12	9.7～24	9～13	9～20	7～12	7～20
最大牵引速度/(km/h)		35	35	20	20	25	25
最大工作角度/(°)		15	15	20	20	18	18
发动机	型号	M11-C300	CAT C-12	CAT C-9	CAT C-9	C9ACERT T3	C9ACERT T3
	额定功率/kW	224	317	224	250	224	224
	满载/(r/min)	2100	1800	1800	1800	1800	1800
	空载/(r/min)	1400	1400	1200	1350	1300	1300
	排量/L	10.8	11.95	8.8	8.8		
外形尺寸/mm	长	3740	5025	4210	4210	4910	4910
	宽	2210	2200	2000	2000	2100	2100
	高	2200	2400	2220	2220	2460	2460

8.4　水泵

水泵是土石方工程常用的辅助设备。水泵形式繁多，用途很广，水电土石方工程抽水、排水作业和施工、生活供水，使用较多的是离心水泵、潜水泵等。

8.4.1　水泵分类和特点

（1）水泵的分类。

1）按工作原理，可分为叶片式泵（离心泵、轴流泵、混流泵、旋涡泵）、容积式泵（螺杆泵、活塞泵、隔膜泵）、其他类型（喷射泵、电磁泵、空气升液泵等）。

2）按介质不同，可分为清水泵、污水泵、污物泵、砂泵、泥浆泵等。

3）按泵轴的工作位置不同，可分为卧式、立式和斜轴式。

4）按采用叶轮的型式不同，可分为离心泵、混流泵和轴流泵。

5）按压出室型式不同，可分为蜗壳式和导叶式泵。

6）按吸入方式不同，可分为单吸泵（流体从水泵一侧流入叶轮）、双吸泵（液体从两侧流入叶轮，双吸泵的流量几乎比单吸泵增加1倍）。

7）按叶轮级数不同，可分为单级泵（泵轴上只有一个叶轮）、多级泵（同一根泵轴上装两个或多个叶轮，液体依次流过每级叶轮，级数越多，扬程越高）。

8）按工作压力不同，可分为低压泵（压力低于100m水柱）、中压泵（压力在100～650m水柱之间）、高压泵（压力高于650m水柱）。

（2）水泵的特点。

1）离心泵。水流方向沿叶轮轴向吸入，垂直于轴向流出，即进出水流方向互成90°。

启动前必须将泵内和吸水管内灌注引水，而且泵壳和吸水管路必须密封，离心泵吸水高度一般不能超过10m。

单级单吸离心泵与混流泵、轴流泵相比，扬程较高，流量较小，但结构简单，使用方便。单级双吸离心泵与单级单吸离心泵相比，效率高、流量大、扬程高。但体积大，比较笨重，一般用于固定作业。多级离心泵与单级泵相比，其区别在于多级泵有两个以上的叶轮，扬程大，扬程可根据需要而增减水泵叶轮的级数。

离心式水泵的类型很多，在水利水电工程施工中，SA 型单级双吸清水泵和 S、Sh 型单级双吸离心泵两种型号水泵应用最多。常用离心水泵基本类型代号见表 8-10。

表 8-10　　常用离心水泵基本类型代号表

代号	名　称	备　注
IS	国际标准型单级单吸离心水泵	是 B、BA 型等更新型
B 或 BA	单级单吸离心水泵	
D 或 DA	单级单吸悬臂式离心清水泵	
S 或 sh	单级双吸离心水泵	
DS	多级分段式首级为双叶轮	

2）轴流泵。水在轴流泵的流经方向是沿叶轮的轴向吸入、轴向流出，扬程低（1～13m）、流量大、效率高；启动前不需灌水，操作简单。水电施工使用较多的是潜水泵。潜水泵又称潜水电泵。潜水泵是一种用途广泛水泵，按其应用场合和用途大体可以分为潜污泵、排沙潜水泵、清水潜水泵，多用于基坑、隧洞等集水井排水。潜水泵结构较为简单，使用方便。

3）常用水泵特性和适用范围比较见表 8-11。

表 8-11　　常用水泵特性和适用范围比较表

指标		叶片水泵			容积泵	
		离心泵	轴流泵	漩涡泵	往复泵	螺杆泵
流量	均匀性	均匀			不均匀	比较均匀
	稳定性	不恒定，视管情况变化而变化			恒定	
	范围/(m^3/h)	1.6～3000	150～2450	0.4～10	1～600	1～600
扬程	特点	扬程相对固定			对应一定流量可以达到不同扬程，由管路系统确定	
	范围	10～260m	2～50m	8～150m	0.2～100MPa	0.2～50MPa
效率	特点	在泵最高设计点，偏离越远，效率越低			扬程高时效率降低很少	扬程高时效率降低很大
	范围	0.5～0.8	0.7～0.9	0.25～0.5	0.75～0.85	0.6～0.8
结构特点		结构简单，造价低，体积小，重量轻安装检修方便			结构复杂，振动大，体积大造价高	同叶片泵
适用范围		黏度较低的各种介质（水）	适用于大流量，低扬程，黏度较低的各种介质	适用于小流量，较高压力的低黏度清洁介质	适用于高压力，小流量的清洁介质	适用于中低压力，中小流量，尤其适用于黏度高的介质

8.4.2 水泵构造

8.4.2.1 离心泵

离心泵的基本构造是由六部分组成的，分别是叶轮、泵体、泵轴、轴承、密封环、填料函。

离心泵根据水流入叶轮的方式、叶轮多少、配套动力不同，分为单级单吸离心泵、单级双吸离心泵、多级离心泵、自吸离心泵、电动机泵和柴油机泵等。

（1）单级单吸离心泵。ISW型卧式单级单吸（轴向吸入）离心泵，根据国际标准ISO2858规定的性能和尺寸设计，属节能泵。它是BA型、B型及其他单级清水离心泵的更新换代型。其优点：全系列水力性能布局合理，用户选择范围宽，检修方便；效率和吸程达到国际平均先进水平。ISW型卧式单级单吸离心泵结构简单，使用方便。适用于各种场合给水、排水。IS型单级单吸卧式离心泵构造见图8-12。

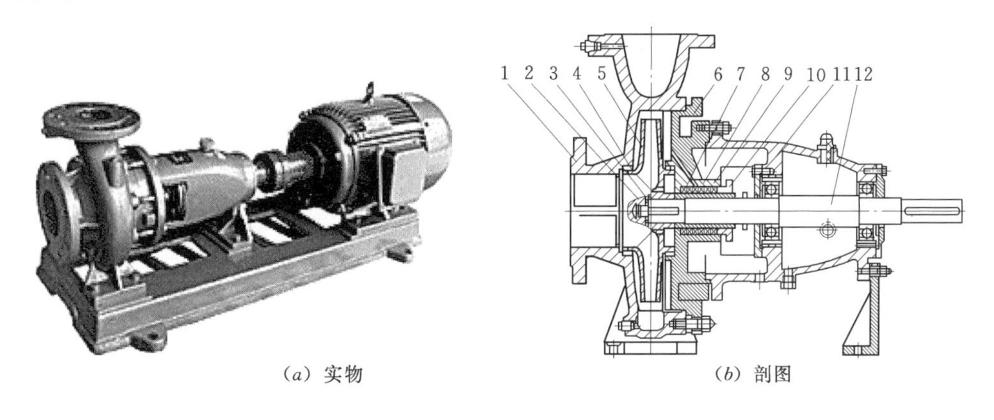

(*a*) 实物　　(*b*) 剖图

图8-12 IS型单级单吸卧式离心泵构造图

1—泵体；2—叶轮螺母；3—止动垫圈；4—密封环；5—叶轮；6—泵盖；7—轴套；8—填料环；9—填料；10—填料压盖；11—悬架部件；12—轴

单级单吸离心泵性能参数范围：进水口径50～200mm；流量6～400m^3/h；扬程5～125m，配套动力有柴油机直联、皮带传动，电动机直联；功率1.1～110kW，转速1450～2900r/min。

ISW卧式单极单吸离心水泵型号标识。例如：ISW80-65-160A。ISW—单级单吸清水离心泵；80—吸入口直径（mm）；65—排出口直径（mm）；160—叶轮名义直径（mm）；A—叶轮切割标记。

单级单吸离心泵构造。IS型单级单吸（轴向吸入）离心泵，是全国联合设计的节能泵，它是BA型、B型及其他单级清水离心泵的更新型。IS型系根据国际标准ISO2858所规定的性能和尺寸设计的，主要由泵体、泵盖、叶轮、轴、密封环、轴套及悬架轴承部件等组成。

（2）单极双吸离心泵。双吸离心泵，水从叶轮两面进入泵体，因泵盖和泵体是采用水平接缝进行装配的，又称为水平中开式离心泵。与单级单吸离心泵相比，效率高、流量大、扬程较高。但体积大，比较笨重，一般用于固定点抽排水作业。SH型单极双吸离心泵构造见图8-13。

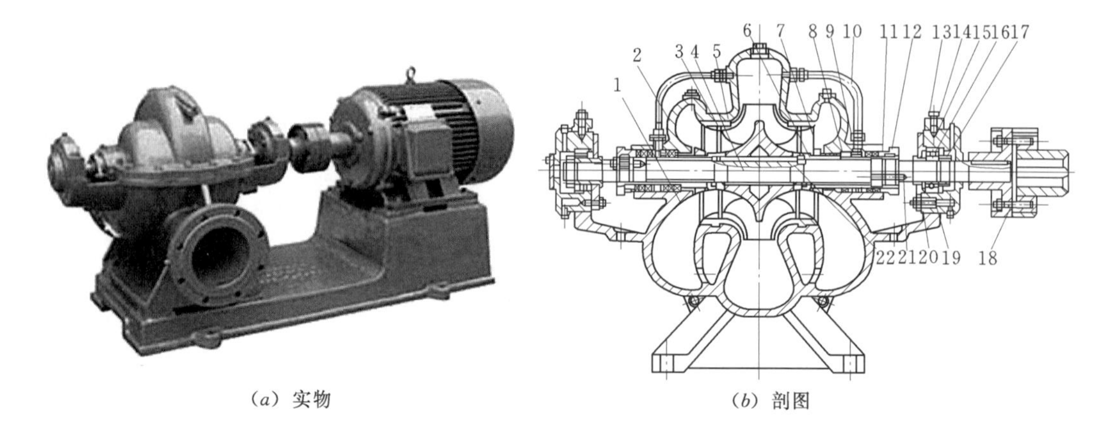

(*a*) 实物　　　　(*b*) 剖图

图 8 - 13　SH 型单极双吸离心泵构造图

1—泵体；2—泵盖；3—叶轮；4—泵轴；5—密封环；6—轴套；7—填料挡套；8—填料；9—填料环；10—水封管；11—填料压盖；12—轴套螺母；13—固定螺栓；14—轴承架；15—轴承体；16—单列向心球轴承；17—圆螺母；18—联轴器；19—轴承挡套；20—轴承盖；21—双头螺栓；22—键

单极双吸离心泵有 S 型、SH 型等几种型号，S 型与 SH 型的区别是，从驱动端看，S 型泵为顺时针方向旋转，SH 型为逆时针方向旋转。双吸离心泵性能范围：进水口直径 150～1400mm；流量 160～18000m^3/h；扬程 12～125m；转速 2950r/min、1450r/min、970r/min、730r/min、585r/min、485r/min、360r/min，多为电动机驱动。

S 型、SH 型单级双吸泵型号标识。例如：300S（SH）58A。300—水泵吸入口直径，mm；S（SH）—双吸水平中开式离心泵；58—设计扬程，m；A—叶轮切割标记。

（3）多级离心泵。多级离心泵与单级泵相比，其区别在于多级泵有两个以上的叶轮，扬程可根据需要而增减水泵叶轮的级数。多级泵主要用于基坑排水、施工、生活用水池抽水、集水井抽水。多级离心泵有立式和卧式两种型式，主要型号有：D 型、DL 型多级离心泵，DW 型、DWL 型小型多级离心泵。多级离心泵构造见图 8 - 14。

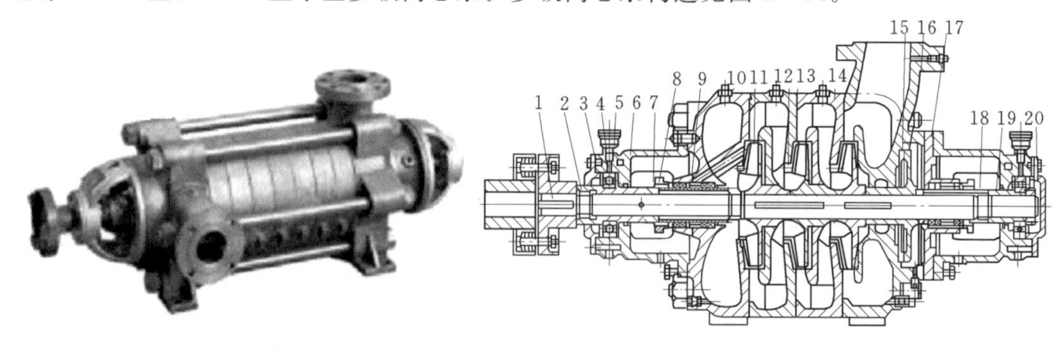

(*a*) 实物　　　　(*b*) 剖图

图 8 - 14　多级离心泵构造图

1—泵轴；2—轴套螺母；3—轴承盖；4—轴承衬套；5—单列向心球轴承；6—轴承体；7—轴套；8—填料压盖；9—填料环；10—进水段；11—叶轮；12—密封环；13—中段；14—出水段；15—平衡环；16—平衡盘；17—尾盖；18—轴套；19—轴承衬套；20—圆螺母

D 型多级离心泵为卧式多级泵（2～12 级），叶轮为单吸，泵体为分段式。当首级叶轮为双吸时，用 DS 表示。

多级离心泵性能范围：流量 6.3～720m³/h；扬程 16～600m；进水口径为 50mm、75mm、100mm、125mm、150mm、200mm，其中 50～125mm 泵型为高转速 2950r/min，150～200m 泵型为低转速 1480r/min。

8.4.2.2 潜水泵

潜水泵适用于各种水质的给排水工程，结构紧凑、体积小，亦可制造成多级潜水泵，扬程达到 150m 以上。潜水泵具有工作平稳，操作简单，安装方便，占地面积小，水池利用率高，标准化程度高等优点。

潜水泵构造一般是由泵体、泵座、潜水电机和保护装置组成，潜水泵构造见图 8－15。潜水泵根据泵与电机的相对位置不同，又可以分为上泵式和下泵式。

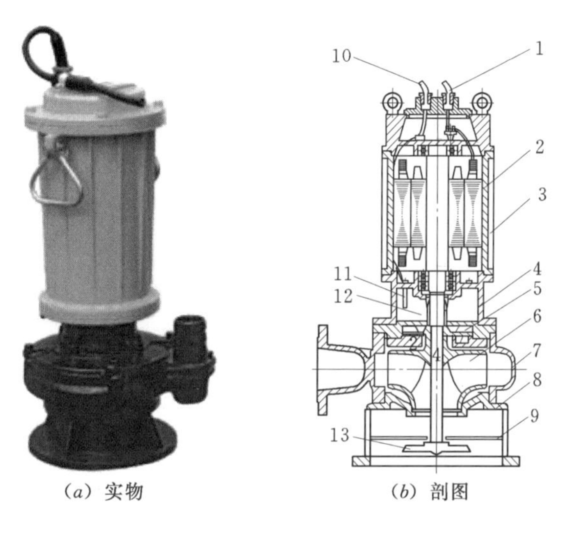

(*a*) 实物　(*b*) 剖图

图 8－15　潜水泵构造图

1—主电缆；2—机壳；3—电机外壳；4—润滑油塞；5、6—主副叶轮；7—泵体；8—底座；9—防渣隔板；10—控制电缆；11—油水探头；12—密封；13—搅拌件

上泵式潜水泵是水泵在上面，电机在下面。这种结构大大减小了泵的径向尺寸，一般多用于井用潜水泵。

下泵式潜水泵是电机在上面，泵在下面。它又分为内装式和外装式两种。内装下泵式潜水泵所输送的液体首先通过包围电机的环形水道，使之冷却电机后再流出泵出口。这种泵即使在接近排干吸水池的情况下，也不必担心电机升温，使用广泛。外装下泵式潜水泵则直接从叶轮后的压水室或导叶出口处排出液体，电机也被抽送的液体冷却。外装下泵式潜水泵是大口径潜水泵的主要结构型式，由于下泵式潜水泵的机械密封位于出口水流高压区，扬程越高，此处水压力越高，因此，水泵扬程受到机械密封性能的控制。

（1）QW 系列无堵塞移动式潜水排污泵。QW 移动式无堵塞排污泵是在引进国外先进技术的基础上，结合国内水泵的使用特点而研制成功的新一代泵类产品，具有节能效果显著、防缠绕、无堵塞等特点。采用独特叶轮结构和新型机械密封，能有效地输送含有固体杂物和长纤维的水质。叶轮与传统叶轮相比，该泵叶轮采用单流道或双流道形式，具有较好的过流性，配以合理的蜗室，使得 QW 移动式无堵塞排污泵具有整体结构紧凑、效率高、噪声小、运行平稳、节能效果显著的特点。同时，泵内密封油室设置有高精度抗干扰漏水检测传感器、定子绕组内预埋了热敏元件，对水泵电机实现自动保护。

QW 潜水泵型号标识。例如：40QW（WQ）15－30－2.2。40—水泵排出口直径，mm；QW（WQ）—潜水式排污泵；15—流量，m³/h；30—扬程，m；2.2—电机功率，kW。

（2）JYWQ自动搅匀潜水排污泵。JYWQ自动搅匀潜水排污泵是采用了较为先进的水力模型开发研制而成的新型环保类产品。在排送固体颗粒以及减少污水坑内沉积等方面，具有独特功能。其最大特点是在泵底盘处设计一个引水装置，该装置随电机高速旋转，将泵腔中的高压水引出，以10～20m/s的旋流速度冲洗水池的底部，搅拌池底堆积物，使其与水混为一体，最后在引水装置的周围进入泵腔并随之排出。该泵水力性能优越，性能指标先进，广泛用于含泥沙集水坑、基坑的排水。

8.4.3 水泵选型原则

水利水电工程无论是初期排水还是经常性排水，当其布置形式及排水量确定后，需进行水泵参数选择。水泵选型主要依据扬程、流量、环境温度等数据，选择满足系统抽水、排水需要的水泵。在水利水电工程中，SA型单级双吸清水泵、S型单级双吸离心泵、泥浆泵、排污泵等应用较多。水泵选型应遵循下列原则。

（1）所选泵的性能参数，如流量、扬程、压力、温度、气蚀流量、吸水高度等，应满足抽排水设计要求。

1）流量。流量是选泵的重要指标之一，直接关系到水泵的输送能力。可根据设计抽排水流量大小，确定选单吸泵还是双吸泵，对于低扬程，大流量，优先选用双吸泵。一般取设计流量的1.1倍，作为选择水泵的流量。

2）扬程。扬程是选泵的又一重要指标，一般按设计要求放大5%～10%作为选择泵的扬程。当单级泵不能满足设计扬程要求时，可选择多级泵。

3）工作环境。水泵工作环境涉及因素很多，一般要考虑水泵设置的海拔高度、环境温度、吸水高度、管路布置、固定或是移动等因素。

4）最后用水泵的特性曲线来校核所选水泵的流量、扬程等技术参数是否在最佳工况点运行。一般离心泵的额定参数即设计工况点和最佳工况点相重合或很接近，选择水泵在该区域运行时，既满足高效、节能，又能保证泵正常工作。

（2）基坑抽排水应优先选用离心泵；隧洞积水坑抽排水优先选用潜水泵；对于抽排含泥沙较大的水质时，应选择离心泥浆泵。

（3）水泵机械性能应具有噪声低、振动小，密封可靠。

（4）经济上除了要考虑购置费、维修费等，还要考虑水泵运行费用，对于大功率水泵，建议使用变频节能电机，达到节能降耗目的。

8.4.4 水泵使用要点

（1）经常注意电压、电流的变化，当电流超过额定电流、电压的±5%时，应停机检查原因，待处理达到正常时才重新开机运行。

（2）认真检查各部轴承温度，滑动轴承不得超过65℃，滚动轴承不得超过75℃，电动机温度不得超过铭牌规定值。

（3）注意水泵各部位声响及振动情况。特别要注意由于气蚀现象而产生的噪声。

（4）检查盘根密封情况，盘根箱温度是否正常。

（5）经常观察水井水位变化情况，水泵不得在泵内无水情况下运行，不得在气蚀情况下运行，不得在闸阀闭死情况下长期运行。

(6) 高扬程水泵不得用于低扬程抽水，当高扬程用于过低扬程抽水时，电机容易过载而发热，严重时可烧毁电机。一般要求水泵的实际抽水使用扬程不得低于标定扬程的60%。

(7) 不得大口径水泵配小水管抽水，减小管径后，水泵的实际扬程非但不能增加，反而会降低，导致水泵效率下降。

(8) 安装进水管路时，水平段水平或向水源方向上翘，这样做会使进水管内聚集空气，降低水管和水泵的真空度，使水泵吸水扬程降低，出水量减少。正确的做法是：其水平段应向水源方向稍有倾斜，不应水平，更不得向上翘起。

(9) 进水管路上用的弯头不应多，如果在进水管路上用的弯头多，会增加局部水流阻力。并且弯头应在垂直方向转弯，不允许在水平方向转弯，以免聚集空气。

(10) 水泵进水口与进水管相连，当进水管直径大于水泵进水口时，应安装变径管。若进水管与水泵进水口直径相等时，应在水泵进水口和弯头之间加一直管，直管长度不得小于水管直径的2～3倍。

(11) 安装有底阀的进水管，最下一节最好是垂直的。如因地形条件限制不能垂直安装，则水管轴线与水平面夹角应在60°以上。

(12) 进水管进水口位置，中小型水泵入水深度不得小于300～600mm，大型水泵不得小于600～1000mm。

8.4.5 水泵主要技术参数

离心泵的主要技术参数包括：流量 Q、扬程 H、转速 n、功率 N、效率 η、允许吸上真空度 H_s 和允许气蚀余量 Δh 等。

(1) 流量。流量又称排量、扬水量，是泵在单位时间内排到管路系统的液体体积，通常称体积流量，用符号 Q 表示，常用单位为 m^3/h 或 m^3/s 等。离心泵的流量与泵的结构、尺寸和转速有关。也可用质量流量 m 表示，其单位为 kg/h 或 kg/s；其与体积流量之间的关系为：

$$m=\rho Q \tag{8-1}$$

式中 ρ——液体密度，kg/m^3。

(2) 扬程。离心泵的扬程是指单体重量流体经泵所获得的能量，是泵的重要工作能参数，又称压头。泵的扬程大小取决于泵的结构，如叶轮直径的大小，叶片的弯曲情况、转速等。目前对泵的压头尚不能从理论上作出精确的计算，可表示为流体的压力能头、动能头和位能头的增加，即：

$$H=\frac{p_2-p_1}{\rho g}+\frac{c_2-c_1}{2g}+(Z_2-Z_1) \tag{8-2}$$

式中 H——扬程，m；

p_1、p_2——泵进、出口处液体的压力，Pa；

c_1、c_2——流体在泵进出口处的流速，m/s；

Z_1、Z_2——进、出口高度，m；

ρ——液体密度，kg/m^3；

g——重力加速度，m/s^2。

水泵的扬程又可用几何扬水高度和管路系统流动阻力之和表示：

$$H=H_Z+h_i \tag{8-3}$$

$$h_i=h_1+h_2 \tag{8-4}$$

式中　H_Z——吸入与排出两个液面的高差，也称几何扬水高度，m；

h_i——整个泵装置管路系统的阻力损失，m；

h_1——吸入管段的阻力损失，m；

h_2——压出管段的阻力损失，m。

以上公式可作为分析水泵工况和选择泵的依据参考。

（3）转速。转速是指泵轴每分钟旋转的次数，用符号 n 表示，单位为 r/min 或 r/s。

（4）功率。电机输入泵轴功率称为泵的轴功率，用符号 N 表示，单位为 W 或 kW。有效功率是指在单位时间内泵输送出去液体有效能头，用符号 N_e 表示，单位为 kW；则泵的有效功率为：

$$N_e=\frac{\rho HQ}{1000} \tag{8-5}$$

$$N=\frac{N_e}{1000\eta} \tag{8-6}$$

两者的差别在于流动损失、泄漏、机械摩擦三项能量损失，轴功率大于有效功率。

（5）效率。效率是衡量离心泵工作经济性指标，是反映能量损失大小的参数。效率等于有效功率与轴功率之比，用符号 η 表示。计算式（8-7）为：

$$\eta=\frac{N_e}{N}\times 100\% \tag{8-7}$$

离心泵在实际运转中，由于存在各种能量损失，致使泵的实际（有效）压头和流量均低于理论值，而输入泵的功率比理论值要高。反映能量损失大小的参数称为效率。

离心泵的能量损失包括以下三项：

1）容积损失，即泄漏造成的损失，闭式叶轮的容积效率 η_v 值在 0.85～0.95 之间。

2）水力损失，一般水力效率 η_h 值在 0.8～0.9 之间。

3）机械损失，一般机械效率可用 η_m 来反映，其值在 0.96～0.99 之间。

离心泵的总效率由上述三部分构成，即：

$$\eta=\eta_v\eta_h\eta_m \tag{8-8}$$

（6）允许吸上真空度。离心泵的吸水性能通常是用允许吸上真空高度 H_s 来衡量的。H_s 值越大，说明水泵的吸水性能越好，或者说，抗气蚀性能越好。水泵的允许吸上真空度是在标准大气压和 20℃ 水温条件下泵的吸入高度能力（真空值），主要体现泵的抽吸能力或水泵的吸入能力，即泵进口中心距吸水池水面的竖直高度。

（7）允许气蚀余量。水泵气蚀余量是指在水泵进口断面，单位重量的流体所具有的超过饱和蒸汽压力的富余能量相应的水头，用 Δh 表示。水泵本身的气蚀性能通常用临界气蚀余量 Δh_c 来描述。

允许气蚀余量是将临界气蚀余量适当加大以保证水泵运行时不发生气蚀的气蚀余量，用符号 H_{sv} 或 Δh 表示，即：

$$\Delta h=\Delta h_c+k \tag{8-9}$$

式中　k——安全余量值，一般取 0.3m。

IS 型单级离心泵主要技术性能参数见表 8-12；S 型、SH 型中开式单级双吸离心泵主要技术性能参数见表 8-13；B 型离心式水泵主要技术性能参数见表 8-14；BA 型离心式水泵主要技术性能参数见表 8-15。

表 8-12　　IS 型单级离心泵主要技术性能参数表

型　号	流量 Q /(m^3/h)	扬程 H /m	转速 n /(r/min)	电机功率 N /kW	口径/mm	
					吸入	排出
IS50-32-125	12.5	20	2900	2.2	50	32
IS50-32-160	12.5	32	2900	3	50	32
IS50-32-250	12.5	80	2900	11	50	32
IS65-50-125	25	20	2900	3	65	50
IS65-50-160	25	32	2900	5.5	65	50
IS65-40-200	25	50	2900	7.5	65	40
IS65-40-250	25	80	2900	15	65	40
	12.5	20	1450	2.2	65	40
IS65-40-315	25	125	2900	30	65	40
	12.5	32	1450	4	65	40
IS80-65-125	50	20	2900	5.5	80	65
IS80-65-160	50	32	2900	7.5	80	65
IS80-50-200	50	50	2900	15	80	50
IS80-50-250	50	80	2900	22	80	50
IS80-50-315	50	125	2900	37	80	50
	25	32	1450	5.5	80	50
IS100-80-125	100	20	2900	11	100	80
IS100-80-160	100	32	2900	15	100	80
IS100-65-200	100	50	2900	22	100	65
	50	12.5	1450	4	100	65
IS100-65-250	100	80	2900	37	100	65
	50	20	1450	5.5	100	65
IS100-65-315	100	125	2900	75	100	65
	50	32	1450	11	100	65
IS125-100-200	200	50	2900	45	125	100
	100	12.5	1450	7.5	125	100
IS125-100-250	200	80	2900	75	125	100
	100	20	1450	11	125	100
IS125-100-315	200	125	2900	110	125	100
	100	32	1450	15	125	100

续表

型　号	流量 Q /(m^3/h)	扬程 H /m	转速 n /(r/min)	电机功率 N /kW	口径/mm	
					吸入	排出
IS125-100-400	100	50	1450	30	125	100
IS150-125-250	200	20	1450	18.5	150	125
IS150-125-315	200	32	1450	30	150	125
IS150-125-400	200	50	1450	45	150	125
IS200-150-250	400	20	1450	37	200	150
IS200-150-315	400	32	1450	55	200	150
IS200-150-400	400	50	1450	90	200	150

表 8-13　　S型、SH型中开式单级双吸离心泵主要技术性能参数表

型号	流量 Q /(m^3/h)	扬程 H /m	转速 n /(r/min)	功率 P/kW		效率 η /%	气蚀余量 r /m
				轴功率	电机功率		
100S90	80	90	2950	30.1	37	65.0	2.5
100S90A	72	75	2950	23.0	30	64.0	2.5
150S100	160	100	2950	59.8	75	73.0	3.5
150S78	160	78	2950	45.0	55	75.5	3.7
150S78A	144	62	2950	33.4	45	72.6	3.7
150S50	160	50	2950	27.3	37	80.4	3.9
150S50A	144	40	2950	20.0	30	75.5	3.9
150S50B	133	36	2950	18.0	22	72.5	3.9
200S95	280	95	2950	91.4	132	79.2	5.3
200S95A	270	85	2950	83.3	110	75.0	5.3
200S95B	260	75	2950	73.8	90	72.0	5.3
200S63	280	63	2950	58.3	75	82.7	5.8
200S63A	270	46	2950	45.1	55	75.0	5.8
200S42	280	42	2950	38.1	45	84.2	6.0
200S42A	270	36	2950	33.1	37	80.0	6.0
250S65	485	65	1450	109.2	132	78.6	3.1
250S65A	420	48	1450	88.5	90	77.7	3.1
250S39	485	39	1450	61.5	75	83.6	3.2
250S39A	468	30	1450	48.4	55	79.0	3.2
250S24	485	24	1450	36.9	45	85.8	3.5
250S24A	414	20	1450	27.2	37	83.3	3.5
250S14	485	14	1450	21.5	30	85.8	3.8
250S14A	432	11	1450	15.2	18.5	82.7	3.8
300S90	790	90	1450	243.0	320	79.6	4.2
300S90A	756	78	1450	216.4	280	74.2	4.2
300S90B	720	67	1450	180.0	220	73.0	4.2

续表

型号	流量 Q /(m^3/h)	扬程 H /m	转速 n /(r/min)	功率 P/kW		效率 η /%	气蚀余量 r /m
				轴功率	电机功率		
300S58	790	58	1450	147.9	200	84.2	4.4
300S58A	720	49	1450	118.0	160	82.5	4.4
300S58B	684	43	1450	100.0	132	80.0	4.4
300S32	790	32	1450	79.0	90	86.8	4.6
300S32A	720	26	1450	60.7	75	84.0	4.6
300S19	790	19	1450	47.1	55	86.8	5.2
300S19A	720	16	1450	39.2	45	80.0	5.2
300S12	790	12	1450	30.4	37	84.8	5.5
300S12A	684	10	1450	23.9	30	78.4	5.5
350S125	1260	125	1450	533.0	680	80.5	5.4
350S125A	1181	112	1450	461.0	570	78.2	5.4
350S125B	1098	96	1450	373.0	500	77.0	5.4
350S75	1260	75	1450	303.0	360	85.2	5.8
350S75A	1170	65	1450	244.4	280	84.2	5.8
350S75B	1080	55	1450	196.3	220	82.4	5.8
350S44	1260	44	1450	172.5	220	87.5	6.3
350S44A	1116	36	1450	129.5	160	84.5	6.3
350S26	1260	26	1450	102.0	132	87.5	6.7
350S26A	1116	21	1450	76.9	90	83.4	6.7
350S16	1260	16	1450	64.4	75	85.4	7.1
350S16A	1044	13	1450	47.0	55	78.3	7.1
400S90	1620	90	1450	473.0	560	84.0	6.2
400S90A	1460	73	1450	345.0	450	84.0	6.2
400S90B	1300	58	1450	245.0	315	84.0	6.2
400S40	1080	40	970	140.0	185	85.0	5.1
400S40A	1007	33	970	107.0	160	84.5	5.1
400S40B	870	26	970	73.3	110	84.0	5.1
500S98	2020	98	970	678.1	800	79.5	4.1
500S98A	1872	83	970	539.0	630	78.5	4.1
500S98B	1746	74	970	450.1	560	78.7	4.1
500S59	2020	59	970	388.2	450	83.6	4.5
500S59A	1872	49	970	332.32	400	75.6	4.5
500S59B	1746	40	970	255.8	315	74.0	4.5
500S35	2020	35	970	218.2	280	83.6	4.8

续表

型号	流量 Q /(m^3/h)	扬程 H /m	转速 n /(r/min)	功率 P/kW		效率 η /%	气蚀余量 r /m
				轴功率	电机功率		
500S35A	1746	27	970	150.6	220	75.6	4.8
500S22	2020	22	970	143.6	185	74.0	5.2
500S22A	1746	17	970	100.6	132	88.2	5.2
500S13	2020	13	970	85.7	110	85.2	5.7
600S22	3170	22	970	215.8	250	84.2	7.0
600S22A	2860	18	970	161.1	185	80.3	7.0
600S32	3170	32	970	310.4	355	83.4	7.0
600S32A	2850	26	970	229.0	280	88.0	7.0
600S47	3170	47	970	456.0	560	87.0	6.5
600S47A	2920	40	970	361.0	450	89.0	6.5
600S75	3170	75	970	736.0	900	88.0	6.0
600S75A	2920	65	970	600.2	710	89.0	6.0
600S75B	3170	55	970	477.5	560	88.0	6.0
600S100	2950	100	970	1015.6	1250	87.0	6.0
600S100A	2710	90	970	875.4	1120	85.0	6.0
600S100B	3170	80	970	751.9	900	85.0	6.0
800S22	3000	22	730	370.2	450	84.0	7.0
800S22	2830	14	585	190.6	250	82.0	5.0
800S22A	5500	17	730	254.1	315	89.0	7.0
800S22A	4400	11	585	133.3	185	88.0	5.0
800S32	4830	32	730	538.5	630	87.0	74.5
800S32	3870	20	585	272.3	315	89.0	7.0
800S32A	5500	26	730	389.0	450	88.0	4.5
800S32A	3960	17	585	210.7	250	88.0	6.5
800S47	5500	47	730	782.2	1000	87.0	4.2
800S47	4400	30	585	403.9	450	90.0	6.5
800S47A	5070	40	730	621.0	710	89.0	4.2
800S47A	4060	25	585	314.1	355	89.0	6.0
800S76	5500	76	730	1293.6	1600	88.0	4.2
800S76	4400	49	585	674.9	800	88.0	6.0
800S76A	5080	65	730	1034.0	1250	87.0	6.0
800S76A	4070	42	585	541.0	630	86.0	4.2
800S76B	4680	55	730	824.7	1000	85.0	6.0
800S76B	3750	35	585	425.5	500	84.0	

表 8-14　　B 型离心式水泵主要技术性能参数表

水泵型号	流量 Q /(m^3/h)	扬程 H /m	吸程 H_0 /m	电机功率 N /kW	重量 /kg
2B31	10～30	34.5～24	8.2～5.7	4.0	37.0
2B19	11～25	21～16	8.0～6.0	2.2	19.0
3B19	32.4～52.2	21.5～15.6	6.25～5.0	4.0	23.0
3B33	30～55	35.5～28.8	6.7～3.0	7.5	40.0
3B57	30～70	62～44.5	7.7～4.7	17.0	70.0
4B15	54～99	17.6～10	5	5.5	27.0
4B20	65～110	22.6～17.1	5	10.0	51.6
4B35	65～120	37.7～28.0	6.7～3.3	17.0	48.0
4B54	70～120	59～43	5～3.5	30.0	78.0
4B91	65～135	98～72.5	7.1～4.0	55.0	89.0
6B13	126～187	14.3～9.6	5.9～5.0	10.0	88.0
6B20	110～200	22.7～17.1	8.5～7.0	17.0	104.0
6B33	110～200	36.5～29.2	6.6～5.2	30.0	117.0
8B13	216～324	14.5～11	5.5～4.5	17.0	111.0
8B18	220～360	20～14	6.2～5.0	22.0	—
8B29	220～340	32～25.4	6.5～4.6	40.0	139.0

注　2B19 表示进水口直径为 2 英寸，总扬程为 19m（最佳工作时）的单级离心泵。

表 8-15　　BA 型离心式水泵主要技术性能参数表

型号	流量 Q /(m^3/h)	扬程 H /m	吸程 H_0 /m	电机功率 N /kW	外形尺寸 (长×宽×高)/(mm×mm×mm)	重量 /kg
2BA-6	20	38	7.2	4	524×333×295	35
2BA-9	20	18.5	6.8	2.2	534×319×270	36
3BA-6	60	50	5.6	17	712×368×410	116
3BA-9	45	32.6	5	7.5	623×350×310	60
3BA-13	45	18.8	5.5	4	554×344×275	41
4BA-6	115	81	5.5	55	730×430×440	138
4BA-8	109	47.6	3.8	30	722×402×425	116
4BA-12	90	34.6	5.8	17	725×387×400	108
4BA-18	90	20	5.0	10	631×365×310	65
4BA-25	79	14.8	5	5.5	571×301×295	44
6BA-8	170	32.5	5	30	759×528×480	166
6BA-12	160	20.1	7.9	17	747×490×450	146
6BA-18	162	12.5	5.5	10	748×470×420	134
8BA-12	280	29.1	5.6	40	809×584×490	191
8BA-18	285	18	5.5	22	786×560×480	180
8BA-25	270	12.7	5.0	17	779×512×480	143

9 机械选型配套

水电土石方工程一般具有工程量大、强度高、机械设备种类多、配套复杂等特点。施工中使用的主要机械设备多为功率大、效能高、机动性强的推、挖、装、运、钻爆等设备，机械化程度高。能否合理选型和优化配置土石方机械设备，关系到最大限度发挥设备效能，同时也直接关系到工程的工期、质量、效益。因此，土石方机械设备机械化施工配套选型是土石方工程施工组织设计中的一项重要内容。

目前，国内大型水电站建设，土石方工程机械化施工已非常普遍，施工机械配套已由单纯的施工工序配套，发展到运用统计学、运筹学、模拟仿真等方法，经分析、判断、建立工程系统数学模型，用最优化的方法，获得工程最佳机械设备的配套组合，使整体工程中各种机械设备在技术性能上相互协调，在各工序上互相配合，提高了整体工程建设机械设备整体配套水平。同时，通过采用 GPS 定位、实时监测、动态信息反馈等技术，对运行的机械设备的作业位置、状态、工作质量、进度等实时监控，大大提高了机械设备的使用效能。

9.1 选型配套原则

9.1.1 选型原则

（1）按机械用途和性能选型。按照土石方机械使用范围选择机械，机械性能指标应与其作业工况相适应。对于以挖掘作业为主的土石方工程应优先选用挖掘机；场地平整工程应根据作业场地的大小选择推土机或者铲运机；运输机械多为自卸车，其吨位大小取决于施工道路和配套挖掘设备，应避免“大马拉小车”影响机械效能；露天爆破凿岩机械应按爆破设计参数选择钻机，优先选用全液压钻机。

履带式推土机的推运距离为小于 50m 时，可获得最大的生产率。推土机的经济运距一般为 50～100m，大型推土机的推运距离不宜超过 100m。

轮胎装载机用来挖掘和特殊情况下作短距离运输时，其运距一般不超过 100～150m；履带式装载机不超过 100m。

牵引式铲运机的经济运距一般为 500m。自行式铲运机经济运距与道路坡度大小、机械性能有关，一般为 1000～1500m。

（2）按施工内容和工序选择机械。

1）土石方开挖和填筑等工程。土石方工程施工内容一般包括准备工作、基本工作和辅助工作，可根据相应的作业内容和工序选择对应的机械设备。

土石方工程开挖、运输、钻爆机械选择见表 9－1；铲土运输机械经济运距见表 9－2。

表 9-1　　土石方工程开挖、运输、钻爆机械选择表

机械名称	作业内容	适用范围
推土机	1. 场地推平；推送松散硬土、岩石； 2. 推挖基坑； 3. 土石方回填、压实； 4. 牵引、助铲等辅助作业	1. 推Ⅰ～Ⅳ类土壤，场地平整、找平； 2. 短距离回填基坑、管沟并压实； 3. 堆筑路基、堤坝； 4. 开挖场地集料、修路等
正铲挖掘机	1. 开挖停机面以上土方。开挖高度超过允许值时，可采取分层开挖； 2. 挖装爆破后的岩石	1. 直接开挖Ⅰ～Ⅳ类土壤和经爆破后岩石与冻土碎块； 2. 基坑、沟槽开挖
反铲挖掘机	1. 开挖停机面以下的土石方，石方须经爆破； 2. 基坑、沟槽开挖，两边翻渣和甩土	1. 直接开挖Ⅰ～Ⅳ类土壤和经爆破后岩石与冻土碎块； 2. 基坑、沟槽开挖
装载机	1. 装载松散土方和爆破后的石方； 2. 集渣、吊装	1. 场地剥离、平整、清理； 2. 土石方装载、回填
铲运机	1. 大面积场地土方开挖、整平； 2. 中、大型基坑、沟槽开挖； 3. 堤坝、路基填筑	1. Ⅰ～Ⅳ类土壤开挖； 2. 大面积场地平整； 3. 基坑、沟槽开挖和堤坝、路基填筑

表 9-2　　铲土运输机械经济运距表

机械	推土机	轮式装载机	自行铲运机	拖式铲运机	自卸车
运距/m	<100	<150	<1500	<500	>1000

2）隧洞、地下开挖工程。一般按钻爆作业、装运出渣、喷锚支护、衬砌、辅助设施等作业工序选择机械。

钻爆作业。钻爆作业一般全断面掘进，优先选用液压凿岩台车或门架式作业平台配手风钻；装药可选用装药器或混装炸药车，缩短装药时间和提高爆破效果；危岩处理，爆破后掘进面危岩处理机械可选用反铲或专用撬顶机。

装运出渣。装渣机械视运输方式确定。无轨运输掘进断面允许，选用侧斜装载机或铲运机配自卸汽车出渣；有轨运输选用挖掘装岩机、立爪装岩机配矿车或梭式矿车出渣。

喷锚支护。锚杆孔施工选用锚杆台车、凿岩台车（兼用）或手风钻；喷混凝土选用混凝土喷射台车或湿喷机。

衬砌。隧洞衬砌多选用钢模台车。

辅助设施。主要是风、水、电、灌浆、监测设备等。

隧洞、地下工程开挖主要机械选择见表 9-3。

9.1.2　配套原则

根据水利水电土石方工程的特点，为确保工程的进度、质量、效益，进一步提高机械化施工水平，合理选择作业工序机械设备配套和组合尤为关键。应遵循配套机械高效、经济、合理、可靠的总原则。

（1）选用配套机械设备，其性能和参数，应满足施工组织设计；与工程施工方案和工艺流程相符合；与开挖地段的地形和地质条件相适应；能满足开挖强度和开挖质量的

要求。

表 9-3　　隧洞、地下工程开挖主要机械选择表

工序 \ 机械		全液压凿岩台车	手风钻配门架式平台	混装炸药车	撬顶机或反铲挖掘机	装载机、铲运机配自卸车	立爪、挖掘装岩机配矿车、梭车	锚杆机、手风钻	混凝土喷射台车	钢模台车
钻爆作业	钻孔	★	★							
	装药			★						
	围岩处理				★					
装运出渣	无轨运输					★				
	有轨运输						★			
喷锚支护	锚杆施工							★		
	喷混凝土								★	
衬砌										★

注　★为适用。

（2）开挖过程中各工序所采用的配套机械，要注重相互间的配合，应能充分发挥其生产效率，确保生产进度。

（3）选用配套机械设备，应首先确定开挖工序中起主导、控制作用的机械。如运输机械的车厢容积一般为挖掘机械的3～5倍。其他机械随主导机械而定，生产能力应略大于主导机械的生产能力，达到效能的合理匹配。

（4）对选用的机械设备，要从供货渠道、产品质量、操作技术、维修保养、售后服务和环保性能等方面进行综合评价，确保技术可靠，经济适用。

（5）对于开挖、填筑质量要求较高的工程，可选用装有GPS等信息传输装置的机械，有利于适时监控，便于信息化管理。

9.2　机械产量指标

我国现行的定额以机械设备的台班（时）产量为基本产量指标。机械设备实际生产能力与完好率、利用率和生产效率有关。上述“三率”是评定机械化施工管理水平的主要指标。“三率”的高低取决于机械设备的品质、现场作业条件、生产调度管理、维修保养和操作人员的技术水平等。确定机械设备的产量指标时，要遵照现行定额，结合工程的具体情况，进行分析综合选用。

9.2.1　机械设备作业效率

施工机械的作业效率反映机械在施工时段有效利用程度。由于影响机械作业效率的因素很多，一般可用时间利用系数 k_t 来综合反映机械的影响程度。确定 k_t 最好方法是现场测定机械的时间利用情况，并求得机械设备的台班（时）作业效率。一般情况可参照类似工程或参照表9-4经验数据选用。

表 9-4　施工机械时间利用系数表

作业条件＼现场管理条件	最好	良好	一般	较差	很差
最好	0.84	0.81	0.76	0.7	0.63
良好	0.78	0.75	0.71	0.65	0.60
一般	0.72	0.69	0.65	0.60	0.54
较差	0.63	0.61	0.57	0.52	0.45
很差	0.52	0.50	0.47	0.42	0.32

9.2.2　常用土石方机械产量指标

（1）常用土石方机械年产量和作业天数参考指标见表 9-5。

（2）常用土石方机械完好率、利用率参考指标见表 9-6。

表 9-5　常用土石方机械年产量和作业天数参考指标表

机械名称	计算内容	年产量		全年作业天数指标
		单位	指标	
正铲单斗挖掘机 $4m^3$ 以上	每 m^3 斗容的挖土量	万 m^3	4.0～11	135～184
轮式装载机、铲运机 $3m^3$ 以下	每 m^3 斗容的挖土量	万 m^3	0.6～1.2	123～184
推土机	每马力推土量	m^3	160～320	135～172
自卸汽车	每 t 载重能力运输量	m^3	985～3000	160～197
露天液压凿岩台车	钻进延米	万 m	2.2～6.0	400 台班
移动式空气压缩机	工作小时	h	1650～2100	172～209

表 9-6　常用土石方机械完好率、利用率参考指标表

机械名称	完好率/%	利用率/%	机械名称	完好率/%	利用率/%
挖掘机	80～95	55～75	露天凿岩台车	78～92	57～85
推土机	75～90	55～70	装载机	75～95	60～90
铲运机	70～95	50～75	空压机	80～95	70～85
自卸汽车	75～95	65～80	机动翻斗车	80～95	70～85

9.3　机械配套计算

在土石方工程施工中，不仅每一个作业工序配置的机械应符合使用要求，而且在机型、性能、数量和管理上，都应按工序要求进行组合配套，才能经济合理实现机械化施工。

9.3.1　钻孔机械与挖掘机配套

钻孔机械生产能力要满足爆破设计要求。一般在台阶开挖时，钻孔机械与挖掘机械的

工作参数和生产能力应当匹配。对于深槽开挖和陡峻而狭窄的边坡开挖，要视有无其他工序而定（若有其他工序，则不一定考虑钻孔机械与挖掘机直接配套）。

（1）配套要求。

1）配套机械的生产能力应相一致。凿岩机械钻孔所爆破的石方量除满足爆破设计的要求，应能满足挖掘机的生产能力。

2）凿岩机械工作参数（孔径、孔深及爆破后的岩石块径等）应能满足挖掘机械工作性能要求（铲斗斗容、挖掘高度和深度等）。

（2）配套计算。凿岩穿孔机械与挖掘机的配套数量，根据爆破设计和挖掘机的生产能力计算。按爆破设计计算钻孔延米数，确定凿岩机的需要量。

台阶开挖爆破设计的孔距、排距和装药结构参数计算凿岩机械需要数量，可按式（9-1）、式（9-2）计算：

$$N=L/v \tag{9-1}$$

$$L=12.73Qqk_{su}/d^2\Delta ek_{zh} \tag{9-2}$$

上两式中 N——凿岩机械需要量，台；

L——开挖岩石为 Q 时需要的钻孔进尺，m；

v——钻进速度（生产率），m/台班（台月）；

Q——岩石开挖强度，m^3/班（月）；

q——岩石单位耗药量，kg/m^3；

k_{su}——钻孔损失系数，

d——药包直径，cm；

Δ——装药密度，g/m^3；

e——炸药换算系数（见表9-7）；

k_{zh}——装药深度系数，即装药长度与孔深度之比（见表9-8）。

表9-9列出不同斗容挖掘机工作一个台班需要的钻孔延米数。该表值是按照 $k_{zh}=0.5$、$k_{su}=1.2$、$q=0.5$、$\Delta=0.9$ 计算的。如爆破设计参数中这几项系数不同时，则可按表9-8所列系数进行修正。根据所选凿岩机台班钻进速度，可确定凿岩机械使用用量。

表9-7　　炸药换算系数 e 取值表

炸药名称	型号	e 值	炸药名称	型号	e 值
煤矿铵剃	1号	0.97	62%胶质炸药	普通	0.78
煤矿铵剃	2号	1.12	62%胶质炸药	耐冻	0.78
煤矿铵剃	3号	1.16	35胶质炸药	普通	0.93
岩石铵梯	1号	0.80	混合胶质炸药	普通	0.83
岩石铵梯	2号	0.88	黑火药		1.00～1.25
铵梯	1号、2号	1.00	梯恩梯		0.92～1.00
胶质铵梯	1号、2号	0.78	铵油炸药		1.00～1.20
硝酸铵		1.38			

表 9-8　　钻孔延米校正系数值表

装药程度		钻孔损失		单位耗药量		炸药密度	
k_{zh}	校正 k_1	k_{su}	校正 k_2	q/(kg/m³)	校正 k_3	Δ/(kg/m³)	校正 k_4
0.40	1.25	1.06	0.88	0.30	0.6	0.65	1.38
0.45	1.11	1.08	0.90	0.35	0.7	0.70	1.29
0.50	1.00	1.10	0.92	0.40	0.8	0.75	1.20
0.55	0.91	1.12	0.93	0.45	0.9	0.80	1.13
0.60	0.83	1.14	0.95	0.50	1.0	0.85	1.06
0.65	0.77	1.16	0.97	0.55	1.1	0.90	1.00
0.70	0.72	1.18	0.98	0.60	1.2	0.95	0.95
0.75	0.67	1.20	1.00	0.65	1.3	1.00	0.90
0.80	0.63	1.22	1.02	0.70	1.4	1.05	0.86
0.85	0.59	1.24	1.04	0.75	1.5	1.10	0.82

表 9-9　　挖掘机工作一个台班需要的钻孔延米数列表　　单位：m

药包直径/mm	挖掘机斗容/m³			
	1.0	2.0	3.0	4.0
60	68	125	180	235
70	50	92	132	172
80	38	70	101	132
90	30	55	80	104
100	24	45	65	84
110	20	37	54	70
120	17	31	45	59
130	14	27	38	50
140	12	23	33	43
150	11	20	29	38

9.3.2　挖装机械与自卸汽车配套

（1）配套要求。

1）土石方工程以挖掘机为主导机械。按照工作面作业参数和条件选用挖掘机，再选用与挖掘机相配套的自卸汽车。

2）汽车斗容与挖掘机斗容比 η 应适当。大斗容挖掘机不应配用斗容小的自卸汽车，否则将影响生产效率。斗容比 η 合理值见表 9-10。

表 9-10　　斗容比 η 合理值列表

运距/km	<1.0	1.0～2.5	3.0～5.0
挖掘机	3～5	4～7	7～10
装载机	3	4～5	4～5

3）配备自卸汽车数量应充分考虑开挖工程特点。一般应考虑：①装车工作面狭窄，易造成自卸汽车待装；②装载工序受其他工序干扰时，时间利用率降低；③出渣道路好坏，将影响汽车的通行能力。

（2）配套计算。挖掘机配套自卸汽车的数量，除按生产率计算外，一般可按定额指标进行匡算。

单台挖掘机配置自卸汽车数量见表9-11；装载机配置自卸汽车数量见表9-12。

表9-11　　单台挖掘机配置自卸汽车数量表　　单位：台

挖掘机斗容/m³	汽车/t	运距/km					
		0.5	1.0	2.0	3.0	4.0	5.0
1	8	3	3	4	5	6	6
	10	3	3	4	4	5	5
	12	2	3	3	4	4	5
2	8	4	5	7	8	9	10
	10	4	5	6	7	8	9
	12	3	4	5	6	7	8
	15	3	4	5	5	6	7
	20	3	3	4	4	5	5
3	10	4	5	7	8	9	10
	12	4	5	6	7	8	10
	15	3	4	6	6	7	9
	20	3	4	4	5	5	6
	25	3	3	4	4	5	5
	32	2	2	3	3	4	4
4	15	4	5	6	8	9	10
	20	4	4	5	6	7	8
	25	3	4	5	5	5	6
	32	3	3	4	5	5	6
	45	2	2	3	3	4	4
6	32	5	5	6	6	6	7
	45	3	3	4	4	5	5

注　本表按2007年水电建筑工程预算定额换算。

表9-12　　装载机配置自卸汽车数量表　　单位：台

铲斗容量/m³	汽车/t	运距/km					
		0.5	1.0	2.0	3.0	4.0	5.0
1	5	3	3	4	5	5	6
	8	2	2	3	3	4	4
	10	2	3	3	3	4	4
	12						

续表

铲斗容量 /m^3	汽车 /t	运　距/km					
		0.5	1.0	2.0	3.0	4.0	5.0
2	8	3	4	4	5	6	7
	10	3	3	4	5	6	6
	15	3	3	3	4	5	6
	20	2	2	3	4	4	5
3	10	3	4	5	6	6	7
	15	2	3	4	4	5	5
	20	2	2	3	3	4	4
	25	2	2	3	3	4	4
5	20	3	3	4	4	5	5
	25	3	3	4	4	4	5
	32	2	2	3	3	3	4
	45	2	2	2	3	3	4

注　本表按2007年水电建筑工程预算定额换算。

10 工　程　实　例

我国水电站大规模土石方工程机械化施工，要追溯到20世纪70年代国内最大的葛洲坝水电工程。近些年，随着开挖、爆破、填筑等技术的发展进步和国内大型水电站开工建设，土石方工程施工机械配套更加趋于完善。其主要特点：①配备大容量、大功率、高效率的挖装运机械，确保机械作业强度满足工程要求；②注重各工序间设备匹配，保证配套机械设备整体效能；③采用实时监测和动态信息反馈技术，保证配套机械的作业质量。

10.1　土石方开挖机械配套实例

10.1.1　长江葛洲坝工程

长江葛洲坝工程是20世纪70年代国内建设最大的水利水电工程，集水利枢纽、泄洪、通航、发电等功能于一体。工程建设中土石方工程量巨大，施工强度高。在爆破作业施工中首次采用了深孔梯段和深孔预裂爆破技术，大大提高了爆破效率。同时，强化了运输机械设备配套，满足了机械化施工要求，使国内土石方施工水平上了一个大台阶，为水电建设土石方工程机械化施工起了积极的推动作用。

(1) 长江葛洲坝工程主要土石方工程量。一期、二两期共完成土石方开挖7464.61万m^3，年土石方开挖最高强度1259万m^3；主体工程基础开挖强度连续6年在550万m^3以上，最高达971万m^3。

(2) 主要土石方机械设备配套情况。钻爆设备采用顶驱液压钻和风动潜孔钻相结合，梯段爆破主爆孔：孔径90～150mm，深8～10m；预裂孔：孔径100mm，深35～40m。挖装设备主要配备国产斗容4m^3电动挖掘机，辅助配以装载机；出渣运输设备考虑兼顾节流工程，配备了进口意大利45t、30t自卸车和国产20t自卸车。葛洲坝水利枢纽工程土石方开挖工程施工机械配套见表10-1。

10.1.2　三峡水利枢纽永久船闸土石方开挖工程

三峡水利枢纽永久船闸土石方开挖工程分为两期，开挖工程量共计4241万m^3（其中：一期工程1941万m^3，二期工程2300万m^3），月开挖高峰强度150万m^3，年开挖高峰强度1300万m^3。

主要土石方机械配套情况：中国长江三峡集团公司提供部分开挖设备和运输设备，其中有德马格9.5m^3全液压挖掘机，特奈克斯42t、32t自卸车等。钻爆设备配备有牙轮钻、液压钻、风动潜孔钻；挖装设备配备有德马格9.5m^3液压挖掘机、日立建机8m^3电动挖掘机、小松6m^3、4m^3液压挖掘机；推土机配备有卡特彼勒D10、D9推土机、小松

D355、D220 推土机；出渣运输设备配备有特奈克斯 42t、32t 自卸车、卡特彼勒 32t 自卸车、北方重汽 32t 自卸车等。三峡水利枢纽永久船闸主要开挖填筑机械配套见表 10-2。

表 10-1　　葛洲坝水利枢纽工程土石方开挖工程施工机械配套表

设备名称	规格	数量	设备名称	规格	数量
挖掘机	斗容 $4m^3$	36	自卸汽车	载重 45t	30
	斗容 $3m^3$	4		载重 30t	55
推土机	410hp（305kW）	5		载重 27t	60
	320hp（238kW）	4		载重 20t	185
	180hp（134kW）	40		载重 15t	70
	150hp（112kW）	13		载重 12t	40
	120hp（89kW）	51	装载机	斗容 $6.9m^3$	6
露天钻机	风动孔径 150mm	27		斗容 $5m^3$	4
	风动孔径 100mm	17		斗容 $2.2m^3$	10

注　摘自《中国水力发电工程》（机电卷）。

表 10-2　　三峡水利枢纽永久船闸主要开挖填筑机械配套表

设备名称	规　　格	数量	设备名称	规　　格	数量
挖掘机	斗容 $9.5m^3$	3	装载机	斗容 $6m^3$	2
	斗容 $6\sim8m^3$	15		斗容 $3m^3$	9
	斗容 $4m^3$	11	露天钻机	风动潜孔钻机（孔径 150～200mm）	4
	斗容 $0.8\sim1.6m^3$	10		液压钻机（孔径 100～127mm）	7
推土机	460hp（343kW）	3		液压钻机（孔径 76～102mm）	18
	410hp（305kW）	3	自卸汽车	42t	20
	320hp（238kW）	10		32t	99
	220hp（164kW）	7		15～20t	40

10.1.3　天生桥一级水电站大坝工程

天生桥一级水电站是当时国内最高和填筑量最大的混凝土面板堆石坝。主要土石方工程由大坝基础开挖、溢洪道开挖和混凝土面板堆石坝工程组成。大坝及趾板基础开挖工程量 245 万 m^3；溢洪道土石方开挖工程量 2061 万 m^3；坝体堆筑 1793 万 m^3。月开挖高峰强度 78 万 m^3；月上坝堆筑高峰强度 118 万 m^3。

主要土石方机械设备配套情况。天生桥一级水电站土石方机械设备来源，主要是通过日本海外协力基金（OECF）贷款采购进口设备组成。钻爆设备配备瑞典阿特拉斯、日本古河、美国英格索兰全液压履带钻机，分别承担基础开挖和料场开采钻孔作业；挖装设备配备日本小松 $6m^3$、$4m^3$ 全液压挖掘机和 $6m^3$、$3m^3$ 装载机；推土机配备卡特彼勒 D9、小松 D355、D155 推土机；出渣运输设备配备卡特彼勒 32t、小松 20t 自卸车和国产 15t 自卸车；碾压设备以宝马 18t 自行式振动碾为主，配以国产 25t 拖式碾。天生桥一级水电站主要开挖填筑机械配套见表 10-3。

表 10-3　　天生桥一级水电站主要开挖填筑机械配套表

设备名称	规　格	数量
挖掘机	斗容 6～8m^3	6
	斗容 4m^3	10
	斗容 0.8～1.6m^3	8
推土机	410hp（305kW）	7
	320hp（238kW）	10
	220hp（164kW）	3
自卸汽车	32t	120
	20t	30
	15t	30

设备名称	规　格	数量
装载机	斗容 6m^3	5
	斗容 3m^3	10
露天钻机	液压钻机（孔径 76～120mm）	25
振动碾	自行式 18t	10
	10t	4
	拖式 25t	4

10.1.4　糯扎渡水电站大坝工程

糯扎渡水电站位于云南省思茅市翠云区和澜沧县交界处的澜沧江下游干流上，是澜沧江中下游河段 8 个梯级规划的第五级。工程属大（1）型一等工程，永久性水工建筑物为 1 级建筑物。工程以发电为主兼有防洪、灌溉、养殖和旅游等综合利用效益，水库具有多年调节性能。该工程由心墙堆石坝、左岸溢洪道、左岸泄洪隧洞、右岸泄洪隧洞、左岸地下式引水发电系统及导流工程等建筑物组成。水库库容为 237.03 亿 m^3，水电站装机容量 5850MW（9×650MW）。大坝为掺砾石土心墙堆石坝，最大坝高程为 261.5m，坝顶长 630.06m，坝顶宽 18m，主要土石方工程量为：坝基开挖量 600 万 m^3，溢洪道开挖量 2645 万 m^3，大坝填筑总量 3365 万 m^3。

高心墙堆石坝施工质量与施工进度是工程建设的关键问题。建设方针对常规机械配套和仓面控制手段，难以保证高强度连续筑坝的施工质量和进度要求。根据糯扎渡水电站特点，结合施工和运行要求，研发了大坝填筑质量实时监控管理系统，称为“数字大坝”监控系统。该套管理系统属国内首次研发和使用，其主要功能是对大坝填筑碾压质量、上坝料运输过程实时监控，同时，对填筑施工质量动态信息实时采集，真正意义上实现了大坝填筑碾压过程全天候、精细化、实时监控。

为满足“数字大坝”监控系统的要求，在施工中对上坝料运输设备、摊铺设备、碾压设备等实施全时段监控。所有上坝机械设备按要求全部安装了 GPS，实现了对大坝工程全部 15 台碾压机械和 200 台上坝运输车辆的监控，使碾压设备碾压遍数、激振力、运输车辆行车速度、卸料位置得到了有效控制，优化了机械设备资源配置，有效提高了施工效率和工程质量。

糯扎渡水电站主要土石方工程分为大坝基础开挖（c1、c2、c3 标）、溢洪道开挖（c3、c4 标）、泄洪洞开挖、大坝填筑。大坝基础和溢洪道基本同时开工，施工重叠，月开挖高峰强度 145 万 m^3，年开挖高峰强度 1000 万 m^3。大坝填筑月高峰强度 125 万 m^3，填筑年高峰强度 1140 万 m^3。

主要土石方机械配套情况：糯扎渡土石方工程推、挖、装、钻、碾等机械设备，基本上是通用设备。关键技术是通过实时监控管理系统，强化了现场管理，使各工序作业机械有效组合，各工序转换达到无缝对接，使机械效能达到最大化。挖掘机械有：斗容 4m³ 以上挖掘机的有德马格 H95、利勃海尔 R984、小松 PC650 等，斗容 4m³ 以下挖掘机基本是国内合资产品；心墙碾压使用 22t 自行式振动凸块碾，堆石区碾压使用 25t 自行式振动碾，堆石料运输设备使用 45t、32t、25t 自卸车；开挖、料场钻爆设备主要是阿特拉斯、古河全液压露天履带台车和高风压潜孔钻等。糯扎渡水电站主要土石方机械配套见表 10－4。

表 10－4　　　　糯扎渡水电站主要土石方机械配套表

项　目	设备名称	规　　格	数量/台
大坝基础开挖	挖掘机（斗容）	正铲 4m³	2
		反铲 3.2m³	2
		反铲 2.2m³	2
	推土机	320hp（239kW）	3
		220hp（162kW）	2
	装载机	3m³	2
	钻机	液压钻机 孔径 100～127mm	2
		高风压潜孔钻 孔径 120mm	6
		轻型潜孔钻 孔径 100mm	18
		手风钻	35
	自卸汽车	32t	10
		25t	20
		20t	25
溢洪道开挖（含消滤池）	挖掘机（斗容）	正铲 6m³	6
		正铲 4m³	2
		反铲 5.5m³	1
		反铲 4m³	8
		反铲 2m³	8
		反铲 1.2m³	7
		长臂反铲	1
	推土机	320hp（239kW）	5
		220hp（162kW）	3
	装药车	BCJ－2（3t）	1
	装载机	3m³	5
	钻机	液压钻机 孔径 100～127mm	21
		高风压潜孔钻 孔径 120m	6
		轻型潜孔钻 孔径 100mm	20
		手风钻	100
	自卸汽车	45t	90
		32t	40
		25t	50
		20t	8
		15t	25

续表

项　目	设备名称	规　　格	数量/台
大坝填筑	自卸汽车	45t	100
		32t	50
	推土机	320hp	4
	装载机	220hp	8
		$5m^3$	2
		$3m^3$	3
	自行振动碾	22t 凸块碾	4
		25t 平碾	6
		20t 平碾	2
	手扶式碾	1～2t	2
	液压振动板	反铲改装	2
	手持冲击夯	0.5t	6

10.2 隧洞开挖工程实例

10.2.1 锦屏二级水电站引水隧洞工程

锦屏二级水电站引水系统采用4洞8机布置形式，从进水口至上游调压室的平均洞线长度约16.67km，浇筑完隧洞断面13.8m，中心距60m。引水隧洞洞群沿线上覆盖岩体一般埋深1500～2000m，最大埋深约为2525m，具有埋深大、洞线长、洞径大、地质复杂等特点。

锦屏二级水电站引水洞地质复杂，在施工期间经常发生涌水、岩爆、断裂带等情况发生，严重影响了正常掘进。经统计，3号、4号引水隧洞2007—2009年单工作面平均开挖月进尺62.5m，最高月进尺94m。2010至2011年单工作面平均开挖月进尺127.2m，2010年4月份3号引水隧洞单头开挖进尺达到200m最好进尺。3号、4号引水隧洞掘进进尺统计见表10-5。

表10-5　　3号、4号引水隧洞掘进进尺统计表

引水洞	施工项目	单位	施　工　年　份							
			2007	2008	2009	2010	2011	2012	2013	合计
3号引水隧洞	开挖	m	636.5	995.5	733	1408	1344.6	0	0	5117.6
4号引水隧洞	开挖	m	631.4	849.6	786.3	1342	1358.6	0	0	4967.9

主要设备配置：隧洞掘进采用分两层钻爆开挖。主要掘进、锚喷、出渣机械设备有钻孔爆破：采用两台全液压三臂凿岩台车和门架配10～12台中风压手风钻。危岩处理：采用$2m^3$反铲。锚喷作业：锚杆采用锚杆台车、锚杆凿岩机，喷混凝土采用喷混凝土台车和湿喷机。出渣：采用侧翻装载机配20t自卸车。系统通风：射流风机和轴流风机。混凝

土浇筑：采用钢模台车配混凝土泵。主要土石方机械设备配套见表 10－6。

表 10－6　　　　主要土石方机械设备配套表

设备名称		规格型号	数量	设备名称		规格型号	数量
钻孔机械	三臂凿岩台车	阿特拉斯 BOOMER353	4	出渣机械	轮式装载机	侧翻 $3m^3$	3
						$3m^3$	4
	手风钻	中风压	40		自卸车	20t	15
锚喷机械	锚杆台车	435H（6m）	2			25t	30
		Spraymec 7110	1		挖掘机	反铲 $2m^3$	8
	锚杆凿岩机	工作高度 11m，长度 6m	4	通风设备	射流风机	SDS－11NO12.5A 75kW	40
	喷射混凝土台车	阿里瓦 Sika－PM500PC	1		轴流风机	SDDY－1NO11A 175kW	4
		古河 CJM1200	2			SDDY－1NO13A 132kW	4
浇筑设备	底拱针梁台车	15m	4	其他设备	固定空压机	$30m^3$	9
	边顶拱台车	15m	5		移动空压机	英格索兰 $21m^3$	4
	钢筋台车	9m	6		高压注浆泵	ZJB－30	4

10.2.2　天生桥二级水电站引水隧洞工程

天生桥二级水电站于广西壮族自治区隆林县及贵州省安龙县界河南盘江上。水电站首部枢纽布置在天生桥峡谷出口的坝索，利用从坝索坝址至厂房长约 14.5km 的河段内雷公滩构成集中天然落差 180m，裁弯取直，开凿引水隧洞引水发电，以发电为单一开发目标。主要工程为 3 条引水隧洞，平均长 9776m、直径 8.1～9.8m 的引水隧洞；3 个直径 21m、高 88m 的调压井，以及每井分别引出的 2 条直径 5.7m、平均单条长 600m 的压力管道组成。每条压力管道对应于 1 台 220MW 水轮发电机组。水电站装机容量为 1320MW，多年平均年发电量 82 亿 kW·h，保证出力 730MW。水电站最大水头 204m，最小水头 174m，设计水头 176m。

引水隧洞采用钻爆法和隧洞全断面掘进机开挖，钻爆法开挖段衬砌内径 8.7m，隧洞掘进机开挖段衬砌内径 9.8m，采用素混凝土或钢筋混凝土衬砌。隧洞直径主要为 8.7m 和 9.8m。

钻爆法采用全断面一次开挖。主要设备有：钻孔采用阿特拉斯、古河、坦姆洛克全液压三臂、两臂凿岩台车；锚杆支护采用坦姆洛克 3m、5m 锚杆台车；喷混凝土采用斯太比利特喷射混凝土三联机；出渣采用 $3m^3$ 侧卸装载机配 20t 自卸车；通风采用 15kW、55kW、75kW 轴流风机。

TBM 施工采用两台经大修的美国罗宾斯生产岩石掘进机，直径 9.8m、10.08m 各一台。后配套采用的原上海水工厂加工制造。出渣采用内燃机车配 $10m^3$ 矿车出渣，两台翻车机倒渣，自卸车倒运。由于天生桥二级水电站地质条件十分复杂，施工过程中经常发生岩爆、涌水、断裂带、溶洞等，导致 TBM 无法正常掘进。两台 TBM 累计掘进进尺约 12km。

天生桥二级水电站引水隧洞钻爆掘进主要设备配套见表 10－7，天生桥二级水电站输

水隧洞 ϕ10.8m TBM 设备配套见表 10-8。

表 10-7　　天生桥二级水电站引水隧洞钻爆掘进主要设备配套表

设备名称		规格型号	数量/台	设备名称		规格型号	数量/台
钻孔机械	轮式三臂凿岩台车	BOOMER178	2	出渣机械	轮式装载机	侧翻 $3m^3$	8
		JTH3RS-135	4			$3m^3$	8
	履带式三臂凿岩台车		4		自卸车	20t	60
	轮式两臂凿岩台车	AXERA T10-290	2		挖掘机	反铲 $1.5m^3$	10
锚喷机械	锚杆台车	3m	2	通风设备	轴流风机	2×15kW	30
		5m	2			2×55kW	30
	喷射混凝土台车	干式喷射混凝土台车	2 套			2×75kW	8
		湿式喷射混凝土台车	10 套	浇筑设备	全断面针梁台车	直径 8～9.8m	4 套

表 10-8　　天生桥二级水电站输水隧洞 ϕ10.8m TBM 设备配套表

名　　称	技术参数	数量/台	备　　注
TBM	ϕ10.8m	2	353-197，353-196
后配套平台车	轨距 126 英寸	2	初期一套国产，后均改为国产
内燃机车	牵引力 35t，轨距 42 英寸	13	日本
出渣矿车	平车 $18.76m^3$，堆尖 $21.51m^3$	42	国产
平板车	最大载重 23t	7	国产
翻车机	40 马力	2	国产
装载机	$5m^3$	1	日本
自卸车	32t	6	日本
加油车	液压油 4600L，润滑油 3000L	1	自制
混凝土轨道运输车	$16m^3$	12	美国罗宾斯
轨道吊车	25t	1	美国罗宾斯
卷管机	ϕ12～2600mm	1	瑞典
轴流式通风机	2×55kW	26	日本
干式变压器	400V/10kV	26	国产
刀具维修车间	专用维修工具及车、钻床	1	车、钻床为国产
洞口变电站	10kV/100kV，1000kVA 配电系统	1	国产
TBM 配件库		1	TBM 主机及后配套专用配件
海力蒙滚柱托架	承载 90t/套	20	主机安装就位，美国海力蒙公司

10.2.3　大伙房输水工程

大伙房输水工程主体建筑物为一条全长 85.32km，成洞直径 7.16m 输水隧洞。隧洞施工采用以掘进机为主、钻爆法为辅的联合作业方法。前约 25km 采用钻爆法施工，后 60km 采用 3 台 TBM 分 3 个掘进段施工，每台 TBM 掘进长度控制在 20km 左右，开挖直径 8m。隧洞穿越 50 余座山、50 余条河谷，最大埋深 630m，最小埋深 60m，地质情况复杂多变。施工中为确保 TBM 正常掘进采用了多项新技术。采用了综合地质勘察新技术，进行复杂山区调水工程选线，实现了自流供水，使规划及勘测设计达到国际领先水平；采用了多项地质探测技术和不良地质情况超前预报，有效地保障了工程施工安全；采用了以 TBM 掘进为主、钻爆法为辅的联合施工方案，强化现场作业工序管理，实现了 TBM 掘进平均工时利用率达 40.2%，创造了开敞式 TBM 日掘进 63.5m、月掘进 1111m 的国内施工记录；在国内首次采用了大功率、长距离、可延伸、启动可控的连续皮带机出渣技术，成功实现了 10km 以上皮带机大容量连续高速出渣；采用了大直径风管、变频风机，实现了独头通风距离超过 10km，是隧道施工通风技术的重大突破；首次在水工隧洞 TBM 施工中，采用复合式衬砌取代造价高、寿命短、易漏水的管片衬砌结构。3 台 TBM 分别是美国罗宾斯 2 台；维尔特 1 台。大伙房输水隧洞 ϕ8.0m TBM 设备配套见表 10－9。

表 10－9　　大伙房输水隧洞 ϕ8.0m TBM 设备配套表（罗宾斯 TBM1/TBM3）

名　称	技术参数	数量
TBM	ϕ8.0m	3
后配套平台车	门架式结构	1
内燃机车	牵引力 25t，轨距 900mm	3
出渣连续皮带机	3×300kW	1
平板车	最大载重 25t	3
装载机	5m^3	1
自卸车	32t	3
轨道混凝土罐车	6m^3	3
汽车吊	25t，40t	2
组装门机	2×80t	1
轴流式通风机	132kW	1
刀具维修车间	专用维修工具	1
洞口变电所	35kV/100kV，10000kVA	
TBM 配件库		1

10.2.4 那邦水电站输水隧洞工程

那邦水电站位于云南德宏州盈江县西部勐乃河上，是勐乃河梯级水电 4 级开发的最后一个梯级，以发电为主引水式电站。水电站装设 3×60MW 立轴冲击式水轮发电机组，总装机容量 180kW，额定水头 623.50m，最大水头 681.50m，最小水头 623.50m，额定流量 11.12m^3/s。引水隧洞全长为 9748.562m，进口底板高程 947.00m，隧洞底坡 $i=0.00359$。过水断面洞径 3.5m，开挖直径 4.5m。引水隧洞最小埋深为 60m，最大埋深

600m，引水隧洞底坡为3.59‰。约8400km洞段采用开敞式硬岩掘进机开挖，其余洞段采用钻爆法开挖。引水隧洞岩石中Ⅱ类围岩约占44%，Ⅲ类围岩约占34%，Ⅳ类围岩约占19%，Ⅴ类围岩约在3%左右。TBM施工期间多次通过软弱破碎围岩及蚀变带围岩段，采用了人工开挖软弱围岩破碎带、换填混凝土、钢拱架、管棚支撑等措施，确保了TBM施工安全，并创下开敞式TBM在软弱破碎围岩和蚀变带围岩的地质条件下施工中月进尺553m、安装钢拱架206榀的纪录，取得了良好的社会效益和经济效益。那邦水电站输水隧洞φ4.5m TBM设备配套见表10-10。

表10-10　　那邦水电站输水隧洞φ4.5m TBM设备配套表

名　称	技术参数	数量/台
TBM	φ4.5m	1
后配套平台车	封闭平台车结构，轨距900mm	1
内燃机车	牵引力25t，轨距900mm	3
出渣矿车	每节$10m^3$，每列8节	25
平板车	最大载重25t	3
翻车机	电动机功率55kW，翻转重量40t	2
装载机	$5m^3$	1
自卸车	32t	1
混凝土轨道运输车	$5m^3$	3
汽车吊	25t	1
组装门机	2×50t	1
轴流式通风机	4×75kW	1
变压器	TBM及后配套上1250kVA+1700kVA	1
刀具维修车间	专用维修工具	1
变电所	35kV/100kV，5000kVA	1
洞口辅助设备变压器	630kVA，400kVA，200kVA	3
TBM配件库		1

参 考 文 献

[1]《水利水电施工手册》编委会．水利水电工程施工手册．第二卷．北京：中国电力出版社，2002.

[2] 中国水利水电工程总公司．工程机械使用手册．北京：中国水利水电出版社，2006.

[3] 张树猷．工程机械施工手册．第五卷．北京：中国铁道出版社，2002.

[4] 王智明，等．钻孔与非开挖机械．北京：化学工业出版社，2006.

[5] 钟汉华，张智涌．施工机械．北京：中国水利水电出版社，2007.

[6] 李启月．工程机械．长沙：中南大学出版社，2009.

[7] 水电水利规划设计总院．水电建筑工程概算定额．北京：中国电力出版社，2008.

[8] 张严明．中国碾压混凝土筑坝技术．北京：中国水利水电出版社，2010.

[9] 张洪．现代施工工程机械．北京：机械工业出版社，2009.

[10] 本书编委会．岩石隧道掘进机（TBM）施工及工程实例．北京：中国铁道出版社，2004.

[11] 水利部推广中心．全断面掘进机．北京：石油工业出版社，2005.

[12] 唐经世，唐元宁．掘进机与盾构机．北京：中国铁道出版社，2016.

[13] 昌泽舟，等．轴流式通风机实用技术．北京：机械工业出版社，2005.

[14] 张玉成，仪登利，等．通风机设计与选型．北京：化学工业出版社，2011.

CATERPILLAR
卡特彼勒
CATERPILLAR